普通高等教育"十一五"国家级规划教材

编译原理基础

（第二版）

刘 坚 编著

西安电子科技大学出版社

内 容 简 介

本书系统地介绍了程序设计语言翻译的基本原理与技术,内容包括编译器构造的所有重要阶段:词法分析、语法分析、语义分析与中间代码生成、代码优化、运行时的存储分配以及目标代码的生成等。本书还介绍了编译器编写工具 LEX 和 YACC 的工作原理与使用方法,并对语法制导翻译与属性计算、类型与类型检查、数据流分析等编译器构造和程序分析技术中当前重点关注的原理和方法进行了讨论。

本书既可以作为工科院校计算机专业或非计算机专业本科生与研究生的教材,也可以作为软件技术人员和程序设计语言爱好者的参考书。

★本书配有电子教案,有需要者可从出版社网站下载,免费提供。

图书在版编目(CIP)数据

编译原理基础/刘坚编著. 2 版. —西安:西安电子科技大学出版社,2008.9(2023.2 重印)
ISBN 978–7–5606 -1111–2

Ⅰ. 编…   Ⅱ. 刘…   Ⅲ. 编译程序—程序设计—高等学校—教材   Ⅳ. TP314

中国版本图书馆 CIP 数据核字(2008)第 107570 号

策   划   陈宇光
责任编辑   张晓燕
出版发行   西安电子科技大学出版社(西安市太白南路 2 号)
电   话   (029)88202421 88201467   邮 编 710071
http://www.xduph.com   E-mail: xdupfxb001@163.com
经   销   新华书店
印刷单位   咸阳华盛印务有限责任公司
版   次   2008 年 9 月第 2 版   2023 年 2 月第 11 次印刷
开   本   787 毫米×1092 毫米 1/16 印 张 20.25
字   数   473 千字
印   数   41 001~43 000 册
定   价   39.00 元
ISBN 978 – 7 – 5606 – 1111 – 2/TP

XDUP 1382012–11

﹡﹡﹡ 如有印装问题可调换 ﹡﹡﹡

第 二 版 前 言

"编译原理"是国内高校计算机科学与技术专业的必修专业课程之一，系统介绍程序设计语言翻译的原理与技术，是一门理论与实践并重的课程，在引导学生进行科学思维和提高学生解决实际问题能力两方面均有重要的作用。

全书共七章，分为基本原理与方法、专题论述两部分。50 学时左右的本科生课程可以仅教授基本原理与方法部分。专题论述部分均用"*"标注，内容涉及现代编译器构造所使用的原理、工具与技术，可以作为超过 50 学时课程的补充部分，或者作为研究生课程的内容。

基本原理与方法　第 1 章引言，介绍有关程序设计语言和语言翻译的基本概念，内容包括：高级语言与低级语言，编译与解释，编译器基本框架，构造编译器的方法与工具。第 2 章词法分析，从构词规则和词法分析两个方面讨论词法分析器的构造，内容包括：模式的描述与记号的识别，状态转换图与词法分析器，正规表达式与有限状态自动机。第 3 章语法分析，从原理上和方法上详细讨论文法和不同的语法分析方法，内容包括：语法分析器在编译器中的位置和作用，上下文无关文法与上下文有关文法、文法的二义性及其消除，自上而下的 LL 分析和自下而上的 LR 分析。第 4 章静态语义分析，介绍语法制导翻译生成中间代码的一般方法，内容包括：语法与语义、属性与语义规则，中间代码的表现形式，名字信息的保存，声明性语句的语法制导翻译，可执行语句的语法制导翻译。第 5 章运行环境，内容包括：过程的动态特性、活动树与控制栈、名字的绑定，存储分配策略、栈式存储分配与非本地数据的访问。第 6 章代码生成，简单介绍代码生成所需考虑的问题和在一个假想的计算机模型上如何生成基本块的目标代码。第 7 章代码优化，介绍优化的范围与基本方法，内容包括：局部优化、独立于机器的优化以及全局优化。

专题论述　3.6 节 LR(1)与 LALR(1)分析，内容包括：在基于 LR(0)分析的基础上讨论向前看符号（lookaheads）的作用，重点讨论最实用的 LALR(1)分析器的构造。3.7 节编译器编写工具，主要介绍 LEX 与 YACC 的基本工作原理和如何利用它们进行词法分析器、语法分析器的设计，并给出了详细的设计实例。4.2 节属性的计算，从原理上讨论属性及其性质、属性的一般计算方法以及在自下而上分析和自上而下分析中属性的同步计算。4.11 节类型检查，介绍类型系统在程序设计语言与编译器中的地位、类型与程序设计范型，详细讨论了类型表达式、类型等价、单态与多态的类型检查方法。7.3 节数据流分析简介、7.4 节数据流分析的数学基础，数据流分析是代码优化和程序分析技术的基础，在编译器构造、软件安全分析和逆向工程中均起重要作用。7.3 节介绍数据流分析的基本概念和三种典型的数据流分析算法，7.4 节对不同的数据流分析进行归纳总结，并且给出统一的数学模型。

为配合编译教学的实施，本书作者提供由西安电子科技大学软件工程研究所开发的类 LEX/YACC 工具 XDCFLEX/XDYACC，其中的 XDCFLEX 可以生成对中文注释和字符串的识别。XDCFLEX/XDYACC 基于 C/C++，可分别运行在 PC 机的 DOS 和 Windows 环境，稍加修改，也可在其它环境(如 UNIX 或 LINUX 上)运行。读者可以通过访问"http://www.xduph.com"，在本书页面下下载该软件。

本书的编写得到了西安电子科技大学出版社的支持，龚杰民教授审阅了全书，郭强和张学敏等同学为 XDCFLEX/XDYACC 的研制开发作出了贡献，在此一并表示诚挚的谢意。

本书已被作为国家级"十一五"规划教材。作者力图反映编译及其相关领域的基础知识与发展方向，并且力图用通俗的语言讲述抽象的原理。但是限于作者水平，书中难免有错误与欠妥之处，恳请读者批评指正。

作　者
2008 年 6 月

第 一 版 前 言

　　"编译原理"是国内高校计算机科学与技术专业的必修专业课之一，是一门理论与实践并重的课程，对引导学生进行科学思维和提高学生解决实际问题的能力有重要的作用。

　　"编译原理"课系统地介绍程序设计语言翻译的原理与技术，涉及的知识面比较广泛。目前国内大部分的编译教科书都存在越编越厚的现象，而由于授课时数的限制和学生接受能力的差异，教科书的内容往往并不能被充分利用，从而给学生带来不必要的经济负担。根据目前编译原理教学的实际情况，我们把"编译原理"课的内容分为基础篇和提高篇，其中基础篇的授课学时约为 50 学时，提高篇的授课学时约为 40 学时。本书是"编译原理"课的基础篇，供本科教学使用。我们编写的另一本教材《编译原理与技术》则是"编译原理"课提高篇的内容，可供研究生使用。

　　本书介绍程序设计语言翻译的基本原理与方法，全书分为六章。第一章引言，介绍有关程序设计语言和语言翻译的基本概念，内容包括：高级语言与低级语言，编译与解释，编译器基本框架，构造编译器的方法与工具。第二章词法分析，从构词规则和词法分析两个方面讨论词法分析器的构造，内容包括：模式的描述与记号的识别，状态转换图与词法分析器，正规表达式与有限状态自动机。第三章语法分析，从原理上和方法上详细讨论了文法和不同的语法分析方法，内容包括：语法分析器在编译器中的位置和作用；上下文无关文法与上下文无关语言、文法的二义性及其消除；自上而下的 LL 分析和自下而上的 LR 分析。第四章语法制导翻译生成中间代码，介绍了语法制导翻译生成中间代码的一般方法，内容包括：语法与语义、属性与语义规则；中间代码的表现形式；名字信息的保存；声明性语句的语法制导翻译；可执行语句的语法制导翻译。第五章运行环境，内容包括：过程的动态特性、活动树与控制栈、名字的绑定；存储分配策略、栈式存储分配与非本地数据的访问。第六章代码生成，简单介绍了代码生成所需考虑的问题和在一个假想的计算机模型上如何生成基本块的目标代码。书中标有"*"的章节和习题是可选内容，可根据教学情况选择使用。

　　为配合编译教学的实施，本书作者提供由西安电子科技大学软件工程研究所开发的类 LEX/YACC 工具，XDCFLEX/XDYACC，其中的 XDCFLEX 可以接受部分中文描述。XDCFLEX/XDYACC 基于 C/C++、可分别运行在 PC 机的 DOS 和 Windows 环境，稍加修改，也可在其它环境，如 UNIX 或 LINUX 上运行。

　　XDCFLEX/XDYACC 放在西安电子科技大学的网站上，具体下载地址如下：
http://www.xidian.edu.cn/soft/xdtools/xdtools.zip

或　ftp://ftp.xidian.edu.cn/soft/xdtools/xdtools.zip

　　本书的编写得到了西安电子科技大学研究生院和西安电子科技大学出版社的支持，龚杰民教授审阅了全书，郭强和张学敏等同学为XDCFLEX/XDYACC的研制开发作出了贡献，在此一并表示诚挚的谢意。

　　作者力图反映编译及其相关领域的基础知识与发展方向，并且力图用通俗的语言讲述抽象的原理。但是限于作者水平，书中难免有错误与欠妥之处，恳请读者批评指正。

作　者

2001 年 11 月

目　　录

第1章 引　言

人类相互之间通过语言进行交流，人与计算机之间也通过语言进行交流。编译原理所讨论的问题，就是如何把符合人类思维方式的、用文字描述的意愿(源程序)翻译成计算机能够理解和执行的形式(目标程序)。具体实现从源程序到目标程序转换的程序，被称为编译程序或编译器。

1.1　从面向机器的语言到面向人类的语言

计算机的硬件只能识别由 0、1 字符串组成的机器指令序列，即机器指令程序。在计算机刚刚问世的年代，人们只能向计算机输入机器指令程序来指挥它进行简单的数学计算。机器指令程序是最基本的计算机语言。由于机器指令程序不易理解，用它编写程序既困难又容易出错，于是人们就用容易记忆的符号来代替 0、1 字符串。用符号表示的指令被称为汇编指令，汇编指令的集合被称为汇编语言，由汇编语言编写的指令序列被称为汇编语言程序。虽然汇编指令比机器指令在阅读和理解上有了长足进步，但是二者之间并无本质区别，它们均要求程序设计人员根据指令工作的方式思考、解决问题。因此，人们称这类语言为面向机器的语言或低级语言。

随着计算机应用需求的不断增长，人们希望能有功能更强、抽象级别更高的语言来支持程序设计，于是就产生了面向各类应用的程序设计语言。这些语言的共同特征是便于人类的理解与使用，因此被称为面向人类的语言或高级语言。表 1.1 列出了几种面向机器和面向人类的语言及其表现形式。

表 1.1　面向机器和面向人类语言举例

分　类		语言表现形式举例
面向机器	机器语言	0000 0011 1111 0000
	汇编语言	add si, ax
面向人类	通用程序设计语言	x := a + b;　　sort(list);　　if c then a else b;
	数据查询语言	select id_no, name from student_table;
	形式化描述语言	E : E '+'E | E '*'E | id;

根据应用的不同，有着各种各样面向人类的高级语言，其中典型的有以下若干形式。
1. 通用程序设计语言
通用程序设计语言是继汇编语言之后发展起来的应用最广的一类语言，如人们常用的

FORTRAN、Pascal、C/C++、Ada83/Ada95、Java 等语言。这类语言的特征是：语言结构符合人类的思维特征，如直接使用表达式进行数学运算；具有很高抽象程度，如引入过程与类等机制；程序设计中强调逻辑过程，即程序员要考虑事情的前因后果，不但要设计做什么，还要考虑怎么做，如条件或循环的判断等。

2. 数据查询语言

与通用程序设计语言相比，数据查询语言的抽象程度更高，它只要求程序员具有清晰的逻辑思维能力，设计好做什么，而忽略怎么做这样的实现细节，从而使得对大量复杂数据的处理变得轻松简单。

3. 形式化描述语言

形式化描述语言的代表之一是编译器构造中常用的工具 YACC 的语言。这类语言的核心部分是基于数学基础的产生式，设计人员只需利用产生式描述语言结构的文法，就可以构造出识别该语言结构的识别器。

4. 其他面向特定应用领域的语言

随着计算机应用领域的不断拓展，先后出现了多种面向特定应用领域的高级语言，如面向互联网应用的 HTML、XML，面向计算机辅助设计的 MATLAB，面向集成电路设计的 VHDL、Verilog，面向虚拟现实的 VRML，等等。这些形形色色、数不胜数的计算机语言推动了计算机应用的飞速发展，使得计算机成为人类生活中不可缺少的重要部分。

1.2　语言之间的翻译

尽管人类可以借助高级语言与计算机进行交往，但是计算机硬件真正能够识别的语言只是 0、1 组成的机器指令序列，这就需要在高级语言和机器语言之间建立若干桥梁，将高级语言逐步过渡到机器语言。换句话说，我们需要若干"翻译"，把人类懂的高级语言翻译成计算机懂的机器语言。由于应用的不同，语言之间的翻译是多种多样的。图 1.1 给出了一些常见语言之间的翻译模式。在图 1.1 中，语言分为三个层次：高级语言、汇编语言、机器语言。虽然汇编语言和机器语言同属于低级语言，但是由于从汇编语言到可直接执行的机器指令之间也需要翻译，所以把它们分为不同的层次。设分别有两个高级语言 L1 和 L2，两个汇编语言 A1 和 A2，以及两个机器语言 M1 和 M2。高级语言之间的翻译一般被称为**转换**，如 FORTRAN 到 Ada 的转换等，或者被称为**预处理**，如 SQL 到 C/C++的预处理等。高级语言可以直接翻译成机器语言，也可以翻译成汇编语言，这两个翻译过程被称为**编译**。从汇编语言到机器语言的翻译被称为**汇编**。高级语言是与具体计算机无关的，而汇编语言和机器语言均是与计算机有关的。将一个汇编语言程序汇编为可在另一机器上运行的机器指令，称为**交叉汇编**，而建立在交叉汇编基础之上的编译模式，如首先将 L2 编译成 A2，再将 A2 汇编为 M1，有时也被称为**交叉编译**。上述这些翻译模式一般被认为是正向工程。在一些特定情况下需要逆向工程，如把机器语言翻译成汇编语言，或者把汇编语言翻译成高级语言，分别称它们为**反汇编**和**反编译**。值得一提的是，反编译是一件十分困难的事情。承担这些语言之间翻译任务的软件，一般被称为某某程序或某某器，为简单起见，本教材统一采用后一种方式，即将这些翻译软件称为转换器、编译器等。

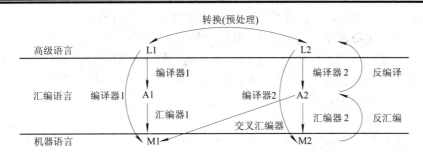

图 1.1 语言之间的翻译模式

上述语言之间的翻译虽然各不相同，但基本方法，特别是对源语言的分析方法是相同的。由于高级语言之间的转换和汇编语言到机器语言的翻译过程中，源程序和目标程序之间的结构变化不大，其处理方法相对编译器来讲一般比较简单，因此我们以编译器为例，讨论把高级语言中应用最广的通用程序设计语言翻译成汇编语言程序所涉及的基本原理、技术和方法。这些原理、技术和方法也同样适用于其他各类翻译器，同时有些技术和方法也可以被用于其他软件设计。在后续讨论中，我们约定源程序是指通用程序设计语言程序，而目标程序是指汇编语言程序。

1.3 编译器与解释器

编译器(Compiler)一词是 Grace Murray Hopper 在 20 世纪 50 年代初提出来的，而被公认为最早的编译器是 50 年代末研制的 FORTRAN 编译器。

从用户的观点来看，编译器是一个黑盒子，如图 1.2(a)所示(为简明起见，图中忽略了对目标程序的汇编过程)。源程序的翻译和翻译后程序的运行是两个独立的不同阶段。首先是编译阶段，用户输入源程序，经过编译器的处理，生成目标程序。然后是目标程序的运行阶段，根据目标程序的要求进行适当的数据输入，最终得到运行结果。

图 1.2 编译器与解释器工作方式的对比

(a) 编译器的工作方式；(b) 解释器的工作方式

解释器采用另一种方式翻译源程序。它不像编译器那样，把源程序的翻译和目标程序的运行分割开来，而是把翻译和运行结合在一起进行，翻译一段源程序，紧接着就执行它。这种方式被称为解释。在计算机应用中，凡是可以采用编译方式的地方，几乎都可以采用解释的方式。图 1.2(b)是一个解释器的工作模型。

假设有源程序：

```
read(x); write("x=",x);
```

则编译器的输入是此源程序。目标程序的输入如果是 3，则输出是 x = 3。而对于解释器，其输入端既包括上述源程序，又包括 3，其输出同样是 x = 3。

可以看出，编译器的工作相当于翻译一本原著，而计算机运行编译后的目标程序相当于阅读一本译著，原著(或原作者)和译著者并不在场，主角是译著。而解释器的工作相当于进行同声翻译，计算机运行解释器，相当于我们直接通过翻译听外宾讲话，外宾和翻译均需到场，主角是翻译。

解释器与编译器的主要区别在于：运行目标程序时的控制权在解释器而不在目标程序。因此，与编译器相比，解释器有以下两个优点：

(1) 具有较好的动态特性。解释器运行时，由于源程序也参与其中，因此数据对象的类型可以动态改变，并允许用户对源程序进行修改，且可提供较好的出错诊断，从而为用户提供了交互式的跟踪调试功能。

(2) 具有较好的可移植性。解释器一般也是用某种程序设计语言编写的，因此，只要对解释器进行重新编译，就可以使解释器运行在不同的环境中。

由于解释器的动态特性和可移植特性，在有些特定的应用中必须采用解释的方法。典型的例子是数据库系统中的动态查询语句和 Java 的字节代码。前者利用了解释器的动态特性，在程序运行时根据输入数据动态生成查询语句，然后解释执行。后者利用了解释器的可移植特性，可在任何机器上对字节代码进行解释执行，习惯上称之为 Java 虚拟机。

但是，由于解释器把源程序的翻译和目标程序的运行过程结合在一起，因此，与编译器相比，它在运行时间和空间上的损失较大，运行效率低。

(1) 时间上：在运行过程中，解释器要时间来检查源程序。例如，每一次引用变量，都要进行类型检查，甚至需要重新进行存储空间分配，从而大大降低了程序的运行速度。用早期 BASIC 编写的源程序，编译后运行和解释执行的时间比约为 1 : 10。

(2) 空间上：执行解释时，不但要有用户程序的运行空间，而且解释器和相应的运行支撑系统也要占据内存空间。

由于编译和解释的方法各有特点，因此，现有的一些编译系统既提供编译的方式，也提供解释的方式，或者采用一种中和的方式。例如在 Java 虚拟机上发展的一种新技术，称为 compiling-just-in-time，它的基本思想是，当一段代码第一次运行时，首先对它进行编译，而在其后的运行中不再进行编译。这种方法特别适合一段代码多次运行的情况，而对于大多数代码仅运行一次的情况并不适用。

从翻译的角度来讲，这两种工作方式所涉及的基本原理、方法与技术是相似的。

1.4　编译器的工作原理与基本组成

1.4.1　通用程序设计语言的主要成分

通用程序设计语言的典型特征之一是抽象，其抽象程度是以程序设计语言所支持的基本结构为特征的，可以大致划分为三种形式：过程、模块（抽象数据类型、ADT）和类。以过程为基本结构的程序设计语言的典型代表有 C、Pascal 等；以 ADT 为基本结构的程序设计语言的典型代表是 Ada83；而以类为基本结构的程序设计语言包括当前流行的 C++、Java 和 Ada95 等。这三种形式经过了一个演变的过程，每一次演变都使得程序设计语言的抽象程度得到一次提高，同时也对这些程序设计语言的编译器提出了新的要求。

类概念的引入，为利用程序设计语言构造类型提供了真正的支持，也是面向对象程序设计语言的重要特征之一。程序设计语言提供的机制与程序设计的风格有着密切的关系，以过程为基本抽象的程序设计语言支持的是过程式的程序设计范型(paradigm)；以类为基本抽象的程序设计语言支持的是面向对象的程序设计范型；以 ADT 为基本抽象的程序设计语言介于二者之间，一般被认为是面向过程的语言，但也被认为是基于对象的语言。有些面向对象的程序设计语言是由过程式的语言发展而来的，如 C++、Ada95 等，它们实质上是支持多范型的程序设计语言。

由于篇幅和授课时间所限，后续章节均以最简单的、以过程为基本结构的程序设计语言为背景进行讨论。因为无论何种形式的程序设计语言，均是由声明和操作这样两个基本元素构成的，所不同的是声明和操作的范围及复杂程度。

以过程为基本结构的程序设计语言的特征是把整个程序作为一个过程。过程由两类语句组成：声明性语句和操作性语句。一般来讲，声明性语句提供所操作对象的性质，如数据类型、值、作用域等；而操作性语句确定操作的计算次序，完成实际操作。过程由过程头和过程体两个部分组成，对应的声明性和操作性语句用例 1.1 加以说明。

【例 1.1】　有一 Pascal 语言的过程如下所示：

```
(1)    procedure sample(y: integer);
(2)        var x : integer;
(3)        begin x := y;
(4)                if x>100 then x :=0
(5)        end;
```

(1)是过程头，它是一个声明性语句，为使用者提供调用信息，包括过程名、参数、返回值(如果有的话)等。

(2)~(5)是过程体，它是一个语句序列，语句序列中既包括声明性语句，也包括操作性语句。(2)是声明性语句，而(3)~(5)是操作性语句。对于编译器来讲，它对声明性语句的处理一般是生成相应的环境(存储空间)，而对操作性语句则是生成此环境中的可执行代码序列。为了便于编译器的处理，操作性语句中使用的每个操作对象均应在使用前进行声明，即遵循先声明后引用的原则。

1.4.2　以阶段划分编译器

自然语言(如英语)的翻译有这样几个主要阶段：识别单词，识别句子，理解意思，译成中文并对译文进行合理的修饰。编译器对于计算机语言的翻译，也同样需要经历这样几个阶段：首先进行词法分析，识别出合法的单词；其次进行语法分析，得到由单词组成的句子结构；然后进行语义分析，并且生成目标程序。为了使翻译工作更好地进行，编译器往往在语义分析之后先生成所谓的中间代码，并且可以对中间代码进行优化，最后根据优化后的中间代码生成目标程序。每个阶段的工作在逻辑上由图 1.3 中的一个程序模块承担，其中符号表管理器和出错处理器贯穿编译器工作的各个阶段，为了统一，也把它们称为编译的两个阶段。

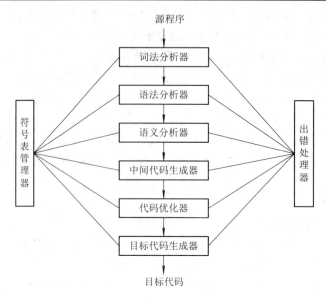

图 1.3 编译器工作的阶段

1.4.3 编译器各阶段的工作

我们以仅包含一条声明语句和一条可执行语句的 Pascal 源程序为例，说明编译器各个阶段处理的全过程。例中每个前一阶段的输出是后一阶段的输入。为了便于理解，叙述采用的是逻辑的和示意性的方法。其中表示变量名称的标识符用 id1、id2、id3 表示，目的是强调标识符的内部表示与输入序列的区别；而程序中的关键字和特殊符号以及像 60 这样的数字字面量等，均采用外部原来的表示，目的是为了直观。

【例 1.2】 有一 Pascal 源程序语句如下所示：

var x, y, z : real;

x := y + z * 60;

编译器从左到右扫描输入该语句，首先进行的是词法分析。词法分析器的输入是源程序，输出是识别出的记号流，如图 1.4 所示。

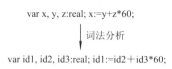

var x, y, z:real; x:=y+z*60;

词法分析

var id1, id2, id3:real; id1:=id2＋id3*60;

图 1.4 词法分析

语法分析器以词法分析器返回的记号流为输入构造句子的结构，并以树的形式表示出来，称之为语法树，如图 1.5 所示。

语义分析器根据语法分析器构造的语法树，进行适当的语义处理。对于声明语句，进行符号表的查填。符号表中，每一行存放一个符号的信息。第一行存放标识符 x 的信息，它的类型是 real，为它分配的地址是 0。第二行存放 y 的信息，它的类型是 real，为它分配的地址是 4。由此可知，我们为每个实型数分配一个大小为四个单位的存储空间。对于可执行语句，检查结构合理的表达式运算是否有意义。由于变量 x、y、z 均是 real 类型，而 60 被认为是 integer 类型，因此，语义检查时需要进行把 60 转换为 60.0 的处理。反映在语法树上，就是增加了一个新节点 itr (将整型数转换为实型数)，如图 1.6 所示。

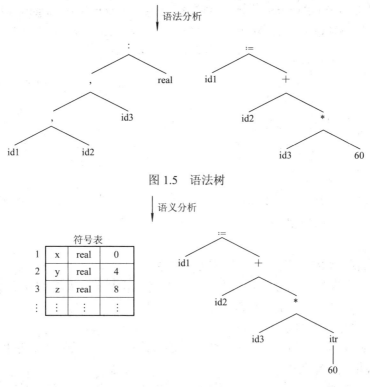

图 1.5　语法树

图 1.6　语义分析

由于声明语句并不生成可执行代码，所以到此为止，对声明语句的处理已经完成。下边开始生成中间代码，仅涉及源程序中的赋值句。中间代码生成器对语法树进行遍历，并生成可以顺序执行的中间代码序列。最常用的中间代码形式是四元式，它的基本形式为

(序号)　(op，　　　arg1，　　　　arg2，　　　　　result)
　　　　　操作符　　左操作数　　右操作数　　　　结果

操作符也被称为算符，操作数也被称为算子。上式表示第(序号)个四元式，arg1 和 arg2 进行 op 运算，结果存进 result。如四元式(+，x，y，T)表示的运算为 T := x + y，而四元式(:= ，x， ，T)表示的运算为 T := x。为了表示上的直观，有时也把四元式直接表示为 T := x + y 和 T := x 的形式。这似乎与程序设计语言中的表达式在表示上没有什么区别，因此有时需要根据上下文来确定是算术表达式还是四元式。另外，四元式的一个特征是赋值号右边最多只有一个操作符和两个操作数。中间代码生成过程如图 1.7 所示。

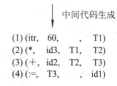

(1) (itr，　60，　　，　T1)
(2) (*，　id3，　T1，　T2)
(3) (+，　id2，　T2，　T3)
(4) (:=，　T3，　　，　id1)

图 1.7　中间代码生成

下一步就可以对中间代码进行优化了。分析上边的 4 个四元式可以看出，60 是编译时已经知道的常数，所以把它转换成 60.0 的工作可以在编译时完成，没有必要生成(1)号四元式。再看(4)号四元式，它的作用仅是把 T3 的值传给 id1(这样的运算被称为复写传播)，不

难看出，这条四元式也是多余的。经过优化后，4 个四元式减少为两个，如图 1.8 所示。

最后根据优化后的中间代码生成目标代码，如图 1.9 所示。这里的目标代码是汇编指令，其中 MOVF、MULF 和 ADDF 分别表示浮点数的传送、乘和加操作。对于二元运算 MULF 和 ADDF，操作形式为 OP source，target，它表示 target := source op target，即 sorce 与 target 进行 OP 运算，结果存进 target。对于一元运算 MOVF，操作形式为 MOVF source，target，它表示 target := source，即将 source 中的内容移进 target 中。

图 1.8 中间代码优化 图 1.9 目标代码生成

归纳上述结果，我们把编译器各阶段的工作总结如下。

1. 词法分析

词法分析器根据词法规则识别出源程序中的各个记号(token)，每个记号代表一类单词(lexeme)。源程序中常见的记号可以归为以下几大类，其中每一类均可再细分。

(1) **关键字**：如 var、begin、end 等，它们在源程序中均有特定含义，一般不作它用，在这种情况下也被称为保留字。

(2) **标识符**：如 x、y、z、sort 等，它们在源程序中被用作变量名、过程名、类型名和标号等所有对象的名称。

(3) **字面量**：如 60、Xidian University 等，一般表示常数或字符串常量，它们也可以被细分为数字字面量、字符串字面量等。

(4) **特殊符号**：如 :=、+、 ; 等，它们在源程序中均有特定含义，根据它们的作用，也可以被细分为运算符、分隔符等。

2. 语法分析

语法分析器根据语法规则识别出记号流中的结构(短语、句子等)，并构造一棵能够正确反映该结构的语法树。以后我们会看到，除了反映语言结构外，有些语法树也反映语法分析的关键步骤。因此，语法树可以是隐含的，也可以确有其"树"。语法树的数据结构一般采用典型的二叉树结构，因为任何形态的树均可以转化为二叉树。

3. 语义分析

语义分析器根据语义规则对语法树中的语法单元进行静态语义检查，如类型检查和转换等，其目的在于保证语法正确的结构在语义上也是合法的。

当分析到声明语句时，语义分析器将相应的环境信息记录在符号表中，以便在后续操作语句中使用。如例 1.2 中的三个变量都是 real 类型，而 60 被默认为 integer 类型。不同类型的数所占用的存储空间不同，例如 real 类型占用 4 个存储单元，则 3 个变量被分配的地址分别为 0、4、8。

当分析到操作性语句时，可以根据符号表中的信息判断各操作数是否合法。由于 3 个变量均为 real 类型，而 60 是 integer 类型，因此，此时的语义分析要增加一个操作 itr，即把 60 转换成 60.0。

4．中间代码生成

中间代码生成器根据语义分析器的输出生成中间代码。中间代码可以有若干种形式，它们的共同特征是与具体机器无关。最常用的一种中间代码是三地址码，它的一种实现方式是四元式。三地址码的优点是便于阅读，便于优化。

值得一提的是，无论是对于解释器还是编译器，到中间代码生成以前的各阶段(即完成语义分析)是完全一样的。语义分析完成以后，语法树已经形成，执行计算的基本元素已经具备，因此，对于解释器来讲，此时就可以直接形成计算步骤并且进行计算，没有必要再做中间代码生成和其后的工作了。或者，解释器在语义分析完成以后，生成某种中间代码，统一对此中间代码进行解释执行。由于语法树和中间代码均不依赖于任何机器，因此解释器是可移植的，其典型的例子是 Java 字节代码与 Java 虚拟机。

5．中间代码优化

优化是编译器的一个重要组成部分，由于编译器将源程序翻译成中间代码的工作是机械的、按固定模式进行的，因此，生成的中间代码往往在时间上和空间上有很大浪费。当需要生成高效目标代码时，就必须进行优化。

优化过程可以在中间代码生成阶段进行，也可以在目标代码生成阶段进行。由于中间代码是不依赖于机器的，在中间代码一级考虑优化可以避开与机器有关的因素，把精力集中在对控制流和数据流的分析上。因此，优化的大部分工作在目标代码生成之前进行，只有少部分与机器有关的优化(如局部的优化或寄存器的分配等)工作放在目标代码生成时进行。

优化实际上是一个等价变换过程，变换前后的指令序列完成同样的功能，但是，优化后的代码序列在占用的空间上和程序执行的时间上都更节省、更有效。

6．目标代码生成

目标代码生成是编译器的最后一个阶段。在生成目标代码时要考虑以下几个问题：计算机的系统结构、指令系统、寄存器的分配以及内存的组织等。

编译器生成的目标程序代码可以有多种形式。

(1) 汇编语言形式(Assembly Language Format)：编译器生成汇编语言形式的代码序列。一般来讲，生成汇编指令代码比生成二进制代码序列在处理上要简单且易读，而且，由于汇编语言仍然是符号形式的，所以特别便于实现交叉编译。它的缺点是编译之后还要经过一次汇编。

(2) 可重定位二进制代码形式(Relocatable Binary Format)：这实际上是编译器常采用的一种目标代码。编译器生成二进制代码模块，模块内地址以模块首地址相对寻址，经过链接程序进行链接。链接时还需把程序中所引用的预定义标准例程和其他已编译过的模块包括进来，最后形成一个可直接运行的代码序列。

(3) 内存形式(Memory-Image Format)：编译器生成的代码序列直接被装入原编译器所在的位置并被立即执行，反映在外部也就是编译后马上运行。这类形式在英文中也被称为 Load-and-Go。由于这种形式不生成以文件形式存放在磁盘上的目标代码，也没有被链接的过程，因而特别适合初学者或在程序的调试阶段使用。它的缺点是运行一次就需要编译一次。

由于这三种形式各有其他形式无法替代的特点，因而有些编译器同时提供这三种或者其中两种形式，用户可以根据需要选择使用。

7. 符号表管理

符号表的作用是记录源程序中符号的必要信息，并加以合理组织，从而在编译器的各个阶段能对它们进行快速、准确的查找和操作。符号表中的某些内容甚至要保留到程序的运行阶段。

8. 出错处理

由于例 1.2 中给出的是一个没有错误的源程序，因而出错处理是一个还未涉及的阶段。但是，用户编写的源程序中往往会有一些错误，这些错误大致被分为动态错误和静态错误两类。所谓动态错误，是指源程序中的逻辑错误，它们发生在程序运行的时候，也被称为动态语义错误，如变量取值为零时被作为除数，数组元素引用时下标出界等。静态错误又可分为语法错误和静态语义错误。语法错误是指有关语言结构上的错误，如单词拼写错、表达式中缺少操作数、begin 和 end 不匹配等。静态语义错误是指分析源程序时可以发现的语言意义上的错误，如加法的两个操作数中一个是整型变量名，而另一个是数组名等。

静态错误应该在编译的不同阶段被检查出来，并且采用适当的策略修复它们，使得分析过程能够继续下去，直到源程序的结束。遇到一个错误就使编译器停止工作的做法是不负责任的，也是用户难以接受的。

1.4.4 编译器的分析/综合模式

对于编译器的各个阶段，逻辑上可以把它们划分为两个部分，即分析部分和综合部分。从词法分析到中间代码生成各阶段的工作称为分析，而以后直到目标代码生成各阶段的工作被称为综合。分析部分也被称为编译器的前端，综合部分也被称为编译器的后端。图 1.10 所示是理想的分析/综合模式。在这里，中间代码起了分水岭的作用，由于中间代码是与机器无关的，因此它把编译器分成了与机器有关和无关的两部分，从而提高了编译器开发和维护的效率。例如，对于一种程序设计语言，可以开发一个共同的前端，再针对不同的机器设计不同的后端，并且语言结构的修改往往只涉及前端的维护。也可以针对某一机器开发一个后端，而对于不同的语言设计各自的前端，生成同一种中间代码，从而得到一个机器上的若干个编译器。另外，编译器和解释器的区别也往往是在形成中间代码之后开始的：编译器根据中间代码生成目标代码，而解释器解释中间代码得到运行结果。值得注意的是，编译器和解释器所需的中间代码形式可能有所不同。

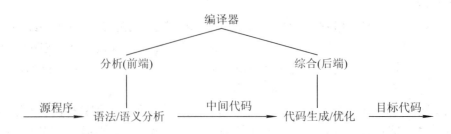

图 1.10　编译器的分析/综合模式

1.4.5 编译器扫描的遍数

在图 1.3 所示的编译器模型中,编译器工作的每个阶段都对以某种形式表示的完整程序进行一遍分析。我们把每个阶段将程序完整分析一遍的工作模式称为一遍扫描。例如,词法分析器对输入源程序进行第一遍扫描,把源程序分解成一串记号流,并进行必要的符号登记工作(由符号表管理器处理)。语法分析器进行第二遍扫描,它以词法分析器输出的记号流为输入,识别出语言结构,如赋值语句、过程定义等,并建立和输出对应的语法树。依此类推,最后生成目标程序。但是,这样一个阶段对应一遍扫描的工作方式只是逻辑上的。由于多次扫描的方式需要大量的存储空间存放中间表示,并且也会增加一些不必要的输入输出操作,因此,编译器往往把若干个阶段的工作结合起来,对应进行一遍扫描,从而减少对程序的扫描遍数。原理上希望扫描的遍数越少越好,这就必须保证两点:

(1) 为编译器的运行提供足够大的空间。由于若干阶段的工作合并在一遍扫描中完成,所以处理各阶段工作的程序都随时准备运行,而且各阶段所需的信息也要同时放在内存中。随着计算机硬件技术的发展,空间已不成为问题。

(2) 从语言的设计上和编译技术上为减少扫描遍数提供支持。在语言设计上,尽量使得编译器可以仅由已扫描过的内容就得到足够的信息。例如,许多程序设计语言都要求对标识符先声明后引用,这就保证了任何一个标识符出现时就可以确定它的性质,而不需要扫描标识符以后的程序部分。另外,也可以采用一些专门技术来达到类似目的。最典型的例子是转移语句的翻译。大多数程序设计语言允许向前转移的 goto 语句,而遇到 goto 语句时,其具体转向并不知道,因而无法确定此语句的转向地址。对于这种情况,可以采用一种称为"拉链/回填"的技术,把生成的转移指令中确定不了的转移地址先暂时空起,等到地址确定后再回填进去。

虽然从编译器工作效率的角度讲,一遍扫描是最好的。但是,由于各种原因,若干遍扫描也是不可少的。例如,由于中间代码界定了前端和后端,并且两个部分的工作有很大区别,因此,往往至少将前端进行一遍扫描。另外,为了生成高质量的目标代码,需要对中间代码进行优化,而全局性的控制流和数据流分析也应该对中间代码进行一遍扫描。总之,对一个具体的编译器,要确定用几遍扫描来完成,需要综合考虑各种因素,折中取得最佳效果。

1.5 编译器的编写

编译器本身也是一个程序,那么用什么编写编译器呢? 早期人们用汇编语言编写编译器。众所周知,人工可以编写出效率很高的程序,但由于编译器本身是一个十分复杂的系统(如早期的 FORTRAN 用了 18 人年才完成),而用汇编语言编写编译器的效率很低,往往给实现带来很大困难。因此,除了特别需要,人们早已不再用汇编语言编写完整的编译器。现在常用通用程序设计语言编写编译器,它的效率比汇编语言要高得多。不过,用单纯程序设计的方法来对付编译器这样的庞然大物也显得不够。为此,需要一些专门的编译器编写工具来支持编译器某些部分的自动生成。比较成熟和通用的工具有词法分析器生成器和语法分析器生成器，如被广泛应用的 LEX 和 YACC。另外，还有一些工具，如语法制导翻译工具(用于语义分析)、自动代码生成器(用于中间代码生成和目标代码生成)和数据流工具(用于优化)等。这些工具的共同特点是，仅需要对语言相应部分的特征进行描述，而把生成算法的过程隐蔽起来，同时所生成的部分可以很容易地并入到编译器的其他部分中。因此，这些工具往往与某程序设计语言联系在一起，如与 LEX 和 YACC 联系的程序设计语言是 C 语言。

1.6　本 章 小 结

编译原理是一门理论和实践并重的课程，大部分同学都会感到学习这门课程十分困难。其关键问题是掌握好学习方法，在此我们强调两点：

(1) 牢固掌握基本概念，这要进行大量的阅读，并通过阅读加深理解。

(2) 灵活使用基本方法，这要在阅读理解的基础上做好习题和上机作业。

做到这两点，学好这门课程就不会成为难事。正所谓"难者不会，会者不难"。

本章介绍了有关程序设计语言和编译器的以下几个重要概念。

1. 语言的翻译

(1) 面向人类的高级语言，如通用程序设计语言 Pascal、C/C++、Java、Ada 以及一些有特定应用领域的语言等。

(2) 面向机器的低级语言，如汇编语言和二进制机器代码等。

(3) 编译器与汇编器。把高级语言翻译成低级语言的程序被称为编译器(或解释器)，把汇编语言翻译成机器代码的程序被称为汇编器。

(4) 编译器与解释器。编译器首先把源代码翻译成目标代码，然后执行目标代码；解释器一边翻译源代码，一边执行解释后的代码。

2. 编译器的基本组成

以阶段划分编译器，包括词法分析、语法分析、语义分析、中间代码生成、中间代码优化、目标代码生成、符号表管理以及出错处理等组成部分。

3. 编译器的分析/综合模式

编译器分为前端和后端。前端称为分析，它的输出与机器无关；后端称为综合，以前端的输出为输入，其输出与具体机器指令密切相关。编译器的这种划分方式有利于编译器的开发、维护与移植。

4. 编译器的扫描遍数

对程序(源程序、中间表示等)的一次完整的扫描称为一遍扫描。影响扫描遍数的因素是多样的，减少扫描遍数的思路也是多样的。

5. 编译器的编写工具

特别需要了解的是词法分析器和语法分析器的编写工具。

习　题

1.1　列举出你所使用过的所有计算机语言和所有的"翻译"程序(编译、解释、汇编等)。

1.2　如果在 Pascal 源程序中出现这样一些情况：12x　　2*/3　　3.5 + "end"　x/y（运行时 y = 0），请指出它们分别是什么类型的错误。

1.3　从你使用过的编译器中选择一个最熟悉的，写出从编写到运行一个应用程序的全过程。

第 2 章　词 法 分 析

在我们生活的社会中，为了维持社会的正常运转，必须制定各种法律并且有相应的执法机构保证法律的贯彻执行。程序设计语言的基本元素——单词的集合，也是这样的一个"社会"，必须为这一集合制定法律并设立相应的检查和执行机构。因此，词法分析在此处具有双重含义：

(1) 规定单词形成的规则，也被称为构词规则或词法规则。它的作用相当于立法，即规定什么样的输入序列是语言所允许的合法单词。

(2) 根据构词规则识别输入序列，也被称为词法分析。它的作用相当于执法，即根据规则识别出合法的单词并指出非法的输入序列。

本章首先简单介绍若干与词法分析有关的基本概念和相关问题，然后对单词形成的规则和根据这些规则构造词法分析器的方法进行理论上和方法上的详细讨论。

2.1　词法分析中的若干问题

2.1.1　记号、模式与单词

自然语言中的句子通常由一个个单词和标点符号组成，可以根据其在句子中的作用，将它们划分为动词、名词、形容词、标点符号等不同的种类。程序设计语言与此相类似，组成语句的基本单元也可根据其在句子中的作用分类。最基本的分类有四类。

(1) 关键字(保留字)：这类单词在程序设计语言中有固定的意义，如 begin、end、while 等。若在程序设计语言中不允许用它们再表示其他的意思，则这类单词也被称为保留字。

(2) 标识符：标识符是程序设计语言中最大的一个类别，它的作用是为某个实体起一个名字，以便于今后称呼(引用)，如 draw_line、sort 等。可以用标识符来命名的实体包括类型、变量、过程、常量、类、对象、程序包、标号等，即类型名、变量名、过程名、常量名等。

(3) 字面量：字面量是指直接以其字面值所表示的常量，如 25、true、"This is a string" 等。值得注意的是，字面量与常量是两个不同的概念，常量可以是一个字面量(直接表示)，也可以是一个常量名(命名表示)。例如可以在 Pascal 中声明：const max_length = 25，显然 25 是一个常量，max_length 也是一个常量，我们称 25 为字面量，而不称 max_length 为字面量。根据字面量的内容，可以将它们再进行更细的划分，如常数字面量(包括整型字面量、实型字面量、枚举字面量等)、字符串字面量等。

(4) 特殊符号：程序设计语言中的特殊符号，类似于自然语言中的标点符号，每个符号在程序设计语言中均有特殊用途。可以根据用途，将它们再细分为算符(如+、-、*、/等)、分隔符(如;、"、'等)。

显然，一个单词究竟是标识符、关键字，还是特殊符号，需要根据一定的构词规则来产生和识别。我们将产生和识别单词的规则称为**模式**(pattern)，按照某个模式(规则)识别出的元素称为**记号**(token)，而**单词**(lexeme)一词是指被识别出的元素自身的值。

【例 2.1】 对于语句：position := initial + rate * 60，可以识别出下述序列：

标识符 特殊符号 标识符 特殊符号 标识符 特殊符号 数字字面量

其中 position、initial、rate 均被识别为标识符，因为它们均符合同一条规则，即以字母打头的字母数字串。记号至少含有两个信息：一个是记号的类别，如"标识符"；另一个是记号的值，如"position"。显然，如果把记号看做是一个类型的话，则单词就是一个类型中的实例。由于我们总是说识别出一个标识符，而不说识别出一个 position 或 rate，因而将词法分析器识别出的序列称为记号流。 ■

记号的类别、模式以及单词三者之间的关系可以用表 2.1 加以说明。其中，const 和 if 分别是被细分的关键字，它们的特点是一个记号类别仅对应一个单词；relation 表示关系运算符，id 表示标识符，num 表示数字字面量，literal 表示字符串字面量，comment 表示注释，它们的特点是一个记号类别可以对应若干个单词。由于语法分析及其后的阶段并不对注释进行分析，因而可在词法分析阶段中滤掉注释，即词法分析器可以不向语法分析器返回 comment。而其他的记号均是源程序中的有效成分，需要返回给语法分析器。

表 2.1 记号、模式与单词

记号的类别	单词举例	模式的非形式化描述
const(01)	const	const
if(03)	if	if
relation(81)	<, <=, =, <>, >, >=	<或<=或=...
id(82)	Pi，count, D2	以字母打头的字母数字串
num(83)	3.1416, 0, 6.02E23	任何数值常数
literal(84)	"core dumped"	双引号之间的任意字符串
comment	{x is an integer}	括号之间的任意字符串

2.1.2 记号的属性

从例 2.1 中已经知道，记号至少包含两个部分：记号类别和记号的其他信息。可以看出，记号的类别唯一标识一类记号，例如所有的关系运算符均可以由 relation 来标识，而所有字符串字面量均可以由 literal 来标识。所以，记号的类别可以被认为是记号的名字或记号的代表，在不引起混淆的情况下，将记号的类别简称为记号。记号的其他信息被称为记号的属性。例如，num 可以取值 3.1416，则称 3.1416 是 num 的属性，而 literal 可以取值"core dumped"(不含引号)，则称"core dumped"是 literal 的属性。由此可见，记号的类别标识一类记号，而记号的类别加属性标识一个记号实例。

在计算机内部，可以有不同的方式来表示记号的类别和属性。一般情况下，记号的类别可以用整型编码或枚举类型表示。表 2.1 中每个记号类别可以用括号中的整型编码表示，如 01 表示 const，82 表示 id 等。根据记号类别的不同，记号的属性值可以有不同的表示方法。relation 的属性值是一个有限可枚举集合，可以用每个属性值在集合中的位置来表示它，如 1 表示<，2 表示<=，依此类推。id 的属性值是一个无限可枚举集合，因此，只能用每个标识符的原始输入形式(字符串)来表示，如 pi、draw_line 等。字面量的属性根据情况，其表示方式也不同，如数字字面量可由转义后的实际值表示，如表示为 3.1416 而不是"3.1416"，而字符串字面量就无需转义。

【例 2.2】 表达式 mycount>25 由表 2.2 的三个记号组成。其中标识符的属性值也可以由 mycount 在符号表中的入口(下标)来表示。　■

表 2.2　记号的表示

记号的类别	记号的属性
82	"mycount"
81	5
83	25

2.1.3　词法分析器的作用与工作方式

词法分析器是编译器中唯一与源程序打交道的部分，从某种意义说，也可以被认为是整个编译器的预处理器。它的主要工作包括：

(1) 滤掉源程序中的无用成分，如注释、空格、回车等。例如，表 2.1 中记号的类别除了 comment 之外，均有一个编码，表示需要递交给语法分析器进行后续的处理，而 comment 没有对应编码，表示注释成分可以过滤掉，不需要递交，因为语法分析及其之后的各个阶段已经不再需要它们。

(2) 处理与具体平台有关的输入。不同的操作系统或相关软件构成的平台，对某些特殊符号(如文件结束符等)可能有不同表示，因此需要在词法分析阶段分情况处理。

(3) 识别记号，并交给语法分析器。这是词法分析器的主要任务，本章将在各节中详细讨论。

(4) 调用符号表管理器或出错处理器，进行相关处理。词法错误是源程序中常见的错误，如出现非法字符、拼错关键字、多或少字符等。值得注意的是，词法错误往往不是由词法分析器检查出来的，而是由语法分析器发现的。这是因为，源程序中除了非法字符之外的大部分字符或字符串，都可以被词法分析器的某个模式所匹配，从而被识别成一个记号。而这些记号的正确与否，在没有上下文对照的情况下，是很难判断的。例如，12x 被认为是一个非法的 Pascal 的标识符，但是，由于 12 可以被识别整型数的模式匹配，而 x 可以被识别标识符的模式匹配，因而词法分析器会分别识别出一个整型数和一个标识符，而不是报告一个错误。

根据编译器的总体需求，词法分析器在整个编译器中可以有不同的工作方式。

(1) 词法分析器作为语法分析器的子程序。最常采用也最容易实现的工作方式，是将词法分析器作为语法分析器的子程序，每当语法分析器需要一个记号时，就调用词法分析器，并得到一个识别出的记号。其工作方式如图 2.1 所示。

(2) 词法分析器单独进行一遍扫描。另一种常用的工作方式是安排词法分析器单独进行一遍扫描，它以源程序为输入，输出是以记号流形式表示的源程序。其工作方式如图 2.2 所示。

图 2.1　作为子程序的词法分析器　　　图 2.2　词法分析器单独进行一遍扫描

(3) 与语法分析器并行工作的模式。上述两种词法分析器的工作模式与语法分析器的关系均被认为是串行的。为了提高编译器的效率，可以通过一个队列，使词法分析器和语法分析器以生产/消费的形式并行工作。词法分析器将识别出的记号流输出到队列中，语法分析器从队列中取得记号，只要队列中有识别出的记号且队列未满，词法分析器和语法分析器就可以同时工作。其工作方式如图 2.3 所示。

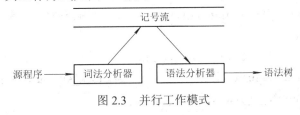

图 2.3　并行工作模式

2.1.4　输入缓冲区

词法分析器是编译器中读入源程序字符序列的唯一阶段，而相当可观的编译时间又消耗在词法分析阶段，所以，加快词法分析是设计编译器时要考虑的重要问题之一。可以通过设立输入缓冲区来加快读入源程序字符序列的速度。

如果使用词法分析器生成器编写词法分析器，则生成器会提供读入和缓冲输入序列的例程；而如果采用通用程序设计语言编写词法分析器，就需要显式地管理源程序的读取。

输入缓冲区一般被设计为一块与磁盘扇区大小成倍数关系的内存。若一个扇区为 1024 字节，则输入缓冲区可以取 1024、4096 或 8192 字节等。这样可以保证对缓冲区的一次输入所需的 I/O 操作次数尽可能少。

输入缓冲区的安排一般采用单缓冲区或双缓冲区(缓冲区对)的方式。下面所介绍的是单缓冲区方式，它也是词法分析器生成器 FLEX 所采用的方式。

图 2.4 是一个单缓冲区的示意图。有效输入序列从缓冲区的起始位置开始存放，最后添加一个特殊标记(此处用 # 表示)：若缓冲区一次装不下整个源程序，它就表示缓冲区的结束，否则它紧跟在文件结束符(eof)之后，表示整个输入源程序的结束。用两个指针 c_ptr 和 f_ptr 分别指向当前被识别记号的第一个字符和向前扫描的字符。最初，两个指针同时指向下一个被识别记号的第一个字符，f_ptr 向前扫描，直到某个模式匹配成功。一旦这个记号被确定，f_ptr 指向被识别出记号的右端字符，在此记号被处理后，两个指针都移向该记号之后的下一个字符。在 f_ptr 向前扫描的过程中，如果遇到文件结束标志，则表示输入序列已被处理完。如果遇到特殊标记 #，说明缓冲区中的内容需要更新。这时，首先将 c_ptr 到 f_ptr 所指的内容(不包括特殊标记)移到缓冲区的起始位置，然后将新的内容读进缓冲区，最后加

上特殊标记。具体算法如下：

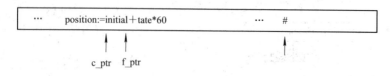

图 2.4　单缓冲区

procedure get_next_buffer(buffer，start，length) is
　　　　-- start 和 length 是仍需保留在缓冲区中字符串的起始位置和长度
begin
　　if　length>=buffer_size　　　　　　　　-- buffer_size 是缓冲区的实际容量
　　then return error;
　　else for　i in low..low+length–1　　　　-- low 是缓冲区下界，假设从 0 开始
　　　　loop buffer(i) := buffer(start+i–low);　-- 把剩余的输入移到缓冲区头部
　　　　end　loop;
　　　　num_to_read := buffer_size–length;
　　　　if number_to_read>block_size　　　　-- block_size 应是磁盘扇区的整数倍
　　　　then number_to_read := block_size;
　　　　end if ;
　　　　read_buffer(buffer，length+low，num_to_read);
　　end　if;
end get_next_buffer;

假设被扫描的输入序列的最大长度不超过 max_length，则可以选择 buffer_size = block_size + max_length，即缓冲区的大小是磁盘扇区大小的整数倍加上一个最长可能被扫描的输入序列。这种缓冲技术能胜任大多数情况，但在向前被扫描字符个数超过缓冲区长度的极端情况下会失效。早期的程序设计语言通常采用开括号与闭括号的方式标识注释，如表 2.1 中的 comment，如果程序员不小心忘记书写闭括号，而词法分析器的设计又将 comment 作为一个完整的记号识别，就会出现被扫描字符个数超过缓冲区长度的情况。因此，后来设计的程序设计语言大多采用仅有开括号，而默认换行标志为闭括号的注释方式，如上述算法中的"--"(Ada 的注释方式)或者 C++中的"//"，从根本上杜绝了这种极端情况。

2.2　模式的形式化描述

2.2.1　字符串与语言

从词法分析的角度看，程序设计语言是由记号组成的集合，每个记号又是由若干字母按照一定规则组成的字符串。为了讨论的简单性和准确性，本章对常用的术语以定义的方式给出。有一点需要强调，编译领域的很多名词术语的使用并不统一，因此希望读者掌握"是什么"，而不是"叫什么"。

在下述讨论中，我们首先定义一个泛泛的"语言"，然后在此基础上规定一个正规集，而程序设计语言就是一个正规集。

定义 2.1 语言 L 是有限字母表 Σ 上有限长度字符串的集合。 ■

定义 2.1 明确指出，语言是一个集合，集合中的元素是字符串，并且强调了两个有限：

(1) 字母表是有限的，即字母表中的元素是有限多个。

(2) 字符串的长度是有限的，即字符串中字符的个数是有限多个。

这是由于计算机所能表示的字符个数和字符串的长度都是有限的。

由于字符串的有序性，使得以字符串作为元素的集合具有某些特性。字符串和集合的基本概念及特性以表格的形式分别列在表 2.3 和表 2.4 中。其中，字符串的连接运算是一种新形式的运算，它表示两个字符串首尾相接，形成一个新的字符串。例如，S1 = "pre"，S2 = "fix"， 则 S1S2 = "prefix"。值得注意的是，集合中连接运算所形成的新集合与交运算所形成的新集合完全不同。例如，若 L = {"pre"}，M = {"fix"}，则 L∩M = Φ，而 LM = {"prefix"}。

表 2.3 字符串的基本概念

表示、术语	意　义
$|S|$	字符串 S 的长度，即 S 中字符的个数
ε	空串，即长度为 0 的字符串
S1S2	字符串 S1 和 S2 的连接
S^n	字符串 S 的 n 次方，表示 S 自身连接 n 次
S 的前缀 X	去掉 S 尾部 0 或若干字符形成的字符串
S 的后缀 X	去掉 S 头部 0 或若干字符形成的字符串
S 的子串 X	去掉 S 的前缀和/或后缀形成的字符串
S 的真前缀、真后缀、真子串 X	X 是 S 的一个前缀、后缀或子串，并且具有性质： ① X≠S;　② $|X|>0$
S 的子序列 X	S 中去掉 0 或若干个不一定连续的字符后形成的字符串

表 2.4 字符串集合的基本运算

表示、术语	意　义
Φ	空集合，即元素个数为 0 的集合
{ε}	空串作为唯一元素的集合
X=L∪M	X 是集合 L 和 M 的并：X={s|s∈L or s∈M }
X=L∩M	X 是集合 L 和 M 的交：X={s|s∈L and s∈M}
X=LM	X 是集合 L 和 M 的连接：X={st|s∈L and t∈M }
X=L－M	X 是集合 L 与 M 的差：X={s|s∈L and s∉M }
X=L*	X 是集合 L 的闭包：X=$L^0 \cup L^1 \cup L^2 \cup \cdots$
X=L+	X 是集合 L 的正闭包：X=$L^1 \cup L^2 \cup L^3 \cup \cdots$

2.2.2 正规式与正规集

定义 2.2 令 Σ 是一个有限字母表，则 Σ 上的正规式及其表示的集合递归定义如下：

(1) ε 是正规式，它表示集合 L(ε)={ ε }。

(2) 若 a 是 Σ 上的字符，则 a 是正规式，它表示集合 L(a) = {a}。

(3) 若正规式 r 和 s 分别表示集合 L(r) 和 L(s)，则

    ① r|s 是正规式，表示集合 L(r)∪L(s)；

    ② rs 是正规式，表示集合 L(r)L(s)；

    ③ r^* 是正规式，表示集合 $(L(r))^*$；

    ④ (r) 是正规式，表示的集合仍然是 L(r)。

可用正规式描述的语言称为正规语言或正规集。

定义 2.2 中(1)和(2)规定了正规式的基本操作数或基本正规式。定义 2.2 的(3)给出了正规式上的三种运算：或运算①、连接运算②①和闭包运算③。对于由多个操作数和多个操作符组成的正规式，可以利用④所给的括号规定运算的先后次序。如果对或、连接和闭包运算进行如下约定：

(1) 三种运算均具有左结合性质。

(2) 运算的优先级从高到低顺序排列为：闭包运算、连接运算、或运算。

则正规式中不必要的括号可以被省略。例如，$(a)|((b)^*(c))$ 可以简化成 $a|b^*c$。

【例 2.3】 设字母表 Σ = {a，b，c}，部分 Σ 上的正规式和正规式所表示的正规集如表 2.5 所示。

表 2.5 正规式与它表示的正规集

正规式	正 规 集
a，b，c	{a}，{b}，{c}
a|b	{a} ∪ {b}={a，b}
$a(a|b)^*$	{a，aa，ab，aba，abb，aab，…}，以 a 为首的 a，b 字符串
$Σ^*$	{ε，a，b，c，aa，ab，ac，ba，bb，bc，ca，cb，cc，abc，…}

正规集是一个集合，而正规式是表示正规集的一种方法。正如不同算术表达式可以表示同一个数(如 3 + 5、5 + 3、2 + 6 等均表示 8)一样，不同正规式也可以表示同一个正规集，即正规式与正规集之间是多对一的关系。

【例 2.4】 令 L(x)={a，b}，L(y)={c，d}，则

    L(x|y)={a，b，c，d}

    L(y|x)={a，b，c，d}

x|y 和 y|x 表示同一个正规集。

定义 2.3 若正规式 P 和 Q 表示了同一个正规集，则称 P 和 Q 是等价的，记为 P = Q。

正规式之间的一些恒等运算被称为正规式的代数性质。表 2.6 给出了正规式的若干代数

---

① 连接运算的运算符在有些教材中用"·"表示，例如 r 和 s 的连接表示为 r·s。此处采用大部分教材通用的简化形式，忽略"·"，将 r·s 表示为 rs。但希望读者心中清楚，rs 之间有一个连接运算符"·"。

性质。利用这些性质，可以对复杂的正规式进行化简，使得可以用最简单形式的正规式表示一个集合。而简单的正规式意味着其所对应的识别器的构造也是简单的。

表 2.6 正规式的代数性质

公 理	公 理
r|s = s|r	(rs)t = r(st)
r|(s|t) = (r|s)|t	εr = r，rε = r
r(s|t) = rs|rt	r* = (r$^+$|ε)
(s|t)r = sr|tr	r** = r*

2.2.3 记号的说明

表 2.1 中用自然语言对模式进行了非形式化的描述，例如标识符模式的非形式化描述是"以字母打头的字母数字串"。这一描述很不精确，存在一些问题，如哪些符号是字母，哪些符号是数字，字母数字串的长度可以是多少，等等。

由于正规式是严格的数学表达式，采用正规式来描述模式，解决了精确描述模式的问题。另外，从词法分析器的角度看程序设计语言，用正规式说明的记号是一个正规集。

用正规式说明记号的公式为：记号 = 正规式，可以读为"(左边)记号定义为(右边)正规式"，或者"记号是正规式"。通常，在不引起混淆的情况下，也把说明记号的公式简称为正规式或者规则。

【例 2.5】 表 2.1 中的记号 relation、id 和 num 分别是 Pascal 的关系运算符、标识符和无符号数，它们的正规式表示如下所示：

relation = < | <= | <> | > | >= | =
id = (a|b|c|d|e|f|g|h|i|j|k|l|m|n|o|p|q|r|s|t|u|v|w|x|y|z
　　|A|B|C|D|E|F|G|H|I|J|K|L|M|N|O|P|Q|R|S|T|U|V|W|X|Y|Z)
　　(a|b|c|d|e|f|g|h|i|j|k|l|m|n|o|p|q|r|s|t|u|v|w|x|y|z
　　|A|B|C|D|E|F|G|H|I|J|K|L|M|N|O|P|Q|R|S|T|U|V|W|X|Y|Z|0|1|2|3|4|5|6|7|8|9)*
num = (0|1|2|3|4|5|6|7|8|9)(0|1|2|3|4|5|6|7|8|9)*
　　(ε|.(0|1|2|3|4|5|6|7|8|9)(0|1|2|3|4|5|6|7|8|9)*)
　　(ε|E(+|-|ε)(0|1|2|3|4|5|6|7|8|9)(0|1|2|3|4|5|6|7|8|9)*)

上述正规式给出了标识符的精确定义，用自然语言可以描述为"字母是英文 26 个字母大小写中的任何一个，数字是十进制阿拉伯数字中的任何一个，标识符是以字母打头的、其后可跟随 0 个或若干个字母或数字的字符串"。

这样的描述方式虽然精确，但是烦琐且不易读写。实际应用中采用以下两种方法来化简对记号的说明。

1. 简化正规式描述

为了简化正规式的描述，通常可以采用如下几种正规式的缩写形式：

(1) 正闭包。若 r 是表示 L(r) 的正规式，则 r$^+$是表示(L(r))$^+$的正规式，且下述等式成立：

$$r^+ = rr^* = r^*r, \quad r^* = r^+|\varepsilon$$

+ 与 * 具有相同的运算优先级和结合性。

(2) 可缺省。若 r 是正规式，则(r)?是表示 $L(r) \cup \{\varepsilon\}$ 的正规式，且下述等式成立：

$$r?=r \mid \varepsilon$$

(3) 字符组。字符组是或关系的缩写形式，它把所有存在或关系的字符集中在[ ]里面。其中的字符可以有如下两种书写方式：

① 枚举方式，如[abc]，它等价于a|b|c；

② 分段方式，如[0-9a-z]，它等价于[0123456789abcdefghijklmnopqrstuvwxyz]。

(4) 非字符组。若[r]是一个字符组形式的正规式，则[^r]是表示 $\Sigma - L([r])$ 的正规式。例如，若$\Sigma=\{a, b, c, d, e, f, g\}$，则 L([^abc]) = { d, e, f, g }。

(5) 串。若 r 是字符连接运算的正规式，则串"r"与 r 等价，即r="r"。特别地，ε="", a="a"。引入串的表示可以避免与正规式中运算符的冲突。例如："a|b"="a"|"b"≠a|b。

2. 引入辅助定义式

引入辅助定义式的主要目的是为较复杂、但需要重复书写的正规式命名，并在定义式之后的引用中用名字代替相应的正规式。所以，辅助定义式实质上仍然是正规式，唯一的区别是正规式与外部模式匹配，而辅助定义式不与任何模式匹配。

【例 2.6】 引入正规式的缩写形式和辅助定义式后，id 和 num 的正规式可重写如下：

char	= [a-zA-Z]
digit	= [0-9]
digits	= digit$^+$
optional_fraction	= (. digits)?
optional_exponent	= (E (+|−)? digits)?
id	= char (char|digit)*
num	= digits optional_fraction optional_exponent

2.3 记号的识别——有限自动机

用正规式对模式进行形式化的描述，解决了说明记号的问题。而对记号的识别，可以用有限自动机来完成。根据其下一状态转移是否确定，可以将有限自动机划分为不确定的有限自动机和确定的有限自动机。

2.3.1 不确定的有限自动机(Nondeterministic Finite Automata，NFA)

定义 2.4 NFA 是一个五元组(5-tuple) M =(S，Σ，move，s0，F)，其中：

(1) S 是有限个状态(state)的集合。

(2) Σ 是有限个输入字符(包括 ε)的集合。

(3) move 是一个状态转移函数，move(si，ch)=sj 表示当前状态 si 下若遇到输入字符 ch，则转移到状态 sj。

(4) s0 是唯一的初态(也称开始状态)。

(5) F 是终态集(也称接受状态集),它是 S 的子集,包含了所有的终态。 ■

有限自动机是一个抽象的概念,可以用两种直观的方式——状态转换图和状态转换矩阵来表示,这两种方式分别简称为转换图和转换矩阵。转换图是一个有向图,NFA 中的每个状态对应转换图中的一个节点;NFA 中的每个 move 函数对应转换图中的一条有向边,该有向边从 si 节点出发,进入 sj 节点,字符 ch(或 ε)是边上的标记。显然,NFA 的初态是转换图中除去环后没有前驱的节点,而 NFA 的终态在转换图中用有别于其他节点的方法表示。例如,若节点用一个圆圈表示,则终态节点可以用一个加粗的圆圈或者双圈表示。转换矩阵是一个二维数组,其中每个元素 M[si, ch]中的内容是从状态 si 经 ch 到达的下一状态。在转换矩阵中,一般以矩阵第一行所对应的状态为初态,而终态需要特别指出。

【例 2.7】 识别由正规式(a|b)*abb 说明的记号的 NFA 定义如下:

S={0,1,2,3}, Σ={a,b}, s0 = 0, F={3}

move = { move(0,a)=0, move(0,a)=1, move(0,b)=0, move(1,b)=2, move(2,b)=3}

它的转换图和转换矩阵表示如图 2.5 所示。在转换矩阵中,需指出 0 是初态,3 是终态。 ■

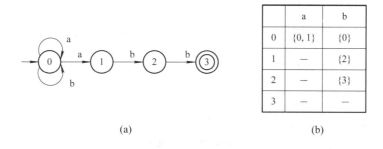

	a	b
0	{0, 1}	{0}
1	—	{2}
2	—	{3}
3	—	—

(a)　　　　　　　　　(b)

图 2.5 识别(a|b)*abb 的 NFA

(a) 转换图表示的 NFA; (b) 转换矩阵表示的 NFA

【例 2.8】 识别表 2.1 中记号 id、num 和 relation 的转换图如图 2.6 所示。id 和 num 依据的是例 2.6 中简化的正规式。不难看出,转换图识别的每一个记号实质上是从初态开始到某个终态的路径上的标记。例如,在识别 relation 的转换图中,从 0 开始到 2 的路径标记是"<=",表示在终态 2 处识别出一个关系运算符,语句 return(relation, LE)表示此处可以返回记号的种类 relation 和关系运算符的值 LE(小于等于号)。 ■

NFA 的特点是它的**不确定性**,即在当前状态下,对同一个字符 ch,可能有多于一个的下一状态转移。不确定性反映在 NFA 的定义中,就是 move 函数是一对多的;反映在转换图中,就是从一个节点可通过多于一条标记相同字符的边转移到不同的状态;反映在转换矩阵中,就是 M[si, ch]中不是一个单一状态,而是一个状态的集合。

用 NFA 识别输入序列的方法是:从 NFA 的初态开始,对于输入序列中的每一个字符,寻找它的下一状态转移,直到没有下一状态转移为止。若此时所处状态是终态,则从初态到终态路径上的所有标记构成了一个识别出的记号;否则沿原路返回,并在返回的每一个节点试探可能的下一条路径，直到遇到第一个终态，或者一直返回到初态也没有遇到终态。对于输入序列，若试探了所有的路径也找不到下一状态转移或不能到达一个终态，则 NFA 不接受该序列，说明它不是语言中的合法记号。若到达一个终态，则 NFA 接受该序列，说明它是语言中的一个合法记号。

　　NFA 的不确定性给用 NFA 识别记号带来一个困惑：在当前状态下，当遇到同一个字符时应该转移到下面哪个状态？

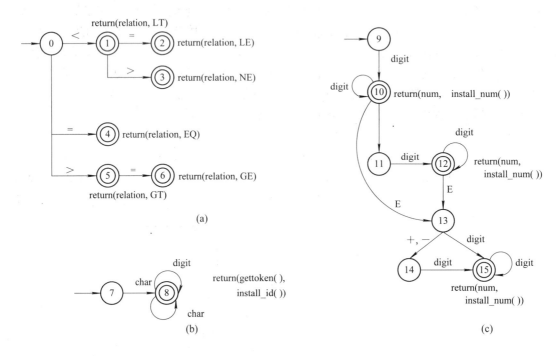

图 2.6　状态转换图

(a)　relation 的转换图；(b)　id 的转换图；(c)　num 的转换图

　　【例 2.9】　用例 2.7 中的 NFA 来识别输入序列 abb 和 abab。

　　识别过程如图 2.7 所示。对于 abb 的识别有两条路径。第一条路径从状态 0 出发，经过字符 a 到达状态 0，经过字符 b 到达状态 0，再经过字符 b 到达状态 0，此时输入序列已经结束，但是 NFA 没有到达终态，所以 NFA 不接受输入序列 abb。但是，由于在状态 0 遇到字符 a 的下一状态还可以是 1，因此沿原路回退到状态 0，再试探另一路径：从状态 0 出发，经过字符 a 到达状态 1，经过字符 b 到达状态 2，最后经过字符 b 到达状态 3。由于状态 3 是一个终态，所以，字符串 abb 被 NFA 接受，或者说被 NFA 识别。该过程被称为识别过程，其中的 0123 被称为识别路径，而标记该路径的字符串 abb 是 NFA 所识别的记号。再来看对 abab 的识别过程。从 0 状态出发遇到第一个字符 a 可以选择两条路径对 abab 进行识别，当选择了遇到第一个字符 a 沿路径 000 到达第二个字符 a 时，又可以选择两条路径。因此，NFA 对 abab 的识别有图 2.7(b)所示的三条路径可走。但是三条路径均不能到达终态，且再无路径可以试探，所以 NFA 不接受输入序列 abab，也就是说，abab 不是一个合法的记号。　■

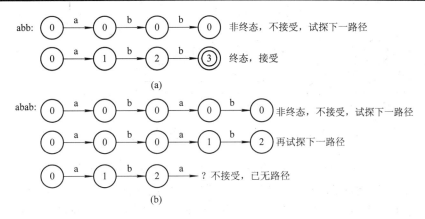

图 2.7 NFA 识别输入序列 abb 和 abab

(a) abb 的识别过程；(b) abab 的识别过程

从例 2.9 中可以看出，用 NFA 识别记号存在下述问题：

(1) 只有尝试了全部可能的路径，才能确定一个输入序列不被接受，而这些路径的条数随着路径长度的增长成指数级增长。

(2) 识别过程中需要大量回溯，时间复杂度与输入序列成指数级增长，且算法复杂。

造成这种情况的原因是 NFA 的不确定性，即在当前的状态下，遇到的下一个字符可能有多于一条的路径可走，而在当前状态下，这些路径中哪条路径可以到达终态或者全部路径均不能到达终态都是不可知的。

2.3.2 确定的有限自动机(Deterministic Finite Automata, DFA)

定义 2.5 DFA 是 NFA 的一个特例，其中：

(1) 没有状态具有 ε 状态转移(ε-transition)，即状态转换图中没有标记 ε 的边。

(2) 对每一个状态 s 和每一个字符 a，最多有一个下一状态。∎

【例 2.10】 识别由正规式(a|b)*abb 说明的记号的 DFA，其转换图和转换矩阵表示如图 2.8 所示。根据转换图，读者不难写出此 DFA 的定义。用它识别输入序列 abb 和 abab 的过程如图 2.9 所示。∎

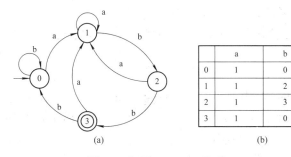

	a	b
0	1	0
1	1	2
2	1	3
3	1	0

图 2.8 识别(a|b)*abb 的 DFA

(a) 转换图表示的 DFA；(b) 转换矩阵表示的 DFA

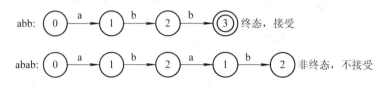

图 2.9　DFA 识别输入序列 abb 和 abab

与 NFA 相比，DFA 的特点就是它的**确定性**，即在当前状态下，对同一个字符 ch，最多有一个下一状态转移。确定性反映在 DFA 的定义中，就是 move 函数是一对一的；反映在转换图中，就是从一个节点出发的任何不同边上标记的字符均不同；反映在转换矩阵中，就是 M[si, ch] 中是一个单一状态。

由于在 DFA 上识别输入序列时，在任何一个当前状态下遇到任何输入字符，其下一状态转移均是唯一确定的，因此，无论是接受还是不接受，均经历一条确定的路径，而无其他任何路径可走。也就是说，在 DFA 上识别输入序列无需回溯，从而大大简化了记号的识别过程。

DFA 识别输入序列的过程总结为算法 2.1，被称为模拟器(模拟 DFA 的行为)，也被称为驱动器(用 DFA 的数据驱动分析动作)。模拟 DFA 算法的最大特点是方法与模式无关，它仅根据 DFA 的当前状态和状态转移进行一系列的动作，直到回答 yes 或者 no。而所有与模式相关的信息均包含在 DFA 中。

算法 2.1　模拟 DFA

输入　DFA D 和输入字符串 x。x 由文件结束符 eof 终止，D 的初态为 s0，终态集为 F。

输出　若 D 接受 x，回答"yes"，否则回答"no"。

方法　用下述过程识别 x：

```
s := s0;    a := nextchar;
while  a≠eof      loop s := move(s，a);     a := nextchar; end loop;
if s is in F then return "yes"；else return "no"；end if;
```

2.3.3　有限自动机的等价

NFA 和 DFA 统称为有限自动机(FA)。所谓有限，是指自动机的状态数是有限的，因此，有些教材中也称其为有限状态自动机。与正规式的等价相似，FA 之间也存在等价问题。

定义 2.6　若有限自动机 M 和 M' 识别同一个正规集，则称 M 和 M' 是等价的，记为 M＝M'。

图 2.5 和图 2.8 所示的 FA 均识别以正规式 (a|b)* abb 所表示的正规集，两个 FA 是等价的。由于 DFA 上识别记号的确定性和简性，往往希望用 DFA 而不是 NFA 来识别记号。很幸运，对于任何一个 NFA，均可以找到一个与它等价的 DFA。这一结果意味着，对任何正规集，均可以构造一个 DFA 去识别它。

2.4 从正规式到词法分析器

DFA 和模拟 DFA 的算法 2.1,实际上已经构成了词法分析器的基础,从而得到构造词法分析器的一般方法与步骤:

(1) 用正规式对模式进行描述。

(2) 为每个正规式构造一个 NFA,它识别正规式所表示的正规集。

(3) 将构造出的 NFA 转换成等价的 DFA,这一过程也被称为确定化。

(4) 优化 DFA,使其状态数最少,这一过程也被称为最小化。

(5) 根据优化后的 DFA 构造词法分析器。

由正规式构造 NFA 而不是构造 DFA 的原因是正规式到 NFA 有规范的一对一的构造算法。由 DFA 而不是由 NFA 构造词法分析器的原因是 DFA 识别记号的方法优于 NFA 识别记号的方法。

2.4.1 从正规式到 NFA

对任何正规式,可以用下述的 Thompson 算法构造一个 NFA,它识别正规式所表示的正规集。

算法 2.2 Thompson 算法

输入 字母表 Σ 上的正规式 r。

输出 接受 L(r)的 NFA N。

方法 首先,将 r 分解成最基本的正规式。由于分解是构造的逆过程,因此分解从正规式的最右端开始,然后按如下规则构造。每次构造的新状态都需重新命名,以使得所有状态的名字均不同。

(1) 对 ε,构造 NFA 如图 2.10(a)所示。其中,s0 为初态,f 为终态,该 NFA 接受{ε}。

(2) 对 Σ 上的每一个字符 a,构造 NFA 如图 2.10(b)所示。其中,s0 为初态,f 为终态,该 NFA 接受{a}。

(3) 若 N(p)和 N(q)是正规式 p 和 q 的 NFA,则:

(a) 对正规式 p|q,构造 NFA 如图 2.10(c)所示。其中,s0 为初态,f 为终态,该 NFA 接受 L(p)∪L(q);

(b) 对正规式 pq,构造 NFA 如图 2.10(d)所示。其中,s0 为初态,f 为终态,该 NFA 接受 L(p)L(q);

(c) 对正规式 p^*,构造 NFA 如图 2.10(e)所示。其中,s0 为初态,f 为终态,该 NFA 接受 L(p^*)。

(4) 对于正规式(p),使用 p 本身的 NFA,不再构造新的 NFA。 ∎

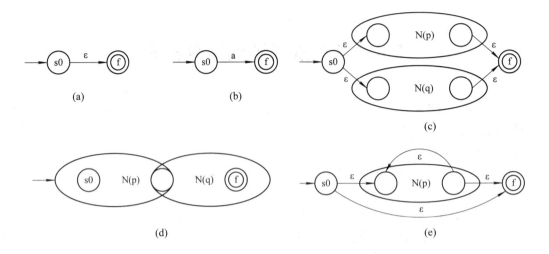

图 2.10　Thompson 算法中 NFA 的构造

【例 2.11】　用 Thompson 算法构造正规式 r = (a|b)*abb 的 N(r)。

首先把正规式分解为如图 2.11(a)所示的树结构，然后自下而上构造整个正规式的 NFA 如图 2.11(b)所示。具体步骤为：运用算法 2.2 方法中的(2)分别为正规式 r1=a、r2=b、r6=a、r8=b、r10=b 构造 NFA N(r1)、N(r2)、N(r6)、N(r8)、N(r10)，运用(3)(a)为正规式 r3=r1|r2 构造 N(r3)，运用(4)得到 N(r4)=N(r3)，运用(3)(c)为正规式 r5=r4*构造 N(r5)，运用(3)(b)分别为正规式 r7=r5r6、r9=r7r8、r11=r9r10 构造 N(r7)、N(r9)、N(r11)。N(r11)是最终的 NFA，其中 0 为初态，10 为终态。　　　　　　■

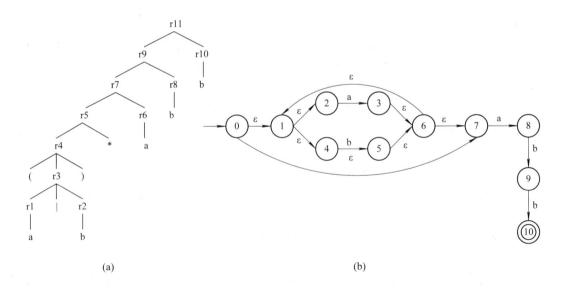

图 2.11　构造正规式(a|b)*abb 的 NFA

(a) 分解正规式；(b) 构造 NFA

2.4.2 从 NFA 到 DFA

1. NFA 识别记号的"并行"方法

用 NFA 识别记号的过程,是在 NFA 上顺序地、逐条路径试探的过程。由于需要进行回溯,所以算法构造复杂且工作效率低下。事实上,用 NFA 识别记号并不采用这种"串行"的方法,而是采用一种"并行"的方法,从而可以消除识别时的不确定性,以避免回溯。

【例 2.12】 从甲地到乙地,可以乘小汽车也可以骑自行车,具体路线如图 2.12 所示,其中 c 表示乘车,b 表示骑自行车。现在要求从甲地到乙地,只许乘车而不许骑自行车,该如何走?

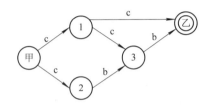

图 2.12 甲地到乙地的所有路径

此问题抽象在图 2.12 上,就是如何找到一条从甲地到乙地的路径,其边上的标记均由 c 组成。首先,按照常规逐条路径试探:

甲 c 2　　　 无路可走,退回
甲 c 1 c 3　　 无路可走,退回
甲 c 1 c 乙　　 到达乙地,成功

为了避免回溯,设想有足够多的小汽车同时走若干条路。假设从甲地出发,第一站可以到达乘车所能到达地点的全体,再从第一站出发,第二站可以到达乘车所能到达地点的全体,依此类推,直到某一站中包含了乙地。按照这样的方法,从甲地到乙地的过程与路径如下所示:

甲 c {1, 2} c {3, 乙}　　 到达乙地,成功　　　　 ■

从识别由 c 组成的路径标记的角度看,两种方法的效果是一样的,但是第二种方法仅有一条确定的路径,所付出的代价是需要有足够多的小汽车。

第二种方法的基本思想是**将不确定的下一状态确定化**:如果从当前状态出发经 c 可能到达不止一个状态,则将所有这些状态组成一个集合,而虚拟地认为到达这一状态集。显然从当前状态出发经 c 到达这一状态集的路径是唯一确定的。

将这种确定化的思想应用于例 2.12 中特定交通工具的任何一种组合方式,从甲地出发的一条路径或者达到乙地,或者不能到达乙地,均是确定的,无需也再无其他路径可以试探。例如,若要求从甲地到乙地,先乘车,再骑自行车,然后再乘车,即在图 2.12 上找到一条标记为 cbc 的路径,则用这种确定化的方法可以找到这样一条路径:甲 c {1, 2} b {3}。由于在 3 处没有通过乘车可以到达乙地的路径,可以断定按上述要求无法从甲地到达乙地。

将确定化的思想用于 NFA 上记号的识别,可得到下述与算法 2.1 相似的模拟 NFA 的算法 2.3。该算法中利用了两个函数 smove(S, a) 和 ε_闭包(T) 来计算下一状态集。S 和 T 分别表示状态的集合，a 是一个非 ε 字符。与算法 2.1 中的状态转移函数 move(s, a)比较，smove(S, a)将状态扩大到了状态集，它表示从当前状态集 S 中的任何状态 s 出发，经字符 a 可直接到达状态的全体，即 move 针对的是状态，而 smove 针对的是状态集。ε_闭包(T)表示从状态集 T 出发，经 ε 所能到达状态的全体，更精确的定义在算法 2.3 之后给出。

算法 2.3　模拟 NFA

输入　NFA N 和输入字符串 x。x 由文件结束符 eof 终止，N 的初态为 s0，终态集为 F。

输出　若 N 接受 x，回答"yes"，否则回答"no"。

方法　用下面的过程对 x 进行识别，S 是一个状态的集合。

```
S := ε_闭包({s0});                          -- 所有可能初态的集合
a := nextchar;
while  a ≠ eof  loop
    S := ε_闭包(smove(S，a));                -- 所有下一状态的集合
    a := nextchar;
end loop;
if    S∩F≠Φ then return "yes";  else return "no"; end if;
```

与算法 2.1 相比，算法 2.3 中有三点不同，如表 2.7 所示。

表 2.7　算法 2.1 与算法 2.3 的区别

DFA(算法 2.1)	NFA(算法 2.3)	区　　　别
初态	初态集	从初态 s0 出发改变为从初态集出发
下一状态	下一状态集	当前状态对字符 a 的下一状态改变为下一状态集
s is in F	S∩F≠Φ	判断输入序列被接受的条件由最后一个状态是否是终态集中的一个状态，改变为最后一个状态集与终态集的交集是否为空集

定义 2.7　状态集 T 的 ε_闭包(T)是一个状态集，且满足：

(1) T 中所有状态属于 ε_闭包(T)。

(2) 任何 smove(ε_闭包(T)，ε)属于 ε_闭包(T)。

(3) 再无其他状态属于 ε_闭包(T)。

有关定义 2.7 中三个条件的说明如下：状态集 T 自身在闭包中；若某状态已在闭包中，则从此状态出发的任何经 ε 状态转移所到达的下一状态也在闭包中。由此可知，ε_闭包(T)就是从状态集 T 出发，经 ε 所能达到的状态的全体。

根据 ε_闭包的定义，不难得到计算 ε_闭包的算法。由于 ε_闭包是递归定义的，而反映递归的最佳数据结构是栈，所以算法中用一个栈来存放所有可能需要计算 ε 状态转移的状态。

算法 2.4　求 ε_闭包

输入　状态集 T。

输出　状态集 T 的 ε_闭包。

方法　用下面的函数计算 ε_闭包。

```
function ε_闭包(T) is
begin
    for T 中每个状态 t    loop    加入 t 到 U; push(t); end loop;
    while   栈不空
    loop    pop(t);
            for 每个 u=move(t, ε)
            loop  if u 不在 U 中  then 加入 u 到 U; push(u); end if; end loop;
    end loop;
    return U;
end ε_闭包;
```

【例 2.13】　用算法 2.3 在图 2.11(b)所示的 NFA 上识别记号 abb 和 abab 的过程分别如下。

(1) 识别 abb。

① 计算初态集：

ε_闭包({0}) = {0,1,2,4,7}，令初态集为 A。

② 计算从状态集 A 出发，经 a 所到达的下一状态集：

ε_闭包(smove(A, a)) = {3,8,6,7,1,2,4}，令它为 B。

③ 计算从状态集 B 出发，经 b 所到达的下一状态集：

ε_闭包(smove(B, b)) = {5,9,6,7,1,2,4}，令它为 C。

④ 计算从状态集 C 出发，经 b 所到达的下一状态集：

ε_闭包(smove(C, b)) = {5,<u>10</u>,6,7,1,2,4}，令它为 D。

⑤ 输入序列已经结束，且 D∩{10}={10}，abb 被接受。

故 abb 的识别路径为 A <u>a</u> B <u>b</u> C <u>b</u> D。

(2) 识别 abab。

ε_闭包(s0)={0,1,2,4,7}，令初态集为 A。

ε_闭包(smove({0,1,2,4,7}, a)) = {3,8,6,7,1,2,4}，令它为 B。

ε_闭包(smove({3,8,6,7,1,2,4}, b)) = {5,9,6,7,1,2,4}，令它为 C。

ε_闭包(smove({5,9,6,7,1,2,4}, a)) = {3,8,6,7,1,2,4}，此状态集为 B。

ε_闭包(smove({3,8,6,7,1,2,4}, b)) = {5,9,6,7,1,2,4}，此状态集为 C。

故 abab 的识别路径为 A <u>a</u> B <u>b</u> C <u>a</u> B <u>b</u> C。

由于 C∩{10}=Φ，所以序列 abab 不被接受。　　　　　　　　　　■

2. "子集法"构造 DFA

虽然用算法 2.3 在 NFA 上识别输入序列的过程也是确定的，无需回溯，但是它付出的代价是每走一步就要计算一次下一状态转移的集合。该计算分两步走：首先计算当前状态集的 smove 函数，得到一个集合，然后计算此集合的 ε_闭包。ε_闭包的计算是递归的，需耗费大量时间，使得用 NFA 识别输入序列的效率很低。

事实上，算法 2.3 的每次识别都是将一条路径确定化。延伸这一观点，预先将 NFA 上的全部路径均确定化，并且把它们记录下来，形成一个与 NFA 等价的 DFA，而对记号的识别在 DFA 上进行，从而省去计算状态集的时间，以提高识别效率。

【例 2.14】 将图 2.12 中的所有路径确定化得到图 2.13。图 2.13 中从甲地到乙地允许的合法走法为 cc，ccb 和 cbb 三条路径，与图 2.12 中的合法路径完全相同，所以二者是等价的。用图 2.13 分别识别 cc 和 cbc 的过程为：

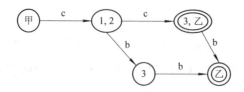

图 2.13　确定化后的甲地到乙地的所有路径

甲 c {1,2} c {3,乙}，接受

甲 c {1,2} b {3} c?，不接受

与用图 2.12 识别的结果完全相同。■

将所有路径确定化以构造 DFA 的算法被归纳在算法 2.5 中。由于新构造的 DFA 中的每个状态是原 NFA 所有状态的一个子集，所以也将此算法称为构造 DFA 的"子集法"。 算法中用 Dstates 存放 DFA 的状态，Dstates 中每个状态是 NFA 全体状态的一个子集；smove(T, a) 与算法 2.3 中的 smove(S, a) 意义相同；Dtran 是一个状态转换矩阵，用它存放 DFA 的状态转移，即若 ε_闭包(smove(T, a))=U，则 Dtran[T, a] 中存放 U。

值得注意的是，由于 DFA 的一个状态是 NFA 全体状态的一个子集，所以在最坏情况下，有 n 个状态的 NFA，其等价 DFA 的状态数可能是 $O(2^n)$ 级的。当遇到这种特殊情况且 n 很大时，往往不将 NFA 确定化为 DFA，而是直接利用 NFA 和算法 2.3 对输入序列进行分析，也就是每分析一次，仅确定一条路径，从而减少了对存储空间的需求。

算法 2.5　从 NFA 构造 DFA(子集法)

输入　一个 NFA N。

输出　一个接受同一正规集的 DFA D。其中，含有 NFA 初态的 DFA 状态为 DFA 的初态，所有含有 NFA 终态的 DFA 状态构成 DFA 的终态集。

方法　用下述过程构造 DFA。

```
ε_闭包({s0}) 是 Dstates 仅有的状态，且尚未标记;
while Dstates 有尚未标记的状态 T
loop    标记 T;
        for    每一个输入字符 a
        loop U := ε_闭包(smove(T, a));
             if    U 不在 Dstates 中
             then U 作为尚未标记的状态加入 Dstates;
             end if;
             Dtran[T, a] := U;
        end loop;
```

end loop;

【例 2.15】 将算法 2.5 应用于图 2.11(b)所示的 NFA 上,计算步骤如下所示。其中标有*的集合是第一次出现的,在算法中需要被标记并处理。所得的 DFA 如图 2.14 所示,其中 A 是初态,E 是终态集中仅有的终态。

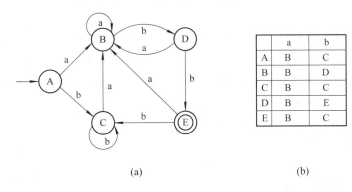

(a)   (b)

图 2.14   识别(a|b)*abb 的 DFA

(a) 转换图表示的 DFA;(b) 转换矩阵表示的 DFA

ε_闭包({0})={0,1,2,4,7}*   A
ε_闭包(smove({0,1,2,4,7},   a)) = {3,8,6,7,1,2,4}*   B
ε_闭包(smove({0,1,2,4,7},   b)) = {5,6,7,1,2,4}*   C
ε_闭包(smove({3,8,6,7,1,2,4}, a)) = {3,8,6,7,1,2,4}   B
ε_闭包(smove({3,8,6,7,1,2,4}, b)) = {5,9,6,7,1,2,4}*   D
ε_闭包(smove({5,6,7,1,2,4},   a)) = {3,8,6,7,1,2,4}   B
ε_闭包(smove({5,6,7,1,2,4},   b)) = {5,6,7,1,2,4}   C
ε_闭包(smove({5,9,6,7,1,2,4}, a)) = {3,8,6,7,1,2,4}   B
ε_闭包(smove({5,9,6,7,1,2,4}, b)) = {5,10,6,7,1,2,4}*   E
ε_闭包(smove({5,10,6,7,1,2,4},a)) = {3,8,6,7,1,2,4}   B
ε_闭包(smove({5,10,6,7,1,2,4},b)) = {5,6,7,1,2,4}   C

【例 2.16】 在图 2.14 的 DFA 上识别输入序列 abb 和 abab,其结果与在 NFA 上识别的结果完全相同。步骤如下:

识别 abb: A a B b D b E   接受
识别 abab: A a B b D a B b D   不接受

2.4.3   最小化 DFA

比较图 2.8 和图 2.14 所示的 DFA,它们接受相同的正规集,说明两个 DFA 是等价的,但是它们的状态数不同。一般来说,对于若干个等价的 DFA,总是希望由状态数最少的 DFA 构造词法分析器。将一个 DFA 等价变换为另一个状态数最少的 DFA 的过程被称为最小化 DFA,相应的 DFA 称为最小 DFA。

定义 2.8   对于任何两个状态 t 和 s,若从一状态出发接受输入字符串 ω,而从另一状

态出发不接受 ω，或者从 t 出发和从 s 出发到达不同的接受状态，则称 ω 对状态 t 和 s 是可区分的。■

反方向思考定义 2.8，设想任何输入序列 ω 对 s 和 t 均是不可区分的，则说明分别从 s 出发和从 t 出发来分析任何输入序列 ω，均得到相同结果。因此，s 和 t 可以合并成一个状态。

算法 2.6 用来最小化 DFA 的状态数，它的基本思想就是反向利用可区分的概念。一开始，仅有非终态和各终态是可区分的，经过一系列划分，把可区分的状态分离出来，直到不可再分离为止。根据可区分的概念可知，所有不可区分的状态可以合并成一个状态。

算法 2.6　最小化 DFA 的状态数

输入　一个 DFA D={S，∑，move，s0，F}。

输出　一个 DFA D'={S'，∑，move'，s0'，F'}，它和 D 接受同样的正规集，但是状态数最少。

方法　按如下步骤最小化。

(1) 构造状态集的初始划分 Π={S-F，F1，F2，…}，其中 F1，F2，…均是 F 的子集，它们接受不同的记号。

(2) 应用下述过程构造新的划分 Π new：

　　for　Π 的每一个组 G

　　loop

　　　　　　对 G 进行划分，G 中的两个状态 s 和 t 被划分在同一组中的充要条件是：

　　　　　　　　对任何输入字符 a，move(s,a)和 move(t,a)在 Π 的同一组中；

　　　　　　用新划分的组替代 G，形成新的划分 Π new；

　　end loop;

(3) 若 Π new=Π，令 Π final=Π，并转向步骤(4)；否则，令 Π=Π new 并重复步骤(2)。

(4) 在 Π final 的每个组 Gi 中选一个代表 si'，使得 D 中从 Gi 中所有状态出发的状态转移在 D'中均从 si'出发，D 中所有转向 Gi 中状态的状态转移在 D'中均转向 si'；含有 D 中 s0 的状态组 G0 的代表 s0'成称为 D'的初态，Π 中所有含 F 中状态的 Gj 的代表 sj'构成 D'的终态集 F'。

(5) 若 D'中有状态 d，它不是终态且对于所有输入字符均转向其自身，则称 d 为死状态；将 d 从 D'中删除(因为从其他状态到 d 的任何状态转移被认为无意义。)，同时也删除所有从初态不可到达的状态。■

算法 2.6 可以归纳为三个重要环节。

(1) 初始划分：将所有的状态按照终态与非终态分成组(步骤(1))。

(2) 利用可区分的概念，反复分裂划分中的组 Gi，直到不可再分裂(步骤(2))。

(3) 由最终划分构造 D'，关键是选代表和修改状态转移(步骤(4))。

对于算法步骤(4)中状态转移的修改可以用图 2.15 来说明。左边 Gi 是最终划分中的一个组，选其中的状态 si 作为最小 DFA 的一个状态，如右边所示。原来从 sj 和 sk 出发的向外状态转移现在均从 si 出发，原来转向 si 和 sk 的状态转移现在均转向 si。

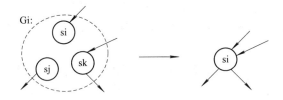

图 2.15 最小化 DFA 中选代表与修改状态转移

【例 2.17】 用算法 2.6 对图 2.14 中的 DFA 进行状态化简。

(1) 初始化划分 Π = {{A，B，C，D}，{E}}。

(2) 考察当前划分 Π。E 自身一个组，不能再分，A、B、C、D 在一个组，查看它们的状态转移：

$$move(A,a)=B,\quad move(A, b)=C$$
$$move(B,a)=B,\quad move(B, b)=D$$
$$move(C,a)=B,\quad move(C, b)=C$$
$$move(D,a)=B,\quad move(D, b)=E$$

其中 move(D, b) = E 使得 D 与 A、B、C 不能在同一组中，分离 D 形成新的划分：

Πnew={{A，B，C}，{D}，{E}}

(3) $\Pi \neq \Pi$new，令 Π=Πnew，重复(2)。

(4) 考察当前划分 Π。A、B、C 在一个组，查看它们的状态转移：

$$move(A,a)=B,\quad move(A, b)=C$$
$$move(B,a)=B,\quad move(B, b)=D$$
$$move(C,a)=B,\quad move(C, b)=C$$

其中 move(B, b)=D 使得 B 与 A、C 不能在同一组中，分离 B 形成新的划分：

Πnew={{A，C}，{B}，{D}，{E}}

(5) $\Pi \neq \Pi$new，令 Π=Πnew，重复(2)。

(6) 考察当前划分 Π。A、C 在一个组，查看它们的状态转移：

$$move(A,a)=B,\quad move(A, b)=C$$
$$move(C,a)=B,\quad move(C, b)=C$$

显然 A 和 C 是不可区分的，使得

Πnew={{A，C}，{B}，{D}，{E}}

(7) Π=Πnew，令 Πfinal=Π，转向(8)。

(8) 在 Π final 的每个组中选一个代表，用 A 代表{A，C}，其余均自己代表自己，最后形成仅有 4 个状态的最小 DFA D'。如果将状态 A、B、D、E 分别编号为 0、1、2、3，则 D'如图 2.8 所示。 ■

2.4.4* DFA 的 "短路" 计算

构造 DFA 的 "子集法" 在时间和空间上都比较复杂。首先，从正规式构造 NFA 的 Thompson 算法中引入大量的 ε 状态转移和转移所到达的状态，占用大量空间。其次，考察该算法中确定化的关键步骤 ε_闭包(smove(S, a))，若 smove(S, a)有 m 个状态，则 ε_闭包 (smove(S, a))的最坏时间复杂度为 $O(m^2)$，而具有 n 个状态的 NFA，其等价 DFA 的状态数最

坏情况是 2^n 个，每个新状态又都是通过计算 ε_闭包(smove(S, a))产生的。也就是说，最坏情况下可能进行 $O(2^n)$ 次求 ε_闭包(S)的计算，从而使得算法效率很低，并且需要大量的存储空间存放中间结果。

另外，NFA 的状态数 n 与字母表Σ的大小|Σ|和由|Σ|决定的模式复杂程度以及模式个数相关。当字母表仅是 ASCII 码或者扩展 ASCII 码时，每个字母用一个字节表示，此时|Σ|≤256，算法的时空复杂度问题还显现不出。而当字母表从原来单字节的 ASCII 码扩展为双字节编码（如 Unicode）后，使得|Σ|最多可达 2^{16}，n 可能会成为一个很大的数，从而造成严重的效率问题。

短路计算的基本思想是避开由于 ε 状态转移而产生的大量状态和大量的 ε_闭包计算，使得构造 DFA 的时空复杂度降低，具体方法如下：

(1) 构造正规式的语法树。

(2) 通过遍历语法树计算构造 DFA 所需的信息。

(3) 根据所得到的信息构造 DFA。

1. 正规式的语法树

1) 拓广正规式与 NFA 的重要状态

我们称正规式 r 与特殊结束标记 # 连接所构成的正规式 r# 为 r 的拓广正规式。如果 NFA 上的状态 s 具有非 ε 的向外状态转移(non-ε out-transition)，就称 s 是 **NFA 的重要状态**。其他仅含 ε 向外状态转移的状态被称为 NFA 的**非重要状态**。

换句话说，s 是 NFA 的重要状态当且仅当存在字符 a，使得 smove(s,a)≠Φ。

【例 2.18】 仍然考虑正规式 r=(a|b)*abb，它的拓广正规式为 r#。利用 Thompson 算法为 r# 构造的 NFA 如图 2.16 所示。其中所有标记为数字的状态是 NFA 的重要状态，因为从每个状态出发，至少有一个非 ε 的向外状态转移；而标记为英文字母的状态是 NFA 的非重要状态，因为它们仅有 ε 的向外状态转移。状态 6 在为 r 构造的 NFA 中是一个终态，而在为 r# 构造的 NFA 中是一个重要状态，因为它有 # 的向外状态转移。 ■

事实上，NFA 中有 # 的向外状态转移的状态均为终态。拓广正规式的目的就是使终态成为重要状态，以便简化状态的计算。

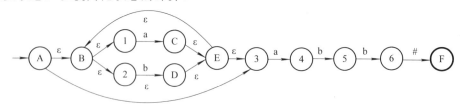

图 2.16　正规式(a|b)*abb# 的 NFA

2) 正规式的语法树

正规式的语法树与算术表达式的语法树是相似的，区别仅在于运算对象和运算符的不同[①]。现阶段可以将正规式的语法树通俗地理解为运算符作为父节点、运算对象作为子节点的树。

---

① 算术表达式的语法树见定义 3.6。现阶段可以将正规式的语法树通俗地理解为运算符作为父节点、运算对象作为子节点的树。

连接节点（cat-node）、或节点（or-node）和星节点（star-node）。注意：连接运算的运算符"．"在正规式中被省略。

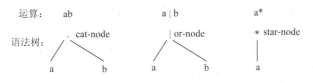

图 2.17　正规式基本运算的语法树

【例 2.19】　为拓广正规式 r#=(a|b)*abb# 构造的语法树如图 2.18(a)所示。

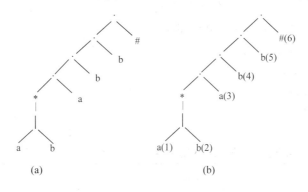

图 2.18　正规式(a|b)*abb# 的语法树

(a) 语法树；(b) 叶子上的标记

3) 语法树叶子上的标记和 NFA 的重要状态

在图 2.18(a)所示的语法树中，a 出现了两次，b 出现了三次。出现在不同位置的字符表示了它在输入串中出现的不同位置，例如语法树中左下角的 b 可以出现在串头，而右上角的 b 只能出现在串尾。为了区分字符在语法树中的不同出现位置，需要对每个叶子节点编上不同的编号，且称此编号为**叶子的标记**。例如图 2.18(b)就是对应语法树的一个可能的标记。

标记的实际意义是表示字符在串中的位置，我们可以将语法树中叶子的标记 i 和叶子 a 的关系理解为"在当前位置 i 上遇到了输入字符 a"。与 DFA 中"在当前状态 i 下遇到字符 a 转向下一状态 j"比较，得出从语法树构造 DFA 的关键就是如何根据语法树和叶子的标记找到在当前位置 i 上遇到 a 时所能到达的下一位置 j 的全体。

对照图 2.16 和图 2.18(b)不难看出，NFA 上重要状态和语法树上叶子的标记是一一对应的，而且从重要状态出发的边上的字符正好就是叶子标记所标记的字符。这不是一个偶然的巧合。用 Thompson 算法构造的 NFA 中，每个状态最多有一个非 ε 的向外状态转移，即一个重要状态 i 最多对应一个字符 a（不对应字符的显然是非重要状态），它表示在 i 状态下可以经 a 转向下一状态，恰好与语法树中"在当前位置 i 上遇到了输入字符 a"一致。由于语法树中的叶子仅对应 NFA 中的重要状态，因而短路掉了仅有 ε 的向外状态转移的非重要状态。

2. 从正规式构造 DFA（Short-circuit Construction）

1) 语法树上的四个函数

从语法树构造 DFA 的过程是：首先从语法树中获取构造 DFA 所必需的信息，然后根据这些信息构造 DFA。为此需要引入下述四个函数，其中函数名的后缀 pos 是英文 position(位置)的缩写，参数 n 是正规式对应语法树的根节点，参数 i 是字符在语法树中的标记。

(1) 计算串的首字符集的函数 firstpos：

firstpos(n) = { j | j 是 n 对应正规式所产生的字符串的首字符在语法树中的标记}

(2) 计算串的尾字符集的函数 lastpos：

lastpos(n) = { j | j 是 n 对应正规式所产生的字符串的尾字符在语法树中的标记}

(3) 计算后续字符集的函数 followpos：

followpos(i) = { j | 存在输入串…cd…，位置 i 对应 c，j 对应 d }

即 follow(i) 是跟随 i 所标记叶子的所有叶子标记的全体。换句话说，followpos(i) 是所有可以跟随在字符 c 之后的字符 d 在语法树中位置的集合。

(4) 判定是否可产生空串的函数 nullable：

nullable(n) = if 以 n 为根的子树子表达式可以产生空串

　　　　　　　then true

　　　　　　　else false

2) 函数的计算规则

函数 firstpos 和 nullable 在语法树上的计算规则归纳在表 2.8 中。

表 2.8　函数 firstpos 和 nullable 的计算规则

node n	nullable(n)	firstpos(n)
n 是 ε(叶子)	true	Φ
n 是叶子，标记为 i	false	{ i }
| n / \　 c1　c2	nullable(c1) or nullable(c2)	firstpos(c1) ∪ firstpos(c2)
. n / \　 c1　c2	nullable(c1) and nullable(c2)	if　nullable(c1) then firstpos(c1) ∪ firstpos(c2) else firstpos(c1)
* n | c1	true	firstpos(c1)

函数 lastpos(n) 的计算规则与 firstpos(n) 的计算规则几乎相同，唯一区别是当 n 是一个 cat-node 时，参数中的 c1 和 c2 需互换。

再来考虑 followpos(i) 的计算规则，注意参数是叶子节点的标记 i 而不是根节点 n。根据函数 followpos(i) 可知，仅当节点 n 的子节点之间有前后关系时才需要计算 followpos(i)，而或运算节点的子节点之间没有前后关系，故无需计算 or-node 的 followpos 函数。cat-node 和 star-node 的 followpos(i) 的计算规则如下：

(1) 若 n 是一个 cat-node，它的左右孩子分别是 c1 和 c2 且 i 是 lastpos(c1) 中的一个元素，则所有在 firstpos(c2) 中的元素应在 followpos(i) 中。

(2) 若 n 是一个 star-node 且 i 是 lastpos(n) 中的一个元素，则所有在 firstpos(n) 中的元素

应在 followpos(i)中。

3) 从正规式构造 DFA

首先对每个正规式进行拓广，且为每个拓广正规式构造一棵语法树，并用 or-node 把所有的子树合并成一棵树。

然后对语法树进行两次遍历。先后序遍历语法树，自下而上计算 nullable、firstpos 和 lastpos；再先序遍历语法树，自上而下计算 followpos。由于遍历树的时间复杂度与树上节点的个数成线性关系，所以获取信息的时间复杂度是 O(cn)，其中 c 是常数，n 是正规式中字符的个数，显然算法的效率是很高的。两次遍历的程序如下：

```
(a) post-order(n) is
    begin
        if n.left ≠ null then post-order(n.left); end if;
        if n.right ≠ null then post-order(n.right); end if;
        nullable(n); firstpos(n); lastpos(n);        --先遍历孩子后计算自己
    end post-order ;
(b) pre-order(n) is
    begin
        followpos(n);                                --先计算自己后遍历孩子
        if n.left ≠ null then pre-order(n.left); end if;
        if n.left ≠ null then pre-order(n.left); end if;
    end pre-order ;
```

从语法树构造 DFA 的具体算法如下。

算法 2.7 构造 DFA

输入 以 n 为根语法树上的 firstpos(n)和所有的 followpos(p)。

输出 DFA=(Dstates, Dtran, s0=firstpos(n), F={si|si 中存在接受位置 j})。

方法 用下述过程构造 DFA。

```
begin
    firstpos(root)作为唯一未标记状态加入到 Dstates 中；   -- 初态
    while Dstate 中还有未标记的状态 T                    -- 考察所有未标记状态
    loop   标记 T；
            for   每一个输入字符 a                       -- 对 T 状态下所有 a
            loop
                    对 T 中对应字符 a 的位置 p            -- p 可能不唯一
                    U := { j | j∈followpos(p) } ；        -- 计算 T 状态下经 a 的状态转移
                    if   U 非空
                    then Dtran(T, a) := U ；              -- 记录状态转移
                    end   if ；
                    if U 不在 Dstates 中
                    then 加入 U 到 Dstates 中；           -- 记录新状态
                    end if；
```

                              end loop；

                    end loop；

              end；

与"子集法"的 DFA 构造算法比较，不难看出这两种方法的基本框架相同，区别仅在于构造 DFA 所需信息的获取方法。

【例2.20】 用"短路"计算的方法构造拓广正规式 r# = (a|b)*abb# 的 DFA。

第一步：构造 r 的语法树并为叶子节点做标记，得到有标记的语法树，如图 2.18(b) 所示。

第二步：遍历语法树并根据函数的计算规则计算四个函数。得到节点上附加了 firstpos 和 lastpos 集合的语法树如图 2.19 所示。其中，节点左边是 firstpos，右边是 lastpos。语法树中仅有 star-node 上的 nullable 为真，其他均为假。根的 firstpos 与各叶子节点的 followpos 如下：

firstpos(root)={1,2,3}

followpos(1)={1,2,3}

followpos(2)={1,2,3}

followpos(3)={4}

followpos(4)={5}

followpos(5)={6}

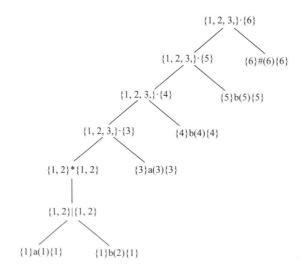

图 2.19   (a|b)*abb# 的语法树与 firstpos 和 lastpos

第三步：根据 firstpos 和 followpos 信息，用算法 2.7 构造 DFA。具体步骤如下：

(1) DFA 的初态 s0=firstpos(root)={1,2,3}，记为 A，加入到 Dstates。

(2) 取出 A 并标记，计算 A 状态下经 a 和 b 的下一状态转移(注意，1 和 3 对应 a，2 对应 b)：

followpos(1)∪followpos(3)={1,2,3,4}   新状态，令其为 B

followpos(2)={1,2,3}　　　　　　　　　原有状态 A

B 是新状态，加入 B 到 Dstates。记录状态转移：

Dtran(A,a)=B　　　　Dtran(A,b)=A

(3) 取出 B 并标记，计算 B 状态下经 a 和 b 的下一状态转移：

followpos(1)∪followpos(3)={1,2,3,4}　　　原有状态 B

followpos(2)∪followpos(4)={1,2,3,5}　　　新状态，令其为 C

C 是新状态，加入 C 到 Dstates。记录状态转移：

Dtran(B,a)=B　　　　Dtran(B,b)=C

(4) 取出 C 并标记，计算 C 状态下经 a 和 b 的下一状态转移：

followpos(1)∪followpos(3)={1,2,3,4}　　　原有状态 B

followpos(2)∪followpos(5)={1,2,3,6}　　　新状态，令其为 D

D 是新状态，加入 D 到 Dstates。记录状态转移：

Dtran(C,a)=B　　　　Dtran(C,b)=D

(5) 取出 D 并标记，计算 D 状态下经 a 和 b 的下一状态转移：

followpos(1)∪followpos(3)={1,2,3,4}　　　原有状态 B

followpos(2)={1,2,3}　　　　　　　　　原有状态 A

没有新状态可以加入到 Dstates 中。记录状态转移：

Dtran(C,a)=B　　　　Dtran(C,b)=D

(6) 再没有未标记的状态，算法结束。因为 D 状态中包含 6，它对应结束标记 #，因此 D 是 DFA 的终态，初态是 A。

将所有的状态转移集中如下，由此得到 DFA 的图形表示，如图 2.20 所示。

Dtran(A,a)=B　　　　Dtran(A,b)=A

Dtran(B,a)=B　　　　Dtran(B,b)=C

Dtran(C,a)=B　　　　Dtran(C,b)=D

Dtran(C,a)=B　　　　Dtran(C,b)=D

将 DFA 的状态 A、B、C、D 分别用 0、1、2、3 代替，即得到图 2.8 所示的 DFA，所以两种方法构造的 DFA 是等价的。■

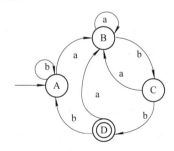

图 2.20　(a|b)*abb 的 DFA

回顾"子集法"的构造方法，由 NFA 构造的 DFA 具有 5 个状态，而图 2.20 所示的 DFA 只有 4 个状态，已经是最小 DFA。但是，我们并不能证明从语法树构造的就是最小 DFA，所以在得到 DFA 后，还应该对其应用最小化算法，然后再构造分析表。

2.4.5　由 DFA 构造词法分析器

1. 表驱动型词法分析器

如果将 DFA 用状态转换矩阵表示，则它与模拟 DFA 的算法(算法 2.1)就一同构成了表驱动型的词法分析器，其中转换矩阵是分析器的分析表，而算法 2.1 就是分析器的驱动器。表驱动型词法分析器的一般工作模式如图 2.21 所示，它实际上就是有限自动机的工作模型。

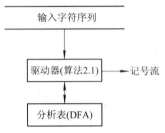

图 2.21　表驱动型词法分析器

算法 2.1 是一个简化了的概念模式，实际的驱动器需要根据情况进行修改。最大的修改是关于输入序列。算法 2.1 假设仅识别以 eof 结束的一个记号，而实际的源程序是由许多记号组成的记号流。例如 result:=expr 就是由标识符、赋值号、标识符三个记号组成的。对于驱动器来说，判定是否识别出一个记号的条件不应是遇到 eof，而是一个更合理的方法。一般采用的方法是所谓的最长匹配原则，即对于任何输入序列，总是尽量匹配，直到没有下一状态转移为止。例如，abbabb 被识别为一个而不是两个记号，而 abbab 不被接受。使用最长匹配原则，对上述 result:=expr 的第一个标识符的匹配一直要遇到冒号时才会因找不到下一状态转移而识别出一个属性为 result 的标识符，不应误识别出 r、re、或 res 等。

2. 直接编码型词法分析器

另一类词法分析器无需分析表指导分析动作，而直接将 DFA 转换为程序，即直接用程序代码模拟 DFA 的行为。将 DFA 用直观的状态转换图表示，它实质上就是一个抽象的程序流图。转换图忽略了程序的实现细节，着力刻划了记号识别的本质。转换图与程序结构之间存在下述对应关系，并可据此构造相应的程序：

(1) 初态对应程序的开始。

(2) 终态对应程序的结束，一般是一条返回语句，且不同的终态对应不同的返回语句。

(3) 状态转移对应分情况或者条件语句。

(4) 转换图中的环对应程序中的循环语句。

(5) 终态返回时，应满足最长匹配原则。

【例 2.21】　　根据上述转换图与程序结构的简单对应关系，可以将图 2.8 所示的 DFA 转换为下述实际可运行的词法分析器，其中的输入串放在 buf 中并令 ptr 指向输入串的首字符，ptr++等价于读下一个字符。语句与状态的对应关系以注释的形式给出，读者可以通过修改 buf 中的内容测试不同的结果。

```
void main()
{    char buf[]="abb#", *ptr=buf;
     while (*ptr!='#' )
```

```
{
S0:        while (*ptr=='b') ptr++;                              // 状态 0
S1:        while (*ptr=='a') ptr++;                              // 状态 1
           switch (*ptr)
           { case 'b': ptr++;
                    switch (*ptr)                                // 状态 2
                    { case 'a':     goto S1;
                      case 'b':     ptr++;
                           switch (*ptr)                         // 状态 3
                           {   case 'a':  goto S1;
                               case 'b':  goto S0;
                               case '#':  cout<<"yes"<<endl;
                                          return;
                               default: break;                   // 遇到非法字符
                           }
                      default: break;                            // 遇到非法字符
                    }
             default: break;                                     // 遇到非法字符
           }
            break;                                               // 遇到非法字符
     }
     cout << "no" << endl;
     return;
}                                                                // 结束
```

特别需要指出的是，上述程序中有若干条 break 语句，每条语句实际上等价于 DFA 上一条无形的边。再次考察图 2.8 所示的 DFA，它仅接受合法输入，对于任何非法输入没有状态转移，而实际的词法分析器不但接受合法输入，也应指出非法输入。因此，我们可以假想从 DFA 的任何一个状态引出一条边，边上的标记可以是任意其他字符并且所有的边均转向一个"死状态"，而所有的 break 语句等价于这样一个状态转移，它们处理所有的非法输入。所以在上述程序中，如果不从输出"yes"后结束（识别一个记号），则均从输出"no"后结束(指出一个错误)。

3. 两类分析器的比较

直接编码型词法分析器和表驱动型词法分析器的工作原理完全相同，它们的基本依据都是 DFA。但是，二者在与模式的关系、分析器的构造以及分析器的分析效率诸方面均有很大差别。

从分析器与模式之间的关系讲，表驱动型分析器的驱动器仅对分析表的内容进行操作，而与所识别的记号无关，具体识别什么记号，由分析表中与模式密切相关的数据来控制，是一种典型的数据与操作分离的工作模式，构造不同的词法分析器实质上成为构造不同的分析表。而直接编码型的词法分析器，通过程序的控制流转移来完成对输入字符串的响应，可以说程序的每一条语句都与模式密切相关，一旦模式改变，则程序必须改变。

从分析器的构造方法讲，表驱动型词法分析器的数据与操作分离的模式，为词法分析器的自动生成提供了极大的方便，因为从正规式到 DFA 的转换矩阵表示均可以通过成熟的算法由计算机来自动完成。而对于直接编码的词法分析器，需要将状态转换图变为程序代码，即便有一般的对应关系，但转换图的复杂性和程序代码的多样性均使得这一过程并不容易。从例 2.21 可以看出，即使处理这样一个简单的模式，其程序设计也并不简单，更何况构造分析多个复杂模式的分析器了。一般来讲，直接编码型的词法分析器适用于词法比较简单的情况，并且也无需教条地按照正规式、NFA、DFA、程序代码的步骤去构造，而是直接由正规式手工构造状态转换图，然后翻译为程序代码，或者干脆直接根据正规式编写程序代码。

从分析器的工作效率讲，表驱动型词法分析器在工作中需要查表确定分析器的动作，每一步分析多了至少一次间接访问的工作，在分析输入序列的效率上比直接编码型分析器的效率要低。但是随着计算机技术的发展，软件的损失已被硬件速度的提高所弥补。归纳起来，两类分析器的特点如表 2.9 所示。

表 2.9　两类分析器的比较

类　型	分析器速度	程序与模式的关系	分析器的规模	适合的编写方法
表驱动型分析器	慢	无关	较大	工具生成
直接编码型分析器	快	相关	较小	手工编写

2.5　本　章　小　结

词法分析器是编译器与源程序打交道的唯一阶段，可以被认为是编译器的预处理阶段。它有以下几个重要作用：滤掉源程序中的无用成分，处理与具体操作系统或机器有关的输入，识别单词并交给语法分析器，调用符号表管理器和出错处理器进行相关处理。对于单词的识别，首先应该有单词形成的规则，称为构词规则，然后根据构词规则识别输入序列，称为词法分析。本章涉及的基本概念包括：构词规则、模式、记号、单词、状态转换图、状态转换矩阵(分析表)、正规式、正规集、NFA、确定化、DFA、ε_闭包、子集法、最小化DFA、可区分、DFA 的短路计算等。通过学习本章应掌握下述主要内容：

1. 记号、模式与单词
- 模式(pattern)：规定记号识别的规则；
- 记号(token)：按照某个模式(规则)识别出的一类单词；
- 单词(lexeme)：被识别出的字符串本身。

2. 记号的说明——模式的形式化描述
- 正规式与正规集：正规式与正规集的表示方法，正规式与正规集的定义，正规式的等价问题以及利用正规式的等价对正规式进行化简；

● 用正规式对模式进行形式化描述：从单词一级看程序设计语言，它是一个正规集；如何用正规式描述程序设计语言中常见的记号，如标识符、数字、运算符和分隔符等；正规式的简化形式以及辅助定义与规则。

3. 记号的识别——有限自动机

● NFA 与 DFA 的定义：FA = (S, Σ, move, s0, F)；
● NFA 与 DFA 的表示：定义、状态转换图、状态转换矩阵；
● NFA 与 DFA 的关键区别：NFA 的不确定性；
● 用 NFA 识别输入序列的弱点：尝试所有路径才能确定一个输入不被接受，以及回溯带来的问题；
● 模拟 DFA 的算法(用 DFA 识别记号)。

4. 从正规式到词法分析器

● 构造 NFA 的 Thompson 算法；
● 模拟 NFA 的"并行"算法；
● 从 NFA 构造 DFA：构造 DFA 的子集法，smove(S, a)函数和 ε_闭包(T)的计算；
● DFA 的最小化：利用可区分的概念，将所有不可区分的状态看做一个状态；
● DFA 短路计算：语法树与语法树上的四个函数，函数的计算与 DFA 的构造；
● 两种类型的词法分析器：表驱动型与直接编码型，它们各自的特点。

习　题

2.1　分别给出下述 Pascal 和 C 程序段的记号流形式。其中每个记号以有序对(记号类别，记号属性)的形式表示。例如：left + right 的记号流应该是(id, left)(op, +)(id, right)。程序段中的注释可以忽略。

(1) Pascal
　　function max (i, j : integer): integer;　　{ return maximum of i and j }
　　begin　　if i > j then max := i else max := j　　end;

(2) C
　　int max (i, j) int i, j;　　/* return maximum of i and j */
　　{ return i > j ? i : j; }

2.2　用正规式描述习题 2.1 中的记号。

2.3　令 A、B、C 是任意的正规式，证明下述关系成立：

(1) A|A = A；

(2) $(A^*)^* = A^*$；

(3) $A^* = \varepsilon | AA^*$；

(4) $(AB)^*A = A(BA)^*$；

(5)* $(A|B)^* = (A^*B^*)^* = (A^*|B^*)^*$。

2.4　写出下述语言的正规式描述。

(1) 由偶数个 0 和奇数个 1 构成的所有 01 串；

(2) 所有不含子串 011 的 01 串；

(3) 每个 a 后边至少紧随两个 b 的 ab 串；

(4) C 的形如 /* ... */ 的注解。其中...代表不含*/的字符串。

2.5 合法的日期表示有如下三种形式，请给出描述日期的正规式。

年.月.日，如 1992.08.12

日 月 年，如 12 08 1992

月/日/年，如 08/12/1992

2.6 有 NFA 定义如下：

N = (S={0,1},Σ={a, b}, s0=0, F={0},

move={move(0,a)=0, move(0,a)=1, move(0,b)=1, move(1,a)=0})

(1) 画出 N 的状态转换图；

(2) 构造 N 的最小 DFA D；

(3) 给出 D 所接受语言的正规式描述；

(4) 举出语言中的三个串，并给出 D 识别它们的过程。

2.7 请分别构造图 2.11(a)中正规式 r3 和 r5 的不确定有限自动机 N(r3)和 N(r5)。

2.8 将图 2.22 所示的状态转换图表示的 FA 分别确定化和最小化。

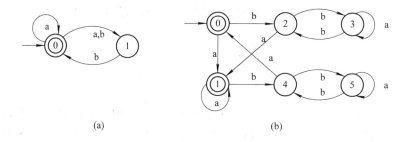

(a)　　　　　　　　　　　(b)

图 2.22　状态转换图

2.9 用自然语言给出下述正规式所描述的语言，并构造它们的最小 DFA。

(1) 10*1；

(2) (0|1)*011(0|1)*；

(3)* 0((0|1)*|01*0)*1。

2.10 有一 NFA 的状态转换矩阵如表 2.10 所示，其中 S 为初态，D 为终态。

表 2.10　状态转换矩阵

	a	b	c	ε
S	A,B	C,D	D	A,B,C
A	A		C	B
B	A	D		C
C	B	A		A
D	C	B		S

(1) 求出它的最小 DFA；

(2) 用正规式描述 DFA 所接受的语言。

2.11　Ada 语言标识符的非形式化描述为：以英文字母(大小写均可)打头的字母数字串，其中可以嵌入内部的、不连续的下横线，如 draw_line，get_prot1，one_to_many 等都是合法的 Ada 标识符，而 12second，23_&，_draw_line_ 等均不是 Ada 的标识符。

(1) 请给出说明 Ada 标识符的正规式；

(2) 构造识别 Ada 标识符的最小 DFA；

(3)* 给出识别 Ada 标识符的程序代码。

2.12*　假设用一个二维数组 M 存放状态转换矩阵，若存在状态转移 $t = move(s, a)$，则 M[s, a]中存放的是 t。试将算法 2.1 改造为一个可实用的驱动器，它以 M 为分析表，可以对完整的源程序进行分析，识别的原则符合最长匹配原则。

2.13　为下列正规式构造最小 DFA。

(1) $(a|b)^*a(a|b)$；

(2) $(a|b)^*a(a|b)(a|b)$；

(3) $(a|b)^*a(a|b)(a|b)(a|b)$。

2.14*　试证明正规式$(a|b)^*a(a|b)(a|b)\cdots(a|b)$(后面跟 $n-1$ 个$(a|b)$)的 DFA 至少有 2^n 个状态。

2.15*　构造算符"+"和"?"的语法树并给出各自 nullable、firstpos、lastpos 和 followpos 的计算规则。

2.16*　有正规式集：$r1 = [a-e]^+$，$r2 = -?[0-3]^+$，$r3 = for$。用 DFA 的短路计算方法构造它的 DFA，至少包括以下主要步骤：

(1) 拓广正规式（包括必要的改写）；

(2) 构造语法树；

(3) 计算四个函数；

(4) 构造 DFA（以状态转换图的形式给出），各终态要指明接受什么。

2.17*　试证明两个正规集的交集是正规集。

2.18*　试证明长度为素数的串构成的语言不是正规集。

第3章 语法分析

从词法分析的角度看，语言是一个单词的集合，称之为正规集，单词是由一个个字符组成的线性结构；从语法分析的角度看，语言是一个句子的集合，而句子是由词法分析器返回的记号组成的非线性结构。反映句子结构的最好方法是树，常用的有分析树和语法树。分析语法结构的基本方法有两种：**自上而下分析方法**和**自下而上分析方法**。自上而下分析从根到叶子建立分析树，而自下而上分析恰好相反。在这两种情况下，分析器都是从左到右扫描输入，每次读进一个记号。

与词法分析类似，语法分析也具有双重含义：

(1) 规定句子形成的规则，也被称为语法规则。程序设计语言的大部分语法规则可以用上下文无关文法(Context Free Grammar，CFG)来描述。

(2) 根据语法规则识别记号流中的语言结构，也被称为语法分析。最有效的自上而下和自下而上的分析方法都只能处理上下文无关文法的子类，如 LL 文法和 LR 文法，但是它们已足以应付程序设计语言的绝大多数语法现象。

本章重点讨论上下文无关文法及其相关问题、常用的自上而下分析和自下而上分析的原理与分析器的构造。本章最后统一介绍词法分析器和语法分析器的生成器，它们是编写编译器的有利工具，但其中关于语义处理的讨论需要在了解了第 4 章的相关内容之后才容易理解，这是一个典型的先有鸡还是先有蛋的困惑。

3.1 语法分析的若干问题

3.1.1 语法分析器的作用

语法分析器是编译器前端的重要组成部分，许多编译器，特别是由自动生成工具构造的编译器，往往其前端的中心部件就是语法分析器。语法分析器在编译器中的位置和作用如图 3.1 所示，它的主要作用有两点：

(1) 根据词法分析器提供的记号流，为语法正确的输入构造分析树(或语法树)。这是本章的重点，在以后各节中详细讨论。

(2) 检查输入中的语法(可能包括词法)错误，并调用出错处理器进行适当处理。

下边简单介绍语法错误处理的基本原则，而在以后的讨论中忽略此问题。

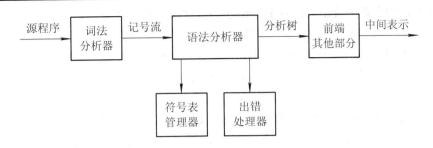

图 3.1　语法分析器在编译器中的位置与作用

3.1.2　语法错误的处理原则

1．源程序中可能出现的错误

源程序中可能出现的错误可以分为两类：语法错误和语义错误。其中，语法错误又包括词法错误和语法错误。词法错误指出现非法字符或关键字、标识符拼写错误等；语法错误是指语法结构出错，如少分号、begin/end 不配对等。语义错误包括静态语义错误和动态语义错误。静态语义错误涉及的是编译时可检查出来的错误，如类型不一致、参数不匹配等；动态语义错误一般是指程序运行时的逻辑错误，如无穷递归、变量为零时作除数等。

大多数错误的诊断和恢复集中在语法分析阶段，一个原因是大多数错误是语法错误，另一个原因是语法分析方法的准确性，它们能以非常有效的方法诊断语法错误。在编译的时候，想要准确地诊断语义或逻辑错误有时是很困难的。

2．语法错误处理的目标

对语法错误的处理，一般希望达到以下基本目标：

(1) 清楚而准确地报告错误的出现，地点正确，不漏报、不错报也不多报。

(2) 迅速地从每个错误中恢复过来，以便分析继续进行。

(3) 对语法正确源程序的分析速度不应降低太多。

这些目标看起来容易，但是实现起来并不简单。幸好常见的错误是简单的，直截了当的出错处理机制一般就足以应付。但有些时候，错误的实际位置远远前于发现它的位置，并且这种错误的准确性也难以推断。在某些场合，出错处理程序可能需要猜测程序员的本意。

有些分析方法，如 LL 和 LR 方法，可以尽可能快地检测语法错误。更准确地说，它们具有"活前缀"(Viable-prefix Property)性质，这指的是它们一看见输入的前缀不是该语言任何串的前缀，就能报告错误。出错处理的关键是如何从错误中恢复，使分析可以进行下去，而不是遇到第一个错误就停止分析。

3．语法错误的基本恢复策略

若希望编译器的语法分析方式是每次对输入源程序完整地扫描一遍，而不是遇到第一个语法错误就停止，就需要采取某种恢复策略，使得分析在遇到错误时还能够继续进行。以下是一些可能的恢复策略。

(1) **紧急方式恢复(Panic-mode Recovery)**：这是最简单的方法，适用于大多数分析方法。发现错误时，分析器每次抛弃一个输入记号，一直向前搜索，直到输入记号属于某个指定的合法记号(称为同步记号)集合为止。同步记号一般是定界符，如分号或 end 等，它们在源程序中的作用很清楚。当然，设计编译器时必须选择适当的同步记号。这种处理方法最简单，但是也最容易造成错报、特别是漏报和多报语法错误的现象。

(2) **短语级恢复(Phrase-level Recovery)**：发现错误时，分析器采用串替换的方式对剩余输入进行局部纠正，它用可以使分析器继续的输入串来代替剩余输入的前缀。典型的局部纠正是用分号代替逗号，删除多余的分号，或插入遗漏的分号等。设计编译器时必须仔细选择替换的串，以免引起死循环，例如，若总是在当前输入符号的前面插入一些东西就会造成死循环。这种方式建立在产生式(用于规定上下文无关文法的一种形式化描述)的基础之上，以短语为基本分析单元，同时也便于进行语法制导翻译，恢复得比紧急方式要精确，因此被认为是一种较为理想的恢复方式。

(3) **出错产生式(Error-productions)**：预测被分析语言可能出现的错误，用出错产生式捕捉错误。这是语法分析器生成器 YACC 采用的方式，它基本上可以被认为是一种预置型的短语级恢复方式。

(4) **全局纠正(Global Correction)**：对有语法错误的输入序列 x，根据文法 G 构造相近序列 y 的语法树，使得 x 变换成 y 所需的修改、插入、删除次数最少。由于这种方法的代价太大，因此目前只具有理论价值。

【例 3.1】　下述两条是有语法错误的语句，其中第一条赋值句结束时忘记加分号，采用紧急恢复方式和短语级恢复方式的可能结果分别如下所示。

$$x := a + b$$
$$y := c + d;$$

紧急恢复方式：$x := a + b + d;$ 　　-- 丢弃 b 之后的若干记号，直到遇到同步记号+

短语级恢复：　$x := a + b;$ 　　-- 加入分号，使之成为一个赋值句
$$y := c + d;$$

3.2　上下文无关文法

3.2.1　上下文无关文法的定义与表示

定义 3.1　上下文无关文法(Context Free Grammar, CFG)是一个四元组 G = (N，T，P，S)，其中

(1) N 是非终结符的有限集合(Nonterminals)。

(2) T 是终结符的有限集合(Terminals)，且 N∩T = Φ。

(3) P 是产生式的有限集合(Productions)，每个产生式形如：A→α。其中 A∈N，被称为产生式的左部；α∈(N∪T)*，被称为产生式的右部。若 α = ε，则称 A→ε 为空产生式(也可以记为 A →)。

(4) S 是非终结符，被称为文法的开始符号(Start Symbol)。

【例 3.2】 定义简单算术表达式的上下文无关文法 G3.1=(N,T,P,S)如下所示。

N={E}　　　T={+,*,(,),—,id}　　　S=E

P:　　　E → E + E　　　　　　(1)

　　　　E → E * E　　　　　　(2)

　　　　E → (E)　　　　　　　(3)　　　　　　　　　　　　　(G3.1)

　　　　E → –E　　　　　　　(4)

　　　　E → id　　　　　　　(5)

1. 由产生式集表示 CFG

由于每个产生式中均有 $A \in N$ 且 $\alpha \in (N \cup T)^*$，所以，对于一个没有错误的 CFG，可以这样区分 N 和 T 集合：仅 N 是可以出现在产生式左边的符号的集合，T 是词法分析器返回的记号的集合(某些约定的特殊终结符除外)，根据 $N \cap T = \Phi$ 可以推断出 T 是所有不出现在产生式左边的符号的集合。如果再约定 S 是第一个产生式的左部，则文法可以由其产生式集 P 代替，即不写四元组，而仅给出 P。CFG 的产生式表示也被称为巴克斯范式(Backus-Naur Form，BNF)。值得注意的是，规范的 BNF 中，"→"用"::="表示。

2. 产生式的一般读法

一般情况下，可以将产生式中的记号"→"读做"定义为"或者"可导出"。例如，E→E+E 可读作"E 定义为 E + E"，或者"E 可导出 E + E"，更一般的，可用自然语言表述为"算术表达式定义为两个算术表达式相加"，或者"一个算术表达式加上另一个算术表达式，仍然是一个算术表达式"。

3. 终结符与非终结符书写上的区分

对于一个仅有几个产生式的简单文法，其中的终结符和非终结符很容易区分，没有必要在书写上明确区分终结符和非终结符。但是对于一个实用的文法，产生式可能有几百个或者更多，这时如果终结符和非终结符之间在书写上没有明确区分，则很难辨别它们，给理解产生式造成困难。区分终结符和非终结符的方法有很多，原则是容易辨别即可，例如，

(1) 用大小写区分：　　　　　　　E → id

(2) 用" "区分：　　　　　　　　E → "id"　　　　E → E "+" E

(3) 用< >区分：　　　　　　　　<E> → <E> + <E>

本教材默认采用大小写的方法来区分终结符与非终结符。若不作特殊说明，一般用大写英文字母 A、B、C 表示非终结符；小写英文字母 a、b、c 表示终结符；小写希腊字母 α、β、δ 表示任意的文法符号序列，即大小写混合的英文字母串。

4. 产生式的缩写形式

考察例 3.2 中的文法 G3.1，多个产生式左部的非终结符均是 E。对于这种情况，可以把左部非终结符相同的产生式合并成一个产生式，并以此非终结符为该产生式命名，而所有的产生式右部由或符号(|)连接，每个右部现在被称为该产生式的一个候选项，各候选项具有平等的权利。

【例 3.3】 G3.1 可以重写为如下形式：

$$
\begin{array}{lll}
E \rightarrow & E + E & (1) \\
& | E * E & (2) \\
& | (E) & (3) \qquad\qquad\qquad (G3.2) \\
& | -E & (4) \\
& | \ id & (5)
\end{array}
$$

该产生式被称为 E 产生式，它一共有 5 个候选项，分别表示：两个算术表达式相加结果是一个算术表达式，两个算术表达式相乘结果是一个算术表达式，加上括弧的算术表达式还是一个算术表达式，对算术表达式取负的结果是一个算术表达式，标识符是一个算术表达式。

3.2.2　CFG 产生语言的基本方法——推导

可以通过推导的方法产生 CFG 所描述的语言。非正式地讲，推导就是从文法的开始符号 S 开始，反复使用产生式，将产生式左部的非终结符替换为右部的文法符号序列(展开产生式，用标记 ⇒ 表示)，直到得到一个终结符序列。

【例 3.4】　终结符序列 –(id+id) 可以由文法 G3.2 产生，因此它是文法 G3.2 所产生的语言中的一个元素。标记 ⇒ 上方的序号指出每次使用的产生式序号。

$$
\begin{array}{ccccc}
(4) & (3) & (1) & (5) & (5)
\end{array}
$$
$$
E \Rightarrow -E \Rightarrow -(E) \Rightarrow -(E+E) \Rightarrow -(id+E) \Rightarrow -(id+id)
$$

定义 3.2　将产生式 $A \rightarrow \gamma$ 的右部代替文法符号序列 $\alpha A \beta$ 中的 A 得到 $\alpha \gamma \beta$ 的过程，称为 $\alpha A \beta$ **直接推导**出 $\alpha \gamma \beta$，记作：$\alpha A \beta \Rightarrow \alpha \gamma \beta$。

若对于任意文法符号序列 $\alpha 1$，$\alpha 2$，…，αn 有 $\alpha 1 \Rightarrow \alpha 2 \Rightarrow \cdots \Rightarrow \alpha n$，则称此过程为**零步或多步推导**，记为 $\alpha 1 \overset{*}{\Rightarrow} \alpha n$，其中 $\alpha 1 = \alpha n$ 的情况为零步推导。

若 $\alpha 1 \neq \alpha n$，即推导过程中至少使用一次产生式，则称此过程为**至少一步推导**，记为 $\alpha 1 \overset{+}{\Rightarrow} \alpha n$。

定义 3.2 强调了两点：

(1) 对于任何 α，有 $\alpha \overset{*}{\Rightarrow} \alpha$，即任何文法符号序列可以推导出它自身。

(2) 若 $\alpha \overset{*}{\Rightarrow} \beta$，$\beta \overset{*}{\Rightarrow} \gamma$，则 $\alpha \overset{*}{\Rightarrow} \gamma$，即推导具有传递性。

定义 3.3　由 CFG G 所产生的语言 L(G) 被定义为

$$
L(G) = \{ \ \omega | S \overset{+}{\Rightarrow} \omega \ and \ \omega \in T^{*} \}
$$

L(G) 称为上下文无关语言(Context Free Language, CFL)，ω 称为**句子**。若 $S \overset{+}{\Rightarrow} \alpha$，$\alpha \in (N \cup T)^{*}$，则称 α 为 G 的一个**句型**。

定义 3.4　在推导过程中，若每次直接推导均替换句型中最左边的非终结符，则称为**最左推导**，由最左推导产生的句型被称为**左句型**。

类似地，可以定义最右推导与右句型，最右推导也被称为**规范推导**。

再考察例 3.4 的推导过程，$\alpha 1 = E$，$\alpha 2 = -E$，$\alpha 3 = -(E)$，$\alpha 4 = -(E+E)$，$\alpha 5 = -(id+E)$，$\alpha 6 = -(id+id)$。其中，$\alpha 1$ 是文法开始符号，$\alpha 6$ 是句子，其他 $\alpha i (i = 2$，3，4，5) 均是句型。由于从 $\alpha 4$ 到 $\alpha 5$ 替换的是最左边的非终结符，所以此推导是一个最左推导，所有的句型是左句型。句型是一个相当广泛的概念，根据定义 3.3 可知，$\alpha 1$ 和 $\alpha 6$ 同样也是句型。

3.2.3　推导、分析树与语法树

推导的过程可以用一棵树来表示，称其为分析树。从某种意义上讲，分析树可以看做是推导的图形表示，它既反映语言结构的实质，也反映推导过程，具体定义如下。

定义 3.5　对 CFG G 的句型，分析树被定义为具有下述性质的一棵树。

(1) 根由开始符号所标记。

(2) 每个叶子由一个终结符、非终结符或 ε 标记。

(3) 每个内部节点由一个非终结符标记。

(4) 若 A→X1X2…Xn 是一个产生式，则 X1，X2，…，Xn 是标记为 A 的内部节点从左到右所有孩子的标记。若 A→ε，则标记为 A 的节点可以仅有一个标记为 ε 的孩子。　■

分析树与文法和语言存在下述关系：

(1) 每一直接推导(或者每个产生式)对应一棵仅有父子关系的子树，即产生式左部非终结符"长出"右部的孩子。

(2) 分析树的叶子从左到右构成 G 的一个句型。若叶子仅由终结符标记，则构成一个句子。

【例 3.5】　考虑例 3.4 的最左推导 E ⇒ −E ⇒ − (E) ⇒ −(E+E) ⇒ −(id+E) ⇒ −(id+id)，和最右推导 E ⇒ −E ⇒ −(E) ⇒ −(E+E) ⇒ −(E+id) ⇒ −(id + id)，它们所对应的分析树序列分别如图 3.2(a)、(b)所示。可以看出，最左推导和最右推导的中间过程对应的分析树可能不同(因为句型不同)，但是最终的分析树相同，因为最终是同一个句子。　■

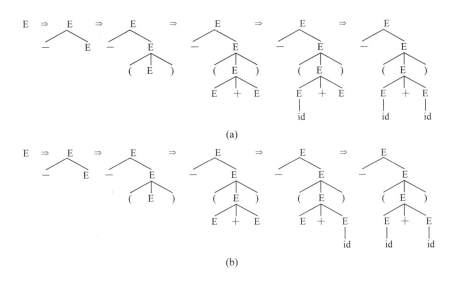

图 3.2　句子−(id+id)的分析树

(a) 最左推导的分析树；(b) 最右推导的分析树

更多的情况下，往往仅希望用树来反映句型的结构实质，而忽略句型的推导过程，从而引出语法树的概念。语法树是表示表达式结构的最好形式。

定义 3.6　对 CFG G 的句型，表达式的语法树被定义为具有下述性质的一棵树：

(1) 根与内部节点由表达式中的操作符标记。

(2) 叶子由表达式中的操作数标记。

(3) 用于改变运算优先级和结合性的括弧被隐含在语法树的结构中。　　■

　　■

【例 3.6】 根据定义 3.6，例 3.5 最终的分析树所对应的语法树如图 3.3(a)所示。

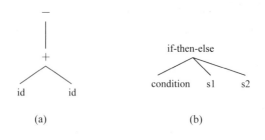

图 3.3　句子的语法树

　　定义 3.6 是针对表达式的，若将一般句子的结构看做是操作符作用于操作数，则可以利用定义 3.6 得到对应的语法树。例如条件语句 if condition then s1 else s2，可以看做是操作符 if-then-else 作用于三个操作数 condition、s1、s2，则此条件语句的语法树如图 3.3(b)所示。

　　与分析树相比，语法树仅反映句型的结构，而忽略了推导句型的过程，因此有些教材也将分析树和语法树分别称为具体语法树和抽象语法树。

3.2.4　二义性与二义性的消除

1. 二义性(Ambiguity)

　　在例 3.4 中，对句子–(id+id)无论采用最左推导还是最右推导，得到的是同一棵分析树。是否对于任何一个句子都仅对应一棵分析树？也就是说，根据文法产生的任何一个句子是否都有唯一的结构？事实并非如此。

　　【例 3.7】用文法 G3.2 采用最左推导产生句子 id+id*id，可得到两棵分析树，如图 3.4(a)、(b)所示。用文法 G3.2 采用最左推导产生句子 id+id+id，也可得到两棵分析树，如图 3.4(c)、(d)所示。其中图 3.4(a)、(b)所对应的最左推导分别如下：

$$
\begin{aligned}
\text{(a)} \quad E &\Rightarrow E * E \\
&\Rightarrow E + E * E \\
&\Rightarrow id + E * E \\
&\Rightarrow id + id * E \\
&\Rightarrow id + id * id
\end{aligned}
\qquad\qquad
\begin{aligned}
\text{(b)} \quad E &\Rightarrow E + E \\
&\Rightarrow id + E \\
&\Rightarrow id + E * E \\
&\Rightarrow id + id * E \\
&\Rightarrow id + id * id
\end{aligned}
$$

■

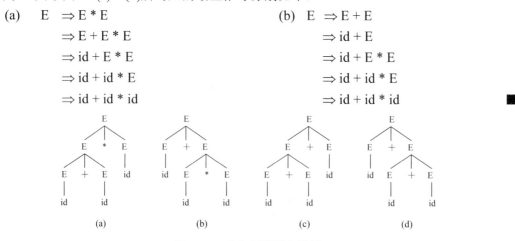

图 3.4　一个句子两棵分析树

(a) 先进行 + 运算；(b) 先进行 * 运算；(c) +左结合；(d) +右结合

定义 3.7 若文法 G 对同一个句子产生不止一棵分析树，则称 G 是二义的。 ∎

文法二义的本质是，在产生句子的过程中某些直接推导有多于一种选择，从而使得下一步分析不确定。如上例对句子 id+id*id 的推导中，第一步直接推导既可以选用产生式 E→E+E，也可以选用产生式 E→E*E，从而造成一个句子有两种以上的结构。不同的结构反映不同的意义，从运算的角度看，图 3.4(a)分析树代表的句子 id + id*id 的运算次序是(id + id)*id，加法具有较高的优先级；而图 3.4(b)分析树的运算次序是 id + (id*id)，乘法具有较高的优先级。图 3.4(c)分析树代表的句子 id + id + id 的运算次序是(id + id) + id，加法具有左结合性；而图 3.4(d)分析树的运算次序是 id+(id+id)，加法具有右结合性。

将图 3.2 与图 3.4 进行比较，可以得出两个结论：

(1) 一个句型有多于一棵分析树，仅与文法和句型有关，与采用的推导方法无关。

(2) 造成二义性的原因，是文法中缺少对文法符号优先级和结合性的规定。

为了进一步理解文法的二义性，考察另一个二义文法的典型例子——"悬空(dangling)else"问题。描述 if-then-else 语言结构的二义文法如下所示，用文法 G3.3 产生同时含有 if-then-else 和 if-then 结构的句子时，else 与哪个 then 匹配不确定：

$$
\begin{aligned}
S \to \quad &\text{if C then S} &&(1) \\
| \ &\text{if C then S else S} &&(2) \\
| \ &\text{id := E} &&(3) &&&(G3.3) \\
C \to \quad &\text{E = E | E < E | E > E} &&(4) \cdots (6) \\
E \to \quad &\text{E + E | - E | id | n} &&(7) \cdots (10)
\end{aligned}
$$

【例 3.8】 条件语句 if x<3 then if x>0 then x:=5 else x:= –5 中，有两个 then 和一个 else，用 G3.3 产生此语句时，G3.3 无法判断 else 应该与哪一个 then 匹配，因为候选项(1)和(2)均可以用来进行第一步直接推导，因此得到两棵分析树如图 3.5 所示(图中三角形代表简化了的推导过程)。

图 3.5(a)所对应的推导过程为

S ⇒ if C then S else S (else 与远离它的 then 结合，采用候选项(2))

 ⇒ if x<3 then S else S

 ⇒ if x<3 then if C then S else S

 $\overset{*}{\Rightarrow}$ if x<3 then if x>0 then x:=5 else x:= –5

图 3.5(b)所对应的推导过程为

S ⇒ if C then S (else 与接近它的 then 结合，采用候选项(1))

 $\overset{*}{\Rightarrow}$ if x<3 then S

 ⇒ if x<3 then if C then S else S

 $\overset{*}{\Rightarrow}$ if x<3 then if x>0 then x:=5 else x:= –5

在任何一个程序设计语言中，如果出现了二义性，则表示同一段程序在确定的、相同的环境下反复执行，会得到不同的结果，而这种情况在程序设计中是不允许的。也就是说，任何一个程序设计语言不应该有二义性。以 Pascal 为例，算术表达式中乘法的优先级高于加法的优先级，加法和乘法均具有左结合性质，图 3.4 中的四棵分析树，仅有(b)和(c)是合法的；if-then-else 语句中，总是要求 else 与最接近它的 then 匹配，图 3.5 中的两棵分析树，仅有(b)是正确的。

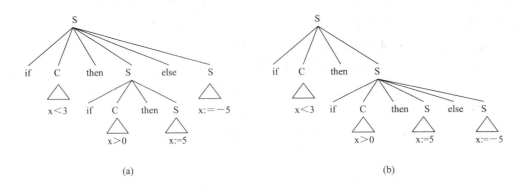

图 3.5　"悬空 else"语句的两棵分析树

(a) else 与离它远的 then 匹配；(b) else 与接近它的 then 匹配

2. 二义性的消除

二义文法不是 CFG，这意味着自上而下和自下而上分析均无法正确处理二义文法所产生的语言。但是一个文法是二义的，并不意味着它所产生的语言一定是二义的，只有当产生一个语言的所有文法都是二义的时，这个语言才被认为是二义的。程序设计语言是非二义的，任何时刻一个句子只对应一个结构。因此要想办法解决文法产生二义性的问题，即为文法的符号规定适当的优先级和结合性。基于这一思想，可以有两种方法解决二义性问题：

(1) 改写二义文法为非二义文法。

(2) 对二义文法施加限制，具体就是为文法符号规定优先级和结合性，使得分析过程中仅能产生一棵分析树。

1) 改写二义文法为非二义文法

改写二义文法的基本思想是通过引入新的非终结符，使原来分辨不清的结构受到约束，从而使得对任何一个句子，仅能构造一棵分析树。下面首先通过例子介绍如何引入新的非终结符来解决分析的不确定性，然后给出引入非终结符的一般原则。

【例 3.9】　改写二义文法 G3.2 为非二义文法 G3.4。

$$E \rightarrow E + T \mid T$$
$$T \rightarrow T * F \mid F \qquad\qquad (G3.4)$$
$$F \rightarrow (E) \mid -F \mid id$$

用 G3.4 对 id+id*id 重新推导。

最左推导：

$$E \Rightarrow E + T \Rightarrow T + T \Rightarrow F + T \Rightarrow id + T$$
$$\Rightarrow id + T * F \Rightarrow id + F * F \Rightarrow id + id * F \Rightarrow id + id * id$$

最右推导：

$$E \Rightarrow E + T \Rightarrow E + T * F \Rightarrow E + T * id \Rightarrow E + F * id$$

$\Rightarrow E + id * id => T + id * id \Rightarrow F + id * id \Rightarrow id + id * id$

上述两个推导的中间过程虽不同，但最终生成的分析树是一棵，如图 3.6(a)所示。同理，用文法 G3.4 对 id+id+id 进行推导，得到的最终分析树如图 3.6(b)所示。

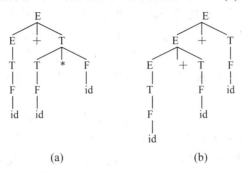

图 3.6   句子 id + id*id 和 id + id + id 的分析树

(a) id+id*id 的分析树；(b) id+id+id 的分析树

认真分析图 3.6 的分析树，并与图 3.2(b)的分析树进行比较，可以得出以下结论：

(1) 由于新引入的非终结符限制每一步直接推导均有唯一选择，使得同一个句子仅有一棵分析树。

(2) 最终产生的分析树与推导方法无关，而仅与文法的描述有关。用通俗的话讲，推导仅改变分析树节点生孩子的先后，文法才决定生什么样的孩子。

(3) 引入新的非终结符，使得直接推导的步骤数增加，分析树的高度增高，从而分析效率降低。

在下边(4)与(5)中，设 α 和 β 是任意的文法符号序列，且从 α 和 β 可以推导出 ε，$a \in \alpha \cup \beta$ 是 A 产生式中的终结符，S 是文法的开始符号。若 $S \overset{*}{\Rightarrow} \alpha A \beta$ 所需的直接推导步骤越少，则称 A 越接近 S。

(4) 越接近 S 的 A 与 a，优先级越低。例如从产生式 $E \rightarrow T+E$ 和 $T \rightarrow T*F$ 可以看出，E 比 T 接近文法开始符号 E，因此 E(或+)比 T(或*)优先级低。同理 T 比 F 优先级低。

(5) 对具有递归定义性质的 A 产生式 $A \rightarrow \alpha A \beta$，若 $a \in \beta$(A 在 a 的左边)，则 a 具有左结合性质；若 $a \in \alpha$(A 在 a 的右边)，则 a 具有右结合性质。例如 $E \rightarrow E + T$ 中 E 在+的左边，则 +具有左结合性质；若产生式形如 $E \rightarrow T + E$，则+具有右结合性质。

根据上述(4)与(5)，可以将书写非二义文法的关键步骤归纳为下述两点：

(1) 引入一个新的非终结符，增加一个子结构并提高一级优先级。

(2) 递归非终结符在产生式中的位置，反映文法符号的结合性。

根据上述结论，简单考察文法 G3.2 所描述表达式结构的非二义文法 G3.4 是如何构造的。首先，文法 G3.2 所描述的表达式中，可能有三种优先级别的子表达式：+运算优先级最低，其次是*，而( )、–(单目减)和 id 优先级最高。因此需要引入三个非终结符 E、T 和 F，分别对应三个优先级的子表达式，+运算构成的子表达式由 E 产生式描述，*运算构成的子表达式由 T 产生式描述，其他子表达式由 F 产生式描述。其次，确定运算的结合性：+和*具有左结合性质，–具有右结合性质。因此 E 和 T 分别在+和*的左边出现，而 F 在–的右边出现。从而得到 E 产生式：$E \rightarrow E + T \mid T$。第一个候选项产生含有+运算的子表达式，第二个候选项产生含有*运算的子表达式。由此可以看出，对于一个*运算的子表达式，至少需要增加一次 E 到 T 的推导。依此类推，可以构造 T 产生式和 F 产生式，最终得到文法 G3.4。

对于"悬空 else"问题，它的实质是 if 语句可以是完整的结构(if-then-else)，也可以是不完整的结构(if-then)。因此，在一个复合的 if 语句中，可能 then 结构多于 else 结构，从而使得 else 不知与哪个 then 匹配。根据一般程序设计语言的规定，else 总是与最接近它的 then 匹配，这实质上是与最右边的 then 匹配，因此，解决"悬空 else"的问题变成为规定 else 具有右结合性质。

【例 3.10】 文法 G3.3 的非二义文法 G3.5 如下所示。解决二义文法 G3.3 的关键是将语句 S 分为完全匹配(MS)和不完全匹配(UMS)两类，并且在不完全匹配的语句中确定 else 是右结合的。如产生式(6)所示，UMS 在 else 右边出现，从而使得用 G3.5 产生例 3.7 的条件语句 if x<3 then if x>0 then x:=5 else x:= −5 时，每一步直接推导均是确定的，得到的分析树如图 3.7 所示。 ∎

$$
\begin{aligned}
S &\to MS & (1) \\
&\mid UMS & (2) \\
MS &\to if\ C\ then\ MS\ else\ MS & (3) \\
&\mid id := E & (4) \\
UMS &\to if\ C\ then\ S & (5) \\
&\mid if\ C\ then\ MS\ else\ UMS & (6) \\
C &\to E = E \mid E < E \mid E > E & (7)\cdots(9) \\
E &\to E + T \mid T & (10)\cdots(11) \\
T &\to -T \mid id \mid n & (12)\cdots(14)
\end{aligned}
\qquad (G3.5)
$$

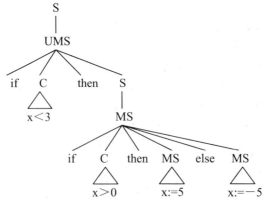

图 3.7 "悬空 else"解决后的分析树

2) 为文法符号规定优先级和结合性

改写文法可以解决二义性问题，但不是唯一的解决方法。比较上述讨论过的二义文法和非二义文法，发现二义文法至少有两个优点：

(1) 比非二义文法容易理解。

(2) 分析效率高(分析树低，直接推导步骤少)。

由于二义性的问题实质上是文法符号(包括终结符和非终结符)的优先级和结合性问题，因此，另一种解决方案是保留原来的二义文法，而对文法中有二义的文法符号规定适当的优先级与结合性，使得在产生语言的过程中限制不确定的选项到唯一选择。例如，在二义文法 G3.2 中，只要分别为+、*和−规定正确的优先级和结合性，就会使得分析任何一个句子时仅能得到一棵分析树。这种解决方案的典型例子是语法分析器生成器 YACC。YACC 构造的是基于 LALR(1)文法的语法分析器，但是通过规定文法符号的优先级与结合性，使得 YACC 构造的语法分析器可以对二义文法所描述的语言进行确定的分析。

3.3　语言与文法简介

到目前为止，我们在两个层面上讨论了程序设计语言的结构：从词法分析的层面上看，语言是由字母组成的记号的集合；从语法分析的层面上看，语言是由记号组成的句子的集合。记号可以用正规式描述，句子可以用 CFG 描述。

程序设计语言的结构均可以用**文法**来描述。文法无论对程序设计语言的设计还是对编译器的编写，至少在以下三个方面起着重要作用：

(1) 文法给出了精确的、易于理解的语言结构的说明。

(2) 以文法为基础的语言，便于加入新的或修改、删除旧的语言结构。

(3) 有些类别的文法，可以自动生成高效的分析器。

本节从理论的角度对文法进行简单的讨论。讨论建立在形式语言与自动机的理论之上，且仅引用结论而忽略数学的证明，有兴趣的读者可以参阅相关文献。希望通过本节的讨论，能使读者对文法的分类和它们在编译器构造中的作用有一定的了解。

3.3.1　正规式与上下文无关文法

1. 正规式到 CFG 的转换

推论 3.1　正规式所描述的语言结构均可以用 CFG 描述，反之不一定。　　　■

我们通过引入从正规式构造 CFG 的一种方法来说明上述推论成立。此方法分如下几个步骤：

(1) 构造正规式的 NFA。

(2) 若 0 为初态，则 A0 为开始符号。

(3) 对于 move(i，a) = j，引入产生式 Ai→aAj。

(4) 对于 move(i，ε) = j，引入产生式 Ai→Aj。

(5) 若 i 是终态，则引入产生式 Ai →ε。

【例 3.11】　利用上述方法，正规式 r=(a|b)*abb 的 CFG 描述如下。其中识别 r 的 NFA 如图 3.8(a)所示。

$$A0 \rightarrow aA0 \,|\, bA0 \,|\, aA1$$
$$A1 \rightarrow bA2$$
$$A2 \rightarrow bA3 \tag{G3.6}$$
$$A3 \rightarrow ε$$

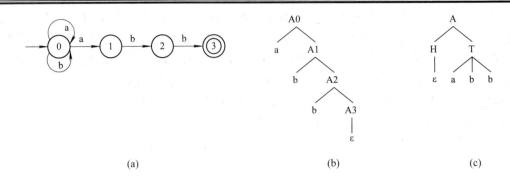

图 3.8 正规式与 CFG

(a) (a|b)*abb 的 NFA；(b) G3.6 产生 abb 的分析树；(c) G3.7 产生 abb 的分析树

事实上，从正规式构造 CFG，往往并不使用上述方法，而是通过分析正规式的特性，凭经验直接构造。例如，可以把 r = (a|b)*abb 看做首尾两个部分，首部是 0 个或若干个 a 与 b 组成的串，尾部是固定字符串 abb，于是可得到 G3.7 如下：

$$A \rightarrow HT \qquad\qquad (1)$$
$$H \rightarrow \varepsilon | \ aH \ | \ bH \qquad (2), \cdots, (4) \qquad\qquad (G3.7)$$
$$T \rightarrow abb \qquad\qquad (5)$$

不难验证，文法 G3.6 和文法 G3.7 描述同一集合，因此它们是等价的。图 3.8(b)和(c)分别以分析树的形式记录了 G3.6 和 G3.7 产生句子 abb 的过程。

2. 为什么用正规式而不用 CFG 描述程序设计语言的词法

根据推论 3.1，CFG 既描述程序设计语言的语法又描述词法，而基于下述几个原因，往往采用正规式而不是 CFG 描述词法：

(1) 词法规则简单，用正规式描述已足够。

(2) 正规式的表示比 CFG 更直观、简洁，易于理解。

(3) 有限自动机的构造比下推自动机简单，且分析效率高。

(4) 区分词法和语法，为编译器前端的模块划分提供方便。

有一个贯穿词法分析和语法分析始终的思想是，语言的描述和语言的识别分别表示一个语言的两个不同侧面，二者缺一不可。用正规式和 CFG 描述的语言，对应的识别方法(自动机)不同。一般情况下，正规式适合描述线性结构，如标识符、关键字、注释等；而 CFG 适合描述具有嵌套(层次)性质的非线性结构，如不同结构的句子 if-then-else、begin-end 等。

3.3.2 上下文有关文法

程序设计语言中除了 CFG 可以描述的结构之外，还有一些是 CFG 无法描述的所谓上下文有关的结构。典型的这类语言结构包括：变量的声明与引用、过程调用时形参与实参的一致性检查等。描述它们的文法被称为上下文有关文法(Context Sensitive Grammar, CSG)。

【例 3.12】 标识符声明与引用问题的抽象可以用 L1 表示，其中第一个 ω 表示声明，第二个 ω 表示引用，声明与引用之间可以有任意长度的序列 c。过程定义与调用中形参与实参一致性问题的抽象可以用 L2 表示，其中 a^nb^m 是形参表，c^nd^m 是实参表，L1 和 L2 均不是 CFL，因为设计不出 CFG 来描述它们。这意味着许多程序设计语言，如 Pascal、Ada、C++ 等均不是 CFL，因为它们要求标识符先声明后引用，并且要求形参与实参一致。

$$L1=\{\omega c\omega|\omega\in(a|b)^*\}$$
$$L2=\{a^nb^mc^nd^m|n\geq1 \text{ 和 } m\geq1\}$$
$$L3=\{a^nb^nc^n|n\geq1\}$$

另一个不是 CFL 的例子是英文排版中加底线问题的抽象，它可以用 L3 表示。其中 $a^nb^nc^n$ 分别表示输入 n 个字符、回退 n 个字符和加 n 个底线。这是一个所谓的计数问题，即 a、b、c 三部分要保持个数相同，或者说保持三部分相关。∎

抛开上述语言的实际含义，仅考虑它们的抽象表示，则对上述语言稍加修改，就可得到 CFL。

【例 3.13】 $L1'=\{\omega c\omega^r|\omega\in(a|b)*\}$ 是上下文无关的，其中 ω^r 是 ω 的逆序，对应文法为

$$S \rightarrow aSa \mid bSb \mid c$$

$L2'=\{a^nb^mc^md^n \mid n\geq1 \text{ 和 } m\geq1\}$ 是上下文无关的，对应文法为

$$S \rightarrow aSd \mid aAd$$
$$A \rightarrow bAc \mid bc$$

$L2''=\{a^nb^nc^md^m \mid n\geq1 \text{ 和 } m\geq1\}$ 是上下文无关的，对应文法为

$$S \rightarrow AB$$
$$A \rightarrow aAb \mid ab$$
$$B \rightarrow cBd \mid cd$$

$L3'=\{a^mb^mc^n \mid m, n\geq1\}$ 是上下文无关的，对应文法为

$$A \rightarrow AC$$
$$A \rightarrow aAb \mid ab$$
$$C \rightarrow cC \mid c$$

∎

L3' 与 L3 的区别在于，L3 要求 a、b、c 三部分保持相关，而 L3' 仅要求 a、b 两部分保持相关，c 与前边无关。这似乎降低了要求，L3' 就成为 CFL，但是，L3' 不是正规集，因为构造不出可以识别 L3' 的 DFA。我们可以用反证的方法来说明这一点。

假设 L3' 是一个正规集，则可以构造一个 DFA D，它接受 L3'。设 D 有 n 个状态(n 是一个有限数字)，考察 D 读完 ε，a，aa，…，a^n，分别到达状态 S0，S1，…，Sn，共有 n+1 个状态。根据鸽巢原理，在序列 S0，S1，…，Sn 中至少有两个状态相同，不妨设 Si = Sj(j > i)，因为 $a^ib^ic^k$ 属于 L3'，所以 D 可以从状态 Si 再读进 i 个 b 和 k 个 c 到达终态 f，如图 3.9 所示。但是，D 中也存在从初态 S0 到 Si，再从 Si 到 Sj 标记为 a^j 的路径，由于 Si = Sj，D 也接受不在 L3' 范围内的 $a^jb^ic^k$。所以假设不成立，L3' 不是正规集。

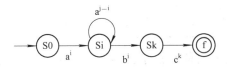

图 3.9 既接受 $a^ib^ic^k$ 也接受 $a^jb^ic^k$ 的 DFA

若再降低要求，a、b、c 三部分均可无关，则可得到正规集。

【例 3.14】 L3″ = {$a^k b^m c^n$ | k，m，n≥1}是正规集，其对应的正规式为 $a^+ b^+ c^+$，同时也可由如下 CFG 产生：

　　　S → ABC
　　　A → a | aA
　　　B → b | bB
　　　C → c | cC　　　　　　　　　　　　　　　　　　　　　　　　　■

3.3.3　形式语言与自动机简介

乔姆斯基(Chomsky)把文法分为四种类型：0 型、1 型、2 型和 3 型。文法之间的差异在于对产生式施加不同的限制。

定义 3.8　若文法 G = (N，T，P，S)的每个产生式 α→β 中，均有 α∈(N∪T)*，且至少含有一个非终结符，β∈(N∪T)*，则称 G 为 0 型文法。

对 0 型文法施加以下第 i 条限制，即可得到 i 型文法。

(1) G 的任何产生式 α→β(S→ε 除外) 均满足 | α | ≤ | β | (|x| 表示 x 中文法符号的个数)。

(2) G 的任何产生式形如 A→β，其中 A∈N，β∈(N∪T)*。

(3) G 的任何产生式形如 A→a 或者 A→aB(或者 A→Ba)，其中 A，B∈N，a∈T。　■

0 型文法也被称为短语文法，任何 0 型语言都是递归可枚举的，反之，递归可枚举集也必定是一个 0 型语言。

1 型文法就是上下文有关文法，这种文法意味着对非终结符的替换必须考虑上下文，并且一般不允许换成 ε 串。例如，若 αAβ→αγβ 是 1 型文法的产生式，α 和 β 不全为空，则非终结符 A 只有在左边是 α、右边是 β 这样的上下文中才可能替换成 γ。

2 型文法就是上下文无关文法，非终结符的替换无需考虑上下文。

3 型文法等价于正规式，因而也被称为正规文法或线性文法。

四种类型的文法和它们所描述的语言，以及识别对应语言的自动机分别列举在表 3.1 中。

表 3.1　文法、语言与自动机

文　　法	产生式	语　　言	自动机
0 型(短语)文法	α→β	0 型语言(短语结构语言，递归可枚举集)	图灵机
1 型文法(CSG)	限制 1	1 型语言(CSL)	线性界线自动机
2 型文法(CFG)	限制 2	2 型语言(CFL)	下推自动机
3 型(正规)文法	限制 3	3 型语言(正规语言，正规集)	有限自动机

【例 3.15】　再考虑上下文有关语言 L3 = {$a^n b^n c^n$|n≥1}，可以用下述 CSG 产生：

　　　S→aSBC　　(1)　　　　　　　bB→bb　　(5)
　　　S→aBC　　 (2)　　　　　　　bC→bc　　(6)

| CB→BC | (3) | cC→cc | (7) |
| aB→ab | (4) | | |

对句子 $a^kb^kc^k$ 的推导过程如下：

$$S \Rightarrow \cdots \Rightarrow a^{k-1}S(BC)^{k-1} \qquad k-1 \text{ 次 } S{\rightarrow}aSBC \text{ 的直接推导}$$
$$\Rightarrow a^k(BC)^k \qquad S{\rightarrow}aBC \text{ 一次直接推导}$$
$$\Rightarrow \cdots \Rightarrow a^kB^kC^k \qquad \text{若干次 } CB{\rightarrow}BC \text{ 的直接推导}$$
$$\Rightarrow a^kbB^{k-1}C^k \qquad aB{\rightarrow}ab \text{ 一次直接推导}$$
$$\Rightarrow \cdots \Rightarrow a^kb^kC^k \qquad k-1 \text{ 次 } bB{\rightarrow}bb \text{ 的直接推导}$$
$$\Rightarrow a^kb^kcC^{k-1} \qquad bC{\rightarrow}bc \text{ 一次直接推导}$$
$$\Rightarrow \cdots \Rightarrow a^kb^kc^k \qquad k-1 \text{ 次 } cC{\rightarrow}cc \text{ 的直接推导}$$

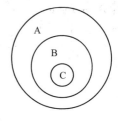

图 3.10 L3、L3′、L3″的关系

对比 L3、L3′、L3″，它们之间的关系可如图 3.10 所示。

其中：$A = \{ a^ib^jc^k \mid i, j, k \geq 1 \}$

$B = \{ a^ib^ic^k \mid i, k \geq 1 \}$

$C = \{ a^ib^ic^i \mid i \geq 1 \}$

L3 = C (仅 CSG 可产生)

L3′ = B (CSG、CFG 均可产生)

L3″ = A (CSG、CFG、正规式均可产生)

L3、L3′和 L3″说明一个问题：如果说正规式描述的语言仅计一个数(仅对一个部分计数，或者说各部分互不相关)，则 CFG 可以计两个数，CSG 可以计三个数。打个形象的比喻：正规式不管是桃子还是梨统统挑出来；CFG 则可以把桃子挑选出来；CSG 则可以进一步把好桃子挑选出来。

通过上述讨论，可以得出这样一个印象：i 型文法比 i＋1 型文法能力强。理论上的结论是：就描述与识别能力来讲，0 型文法和图灵机最强，3 型文法和有限自动机最弱。但是文法的设计与自动机构造的难易程度，却与它们的能力成反比。到目前为止，真正实用的识别器均基于 CFG(包括正规文法)。而对于语言结构中超出 CFG 能力的部分，采用语义分析的方法处理。在以后的讨论中，除非特别说明，文法均指 CFG。

3.4 自上而下语法分析

3.4.1 自上而下分析的一般方法

自上而下分析的基本思想是：对于任何一个输入序列，从文法的开始符号开始，进行最左推导，直到得到一个合法句子或者发现一个非法结构。在推导的过程中试图用一切可能的方法，自上而下、从左到右为输入序列建立分析树。整个分析是一种试探的过程，是反复使用不同产生式谋求与输入序列匹配的过程。

【例 3.16】 对于下述所给文法和输入序列 ω=cad，自上而下试探建立分析树的过程如图 3.11 所示。一开始根据当前输入的第一个记号 c 展开产生式 S→cAd，得到句型 cAd，匹配 c 后暴露出 a。A 产生式有两个以 a 开始的候选项，选择任何一个产生式展开均可。第一次选择 A→ab 得到句型 cabd，与输入序列 cad 匹配到第三个记号时失败，如图 3.11(a)所示。于是回退一步，选择 A→a 再得到句型 cad，与输入序列 cad 匹配成功，如图 3.11(b)所示。

S → cAd

A → ab | a

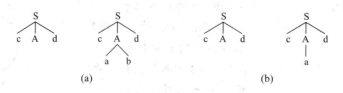

(a)　　　　　　　　　　　　　(b)

图 3.11　试探性质的自上而下分析

(a) 匹配失败，回溯；(b) 匹配成功，接收

上述分析采用试探加回溯的方法。若文法中存在下述两种情况，则会给分析带来问题：

(1) 若存在形如 A→ $\alpha\beta_1|\alpha\beta_2$ 的产生式，即 A 产生式中有多于一个候选项的前缀相同(称为公共左因子，或简称左因子)，则可能会造成虚假匹配，使得在分析过程中可能需要进行大量回溯，从而造成分析效率低、语义动作难以恢复以及出错位置的报告不确切等。

(2) 若存在形如 A → Aα 的产生式，则分析过程中一旦采用了该产生式去替换，就会陷入死循环而使分析无法进行下去。产生式的这种形式被称为左递归。

为了避免上述弱点，需要对文法进行重写，消除左递归，以避免陷入死循环；提取左因子，以避免回溯。

3.4.2　消除左递归

定义 3.9　若文法 G 中的非终结符 A，对某个文法符号序列 α 存在推导 A$\overset{+}{\Rightarrow}$Aα，则称文法 G 是**左递归**的。若文法 G 中有形如 A→Aα 的产生式，则称该产生式对 A **直接左递归**。

1. 消除文法的直接左递归

首先考虑仅有两个候选项的直接左递归的产生式 A→Aα | β。该产生式仅有两个候选项，其中一个是直接左递归的，另一个不含直接左递归，可以用非左递归的 A→βA' 和 A'→αA' | ε 取代。首先看第一组产生式 A→Aα | β，使用 A→Aα 进行若干次直接推导得到 Aα*，再使用 A→β 进行一次直接推导得到 βα*，它产生的集合是 β 后边跟随若干个 α(可以是 0 个)。再看第二组产生式 A→βA' 和 A'→αA' | ε，使用 A→βA'进行一次直接推导得到 βA'，再使用 A'→αA'进行若干次直接推导得到 βα*A'，最后使用 A'→ε 进行一次直接推导得到 βα*。显然两组产生式产生的是同一个集合。

将此结果推广到文法中所有含有直接左递归的产生式，得到消除文法直接左递归的算法如下。

算法 3.1　消除直接左递归

输入　文法 G 中所有的 A 产生式。

输出　等价的不含直接左递归的文法 G'。

方法　首先，整理 A 产生式为如下形式：

$A \rightarrow A\alpha_1 \mid A\alpha_2 \mid \cdots \mid A\alpha_m \mid \beta_1 \mid \beta_2 \mid \cdots \mid \beta_n$

其中，α_i 非空，β_j 均不以 A 开始。然后用下述产生式代替 A 产生式：

$A \rightarrow \beta_1 A' \mid \beta_2 A' \mid \cdots \mid \beta_n A'$

$A' \rightarrow \alpha_1 A' \mid \alpha_2 A' \mid \cdots \mid \alpha_m A' \mid \epsilon$ ■

【例 3.17】 考虑简单的算术表达式文法 G3.4，其中的 E 和 T 均是左递归的产生式。运用算法 3.1 消除直接左递归，得到文法 G3.4'如下。用文法 G3.4'分析 id+id*id，得到分析树如图 3.12 所示。与图 3.6(a)中的分析树比较，两棵分析树反映的语言结构是相同的，均是先进行乘法运算再进行加法运算。

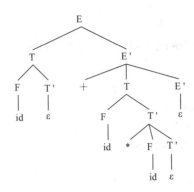

图 3.12 文法 G3.4'产生的 id+id*id 的分析树

$E \rightarrow TE'$

$E' \rightarrow +TE' \mid \epsilon$

$T \rightarrow FT'$ (G3.4')

$T' \rightarrow *FT' \mid \epsilon$

$F \rightarrow (E) \mid -F \mid id$ ■

2. 消除文法的左递归

有些左递归并不是直接的，如下述文法 G3.8 中的 S 不是直接左递归，但也是左递归的，因为存在推导 $S \Rightarrow Aa \Rightarrow Sda$。对于文法中的左递归，可以用算法 3.2 系统地消除。

$S \rightarrow Aa \mid b$

$A \rightarrow Ac \mid Sd \mid \epsilon$ (G3.8)

算法 3.2 消除左递归

输入 无回路文法 G。

输出 无左递归的等价文法 G'。

方法 将非终结符合理排序：A1，A2，…，An，然后运用下述过程：

for i in 2..n

loop for j in 1..i−1

loop 用 Aj→δ1 | δ2 | ⋯ | δk 的右部替换每个形如 Ai→Ajγ 产生式中的 Aj，

得到新产生式：Ai→δ1γ | δ2γ | ⋯ | δkγ；

消除 Ai 产生式中的直接左递归；

end loop;

end loop;

算法 3.2 并不能消除所有文法中的左递归，若文法 G 产生句子的过程中会出现 $A \overset{+}{\Rightarrow} A$ 的推导，则无法消除左递归。

【例 3.18】 将算法 3.2 用于文法 G3.8，按下述步骤消除 G3.8 中的左递归。

(1) 将 S 和 A 排序，S 在先 A 在后。

(2) 用 S 右部替换 A→Sd 中的 S，得到新产生式 A→ Ac | Aad | bd | ε。

消除新产生式中的直接左递归，最后得到等价的文法 G3.8'如下：

$$S \rightarrow Aa \mid b$$
$$A \rightarrow bdA' \mid A' \qquad\qquad (G3.8')$$
$$A' \rightarrow cA' \mid adA' \mid \varepsilon$$

【例 3.19】 算术表达式组成的语句序列，文法 G3.9 如下：

$$L \rightarrow E \;;\; L \mid \varepsilon$$
$$E \rightarrow E + T \mid E - T \mid T$$
$$T \rightarrow T * F \mid T / F \mid T \bmod F \mid F \qquad (G3.9)$$
$$F \rightarrow (E) \mid id \mid num$$

消除左递归后的等价文法 G3.9'如下：

$$L \rightarrow E \;;\; L \mid \varepsilon$$
$$E \rightarrow T E'$$
$$E' \rightarrow + T E' \mid - T E' \mid \varepsilon$$
$$T \rightarrow F T' \qquad\qquad (G3.9')$$
$$T' \rightarrow * F T' \mid / F T' \mid \bmod F T' \mid \varepsilon$$
$$F \rightarrow (E) \mid id \mid num$$

3.4.3 提取左因子

对于有左因子的文法，推导过程中会出现无法确定用 A 产生式的哪个候选项替换 A 的情况，这时，可以重写 A 产生式来推迟这种决定，直到看见足够的输入，能正确决定所需选择为止。这一过程类似于有限自动机的确定化，被称为提取左因子。

算法 3.3　提取文法的左因子

输入　文法 G。

输出　等价的无左因子文法 G'。

方法　为每个产生式 A，找出其候选项中最长公共前缀 α，重排 A 产生式如下，其中 γ 是不以 α 为前缀的其他候选项：

$$A \rightarrow \alpha\beta1 \mid \alpha\beta2 \mid \cdots \mid \alpha\beta n \mid \gamma$$

并用下述产生式替代：

$$A \rightarrow \alpha A' \mid \gamma \qquad A' \rightarrow \beta1 \mid \beta2 \mid \cdots \mid \beta n$$

重复此过程，直到所有 A 产生式的候选项中均不再有公共前缀。

【例 3.20】 考察悬空 else 文法 G3.10：

$$S \rightarrow iCtS \mid iCtSeS \mid a \qquad (G3.10)$$
$$C \rightarrow b$$

S 的前两个候选项中含有左因子 iCtS，按算法 3.3 提取左因子之后，等价文法 G3.10'
如下：

$$S \rightarrow iCtSS' \mid a$$
$$S' \rightarrow eS \mid \varepsilon \qquad\qquad\qquad\qquad\qquad\qquad\qquad\qquad (G3.10')$$
$$C \rightarrow b \qquad\qquad\qquad\qquad\qquad\qquad\qquad\qquad\qquad\qquad \blacksquare$$

当一个文法中既有左递归又含左因子时，一般的做法是先消除左递归。因为左递归也
是左因子的一种形式，当左递归消除后，同时也消除了部分左因子。如例 3.19 中的文法 G3.9，
由于除了 E 和 T 产生式之外，没有其他形式的左因子，所以左递归消除后，成为既无左递
归又无左因子的文法 G3.9'。

3.4.4 递归下降分析

递归下降分析是直接以程序的方式模拟产生式产生语言的过程。它的基本思想是：为
每一个非终结符构造一个子程序，每一个子程序的过程体中按该产生式的候选项分情况展
开，遇到终结符直接匹配，而遇到非终结符就调用相应非终结符的子程序。该分析从调用
文法开始符号的子程序开始，直到所有非终结符都展开为终结符并得到匹配为止。若分析
过程中达到这一步则表明分析成功，否则表明输入中有语法错误。递归下降分析对文法的
限制是不能有公共左因子和左递归。由于文法是递归定义的，因此子程序也是递归的，被
称为递归下降子程序。

对于规模比较小的语言，递归下降子程序方法是很有效的方法，它简单灵活，容易构
造，其缺点是程序与文法直接相关，对文法的任何改变均需对程序进行相应的修改。

递归下降子程序方法是一种非形式化的方法，只要能够写出每个非终结符的子程序，
采用什么样的方法和步骤均可。从初学者的角度出发，我们分三个步骤构造递归下降子程
序，并且以文法 G3.9'为例，详细讨论各步骤的具体过程。

(1) 构造文法的状态转换图并且化简。

(2) 将转换图转化为 EBNF 表示。

(3) 从 EBNF 构造子程序。

1. 文法的状态转换图

文法的状态转换图是针对非终结符而言的，每个非终结符对应一个状态转换图。它与
FA 的状态转换图相似，唯一的区别是表示状态转移的边上标记的不是字母，而是文法符号
(终结符或非终结符)。文法状态转换图的构造方法如下：

(1) 为每个非终结符 A 建立一个初态和一个终态。

(2) 为每个产生式 $A \rightarrow X1X2 \cdots Xn$ 构造从初态到终态的路径，边分别标记为 X1，X2，
…，Xn。

(3) 根据识别同一集合的原则，化简转换图。

文法 G3.9'有 6 个非终结符，根据上述方法(1)和(2)，分别构造它们的状态转换图如图
3.13 所示。

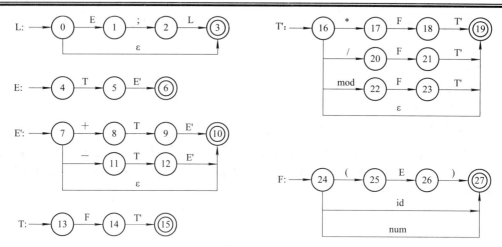

图 3.13　文法 G3.9'的状态转换图

对于图 3.13 的状态转换图，可以根据识别同一集合的原则对它们进行化简：

(1) 在状态转换图中，对非终结符 A 的一次匹配等价于对 A 递归子程序的一次调用，因此转换图中标记为 A 的边可等价为标记 ε 的边转向 A 转换图的初态。

(2) 标记为 ε 的边所连接的两个状态可以合并。

(3) 标记相同的路径可以合并。

(4) 不可区分的状态可以合并。

以 E 和 E'的转换图为例，对它们进行下述化简：

(1) 首先考察 E'的转换图，合并 E'转换图中+TE'和–TE'两条路径，见图 3.14(a)。

(2) 对 E'的匹配改为指向 E'的初态且标记为 ε 的边，见图 3.14(b)。

(3) 从状态 8 出发，经 T 可到达的状态的全体 7、9、10 可以合并为一个状态，由于 10 是终态，合并后的状态也应是终态，取 10 为代表，见图 3.14(c)。

(4) 再考察 E 的转换图，对 E'的匹配改为指向 E'的初态且标记为 ε 的边，见图 3.14(d)。

(5) 由于从状态 4、8 经 T 的下一状态转移均可到达状态 10，且状态 5 经 ε 到达状态 10，所以 4、5、8 是不可区分的，可以合并为一个状态并取 4 为代表，最后得到 E 的转换图，见图 3.14(e)。

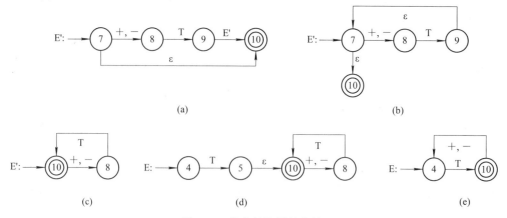

图 3.14　状态转换图的化简

　　T 和 T'的化简与 E 和 E'的化简完全相同，另外读者可以参考上述讨论，对 L 的转换图进行化简。最终化简后的文法 G3.9'的状态转换图如图 3.15 所示。从状态转换图中可以看出各非终结符所表示的产生式的结构：L 是由 0 个或若干个 E 组成的序列，E 是至少由一个 T 组成的算术表达式或者由加减运算与 T 组成的算术表达式；T 是至少由一个 F 组成的算术表达式或者由乘、除和取模运算与 F 组成的算术表达式；F 是由标识符、整型数或者加括弧的算术表达式组成的算术表达式。

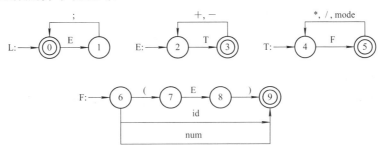

图 3.15　G3.9' 化简后的状态转换图

2. 文法的扩展 BNF(EBNF)表示

　　与正规式的简化表示类似，为了书写和表达的简洁方便，可以对产生式集进行扩充，称为文法的扩展 BNF 表示(Extended BNF，EBNF)。具体可以在产生式的右部引入下述符号进行扩充，每种扩充形式均可以与程序的某种语句结构直接对应。

　　(1) { }：被括在{ }中的内容可以重复 0 或若干次；"{ }"可以用来表示转换图中的环，并且可以在递归下降子程序中用 while 结构来实现。

　　(2) [ ]：被括在[ ]中的内容是可选择的；"[ ]"用来表示转换图中可以被绕过的路径，并且可以用 if 或 while 结构实现。

　　(3) |："|"在 BNF 表示中代表产生式中各候选项的或关系，而在 EBNF 中，"|"还可以出现在括弧"( )"之内，表示括弧中各部分之间的或关系；它一般表示转换图中的并列路径，并且可以用 case 结构实现。

　　(4) ( )：利用( )可以改变运算的优先级和结合性。

　　化简后的状态转换图与 EBNF 之间，特别是 EBNF 与程序结构之间的对应关系，使得 EBNF 成为初学者构造递归下降子程序的有力帮手。根据转换图与 EBNF 的对应关系，构造文法 G3.9' 的 EBNF 文法 G3.9" 如下：

$$L \rightarrow \{ E; \}$$
$$E \rightarrow T \{ (+ | -) T \}$$
$$T \rightarrow F \{ (* | / | \text{mod}) F \} \qquad\qquad (G3.9")$$
$$F \rightarrow (E) | \text{id} | \text{num}$$

3. 递归下降子程序

　　事实上，EBNF 表示的产生式已经可以被看做是程序的抽象，用某种程序设计语言表示出来，并且加上适当的数据结构与基本函数，就形成了非终结符的递归下降子程序。G3.9" 的递归下降子程序如下。首先设计两个变量 lookahead 和 eof, lookahead 是当前的下一输入终结符，eof 是输入的结束标志。另外设计一个函数 match(t)，它的作用是进行终结符的匹配，首先将 lookahead 与 t 比较，若相同则取下一终结符，否则报错。

```
    procedure match(t)is
    begin   if    t=lookahead
            then lookahead:=lexan;              -- 调用词法分析器，返回一个终结符
            else error("syntax error1");        -- 出错处理
            end   if;
    end match;
    procedure L is                              -- 展开非终结符 L
    begin
        lookahead := lexan;                     -- 调用词法分析器，返回一个终结符
        while (lookahead <> eof)loop      E; match(';');    end loop;
    end L;
    procedure E is                              -- 展开非终结符 E
    begin
        T ;
        while lookahead ∈(+|–) loop match(lookahead);  T; end loop;
    end E;
    procedure T is                              -- 展开非终结符 T
    begin
        F；
        while lookahead ∈(*|/|mod)loop match(lookahead);  F; end loop;
    end T;
    procedure F is                              -- 展开非终结符 F
    begin
        case lookahead is
            '('     : match('(');  E;  match(')');
            id      : match(id);
            num     : match(num);
            others : error("syntax error2");     -- 出错处理
        end case;
    end F;
```

上述子程序反映了递归下降分析方法的基本思想：从文法的开始符号开始，根据当前输入序列中的终结符，按不同情况展开非终结符的右部，最终与输入序列完全匹配或报错。

对上述子程序稍加修改，如增加适当类型的变量等，就可以改造成某种流行的程序设计语言上机测试。

再看左递归问题，若存在产生式 $E \rightarrow E + id$，则 E 的递归下降子程序如下，此程序永不停机：

```
    procedure E is
    begin   E; match('+'); match(id);
```

end E;

同样，若文法中存在公共左因子，也会给递归下降子程序造成困难。

3.4.5 预测分析器

预测分析器由一张预测分析表、一个符号栈和一个驱动器组成。它把程序模拟的状态转换变成分析表中的内容，用分析表指导驱动器完成对输入序列的分析。由于消除了递归子程序调用，所以也称其为非递归预测分析器或者表驱动的预测分析器，它的数学模型是下推自动机。

1. 非递归预测分析器的工作模式

1) 下推自动机与格局

下推自动机如图 3.16(a)所示，它由一个只读头(ip 指向当前输入)、一个下推栈(top 指向栈顶)和一个有限状态转移控制组成。预测分析器是下推自动机的一个具体实现，如图 3.16(b)所示。它的下推栈是一个符号栈，其中存放终结符与非终结符；它的有限状态转移控制由一个预测分析表和一个驱动器组成。

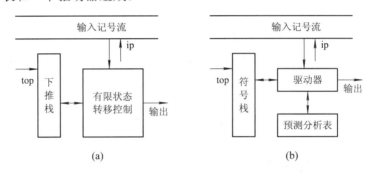

图 3.16 下推自动机与预测分析器工作模型

(a) 下推自动机模型; (b) 预测分析器模型

下推自动机的工作模式是一种放幻灯的方式，此处的每张"幻灯片"称为一个**格局**。格局是个三元组: (栈内容，当前剩余输入(简称剩余输入)，改变格局的动作)。分析是从某个**初始格局**开始的，经过一系列的格局变化，最终到达**接收格局**，表明分析成功；或者到达**出错格局**，表明发现一个语法错误。很显然，开始格局中的剩余输入应该是全部输入序列，而接收格局中剩余输入应该为空，任何其他格局或者出错格局中的剩余输入应该是全部输入序列的一个后缀。格局中栈的内容根据分析方法的不同而不同，例如在预测分析器模型中，栈中的内容是符号，而在稍后介绍的移进归约分析模型中，栈中的内容可以是状态。引起格局变化的是格局中的第三个元素，即改变格局的动作。有限状态转移控制根据当前下推栈中的内容和当前的剩余输入确定相应动作，改变下推栈和剩余输入的状态，从而进入到下一格局。

2) 预测分析表的内容与改变格局的动作

在预测分析器中，驱动器与预测分析表协同工作，实现对格局的改变。驱动器根据当前输入和栈顶内容，查表确定改变格局的动作。预测分析表是一个如表 3.2 所示的二维数组 M[A, a]，所有的非终结符构成分析表的行下标，所有的终结符构成分析表的列下标，其中包括特殊的结束标志 #。M[A, a]中的内容表示当前栈顶为非终结符 A 且当前输入为终结符 a 时，分析器要进行的动作。在预测分析模式中，有四种改变格局的动作。

(1) 匹配终结符：若栈顶和当前输入终结符相等且不是结束标志 #，则分析器弹出栈顶符号(pop)，输入指针指向下一个终结符(next(ip))。

(2) 展开非终结符：栈顶符号是非终结符 X，当前输入是终结符 a，驱动器访问分析表 M[X, a]；若 M[X, a]是 X 产生式的某候选项，则用此候选项取代栈顶的 X。

(3) 报告分析成功：栈顶和当前输入符号均为 #，分析成功并结束。

(4) 报告出错：其他情况，调用错误恢复例程。

表 3.2　文法 G3.9' 的预测分析表

	id	num	+	–	*	/	mod	(	)	;	#
L	E;L	E;L						E;L			ε
E	TE'	TE'						TE'			
E'			+TE'	–TE'					ε	ε	
T	FT'	FT'						FT'			
T'			ε	ε	*FT'	/FT'	modFT'		ε	ε	
F	id	num						(E)			

预测分析器的驱动器根据当前的输入状态和栈顶内容，依照分析表的指示，从一个初始格局开始，或者执行动作(1)匹配终结符，或者执行动作(2)展开一个非终结符。经过一系列的格局变化，到达一个正确结束格局(3)，或者一个出错格局(4)。

3) 驱动器的算法

算法 3.4　非递归的预测分析

输入　输入序列 ω 和文法 G 的预测分析表 M。

输出　若 ω∈L(G)，得到 ω 的一个最左推导；否则指出一个错误。

方法　初始格局为(#S，ω#，分析器的第一个动作)。

令 ip 指向 ω# 中的第一个终结符，top 指向 S;
```
  loop x := top^; a := ip^;
        if x ∈ T
        then    if x=a
                then pop(x); next(ip);          -- 匹配终结符
                else error(1);                  -- 报告出错: 栈顶终结符不是 a
                end if;
        else    if    M[x, a] = X→Y1Y2···Yk
                then pop(X); push(YkYk–1···Y2Y1);-- 展开产生式(注意 push 的次序)
                else error(2);                  -- 报告出错: 产生式不匹配
                end if;
        end if;
        exit when x=#;                          -- 报告分析成功
```

end loop;

【例 3.21】 表 3.2 给出了文法 G3.9'的预测分析表。用算法 3.4 作为驱动器，表 3.2 作为分析表，分析输入序列 id+id*id；的过程如下。

步骤	栈内容	当前输入	动作	
(1)	#L	id+id*id;#	pop(L)，push(E;L)	按 L→E;L 展开
(2)	#L;E	id+id*id;#	pop(E)，push(TE')	按 E→TE' 展开
(3)	#L;E'T	id+id*id;#	pop(T)，push(FT')	按 T→FT' 展开
(4)	#L;E'T'F	id+id*id;#	pop(F)，push(id)	按 F→id 展开
(5)	#L;E'T'id	id+id*id;#	pop(id)，next(ip)	匹配 id
(6)	#L;E'T'	+id*id;#	pop(T')	按 T'→ε 展开
(7)	#L;E'	+id*id;#	pop(E')，push(+TE')	按 E'→+TE'展开
(8)	#L;E'T+	+id*id;#	pop(+)，next(ip)	匹配 +
(9)	#L;E'T	id*id;#	pop(T)，push(FT')	按 T→FT' 展开
(10)	#L;E'T'F	id*id;#	pop(F)，push(id)	按 F→id 展开
(11)	#L;E'T'id	id*id;#	pop(id)，next(ip)	匹配 id
(12)	#L;E'T'	*id;#	pop(T')，push(*FT')	按 T'→*FT'展开
(13)	#L;E'T'F*	*id;#	pop(*)， next(ip)	匹配 *
(14)	#L;E'T'F	id;#	pop(F)，push(id)	按 F→id 展开
(15)	#L;E'T'id	id;#	pop(id)，next(ip)	匹配 id
(16)	#L;E'T'	;#	pop(T')	按 T'→ε 展开
(17)	#L;E'	;#	pop(E')	按 E'→ε 展开
(18)	#L;	;#	pop(;)，next(ip)	匹配 ;
(19)	#L	#	pop(L)	按 L→ε 展开
(20)	#	#		正确结束

2. 构造预测分析表

预测分析方法的特征是驱动器与文法无关，所有预测分析器的驱动器均是相同的，而唯一不同的是预测分析表中的内容。所谓构造预测分析器，实际上就可简化成为构造给定文法的预测分析表。构造分析表的过程可以分为两步：首先根据文法构造两个集合，FIRST 集合与 FOLLOW 集合，然后根据两个集合构造预测分析表。

定义 3.10 文法符号序列 α 的 FIRST 集合定义如下：

FIRST(α) = { a|α$\overset{*}{\Rightarrow}$a···，a∈T}，若 α$\overset{*}{\Rightarrow}$ε，则 ε∈FIRST(α)。

定义 3.11 非终结符 A 的 FOLLOW 集合定义如下：

FOLLOW(A) = { a |S$\overset{*}{\Rightarrow}$···Aa···，a∈T}，若 A 是某句型的最右符号，则#∈FOLLOW(A)。

非形式地讲，文法符号序列 α 的 FIRST 集合，就是从 α 开始可以推导出的所有以终结符开头的序列中的开头终结符；而一个非终结符 A 的 FOLLOW 集合，就是从文法开始符号可以推导出的所有含 A 序列中紧跟 A 之后的终结符。

算法 3.5　计算 X 的 FIRST 集合

输入　文法符号 X。

输出　X 的 FIRST 集合。

方法　应用下述规则：

(1) 若 X 是终结符，则 FIRST(X)={X}。

(2) 若 X 是非终结符且有 X→ε，则加入 ε 到 FIRST(X)中。

(3) 若 X 是非终结符且有 X→Y1Y2···Yk，并令 Y0 = ε，Yk+1 = ε，则从左到右对所有 j(0≤j≤k)，若 a∈FIRST(Yj+1)且 ε∈FIRST(Yj)，则加入 a 到 FIRST(X)中。　■

对任意文法符号序列 X1X2···Xn，FIRST(X1X2···Xn)的计算方法与算法 3.5 中的规则(3)类似，即 FIRST(X1X2···Xn)是所有 FIRST(Xi)(i = 1，2，···，k)的并集。其中 k 为第一个具有性质 ε 不属于 FIRST(Xk)或 k>n 的文法符号，若 k>n，则 ε∈FIRST(X1X2···Xn)。

算法 3.6　计算所有非终结符的 FOLLOW 集合

输入　文法 G。

输出　G 中所有非终结符的 FOLLOW 集合。

方法　应用下述规则：

(1) 加入 # 到 FOLLOW(S)中，其中，S 是开始符号，# 是输入结束标记。

(2) 若有产生式 A→αBβ，则除 ε 外，FIRST(β)的全体加入到 FOLLOW(B)中。

(3) 若有产生式 A→αB 或 A→αBβ 而 ε∈FIRST(β)，则 FOLLOW(A)的全体加入到 FOLLOW(B)中。　■

对于算法 3.6 中的规则(3)，可以这样来理解：如果从文法的开始符号 S 经过若干步推导后得到任意句型 δAa，应用规则(3)中的产生式 A→αB 直接推导，可以得到句型 δαBa，或者应用产生式 A→αBβ 再加若干步推导，也可得到句型 δαBa(注意 ε∈FIRST(β))，即两种情况下均有 S⇒δAa⇒δαBa。显然对任何 a∈FOLLOW(A)，均有 a∈FOLLOW(B)。

【例 3.22】　文法 G3.9′ 中非终结符的 FIRST 集合与 FOLLOW 集合可计算如下。其中 FIRST 集合的计算是自底向上的(从远离文法开始符号的非终结符开始)，FOLLOW 集合的计算是自顶向下的(从文法的开始符号开始)。

FIRST(F) = 　　　　　　　　　　{(, id, num}

FIRST(T') = 　　　　　　　　　　{*, /, mod, ε}

FIRST(T) = FIRST(F) = 　　　　　{(, id, num}

FIRST(E') = 　　　　　　　　　　{+, −, ε}

FIRST(E) = FIRST(T) = FIRST(F) = 　{(, id, num}

FIRST(L) = {ε}∪FIRST(E) = 　　　{ε, (, id, num}

FOLLOW(L)= 　　　　　　　　　　{#}

FOLLOW(E)=FOLLOW(E')= 　　　{), ;}

FOLLOW(T)=FOLLOW(T')= 　　　{+, −, ;,)}

FOLLOW(F)= 　　　　　　　　　　{+, −, *, /, mod,), ; }

算法 3.7　构造预测分析表

输入　文法 G。

输出　分析表 M。

方法 应用下述规则:

(1) 对文法的每个产生式 A→α，执行(2)和(3)。

(2) 对 FIRST(α)的每个终结符 a，加入 α 到 M[A，a]中。

(3) 若 ε 在 FIRST(α)中，则对 FOLLOW(A)的每个终结符 b(包括 #)，加入 α 到 M[A，b]中。

(4) M 中其他没有定义的条目均是 error。 ∎

结合驱动器的动作和 FIRST、FOLLOW 定义，可以看出 M[A，a]是如何指导下一步动作的:

(1) 若当前栈顶为 A，当前输入为 a，则规则(2)表示下一步动作是展开 A→α，因为 a∈FIRST(α)，所以展开后下一次正好匹配 a。

(2) 若当前栈顶为 A，当前输入为 b 且 b∈FOLLOW(A)，则规则(3)表示下一步动作是展开 A→ε，即栈顶弹出 A，继续分析 A 之后的部分，因为 b∈FOLLOW(A)，所以弹出 A 后下一次正好匹配 A 的后继 b。

根据例 3.22 计算出来的 FIRST 和 FOLLOW 集合，用算法 3.7 为文法 G3.9' 构造的分析表如表 3.2 所示。

3. LL(1)文法

文法 G3.9' 的预测分析表中，每个 M[A, a]中最多有一个条目，因此对于每个栈顶符号和当前输入终结符对，有且仅有一个动作与之匹配(包括出错条目)，从而分析的每一步均是确定的。那么是否为任意文法构造的分析表 M[A, a]中都最多有一个条目呢? 情况并不是这样。

【例 3.23】 考虑提取了公共左因子的二义(悬空 else)文法 G3.10'，它的 FIRST 和 FOLLOW 集合如下:

FIRST(C) = {b}　　　　FIRST(S') = {ε, e}　　　　FIRST(S) = {i, a}

FOLLOW(S)= {#, e}　　FOLLOW(S')= {#, e}　　FOLLOW(C)= {t}

以此构造的预测分析表如表 3.3 所示。因为 e∈FIRST(S')，根据算法 3.7 的规则(2)，应将 eS 加入到 M[S', e]中; 而 ε∈FIRST(S')，根据规则(3)又应将 ε 加入到 M[S', e]中，因为 e∈FOLLOW(S')。从而使得 M[S', e]中含有了两个条目。这两个条目均可以用于指导分析器的下一步动作，造成分析的不确定，所以此分析表不能正确工作。 ∎

表 3.3 二义文法 G3.10' 的预测分析表

	a	b	e	i	t	#
S	S→a			S→iCtSS'		
S'			S'→ε S'→eS			S'→ε
C		C→b				

定义 3.12 一个文法 G 被称为是 LL(1)文法，当且仅当为它构造的预测分析表中不含多重定义的条目时。由此分析表所组成的分析器被称为 LL(1)分析器，它所分析的语言被称为 LL(1)语言。第一个 L 表示从左到右扫描输入序列，第二个 L 表示产生最左推导，1 表示在确定分析器的每一步动作时向前看一个终结符。■

由定义 3.12 可知，悬空 else 文法 G3.10' 不是 LL(1)文法。事实上任何二义文法都不是 LL(1)文法。这一点已由例 3.23 得到证实。另外也可以根据 LL(1)文法和二义文法的定义来反证这一点：假设二义文法 G 也是 LL(1)文法，则可以为 G 构造一个分析表 M，M 中没有多重定义的条目，也就是说，用 M 指导 L(G)中任何一个句子的分析，每一步动作都是确定的，从而不可能存在 L(G)中的一个句子对应两棵分析树，这与 G 是二义文法矛盾。

任何含有左递归和左因子的文法也不是 LL(1)文法。有兴趣的读者可以通过构造相应的预测分析表来进行验证。判定一个文法是否为 LL(1)文法，可以通过构造它的预测分析表来实现，也可以利用推论 3.2 直接分析文法来确定它是否为 LL(1)文法，从而可以避免为非 LL(1)文法构造预测分析表的过程。

推论 3.2 一个文法 G 是 LL(1)的，当且仅当 G 的任何两个产生式 A→α|β 满足下面的条件：

(1) 对任何终结符 a，α 和 β 不能同时推导出以 a 开始的文法符号序列。

(2) α 和 β 最多有一个可以推导出 ε。

(3) 若 $\beta \overset{*}{\Rightarrow} \varepsilon$，则 α 不能推导出以在 FOLLOW(A)中的终结符开始的任何文法符号序列。■

推论 3.2 实际上等价于当且仅当 G 的任何两个产生式 A→α|β 满足上述三个条件时，为文法 G 构造的预测分析表中不含多重定义的条目。反之，若不满足三个条件之一，则分析表中有多重定义条目。

若条件(1)不满足，即存在终结符 a，α 和 β 同时推导出以 a 开始的文法符号序列，则根据算法 3.7 规则(2)，M[A，a]中就会有多重定义条目 A→α 和 A→β。

若条件(2)不满足，即 α 和 β 均可推出 ε，则根据算法 3.7 规则(3)，任何属于 FOLLOW(A)的终结符 b(包括 #)，M[A，b]中就会有多重定义条目 A→α 和 A→β。

若条件(3)不满足，即存在终结符 b，它既在 FOLLOW(A)中，又在 FIRST(α)中，则算法 3.7 规则(2)把条目 A→α 加入到 M[A，b]中，而规则(3)又把条目 A→β 加入到 M[A，b]中。

【例 3.24】 文法 G3.9 不是 LL(1)文法，因为 FIRST(E)=FIRST(T)=FIRST(F)={(, id, num}，所以既有 id∈FIRST(E+T)又有 id∈FIRST(T)，不满足推论 3.2 的条件(1)。■

无论是递归下降子程序法还是非递归的预测分析法，它们都只能处理 LL(1)文法。但是 LL(1)文法有着明显的弱点：

(1) 文法比较难写。因为按照人们习惯写出的文法，如算术表达式文法 G3.4，往往含有左递归和左因子。虽然有成熟的算法可以消除左递归和提取左因子,但改写之后的文法 G3.4' 很难读也很难使用。同时对比图 3.6(a)和图 3.12 中的分析树可以看出，改写后文法构造的分析树不直观且推导步骤增加。

(2) LL(1)文法适应范围有限，对于有些语言，往往写不出它的 LL(1)文法。

因此，实际编译器中使用更多的是一类 LL(1)文法的真超集——LR(1)文法。

3.5 自下而上语法分析

自上而下分析采用的方法是推导，从根到叶子构造分析树，或者说从文法的开始符号产生出句子。对于产生语言来讲，自上而下分析的方法是自然的。自下而上的分析采用的方法是归约，从叶子到根构造分析树，或者说从句子开始归约出文法的开始符号。对于分析语言来讲，自下而上分析的方法更自然，因为语法分析处理的对象一开始都是终结符组成的输入序列，而不是文法的开始符号。同时，自下而上分析中最一般的方法——LR 方法，其能力比自上而下分析的 LL 方法要强，从而使得 LR 分析成为最为实用的语法分析方法。但是，LR 分析有一个弱点，自下而上分析的逆向思维过程，使得分析表的构造比较复杂，对于规模稍大一些的语言，很难用手工的方法构造 LR 的分析表。LR 分析器的构造一般都借助于分析器生成工具，当前应用最广泛的工具之一是 YACC 系列。

本节仅讨论自下而上分析的基本原理和最简单的 SLR 分析器的构造方法，关于更一般的 LR 分析和分析器生成工具，将在后续章节中进一步讨论。

另一类自下而上的分析方法是算符优先分析，它适合于表达式结构的语法分析，也便于手工构造，但由于它基于的是 LR 文法的一个子集——算符优先文法，因此有些语法结构不适合采用算符优先分析方法。实际上算符优先分析已经基本上被 LR 方法所取代，限于篇幅与课时，本书不再介绍算符优先分析。

3.5.1 自下而上分析的基本方法

自下而上分析的基本思想是，从左到右分析输入序列 ω，经过一系列的步骤，最终将 ω 归约为文法的开始符号，或者发现一个语法错误。归约是推导的逆过程，是一个反复用产生式的左部替换产生式的右部、谋求对输入序列进行匹配的过程。

1. 规范归约与"剪句柄"

定义 3.13 设 $\alpha\beta\delta$ 是文法 G 的一个句型，若存在 $S \overset{*}{\Rightarrow} \alpha A\delta$，$A \overset{+}{\Rightarrow} \beta$，则称 β 是句型 $\alpha\beta\delta$ 相对于 A 的**短语**。特别的，若有 $A \to \beta$，则称 β 是句型 $\alpha\beta\delta$ 相对于产生式 $A \to \beta$ 的**直接短语**。一个句型的最左直接短语被称为**句柄**。∎

在上述的定义中，强调了短语形成的两个要素：

(1) 从开始符号可以推导出某个非终结符 $A(S \overset{*}{\Rightarrow} \alpha A\delta)$。

(2) 从 A 开始经过至少一次直接推导得到短语$(A \overset{+}{\Rightarrow} \beta)$。

直观上，句型是一个完整结构，短语可以是句型中相对某非终结符的局部。因此文法的开始符号 S 是一个句型，而不是一个短语。

【例 3.25】 再考虑文法 G3.4 上的句子 id1 + id2*id3。其最右推导和分析树如图 3.17(a)、(b)所示，其中非终结符的编号是为了说明的方便。

考察其中两个短语。根据定义，从文法开始符号经过 0 步推导得到 E1，从 E1 经过若干步推导得到 id1+id2*id3，所以 id1+id2*id3 是句型 id1+id2*id3 相对于 E1 的短语(其中 α 和 δ 均为 ε，β 是句子的全体)。再考虑推导 $E1 \overset{*}{\Rightarrow} E2 + id2*id3 \Rightarrow T2 + id2*id3 \Rightarrow F1 + id2*id3 \Rightarrow id1 + id2*id3$，id1 是相对于非终结符 E2、T2 和 F1 的短语(其中 α 为 ε，δ 为 + id2*id3)，

特别是相对于 F1 的直接短语，也是句柄。其他短语等如图 3.17(c)所示，括弧中给出的是短语所对应的非终结符。

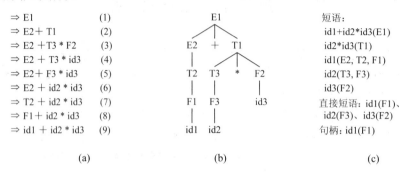

⇒ E1	(1)
⇒ E2 + T1	(2)
⇒ E2 + T3 * F2	(3)
⇒ E2 + T3 * id3	(4)
⇒ E2 + F3 * id3	(5)
⇒ E2 + id2 * id3	(6)
⇒ T2 + id2 * id3	(7)
⇒ F1 + id2 * id3	(8)
⇒ id1 + id2 * id3	(9)

短语:
id1+id2*id3(E1)
id2*id3(T1)
id1(E2, T2, F1)
id2(T3, F3)
id3(F2)
直接短语: id1(F1)、
id2(F3)、id3(F2)
句柄: id1(F1)

(a)　　　　　　　　　(b)　　　　　　　　　(c)

图 3.17　id1 + id2*id3 的最右推导、分析树与短语

(a) 最右推导；(b) 分析树；(c) 短语

id1 + id2 不是句型 id1 + id2*id3 中相对于任何非终结符的短语，因为根据定义从文法开始符号推导不出非终结符 E 和相应的句型 E*id3。■

分析树中的叶子与短语、直接短语和句柄有下述关系。

(1) 短语：以非终结符为根的子树中所有从左到右排列的叶子。

(2) 直接短语：只有父子关系的树中所有从左到右排列的叶子(树高为 2)。

(3) 句柄：最左边父子关系树中所有从左到右排列的叶子(句柄是唯一的)。

利用这些关系，很容易找到短语、直接短语和句柄。

再考察 id1 + id2，由于在分析树中，找不到任何一个非终结符，它的子树中的所有叶子构成 id1 + id2，所以 id1 + id2 不是句型 id1 + id2*id3 相对于任何非终结符的短语。

定义 3.14　若 α 是文法 G 的句子且满足下述条件，则称序列 $\alpha_n, \alpha_{n-1}, \cdots, \alpha_0$ 是 α 的一个最左归约：

(1) $\alpha_n = \alpha$。

(2) $\alpha_0 = S$(S 是 G 的开始符号)。

(3) 对任何 $i(0 < i \leqslant n)$，α_{i-1} 是从 α_i 经把句柄替换为相应产生式的左部非终结符而得到的。■

最左归约也被称为规范归约，它的每一步可以用很形象的"剪句柄"方法得到，即从一个句子假想的分析树开始，每次把句柄剪去(丢弃相应非终结符的孩子)，从而暴露出下一个句柄，重复此过程，直到露出根为止。规范归约的逆过程正好是一个最右推导(规范推导)，这并不是巧合，读者可以根据最右推导和句柄的定义证明。下述例子也说明了这一点。

【例 3.26】 考虑文法 G3.11，句子 abbcde 可以按如下步骤归约为 S：

S→aABe	(1)	
A→b	(2)	
|Abc	(3)	(G3.11)
B→d	(4)	

$$\underset{(2)}{} \quad \underset{(3)}{} \quad \underset{(4)}{} \quad \underset{(1)}{}$$
$$abbcde \Leftarrow aAbcde \Leftarrow aAde \Leftarrow aABe \Leftarrow S$$

此处推导符号"⇒"反过来写成"⇐"，暂时表示归约。"⇐"上边标记的是每一步直接归约所使用的产生式序号，每一步归约都是用一个产生式的左部去替换当前句型中的句柄，最后得到文法的开始符号 S，表明分析成功，即 abbcde 是该文法的一个句子。从右向左看这个归约，它是一个最右推导，推导的每一步结果都是一个右句型。该推导的分析树如图 3.18(a)所示，而整个图 3.18 给出了"剪句柄"的全过程。 ∎

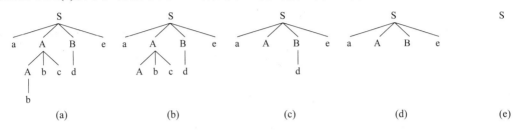

图 3.18 剪句柄的过程

(a) 句子；(b) 剪去 b 之后；(c) 剪去 Abc 之后；(d) 剪去 d 之后；(e) 开始符号

2. 移进—归约分析器的工作模式

从分析树上直观地看，"剪句柄"的方法十分简单。但是若在语法分析器中实现剪句柄，则有两个问题必须解决：

(1) 确定右句型中将要归约的子串(确定句柄)。

(2) 确定如何选择正确的产生式进行归约。

具体实现采用移进—归约方法，用一个栈"记住"将要归约句柄的前缀，并用一个分析表来确定何时栈顶已形成句柄，以及形成句柄后选择哪个产生式进行归约。

移进—归约分析器的模型如图 3.19 所示，它的数学模型也是下推自动机。其中的分析表如果是算符优先分析表，则是算符优先分析器；如果是 LR 分析表，则是 LR 分析器。以后的分析均针对 LR 分析器进行讨论。

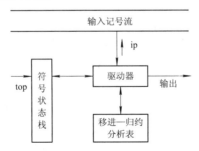

图 3.19 移进—归约分析器模型

移进—归约分析器的工作模式与预测分析器的工作模式完全相同，仍然以格局的变化来反映。格局的形式仍然是(栈，剩余输入，动作)。分析从某个**初始格局**开始，经过一系列的**格局变化**，最终到达**接收格局**，表明分析成功；或者到达**出错格局**，表明发现一个语法错误。同样，开始格局中的剩余输入应该是全部输入序列，而接收格局中剩余输入应该为空，任何其他格局或者出错格局中的剩余输入应该是全部输入序列的一个后缀。格局中栈的内容一般是文法符号与状态，根据实现的不同也可以仅存放状态。驱动器根据当前栈中的内容和当前的剩余输入，查找移进—归约分析表以确定相应动作，改变栈和剩余输入的状态，从而进入到下一格局。

在移进—归约分析模式中，改变格局变化的动作有以下四种形式。

(1) 移进(shift)：把当前输入中的下一个终结符移进栈。

(2) 归约(reduce)：句柄在栈顶已形成，用适当产生式左部代替句柄。

(3) 接受(accept)：宣告分析成功。

(4) 报错(error)：发现语法错误，调用错误恢复例程。

与预测分析比较，自上而下分析中对终结符的匹配，此时成为对终结符的移进，而对产生式的展开成为对产生式的规约，从而实现了与自上而下分析相反的自下而上的分析过程。

【例 3.27】 考察文法 G3.11 的输入序列 abbcde，移进—归约方法分析的格局变化过程如下所示。

步骤	栈内容	当前输入	动作
(0)	#	abbcde#	shift
(1)	#a	bbcde#	shift
(2)	#ab	bcde#	reduced by A→b
(3)	#aA	bcde#	shift
(4)	#aAb	cde#	shift
(5)	#aAbc	de#	reduced by A→Abc
(6)	#aA	de#	shift
(7)	#aAd	e#	reduced by B→d
(8)	#aAB	e#	shift
(9)	#aABe	#	reduced by S→aABe
(10)	#S	#	accept

从移进—归约分析过程中可以看出：

(1) 句柄总是在栈顶形成。这是因为在分析的过程中一旦形成某产生式的右部，就立即进行归约，从左到右扫描输入，最早形成的自然是最左的直接短语。

(2) 栈中保留的总是一个右句型的前缀，也称为活前缀。

(3) 如果在逻辑上将每次归约认为是构造对应产生式的树，则分析的全过程逻辑上就是从下到上构造一棵分析树；反之，如果在逻辑上将每次归约认为是剪去假想分析树上对应产生式的孩子，则分析的全过程逻辑上就是从下到上为分析树剪句柄。

在上述移进—归约分析模型中，关键需要解决两个问题：

(1) 如何确定栈顶是否已经形成句柄。

(2) 当句柄形成时，如何选择正确的产生式进行归约，也就是如何构造移进—归约分析表，使得它能够作出正确决定，解决本节开始提出的两个问题。

3.5.2　LR 分析

LR 分析是应用最广泛的一类分析方法，它是实用的编译器中功能最强的分析器，其特点是：

(1) 采用最一般的无回溯移进—归约方法。

(2) 可分析的文法是 LL 文法的真超集。

(3) 能够及时发现错误，及时从左到右扫描输入序列的最大可能。

(4) 分析表较复杂，难以手工构造。

本节我们以文法 G3.12 为例，首先介绍驱动器如何在 LR 分析表的指导下对输入序列进行分析，然后详细介绍最简单的一类 LR 分析表——SLR 分析表的构造原理与构造过程。

1. LR 分析与 LR 文法

LR 分析器的核心是 LR 分析表和驱动器。文法 G3.12 的 LR 分析表如表 3.4 所示。与 LL 分析表不同的是，LR 分析表可以被明显地分为两个部分：一部分称为动作表(action)，另一部分称为转移表(goto)。两者都是二维数组，且行下标由称之为状态的整型数统一表示。动作表以终结符作为列下标，转移表以非终结符作为列下标。若以 s 表示当前状态，a 表示终结符，A 表示非终结符，则 action[s, a]指示当前栈顶状态为 s 和输入终结符为 a 时应进行的下一动作；而 goto[s, A]指示在当前栈顶为 s 和非终结符 A 时的下一状态转移。

表 3.4　文法 G3.12 的移进—归约(SLR)分析表

	id	−	*	#	E	T	F
0	s4	s5			1	2	3
1		s6		acc			
2		r2	s7	r2			
3		r4	r4	r4			
4		r6	r6	r6			
5	s4	s5					8
6	s4	s5				9	3
7	s4	s5					10
8		r5	r5	r5			
9		r1	s7	r1			
10		r3	r3	r3			

action　　　　　　　　　　　　　　　goto

由于确定 goto[s, A]的是当前状态与非终结符，所以转移表与输入序列无关，它只实现对非终结符的状态转移。与输入终结符有关的仅有动作表。根据当前状态与当前的剩余输入，动作表中有四种动作，分别对应引起格局变化的四种动作形式。action[s, a]和 goto[s, A]中内容分别如下：

(1) action[s, a]= si:　　　　　移进一个终结符并转向状态 i;

(2)　　　　　= rj:　　　　　按第 j 个产生式归约(由 goto 指示归约后非终结符的下一状态转移);

(3)　　　　　= acc:　　　　接收;

(4)　　　　　= blank:　　　出错处理。

goto[s, A] = s':　在 s 状态下遇到 A 转移到状态 s'，只有当动作表中发生了归约之后才会有此状态转移。

LR 分析表结构比较复杂，等价的文法(如 G3.9 与 G3.9')对应的 LL 分析表和 LR 分析表规模差别很大。此处结合一个比较简单的文法 G3.12 来介绍 LR 分析器的工作过程与原理，以及分析表的构造。此文法虽然简单，但是已经足以说明 LR 的特点：首先文法中允许左递归，这是 LL 分析无法做到的；其次文法中减号既可以用于二元运算，又可以用于一元运算，这是算符优先分析不易做到的。

$$
\begin{aligned}
E &\to E - T &&(1)\\
&\mid T &&(2)\\
T &\to T * F &&(3)\\
&\mid F &&(4)\\
F &\to -F &&(5)\\
&\mid id &&(6)
\end{aligned}
\qquad\text{(G3.12)}
$$

算法 3.8　LR 分析

输入　输入序列 ω 和文法 G 的 LR 分析表 action 与 goto。

输出　若 ω 属于 L(G)，得到 ω 的规范归约，否则指出一个错误。

方法　初始格局为(#0，ω#，　驱动器的第一个动作)，其中 0 是初始状态。

令 ip 指向 ω#中的第一个终结符，top 指向栈顶初始状态。

```
loop    s := top^; a := ip^;
      case action[s, a] is
          shift s': push(a); push(s');   next(ip);   -- 移进，a 与 s'进栈且扫描下一输入
          reduced by   A→β:
                      pop(2*|β|);               -- 弹出栈顶的|β|个状态和产生式右部的
                                                  |β|个文法符号
                      s' := top^;               -- 暴露出当前栈顶状态 s'
                      push(A);                  -- 产生式左部符号进栈
                      push(goto(s', A));        -- 新栈顶状态进栈
                      write(A→β);               -- 完成归约，跟踪分析轨迹
          accept:   return;                      -- 成功返回
          others:   error;                       -- 出错处理
      end case;
end loop;
```

算法 3.8 中，每次文法符号与当前状态同时进栈或出栈。随着后续的讨论我们会看到，文法符号和与之对应的状态总是一一对应的，也就是说二者不独立，一个已知，另一个也就确定了。因此，习惯上在实际的算法中仅存放状态，而在分析的格局中仅显示文法符号。

【例 3.28】　利用算法 3.8 分析输入序列的过程如下，其中 ω = id− −id*id。算法 3.8 从初始格局开始，根据当前栈顶与剩余输入，反复查找表 3.4，确定下一动作，直到最后到达格局(#0E1, #, acc)，分析成功并表明 id− −id*id 是文法 G3.12 的一个句子。

步骤	栈内容	当前输入	动作
(1)	#0	id− −id*id#	移进：s4
(2)	#0id4	− −id*id#	归约：r6(F→id)
(3)	#0F3	− −id*id#	归约：r4(T→F)

续表

步骤	栈内容	当前输入	动作
(4)	#0T2	‒‒id*id#	归约：r2(E→T)
(5)	#0E1	‒‒id*id#	移进：s6
(6)	#0E1‒6	‒id*id#	移进：s5
(7)	#0E1‒6‒5	id*id#	移进：s4
(8)	#0E1‒6‒5id4	*id#	归约：r6(F→id)
(9)	#0E1‒6‒5F8	*id#	归约：r5(F→‒F)
(10)	#0E1‒6F3	*id#	归约：r4(T→F)
(11)	#0E1‒6T9	*id#	移进：s7
(12)	#0E1‒6T9*7	id#	移进：s4
(13)	#0E1‒6T9*7id4	#	归约：r6(F→id)
(14)	#0E1‒6T9*7F10	#	归约：r3(T→T*F)
(15)	#0E1‒6T9	#	归约：r1(E→E‒T)
(16)	#0E1	#	接收：accept

定义 3.15　若为文法 G 构造的移进—归约分析表中不含多重定义的条目，则称 G 为 LR(k)文法，分析器被称为是 LR(k)分析器，它所识别的语言被称为 LR(k)语言。L 表示从左到右扫描输入序列，R 表示逆序的最右推导，k 表示为确定下一动作向前看的终结符个数，一般情况下 k≤1。当 k = 1 时，也简称为 LR。

LR 分析器是这样一类分析器：根据分析表构造的不同，可以有 LR(0)、SLR(1)、LALR(1) 和 LR(1)分析器。它们功能的强弱和构造的难度依次递增。当 k>1 后，分析器的构造趋于复杂，一般情况下并不构造 k>1 的 LR(k)分析器。

2. 构造 SLR(1)分析器

SLR(1)分析器也简称 SLR 分析器，其中 S 是简单的意思，它是指在分析器工作时，可以根据简单向前看一个终结符来确定下一步的动作。构造 SLR 分析表的基本思想是：首先构造一个可以识别文法 G 中所有活前缀的 DFA，然后根据 DFA 和简单的向前看信息构造 SLR 分析表。

1) 活前缀与 LR(0)项目

定义 3.16　出现在移进—归约分析器栈中的右句型的前缀，被称为文法 G 的活前缀 (viable prefix)。

活前缀首先是一个右句型的前缀，并且它一定是已在栈中的内容。因此，在活前缀右边加上若干(可以是 0)个终结符，即可得到一个右句型。而在移进—归约分析中，只要保证已扫描过的输入序列可以归约为一个活前缀，就意味着分析到目前为止没有错误。LR 分析的基本思想就是为文法 G 构造一个识别它的所有活前缀的 DFA。由于右句型也可以是一个活前缀，识别活前缀的 DFA 实质上就是识别 G 所产生语言的 DFA。

定义 3.17　一个 LR(0)项目(简称项目)是这样一个产生式，在它右部的某个位置上，有一个点"."。对于 A→ε，它仅有一个项目 A→.。

一个产生式右部若有 n 个文法符号，则该产生式有 n + 1 个 LR(0)项目。考虑文法 G3.12，

它的全部 LR(0)项目为

E→.E–T	E→E. –T	E→E–.T	E→E–T.
E→.T	E→T.		
T→.T*F	T→T.*F	T→T*.F	T→T*F.
T→.F	T→F.		
F→. –F	F→–.F	F→–F.	
F→.id	F→id.		

项目中的点把产生式右部分成两个部分：A→α.β，它表示在分析的过程中看到了产生式右部的多少内容。当 β 不为空时，表示产生式右部还没有全部看到，需要继续移进；而一旦 β 为空，表示当前栈顶已经形成一个句柄，可以进行归约。因此，β 不为空的项目称为**可移进项目**，β 为空的项目称为**可归约项目**。

事实上，文法的每个产生式可以看做是一个识别活前缀的 NFA，而项目就是 NFA 中的一个状态。如图 3.20 所示，若项目 T→.T*F 是识别活前缀 α 的状态，则 T→T.*F 是识别活前缀 αT 的状态，它是由前一状态经 T 转移到的状态。产生式 T→T*F 是识别活前缀 αT*F 的 NFA。在这种观点下，文法 G 的所有产生式构成了识别活前缀的 NFA 集合。采用"子集法"将 NFA 确定化之后，就可以得到识别活前缀的 DFA。

图 3.20　LR(0)项目与 NFA 的状态

2) 拓广文法与识别活前缀的 DFA

为了使最后构造出的识别文法 G 活前缀的 DFA 有唯一的接受状态，可以通过引入一个新的产生式 S'→S，生成一个拓广文法 G'：

$$G' = G \cup \{S'→S\}$$

其中 S'是 G'的开始符号，S 是 G 的开始符号。由于从 S' 产生的语言与从 S 产生的语言唯一不同的是多了一步不产生任何新内容的推导，所以 L(G) = L(G')。而新产生式 S'→S 的两个项目中，S'→.S 是识别 S 的初态，S'→S. 是识别 S 的终态。最终构造的 DFA 状态集中，含有 S'→.S 项目的集合为 DFA 的初态，而含有 S'→S.项目的集合为 DFA 的终态。初态标志分析开始，终态标志分析成功。

为文法 G3.12 增加一个产生式 E'→E，得到它的拓广文法 G3.12'，对应的两个项目分别为 E'→.E(初态)和 E'→E.(终态)。

回顾词法分析中"子集法"构造的两个主要过程：

(1) ε_闭包(I)：求出在 I 状态集下不经任何字符 a 所能到达状态的全体。

(2) smove(I，a)：求出在 I 中所有经字符 a 状态转移所能直接到达状态的全体。

本节 DFA 的构造也有两个类似的过程，但是 a 不是字符而是一个文法符号，它可以是终结符也可以是非终结符，即 a∈N∪T。

定义 3.18　项目集 I 的闭包 closure(I)是这样一个项目集：

(1) I 中的所有项目属于 closure(I)。

(2) 若项目 A→α.Bβ 属于 closure(I)，B 是一个非终结符，则所有形如 B→.γ 的项目属于 closure(I)。

(3) 其他任何项目不属于 closure(I)。 ■

定义 3.18 实际上指明了在项目集 I 状态下，所有不经任何文法符号就可以到达的项目集。closure(I)可由如下函数计算：

function closure(I) is
begin　　J := I;
　　　　for 状态集 J 中每个项目[A→α.Bβ]和文法 G 中每个产生式 B→γ
　　　　loop if　　项目 B→.γ 不在 J 中　　then 加入[B→.γ]到 J; end　if;
　　　　　　exit when 再没有项目可以被加入到 J 中;
　　　　end loop;
　　　　return(J);
end closure;

定义 3.19　对所有属于项目集 I 且形如[A→α.Xβ]的项目(X∈N∪T)，则 goto(I，X)是所有形如[A→αX.β]的项目。 ■

定义 3.19 实际上指明了从项目集 I 经文法符号 X 所能直接到达的下一状态集合。

goto(I，X)也是一个项目集，由定义可知，goto(I，X)集合中的项目有一个共同特点，那就是项目中的"."都不在产生式右部的最左边，即 A→α.β 中 α 不为空，因为至少有一个 X。

设 J = goto(I,X)，K=closure(J)，则 K 是从状态集 I 出发经 X 状态转移所能到达状态的全体。考察 K–J 中的项目 A→α.β，它们具有特点：

(1) "."在产生式右部最左边(α=ε)。

(2) 可由某个 J 计算而来(K–J=closure(J)–J)。

定义 3.20　项目[S'→.S]和所有"."不在产生式右部最左边的项目称为**核心项目**(kernel items)，其他所有"."在产生式右部最左边的项目(不包括[S'→.S])称为**非核心项目**(nonkernel items)。 ■

定义 3.20 把项目集中的项目分为两类：核心项目和非核心项目。J = goto(I，X)中的每个项目均是核心项目，因为每个项目中"."左边至少有一个 X；K–J = closure(J)–J 均是非核心项目，因为它可由核心项目 J 求 closure(J)而得。由于[S'→.S]不能由任何核心项目计算而得，因而它也被认为是一个核心项目，可以将其看做计算的边界条件(初始状态)。

识别活前缀的 DFA 的一个状态，是 NFA 的一个状态集合，称为 **LR(0)项目集**，DFA 的所有状态被称为 **LR(0)项目集族**。有了以上基础，下边给出计算识别 G 活前缀 DFA 的算法。

算法 3.9　计算文法 G 的 LR(0)项目集的、识别活前缀的 DFA

输入　拓广文法 G'。

输出　DFA=(C, Dtran)，其中 C 是状态集，Dtran 是状态转移。

方法　I := closure(S'→ .S); 加入 I 到 C 中，且未标记;　　-- 初态
while C 中还有未标记状态 I　　　　　　　　　　　　　　-- 对所有未标记状态
loop 标记 I;
　　　　for I 状态下的每个文法符号 x　　　　　　　　-- 对当前状态下所有 x
　　　　loop if J := closure(goto(I,x))非空　　　　　-- 有下一状态转移
　　　　　　then Dtran[I,x]:= J;　　　　　　　　　　 -- 记录状态转移

```
              if J 不在 C 中                        -- J 是一个新状态
              then 加入 J 到 C 中，且未标记；        -- 加入新状态到状态集中
              end if;
         end if;
     end loop;
end loop;
```

用算法 3.9 为文法 G3.12'造识别活前缀的 DFA，过程如下：

(1) 计算 DFA 的初态，I0=closure({E'→.E})，如图 3.21(a)所示。

(2) 计算初态下的每个可能的状态转移，即考察 I0 中每个项目 "." 后边文法符号 X，计算经 X 所能到达的下一状态全体(closure(goto(I0,x)))，如图 3.21(b)所示。

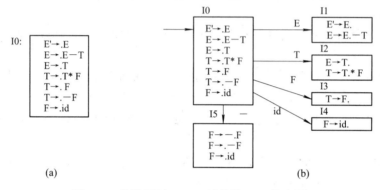

图 3.21   构造识别 G3.12' 活前缀 DFA 的步骤

(3) 对所有未被标记且还有下一状态转移的状态 Ii，反复计算 closure(goto(Ii,X))，直到再没有新状态集加入。最终得到的 DFA 如图 3.22 所示。

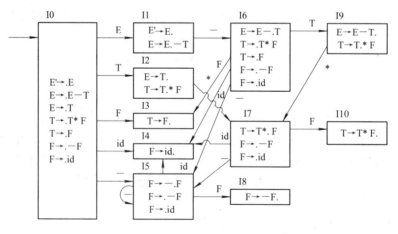

图 3.22   识别 G3.12' 活前缀的 DFA

3) 识别活前缀

为了清楚了解 DFA 识别活前缀的工作原理，首先引入一个项目 "有效" 的概念。

定义 3.21   若存在最右推导 $S' \overset{*}{\Rightarrow} \alpha A\omega => \alpha\beta_1\beta_2\omega$，则项目[$A \to \beta_1.\beta_2$]被称为对活前缀 $\alpha\beta_1$ 有效。

一个项目 $A \to \beta_1.\beta_2$ 对活前缀 $\alpha\beta_1$ 有效，具有两层含意：

(1) 从文法开始符号，经 αβ1 可到达该项目(项目所在状态)。

(2) 在当前活前缀的情况下，该项目可指导下一步分析动作($\alpha A\omega \Rightarrow \alpha\beta1\beta2\omega$)。

为此我们需要了解在一个项目集中，活前缀与项目集中的项目究竟是什么关系，如何指导下一步动作。

(1) 一个项目可能对若干个活前缀有效。考察图 3.22 的项目集 I5：

　　F →–.F　　　F →. –F　　　F →.id

其中的项目 F →–.F 对活前缀 "T*–"、"E– –" 和 "–" 都有效。因为，存在最右推导：

　　$E' \Rightarrow E \Rightarrow T \Rightarrow T*F \Rightarrow T*–F$　　　(T*–.F，其中 α=T*，β1=–，β2=F，ω=ε)

　　$E' \Rightarrow E \Rightarrow E–T \Rightarrow E–F \Rightarrow E– –F$ (E– –.F，其中 α=E–，ω=ε)

　　$E' \Rightarrow E \Rightarrow T \Rightarrow F \Rightarrow –F$　　　　　(–.F，其中 α=ε，ω=ε)

直观上看，项目集 I 中项目 A→β1.β2 有效的所有活前缀就是从初态出发所有可以到达 I 的路径上的标记，即**一条路径标记，就是一个活前缀**。如果从初态到达 I 的路径上有环，则 I 项目集中的项目对无穷多的活前缀有效。例如项目集 I5 有从 I5 出发到达 I5 的状态转移，所以，从 I0 到达 I5 的路径可以有无穷多，则 I5 中项目 F →–.F 对无穷多个活前缀 T*，T*–，T*– –，…，E– –，E– – –，…，–，– –，…均有效。

(2) 若干个项目可能对同一个活前缀有效。再考察 I5，它有三个项目，由于 F→–.F 对 T*–有效，因此，F →. –F 和 F →.id 对 T*–也有效。因为存在最右推导：

　　$E' \Rightarrow E \Rightarrow T \Rightarrow T*F \Rightarrow T*–F$　　　　　(T*–.F)

　　$E' \Rightarrow E \Rightarrow T \Rightarrow T*F \Rightarrow T*–F \Rightarrow T*– –F$ (T*–. –F，其中 α=T*–，β1=ε，β2= –F，ω = ε)

　　$E' \Rightarrow E \Rightarrow T \Rightarrow T*F \Rightarrow T*–F \Rightarrow T*–id$　(T*–.id，其中 α=T*–，β1=ε，β2= id，ω = ε)

即若 I 中一项目对某活前缀有效，则 I 中其他任何项目对该活前缀也有效。

综合(1)、(2)，可以得出这样一个结论：在同一项目集中的所有项目，对此项目集对应的所有活前缀均有效。也就是说，项目集中的每个项目均有同等权力指导下一步动作。

(3) 用有效项目指导分析有可能发生的冲突。对于项目集中的所有项目，它们对从初态可以到达该项目集的所有路径(活前缀)均是有效的，即 "有效" 是针对一个项目集而言的。在分析过程中，如果已经到达此项目集，则说明分析到目前为止是正确的。从当前状态出发，项目集中的任何一个项目均具有同等的权利指导下一步动作。

回顾项目集中的两类项目，可移进项目 A→β1.β2 指导下一步分析移进 β2 中第一个文法符号，可归约项目 B→β.指导下一步分析按产生式 B→β 归约。若在指导分析下一步动作时，项目集中最多有一个项目起作用，则很明显分析的每一步都会是确定的，而以此 DFA 为基础构造的移进—归约分析表中不会有多重定义。根据定义 3.15，此文法是 LR(0)文法，相应的分析器是 LR(0)分析器。

若一个项目集中出现下述情况之一，则会出现所谓的冲突。

(1) 一个项目集中既有可移进项目 A→β1.β2，又有可归约项目 B→β.。这表明下一步既可以移进，又可以归约，从而使得分析无法进行，称为**移进/归约冲突**。

(2) 一个项目集中有多于一个可归约项目，如既有 A→α.又有 B→β.。两个可归约项目均可以指导下一步分析，所以引起**归约/归约冲突**。

图 3.22 中的项目集 I2 中两个项目 E→T.和 T→T.*F，一个可以指导移进，一个可以指导归约，显然这是一个移进/归约冲突。LR(0)项目集中若存在冲突，则无法正确指导下一步

的分析动作，即由此项目集为基础构造的移进—归约分析表中会有多重定义的条目，根据定义 3.15，此文法不是 LR(0)文法。换句话说，基于 LR(0)项目集的识别活前缀的 DFA 中如果不存在冲突，则文法是 LR(0)的，否则文法不是 LR(0)的。

(4) 解决冲突的简单方法：SLR(1)方法。LR(0)项目集中的冲突可以采用简单向前看一个终结符的方法来解决。对于可移进项目 A→β1.β2，考察 β2 中的第一个文法符号 X，对于可归约项目 B→β.，考察 FOLLOW(B)。如果 a 是剩余输入的第一个终结符，则：

① 对于移进/归约冲突，在任意可移进项目 A→β1.β2 中，若 a = X，说明项目中点后边的第一个终结符可以与 a 匹配，当前输入为 a 时应该移进；在任意可归约项目 B→β.中，若 a∈FOLLOW(B)，说明如果按产生式 B→β 归约，则归约后第一个应该遇到的终结符可以与 a 匹配，当前输入为 a 时应该归约。由此，在移进/归约冲突中，若项目集中的任意可移进项目和可归约项目均有 X∩FOLLOW(B) = Φ，则说明通过简单向前看一个终结符就可以唯一确定下一步动作，因此移进/归约冲突可以解决。

② 对于归约/归约冲突，若对于项目集中任意的两个可归约项目 A→α.和 B→β.，均有 FOLLOW(A)∩FOLLOW(B) = Φ，即任意两个非终结符后边跟随不同的终结符，则归约/归约冲突可以解决。

若按上述方法可以解决 DFA 中的冲突，则以 DFA 构造的分析表中没有多重定义，称分析表为 SLR(1)分析表，文法称为 SLR(1)文法。若冲突仍然无法解决，则说明文法不是 SLR(1)的，采用 SLR(1)方法已经无法处理此文法，需要寻求能力更强的分析方法来处理非 SLR(1)文法。由于 LR(0)和 SLR(1)分析器的构造均是基于 LR(0)项目集的，所以，寻求能力更强的分析器实质上就是寻求新的项目集。

再考虑图 3.22 的项目集 I2 中的两个项目 E→T.和 T→T.*F。计算 FOLLOW(E)={−, #}，显然可移进项目点之后的*不在 FOLLOW(E)之中，所以当下一个输入终结符是*时则移进，是 FOLLOW(E)中的任何一个终结符时则归约，其他任何情况均被认为是一个错误，从而解决了 I2 中的移进/归约冲突。

4) SLR 分析表的构造

算法 3.10 构造 SLR 分析表

输入 基于文法 G 的 LR(0)项目集的、识别活前缀的 DFA D = (C, Dtran)。

输出 若 G 是 SLR(1)文法，得到分析表 action 和 goto，否则指出一个错误。

方法 按下述步骤构造分析表：

(1) if   D 中有 SLR(1)方法不能解决的移进/归约和归约/归约冲突

    then   error;

    else   for 每个状态转移 Dtran[i, x]=j

        loop if x∈T then action[i, x] := Sj; else goto[i, x] := j; end if;

        end loop;

        for 每个属于状态 i 的可归约项目 A→α.   -- A→α 是 G 的第 k 个产生式

        loop   if   S' → S.

            then   action[i, #] := acc;

            else   for 每个 a∈FOLLOW(A) loop action[i, a] := Rk; end loop;

            end if;

```
        end loop;
    end if;
```

(2) D 的初态(S' → .S 所在的状态)，是分析表的开始状态。

利用上述算法，不难根据图 3.22 中的 DFA 构造出 G3.12 的 SLR(1)分析表。

3.6*　LR(1)与 LALR(1)分析

3.6.1　SLR 分析器的弱点

由于 SLR 分析器的基础是基于 LR(0)项目集的、识别活前缀的 DFA(简称 LR(0)DFA)，因此它的分析能力受到限制，典型的例子是左值/右值问题。简单说，对于一个赋值句 x:=y+z，出现在赋值号 ":=" 左边的 x 被称为左值，出现在右边的 y 和 z 被称为右值。左值/右值的详细讨论会在下一章中给出。

【例 3.29】　文法 G3.13 如下，它规定了 C 语言赋值句的语法。其中产生式 L→*R 告诉我们右值的地址是一个左值，而 R→L 告诉我们左值可以是一个右值[1]。

$$S→L=R \mid R \qquad L→*R \mid id \qquad R→L \tag{G3.13}$$

G3.13 的 LR(0)DFA 如图 3.23 所示。I2 中有移进项目 S→L.=R 和归约项目 R→L.，这是一个移进/归约冲突，故 G3.13 不是 LR(0)文法。用 SLR 解决冲突的方法是在当前状态下简单地向前看一个终结符，即计算非终结符的 FOLLOW 集合并看移进项 "." 后的终结符是否在 FOLLOW 集合中。若不在，则冲突可解决，否则，不可解决。因为 "=" 在 FOLLOW(R) 中(用算法 3.6 计算)，所以当下一个终结符是 "=" 时两个项目同时有效，冲突并没有解决。故 G3.13 也不是 SLR 文法。

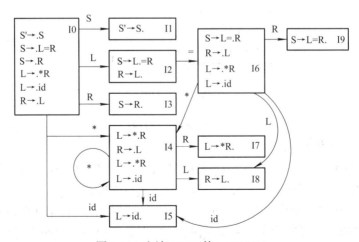

图 3.23　文法 G3.13 的 LR(0)DFA

SLR 无法解决 I2 中冲突的根本原因是缺少足够的上下文。在 I2 状态下遇到冲突时，仅

---

[1] 语法上看 id 是一个左值，但是当 id 出现在赋值号右边时，其语义是右值，即 id 的内容。

根据 FOLLOW(R)中的内容确定是否可以按产生式 R→L 归约，而不考虑是否有路径从开始状态到达 I2 并且使得按产生式 R→L 归约合法。换句话说，FOLLOW(R)集合中的终结符不一定是可以"合法"跟在 R 之后的终结符。

3.6.2　LR(1)分析器

LR(1)分析可以解决上述 SLR 无法解决的问题。LR(1)方法的基本思想是扩充 LR(0)项目为 LR(1)项目，使得项目集中的每个归约项目 A→α.均包含可以合法跟在非终结符 A 之后的终结符，因此当下一输入是这些终结符之一时就可以按此归约项归约。

1. 向前看符号与 LR(1)项目

定义 3.22　非终结符 A 的**向前看符号** lookaheads(A)被定义为下述集合：

lookaheads(A) = { a | S $\overset{*}{\Rightarrow}$ αAβ, a∈FIRST(β)}　　　　■

与 FOLLOW(A)相比，lookaheads(A)增加了一个非常重要的条件 S$\overset{*}{\Rightarrow}$αAβ，即跟在 A 之后的终结符一定得是从 S 可以推导出的，从而将不可以从 S 导出的 FOLLOW(A)排除在外。

对于文法的开始符号 S，#∈lookaheads(S)。因为 S 作为一个句型，句子的结束标记必然跟在 S 之后。

定义 3.23　LR(0)项目 A→α.β 和 lookaheads(A)组成的二元组[A→α.β, lookaheads(A)]被称为 **LR(1)项目**；LR(1)项目组成的集合被称为 **LR(1)项目集**，它构成识别活前缀的 DFA 的一个状态；DFA 的所有状态的集合被称为 **LR(1)项目集族**。　　　　■

【例 3.30】　图 3.23 中 I2 对应的 LR(1)项目集如图 3.24 所示。内部的粗线框是 LR(0)项目集，也被称为 LR(1)项目集的芯[①](core)。每个项目后边所加的"#"是对应非终结符的向前看符号，加上向前看符号的 LR(0)项目被称为 LR(1)项目。图 3.24 的项目集中有两个 LR(1)项目[S→L.=R, #]和[R→L., #]。在上下文可区分的情况下，我们把 LR(0)或 LR(1)项目简称为项目。　　　　■

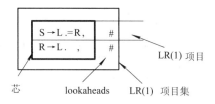

图 3.24　LR(1)项目集

2. 向前看符号的计算

构造 LR(1)DFA 的算法与构造 LR(0)DFA 的算法基本相同，唯一的区别是如何在每个 LR(0)项目中加入非终结符的 lookaheads，以形成 LR(1)项目。

lookaheads 的作用是指导可归约项进行归约。仍以图 3.24 的项目集为例，项目集的芯中存在移进/归约冲突。可归约项[R→L., #]中的"#"表示当下一个输入终结符是"#"时应按产生式 R→L 进行归约。而对于项目集中的可移进项[S→L.=R, #]，显然当下一输入终结

---

① 注意芯(core)与核心项目(kernel item)的区别。芯是 LR(0)项目集，而核心项目是不能由求闭包运算得到的项目。

符是 "=" 时应该移进此终结符, 即 lookaheads 在移进项中不起作用, 由此归纳出 lookaheads 的计算规则:

(1) 文法的开始符号 S 的 lookaheads 是 "#"(结束标志)。

(2) 项目 A→.α, A→α₁.α₂, …, A→α. 具有相同的 lookaheads。

规则(2)是显而易见的, 因为所有这些项目具有相同的非终结符 A。同时规则(2)也说明, 只要求出 A→.α 的 lookaheads, 就得到了其他项目的 lookaheads。

3. 基于 LR(1)项目集的、识别活前缀的 DFA 的构造算法

根据 lookaheads 的计算规则, 可得到 DFA 构造算法中的规则和算法如下。

(1) NFA 的初态项目为[S'→.S, #](注意, 它是特殊的、唯一 "." 在产生式右部最左边的核心项目)。

(2) 所有非核心项目 B→.γ 的 lookheads 可在下述闭包函数中计算:

$$closure(I)=I \cup \{[B→.γ,b] \mid [A→α.Bβ,a]∈closure(I) \text{ and } b∈FIRST(βa)\}$$

(公式 3.1)

其中, b 是所有可以合法跟在 B 之后的终结符, 即 b∈lookaheads(B)。

(3) 所有非初态的核心项目由下述 goto 函数计算:

$$goto(I, x)=\{[A→αx.β, b] \mid [A→α.xβ, b]∈I\}$$

(公式 3.2)

算法 3.11　LR(1)DFA 的构造

输入　拓广文法 G'={S'→S}∪G。

输出　DFA=(Dstates, Dtran, s0, F, N∪T)。

方法　按下述方法构造, 其中 closure 和 goto 函数均按公式 3.1 和公式 3.2 计算。

```
s0:=closure([S'→.S, #])作为唯一未标记状态加入 Dstates 中; --初态
while Dstates 中还有未标记的状态 T                      -- 考察所有未标记状态
loop       标记 T;
for        T 状态下每个向外状态转移的标记 a             -- a∈N∪T
loop       U := closure(goto(T, a));                  -- T 状态下经 a 的状态转移
                                                         全体
           if      U 非空                             -- 有该转移
           then    Dtran(T, a) := U;                  -- 记录状态转移
                   if   U 不在 Dstates 中              -- 是一个新状态
                   then   加入 U 到 Dstates 中;         -- 记录新状态
                   end  if;
           end  if;
end loop;
end loop;
```

【**例 3.31**】 为文法 G3.13 构造的 LR(1)DFA 如图 3.25 所示。由于项目中增加了向前看的符号, 所以原来 LR(0) DFA 中的项目集 I4、I5、I7 和 I8 被分别分裂成两个项目集。若用 C_{Ii} 表示 Ii 的 core, 则有: $C_{I4}=C_{I10}$, $C_{I5}=C_{I13}$, $C_{I7}=C_{I11}$, $C_{I8}=C_{I12}$。

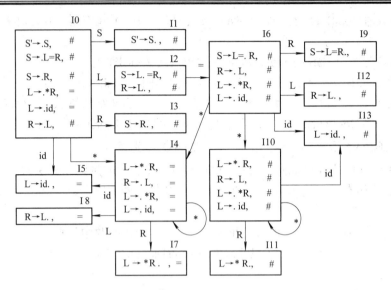

图 3.25　文法 G3.13 的 LR(1)DFA

4. LR(1)项目集中判定冲突的准则

对于项目集中同时出现[A1→α1.β，a1]和[A2→α2.，a2]，或者同时出现[A1→α1.，a1]和[A2→α2.，a2]的情况，可以用下述准则判定是否有冲突。

(1) 若∀(A1, A2).(first(β)∩a2 = Φ)，则项目集中无移进/归约冲突。　　　　　(准则 3.1)

(2) 若∀(A1, A2).(a1∩a2 = Φ)，则项目集中无归约/归约冲突。　　　　　(准则 3.2)

再考察图 3.25 中 I2 的可归约项[R→L., #]。由于"="不是此项目的 lookaheads，使得当下一输入终结符为"="时仅可以移进，为"#"时仅可以归约，从而解决了 SLR 无法解决的移进/归约冲突。

5. LR(1)DFA 的状态膨胀

冲突被解决的根本原因是不同的 lookaheads 将原来 LR(0)项目集分裂为不同的 LR(1)项目集，使得在相同的输入下有了不同的下一状态转移，于是不可区分的动作成为可区分的。

但是分裂使得 LR(1)DFA 的状态数远远多于 LR(0)DFA 的状态数，使得基于 LR(1)项目集的分析表比 LR(0)的大许多。像 Pascal 这样中等规模的语言，LR(0)DFA 状态数的范围在几百个，而 LR(1)DFA 状态数可能会有几千个。分析表的膨胀使得分析器的时空复杂度增加，特别是在早期计算机速度和存储空间都有限的情况下，这更是一个严重的问题。因此，实用的分析器并不是 LR(1)的，而是 LALR(1)的。

3.6.3　LALR(1)分析器

1. LALR(1)项目

定义 3.24　LALR(1)是 LR(0)与 LR(1)的折中。在 LALR(1)的 DFA 中：

(1) 同芯的 LR(1)项目集在 LALR(1)的 DFA 中被合并为一个 LALR(1)项目集。

(2) LALR(1)项目的 lookaheads 是所有同芯项目集中对应 lookaheads 的并集。　■

【例 3.32】　将图 3.25 中的项目集 I4 和 I10 合并，并将各项目的 lookaheads 也合并，得到新的项目集如图 3.26 所示。

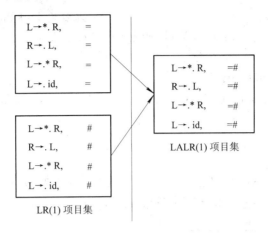

图 3.26　LR(1)与 LALR(1)项目集

LALR(1)DFA 的状态数与 LR(0)DFA 的状态数相同，而且 LALR(1)项目中又具有 LR(0)项目所没有的、用于解决冲突的 lookaheads 信息，因此 LALR(1)分析器被认为是实用性最好的自下而上的分析器。

2. 基于 LALR(1)项目集的、识别活前缀的 DFA 的构造算法

理论上可以先根据算法 3.11 计算 LR(1)的 DFA，然后将芯相同的 LR(1)项目集合并为 LALR(1)项目集。这一方法的弱点是需要构造 LR(1)DFA，回避不了时空复杂度的问题。下边所讨论的方法直接改造 LR(0)DFA 的构造算法，它与 LR(0)DFA 的构造算法的关键区别是：

(1) 用核心项目 ki 代表项目集，以节省空间。

(2) 用公式 3.1 的规则计算闭包 closure(ki)，以加入各项目的 lookaheads。

(3) 项目的 lookaheads 改变后，此项目集被认为是一个新项目集而被重新考虑。

算法 3.12　构造 LALR(1)DFA

输入　拓广文法 G'={S'→S}∪G。

输出　DFA=(Dstates, Dtran, s0, F)，其中 Dstates 的状态仅由核心项目组成。

方法

s0:={S'→.S，#}作为唯一未标记状态加入到 Dstates 中；

while Dstates 中还有未标记的 ki　　　　-- 对每个项目集的核心

loop

　　　标记 ki；I := closure(ki);　　　　-- 标记并计算完整的项目集 I

　　　for I 的每个形如[A→ α.x，a]项目中的 x　-- 考察每个向外状态转移

　　　loop

　　　　　k := goto (I，x);　　　　　　-- 计算下一状态转移

　　　　　if k 非空　　　　　　　　　　-- 若有下一状态转移

　　　　　then　　　if　k 不在 Dstates 中　-- 若 K 是新状态

　　　　　　　　　then if k 的 core 等于 Dstates 中某 kj 的 core

then 合并 k 中 lookaheads 到 kj 中；置 kj 为 k 且未标记；

　　　　　　　　-- 或合并 lookaheads 并取消标记

else 加入 k 到 Dstates 中且未标记；-- 或加入全新状态到 Dstates 中

end　if;

end　if;

Dtran[ki, x] = k;　　　　　　　　　-- 记录状态转移

end if;

end loop;

end loop; ■

【例 3.33】 为文法 G3.13 构造的 LALR(1)DFA 如图 3.27 所示。可以看出此 DFA 的空间节省了很多，并且 I2 状态中也不存在移进/归约冲突。 ■

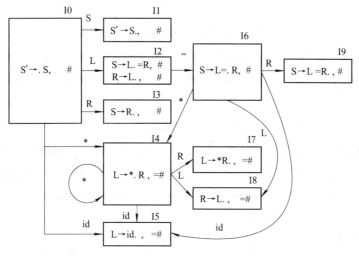

图 3.27　文法 G3.13 的 LALR(1)DFA

3.6.4　LR(1)与 LALR(1)的关系

LR(1)与 LALR(1)对于移进/归约冲突的解决二者是等价的，而对于归约/归约冲突，由于 LALR(1)项目中合并了 lookaheads，可能会减弱它对归约/归约冲突的解决能力，具体有下述两个结论：

(1) LR(1)DFA 中不发生的移进/归约冲突，LALR(1)DFA 中也一定不会发生。

考虑下述同芯的 n 个 LR(1)项目集的合并。

　　　A → α.,　　l1∪l2∪···∪ln

　　　B → β.aγ,　　l

根据准则 3.1，LR(1)DFA 中没有冲突，即 {a}∩li=Φ(i=1, 2, ···, n)，因此

{a}∩(l1∪l2∪···∪ln)=Φ

也满足准则 3.1。所以 LALR(1)DFA 中也不会有移进/归约冲突。

(2) 合并后的 lookaheads 可能会引起 LALR(1)项目集中的归约/归约冲突。

考虑图 3.28 所示的同芯 LR(1)项目集的合并。

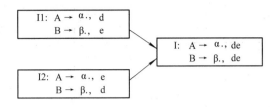

图 3.28 同芯 LR(1)项目集的合并

合并前 I1 和 I2 均无归约/归约冲突，而合并后 I 中两个归约项冲突。

现在考虑更一般的 n 个同芯项目集合并的情况：

$$A \to \alpha., \qquad l1 \cup l2 \cup \cdots \cup ln$$
$$B \to \beta., \qquad l1' \cup l2' \cup \cdots \cup ln'$$

根据准则 3.2，LR(1)不发生冲突的充要条件是：

$$li \cap li' = \Phi \qquad (i = 1, 2, \cdots n)$$

而 LALR(1)不发生冲突的充要条件是：

$$(\bigcup_{i=1}^{n} li) \cap (\bigcup_{j=1}^{n} lj') = \bigcup_{i=1}^{n} \bigcup_{j=1}^{n} li \cap lj' = \Phi \ (i, j = 1, 2, \cdots, n)$$

显然，当 $li \cap lj' \neq \Phi$ 时，LALR(1)中会有归约/归约冲突。

【例 3.34】 给定文法 G3.14 如下：

S'→S   S→aAd|bBd|aBe|bAe   A→c   B→c   (G3.14)

它的 LR(1)DFA 如图 3.29 所示。其中 I6 与 I9 同芯，将其合并后得到 G3.14 的 LALR(1)DFA 如图 3.30 所示。

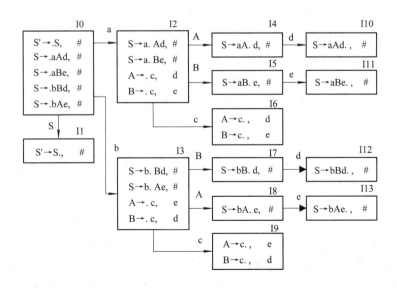

图 3.29 文法 G3.14 的 LR(1)DFA

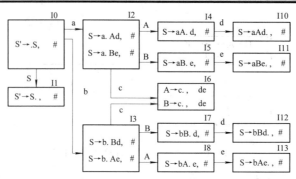

图 3.30　文法 G3.14 的 LALR(1)DFA

现在考虑输入序列 $\omega = acd\#$ 的分析过程(#是输入结束标记)。若用图 3.29 所示的 LR(1)DFA 识别,则识别过程如图 3.31(a)所示,分析的每一步都是确定的。若用图 3.30 所示的 LALR(1)DFA 识别,则从 I0 经 a 到达 I2 再经 c 到达 I6 时,由于 I6 中的两个可归约项中的 lookaheads 相同,因此按 A→c 归约和按 B→c 均可,故出现了不确定性。若按 A→c 归约,则识别过程与 LR(1)DFA 的识别过程相同,如图 3.31(a)所示。而若按 B→c 归约,则识别过程如图 3.31(b)所示,输入序列 "acd" 不被接受。显然 G3.14 是 LR(1)的而不是 LALR(1)的。■

图 3.31　输入序列 "acd" 的识别路径

(a) 用 LR(1)DFA 识别;(b) 用 LALR(1)DFA 识别

通过上述讨论,我们对 LALR(1)和 LR(1)的关系做如下归纳:

(1) LALR(1)是 LR(0)与 LR(1)的最佳折中。

(2) LALR(1)中会有 LR(1)中没有的归约/归约冲突。

(3) LALR(1)分析器可以胜任绝大部分 LR(1)分析器的工作。

(4) 随着计算机软、硬件技术的提高,会出现实用的 LR(1)或 LR(K)分析器。

3.6.5　LR(1)与二义文法的关系

最后简单讨论一下 LR(1)文法与二义文法的关系。再考虑悬空 else 文法 G3.10',它的 LR(1) DFA 的一部分如图 3.32 所示,其中 A→.S 是拓广的产生式。从 I0 开始沿着一条路径 iCtS 到达状态 I4,此时 I4 中的可归约项[S'→.,#]与可移进项[S'→.eS, #]没有冲突,似乎解决了冲突。但是,由于 I3 中有项目[S→.iCtS, e#],它与 I0 中对应项目的差别是 lookaheads 中多了 e,于是从 I3 出发再走一条 iCtS 路径到达状态 I8,I8 中的可归约项的 lookaheads 中有 e,而 e 也在可移进项的点之后,因此冲突无法解决,所以 G3.10' 不是 LR(1)文法。

通常情况下,如果一个文法不是二义的,则总可以用增加向前看终结符的个数的方法来解决冲突,而如果文法是二义的,则无论向前看多少个字符都无法解决冲突,所以二义文法不是 LR 文法。

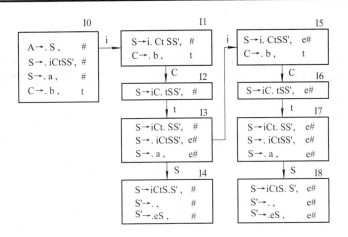

图 3.32 识别二义文法 G3.10' 活前缀的 DFA 中 iCtS 的两条路径

回顾本章前边的讨论可知，二义文法既不是 LL 的也不是 LR 的，因此在构造任何形式的分析器时均需要消除文法的二义性。

3.7* 编译器编写工具

利用工具构造编译器的前提是能够对所要生成的编译器的某些阶段，如词法分析、语法分析、语义分析、代码生成等建立数学模型，这包括形式化描述和对应的算法。由于程序设计语言的语法(包括词法)相对比较简单，具有较为成熟的形式化描述方法和对应的分析器构造算法，因此构造其自动生成工具较为容易。而语义相对比较复杂，形式化描述不如语法的描述那样成熟，因此这部分的自动生成相对比较困难。

基于上述原因，应用最广泛的实际上是词法分析器和语法分析器的生成工具。它们只能自动生成对词法和语法的分析部分，而对于以语法为载体的语义，实际上是通过语法制导翻译的方法，利用某种程序设计语言编写程序实现的。因此，此类工具也被称为语言识别器生成工具。由于语法分析和语义分析实质上是紧密联系的，因而相关的语义处理方法也在本章给出，在学习了第 4 章语义处理的原理之后再看此部分会进一步增加理解。

最具代表性的工具是 20 世纪 70 年代出现的词法分析器生成器 LEX 和语法分析器生成器 YACC。它们在编译器构造和语言识别以及模式匹配等领域被广泛应用，30 多年来已经形成了基于多种语言的、可以运行在多种操作系统之下且功能不断改进的 LEX 和 YACC 族，当前被广泛应用于教学的系统有 Flex/Bison 和 Jlex/CUP 等。它们虽然名称和基于的语言各不相同，但基本的工作原理和功能是相同的，因此本章的讨论仍以最早的基于 C 的 LEX 和 YACC 为主。

3.7.1 词法分析器生成器 LEX

回顾设计与实现词法分析器的一般步骤：正规式→NFA→DFA→最少状态 DFA→词法分析器，或者正规式→语法树→DFA→最少状态 DFA→词法分析器。构造的每一步都可以借助成熟的算法来完成，无需人工干预。LEX 就是将这些算法组合起来所形成的软件，利用它只需将需词法分析器识别的记号用正规式的方式描述出来，LEX 就会自动生成相应的词法分析器。

利用 LEX 设计词法分析器，需要了解和掌握两点：

(1) LEX 提供什么形式的正规式集，如何运用正规式集设计记号的模式。

(2) LEX 提供什么样的机制支持语义动作的嵌入，如何运用这些机制收集识别出的记号信息，并合理返回它们或者过滤掉它们(如果不需要的话)。

归纳起来，就是如何用 LEX 语言进行程序设计，从而将词法分析器的构造简化为进行正规式和必需语义动作的设计，而对分析器的任何修改也简化为对正规式和相关语义动作的修改。当然，这样的程序设计是建立在充分了解词法分析器构造原理和 LEX 语言基础之上的。

1. LEX 概述

LEX 是一个以 C 语言为开发和运行环境的词法分析器生成器，它接受正规式表示的词法描述，生成识别正规式所描述语言的词法的 C 语言源程序。利用 LEX 构造词法分析器的过程可以分为三个阶段，其工作原理如图 3.33 所示。首先用 LEX 编译器编译 LEX 源程序(也被称为 LEX 规格说明或 LEX specification，文件名一般以.l 为后缀)，生成一个以 C 为源代码的、表驱动型的词法分析器 yylex()，在 UNIX 环境中文件名为 lex.yy.c。然后用 C 编译器编译 lex.yy.c 并生成目标程序 a.out。最后运行所生成的词法分析器 a.out，它以 LEX 源程序所描述语言的字符串序列为输入，返回识别出的记号。

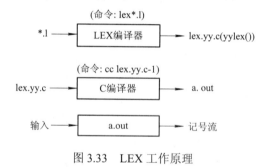

图 3.33　LEX 工作原理

LEX 编译器所生成的词法分析器源自一个共同的框架，即一个正文形式的 C 语言源文件，利用任何一个文字处理器均可解读该文件。该框架可以划分为下述四个主要部分。

(1) **定义**。文件中定义词法分析器中所需要的一些共同资源，主要包括预编译语句(如 #include、#define)，以及一些通用的全局变量等。

(2) **分析表**。分析表是一个有限自动机，文件中仅给分析表预留位置，分析表的具体内容应根据用户所规定的正规式由 LEX 生成。

(3) **驱动器**。文件中仅提供驱动器的框架，识别出每个具体记号时所需的语义动作由用户指定并由 LEX 生成。

(4) **子程序定义**。文件中给出 LEX 预定义的一些子程序。

LEX 编译器以此框架为基础，将用户编写的 LEX 源程序中的内容经过适当处理，分别以不同的形式填写进相应的部分，从而形成一个由用户定制的词法分析器。LEX 编译器所生成的词法分析器对用户可以是透明的，用户完全可以仅关心词法分析器的功能而忽略词法分析器的构成。但是若用户对 LEX 所生成的词法分析器有一个概念上的理解，则对利用 LEX 进行词法分析器设计会有很大帮助。

用 LEX 进行词法分析器设计的关键，实质上就是如何编写 LEX 源程序。下边首先介绍 LEX 源程序的基本结构，然后讨论 LEX 的规则集(正规式集)，并介绍 LEX 的匹配原则和解决冲突的方法，最后介绍如何利用 LEX 进行程序设计，并给出 LEX 源程序的例子，以便加深对 LEX 的理解。

2. LEX 源程序的基本结构

LEX 源程序的基本结构如下：

> [声明(declaration)]
> %%
> 翻译规则(translation rules)
> [%%
> 用户定义子程序(user defined routines)]

LEX 源程序由声明、翻译规则和用户定义子程序三部分组成。由于 LEX 仅提供很有限的语义支持，因此用户必须自己提供分析器所需的语义动作。这些语义动作由用户以 C 语言的形式写在 LEX 源程序的声明和用户定义子程序以及规则的语义动作等部分，以便 LEX 编译器把它们同对翻译规则的处理结果结合在一起，生成相关内容分别加入到预定义框架的不同部分，形成一个完整的词法分析器。具体来讲，LEX 编译器根据源程序中规则的正规式生成表格形式的 DFA 插入到框架的分析表中，将规则中的语义动作插入到框架的驱动器中，源程序的声明和用户定义子程序等分别根据情况放在框架的定义和子程序定义中。

LEX 源程序的三部分之间用双百分号%%分隔，方括号中的部分可以省略，所以 LEX 源程序中只有翻译规则是必须有的部分。最简单的 LEX 源程序形式为

> %%

此源程序中翻译规则为空，即没有任何匹配模式。LEX 对不被任何模式匹配的输入序列的处理，是将输入原封不动地拷贝到输出。因此在设计 LEX 的源程序时，应该考虑所设计语言词法的所有可能输入(包括非法输入)，以保证所生成的词法分析器对其任何输入序列均有相应的处理对策，否则就会有莫名其妙的字符出现在输出端。

【例 3.35】　下边的 LEX 源程序构造一个计数器，它分别对输入文件中的字符、单词和行计数。

```
%{
    int nchar=0, nword=0, nline=0;  // 分别记录字符个数、单词数和行数
%}
%%
[ ]                    // 匹配到一个空格，无动作("吃掉"此空格)
\n        { ++ nline; }    // 匹配到一个换行符，行数加 1
[^ t\n]+  {  ++ nword; nchar += yyleng;}
                       // 匹配到一个单词，单词数加 1，字符数加单词长度
%%
main()
{   yylex();              // 调用词法分析器，直至输入结束
```

```
        printf("nchar=%d, nword=%d, nline=%d\n", nchar, nword, nline);
                            // 打印字符数、单词数、行数
    }
```

若输入序列为

I am a student.

You are a student, too.

其中以空格作为单词的分隔符，则对应输出为

nchar=31,nword=9,nline=2

若将输入修改为

I　am　a　　　student.

You　　are　a　　　student,　too.

其中以 tab 键作为单词的分隔符，则对应输出为

nchar=38, nword=2, nline=2

因为 LEX 源程序的规则中未将 tab 键作为单词分隔符，所以仅识别出两个单词且 tab 键被计数。 ■

1) 声明

LEX 的声明由两部分组成：C 语言部分和辅助定义部分。

(1) C 语言部分。C 语言部分被括在"%{"和"%}"之间，如例 3.35 所示。LEX 把它们直接加入到 C 源程序(lex.yy.c)的定义中，与 LEX 所生成的部分形成一个整体。这部分可以包括：C 的预处理语句、类型和变量说明语句以及子程序说明等。此处说明的一切在 LEX 源程序的其他部分均可被引用，如例 3.35 中的变量 nchar、nword 和 nline。

(2) 辅助定义部分。辅助定义部分的目的是为翻译规则服务，它的作用包括为所生成的分析器规定多重入口和为内部使用的正规式命名(即辅助定义式)。本节介绍辅助定义式，有关多重入口的问题在下一节中讨论。

在词法描述中，往往会遇到很长的正规式，并且一个子表达式会在一个正规式中出现若干次。为了简化描述，可以通过引入辅助定义式为某些常用的正规式命名。辅助定义式如下：

　　　　　　　名字　　　　　　　　　正规式

命名之后的正规式可以由其名字所代表，引用方式为{名字}。该名字可以用在后续的辅助定义式中，也可以用在 LEX 翻译规则中。应该指出的是，出现在辅助定义部分的正规式仅能在 LEX 源程序中被引用，而不能作为规则进行模式匹配。

【例 3.36】 对于描述标识符的正规式[a–zA–Z]([a–zA–Z]|[0–9])+，可以引入两个辅助定义：

　　char　　　　　　　[a–zA–Z]

　　digit　　　　　　　[0–9]

于是该正规式就可以简写为

　　{char}({char}|{digit})+

2) 用户定义子程序

用户定义子程序段的作用与声明中 C 语言部分相同。用户在翻译规则的语义动作中所

涉及的函数调用以及其他必需的 C 程序定义，可以有两种安置方式：一种方式是写在其他文件中，在声明部分用#include 语句将其包括进来；另一种方式就是可以放在用户定义子程序处。LEX 对它们的处理同样是直接加入到 C 程序(lex.yy.c)的子程序定义部分，以便构成一个完整的词法分析器。被#include 包括的 C 程序和写在声明段及用户定义子程序段的 C 语句需要认真设计，否则可能会出现重复定义或达不到用户所希望的目的。另外，用户所编写的 C 程序正确与否，也不在 LEX 编译器的检查范围之内，这一检查过程被推迟到 C 程序的编译阶段进行。

3) 翻译规则

翻译规则是 LEX 的核心，它由一组规则组成，每一个规则的形式如下：

正规式　　　　　　　语义动作

如例 3.35 中的一条规则，正规式为[^ \t\n]+，语义动作为{ ++ nword; nchar += yyleng; }。它表示当分析器用正规式匹配到一个输入序列时，就执行相应的语义动作。语义动作用 C 语言编写，当语句多于一行时，必须被括在"{"和"}"之间，而与正规式同在一行时，"{"和"}"可以省略。经过 LEX 编译器处理之后，正规式的内容被填写进分析表，而语义动作被填写进驱动器。

LEX 为用户提供了丰富的正规式形式，它们实际上是标准正规式的扩充，在不引起混淆的情况下，简称为 LEX 的正规式集，如表 3.5 所示。

表 3.5　LEX 的正规式集

序号	语法	语　　义
(1)	x	匹配字符或字符串 x
(2)	"x"	匹配字符或字符串 x
(3)	\x	匹配字符 x 自身，如\+(匹配+)；或 C 中的转义字符，如\t, \n 等
(4)	[xy]	匹配或者字符 x 或者字符 y
(5)	[x−z]	匹配字符 x, y 或 z，"−"表示一个范围，并且要求"−"左边字符小于右边字符，否则出错。当"−"表示其本身时，要放在方括号的最左或最右
(6)	[^x]	匹配除 x 以外的任何一个字符，x 可以是若干字符，如 [^ \t\n] 表示除空格、制表符和换行以外的其他字符
(7)	.	匹配除换行以外的任何其他字符
(8)	x*	正规式 x 的闭包
(9)	x+	正规式 x 的正闭包(closure-plus)
(10)	x|y	匹配或者正规式 x 或者正规式 y
(11)	(x)	匹配正规式 x 本身，()用来改变运算优先级
(12)	x?	表示正规式 x 是可省略的。该正规式与 x|ε 等价，其中 ε 表示空
(13)	^x	匹配一行开始处的正规式 x，如^ABCabcABC 中第一个 ABC
(14)	x$	匹配一行结束处的正规式 x，如^ABCabcABC 中第二个 ABC
(15)	x/y	匹配其后紧跟正规式 y 的正规式 x，如[0-9]+/".EQ." 识别输入串 35.EQ.I 中的 35
(16)	<y>x	匹配处于开始条件<y>时的正规式 x
(17)	x{m,n}	匹配 m 到 n 个正规式 x，如 ab{3, 5}识别 ababab，abababab 或 ababababab 等

　　LEX 的正规式集与标准正规式的描述基本一致，因此不难理解。为了能够更好地处理大多数程序设计语言的词法现象，LEX 的正规式集中引入了一些标准正规式所不具备的匹配模式。它们大概可以分为这样几类：

　　(1) 特殊字符处理，如表 3.5 中的(3)。

　　(2) 考虑上下文，如表 3.5 中的(13)～(16)。

　　(3) 限制重复次数，如表 3.5 中的(17)。

　　随着技术的进步和程序设计语言的发展，LEX 提供的有些描述形式实际上已不再使用，典型的如表 3.5 中的(15)和(17)。(15)处理的是一类需要超前扫描的词法现象，这些现象仅出现在早期的程序设计语言如 FORTRAN 等中，现在的程序设计语言的词法识别均不要求超前扫描。(17)是一种典型的不适合语法处理的语言现象，它完全可以用(8)和(9)的规则加上适当的语义处理来完成。灵活、合理地应用正规式集描述设计词法规则，是编写 LEX 源程序所需考虑的重要因素之一。

　　【例 3.37】　部分 LEX 正规式与它们所描述的输入序列如表 3.6 所示。■

表 3.6　LEX 正规式与被识别的输入序列

LEX 正规式	被识别的输入序列
abc	abc
abc+	Abc…c(至少一个 c)，这里"+"被认为是 LEX 正规式的运算符
abc\+	abc+
"abc+"	abc+
abc\t	abc 后跟一个制表符
"abc　　　"	abc 后跟一个制表符
"abc\t"	是一个错误，不能有双重转义
a|b|c|d|e|f|g	abcdefg 之中的任一个字符
[a-z]	abcdefghijklmnopqrstuvwxzy 之中的任一个字符
ab?c	ac 或 abc
(ab)?c	c 或 abc
^#define	行首的#define
abc$	匹配行尾的 abc
abc\n	匹配行尾的 abc

　　4) 多重入口(左上下文相关处理)

　　表 3.5 中第(16)条正规式指出，<y>x 匹配处于开始条件<y>时的 x。这是 LEX 为用户提供的一种左上下文相关(left context sensitivity)的处理功能，便于用户根据已分析过的内容进行下一步的处理。实际上也可以把它理解为分不同情况选择进入分析表的不同入口。这种方法对于实际的词法分析器设计十分有用。

　　如果把上述<y>称为入口的话，则左上下文相关处理可以分为三个步骤：入口的定义、引用和进入。

(1) 入口的定义(声明)：在 LEX 声明部分的辅助定义中，以关键字%start 开始，其后可以跟若干个被定义的入口。如：

　　%start entry1 entry2…

(2) 入口的引用：在 LEX 正规式的左边加上相应入口，表示其后紧跟的正规式，只有进入该入口时才起作用。如：

　　<entryi>rule

(3) 入口的进入：LEX 为用户提供一个语义过程 BEGIN，它表示执行完以 BEGIN 开始的语句后，下一次的词法分析从所规定的入口开始。如：

　　{ BEGIN entryi；}

表示下一次词法分析从入口 entryi 开始。对于没有入口引导的正规式，均被默认为 BEGIN(0)。

【例 3.38】 下边是一段典型演示多重入口的 LEX 源程序，并给出了若干输入及其对应的输出。

```
%start AA BB CC
%%
^a | \t                { ECHO; BEGIN AA; }
^b                     { ECHO; BEGIN BB; }
^c                     { ECHO; BEGIN CC; }
\n | (\t)+ | "   "+     { ECHO; BEGIN 0;   }
<AA> magic             { printf ("first"); }
<BB> magic             { printf ("second"); }
<CC> magic             { printf ("third"); }
magic                  { printf ("zero"); }
```

输入	输出
amagic magic	afirst zero
amagic　magic	afirst first
magic magic	zero zero
bmagic　magic	bsecond　first
cmagic　magic	cthird　　zero

由%start 引导的入口名，与默认入口(0 入口)没有互斥关系，也就是说当匹配不到特定入口处的模式时，词法分析器会接着去试图匹配默认入口的规则。例如上述第一条输入序列中，第一个 magic 匹配 AA 入口的规则，而第二个 magic 匹配默认入口的规则。在有些情况下，人们往往希望特别定义的入口与默认入口互斥，即仅匹配特别定义入口对应的模式，而不匹配默认入口的模式，也就是说，只要不是用户用显式的语句 BEGIN(entryi)改变入口，则分析器将永远仅匹配当前所在入口的规则。为此目的，美国加州大学 Berkeley 分校 1988 年研制的 FLEX 中增加了互斥入口机制。

语法上互斥入口与不互斥入口的唯一区别是声明入口名时不是以%start 引导，而是以 %x 引导。互斥机制实际上是将分析器分为若干个互不干涉的自动机，因此使用互斥入口应特别注意，一定要有明确的退出，否则会因为陷在某个入口所限定的自动机中而使得分析无法进行下去。不互斥入口的模糊性使得它已逐步被互斥入口所取代。

【例 3.39】 C 语言的注释部分以"/*"开始，以"*/"结束。识别注释的自动机如图 3.34 所示，它的 LEX 正规式描述如下，该正规式显然既难设计也十分难懂(感兴趣的读者不妨认真读一读)。

"/*"([^*]|(*)*[^*/])*(*)*"*/"

利用互斥的多重入口，对 C 语言的注释部分可以作如下处理。一旦输入序列中出现了"/*"，则分析器进入注释入口，后续的输入均被识别为注释的内容，直到遇到"*/"为止。

```
%x c_comment                                    /* 入口定义 */
%%
"/*"              { ECHO; BEGIN(c_comment); }    /* 注释开始 */
<c_comment>"*/"   { ECHO; BEGIN(0); }            /* 注释结束 */
<c_comment>.      { ECHO; }                      /* 注释内容 */
<c_comment>\n { ++linenum; ECHO; }              /* 注释内容 */
```

采用这样的方法描述注释，除了比用一条正规式描述注释简单方便之外，还有一个重要原因，就是所产生的分析器每次最多分析两个字符，因此不会由于注释太长而使存放输入序列的缓冲区溢出，因为在 C 程序中如果注释的结尾忘记写"*/"，则随后的源程序均会被误认为是注释。　■

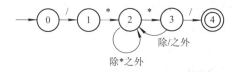

图 3.34　识别 C 语言注释的自动机

3. LEX 程序设计

1) 如何从词法分析器返回识别出的记号

词法分析器向语法分析器提供记号的信息，它包括记号的类别和值(属性)。在用 LEX 构造的词法分析器中，类别和值分别由 LEX 所提供的下述语义变量(或函数)来存放。这些语义变量(或函数)对语法分析器均可见。

● yylex()：它是 LEX 产生的词法分析器，返回一个整型编码作为记号的类别，表示识别出的一个记号，如 return NUMBER 返回 NUMBER 所对应的内部编码，return ID 返回 ID 所对应的内部编码。

● yylval：它是一个全局变量，默认类型是 int，用户也可以将其重新定义为其他类型，如 double 等(具体定义方法在 YACC 中讨论)，可以用它表示所识别记号的值。

● yytext，yyleng：这也是两个全局变量，用来存放识别出的输入序列，它们合起来可以表示正文形式的值，如标识符和字符串等。yytext 和 yyleng 的内容一般由词法分析器填写。

【例 3.40】 若输入序列为整型数 258，整型数编码是 40(即 NUMBER=40)，识别整型数的规则为

```
[0-9]+      { sscanf(yytext，"%d"，&yylval)；return NUMBER；}
```
则从词法分析器返回时各函数或变量的值分别为

yylex()： 40

yylval： 258

yytext： "258"

yyleng： 3

它们均可以被调用该词法分析器的语法分析器使用。 ■

2) LEX 的匹配原则和解决冲突的方法

当输入序列可以与 LEX 源程序中的若干个规则相匹配时，就产生了所谓的冲突。LEX 用以下两条原则来解决冲突：

(1) 选择最长的输入序列进行匹配。

(2) 若几个规则与同一个字符串匹配，则选择 LEX 源程序中第一条出现的规则。

【例 3.41】 对于如下规则：

```
begin               { printf("keyword")；}
[a-z]+              { printf("id")；}
```
可能的输入序列和对应的输出结果如下：

输入序列   输出结果

begin   keyword

begins   id

如果上述两个规则书写位置交换，则无论输入序列是 begin 还是 begins，结果均为 id。因此，描述保留字或关键字的规则一定要写在描述标识符规则的前边，或者说特殊的描述一定要先于普通的描述。 ■

3) LEX 程序举例

【例 3.42】 下述是一个上机实验题目 "minipascal" 的词法描述。

```
// -------------------------- minipascal.l --------------------------
%{
        # include "minipas.h"
        # include "y_tab.h"
        unsigned int line_no;           // 行号
        extern token_rec_type yylval;   // 记号，自定义类型
        char * newstring(int len);
%}
// ---------------- 入口声明 ----------------
%x comment_entry
// ---------------- 辅助定义 ----------------
ws              [ \t]+
newline         \n
comments        \{
letter          [a-zA-Z]
```

```
digit              [0-9]
integer            {digit}+
real               {integer}(\.{integer})?
id                 {letter}({letter}|{digit})*
%%
// ---------------- 翻译规则 -----------------
// ---------------- 注释与白空
{comments}         BEGIN comment_entry ;              // 注释
{ws}                               ;                  // 白空
{newline}          line_no ++;                        // 换行
// ------------------ 保留字与标识符
"array"            {strcpy(yylval.lexeme, "array");      return ARRAY; }
"begin"            {strcpy(yylval.lexeme, "begin");      return _BEGIN; }
"do"               {strcpy(yylval.lexeme, "do");         return _DO; }
"else"             {strcpy(yylval.lexeme, "else");       return _ELSE; }
"end"              {strcpy(yylval.lexeme, "end");        return END; }
"function"         {strcpy(yylval.lexeme, "function");   return FUNCTION; }
"if"               {strcpy(yylval.lexeme, "if");         return _IF; }
"input"            {strcpy(yylval.lexeme, "input");      return INPUT; }
"integer"          {strcpy(yylval.lexeme, "integer");    return INTEGER;   }
"of"               {strcpy(yylval.lexeme, "of");         return OF; }
"output"           {strcpy(yylval.lexeme, "output");     return OUTPUT;}
"not"              {strcpy(yylval.lexeme, "not");        return NOT; }
"procedure"        {strcpy(yylval.lexeme, "procedure");  return PROCEDURE;}
"program"          {strcpy(yylval.lexeme, "program");    return PROGRAM; }
"read"             {strcpy(yylval.lexeme, "read");       return READ; }
"real"             {strcpy(yylval.lexeme, "real");       return REAL; }
"then"             {strcpy(yylval.lexeme, "then");       return THEN; }
"var"              {strcpy(yylval.lexeme, "var");        return VAR; }
"while"            {strcpy(yylval.lexeme, "while");      return _WHILE; }
"write"            {strcpy(yylval.lexeme, "write");      return WRITE;}
{id}               {strcpy(yylval.lexeme, yytext);       yylval.type=_ID;   return _ID; }
// ------------------ 字面量------------------
{integer} {yylval.type=INTEGER;
           strcpy(yylval.lexeme, yytext);
           yylval.int_val =atoi(yytext);
           return NUM;
           }
{real}    {yylval.type=REAL;
```

```
                strcpy(yylval.lexeme, yytext);
                yylval.real_val=atof(yytext);
                return NUM;
                }
"="         {strcpy(yylval.lexeme, "=");        yylval.type=eq;      return RELOP;}
"<>"        {strcpy(yylval.lexeme, "<>");       yylval.type=ne;      return RELOP;}
"<"         {strcpy(yylval.lexeme, "<");        yylval.type=lt;      return RELOP;}
">"         {strcpy(yylval.lexeme, ">");        yylval.type=gt;      return RELOP;}
"<="        {strcpy(yylval.lexeme, "<=");       yylval.type=le;      return RELOP;}
">="        {strcpy(yylval.lexeme, ">=");       yylval.type=ge;      return RELOP;}
"+"         {strcpy(yylval.lexeme, "+");        yylval.type=add;     return ADDOP;}
"-"         {strcpy(yylval.lexeme, "-");        yylval.type=sub;     return ADDOP;}
"or"        {strcpy(yylval.lexeme, "or");       yylval.type=or;      return ADDOP;}
"*"         {strcpy(yylval.lexeme, "*");        yylval.type=mul;     return MULOP;}
"/"         {strcpy(yylval.lexeme, "/");        yylval.type=rdiv;    return MULOP;}
"div"       {strcpy(yylval.lexeme, "div");      yylval.type=idiv;    return MULOP;}
"and"       {strcpy(yylval.lexeme, "and");      yylval.type=and;     return MULOP;}
"mod"       {strcpy(yylval.lexeme, "mod");      yylval.type=mod;     return MULOP;}
":="        {return ASSIGNOP;}
".."        {return DOTS;}
","         {return yytext[0];}
";"         {return yytext[0];}
"("         {return yytext[0];}
")"         {return yytext[0];}
"."         {return yytext[0];}
.           {return yytext[0];}
// ------------------- 其他均为错误
.           return ERROR;
// ------------------- 注释
<comment_entry>\}       BEGIN 0;
<comment_entry>. ;
<comment_entry>\n line_no ++; ll("comment");
```

【例 3.43】 下述是一个上机实验题目"函数绘图语言解释器"的词法描述。为满足语法分析的需要，程序中没有使用 LEX 提供的变量，而使用自己设计的 Token 类型来存放记号的完整信息。

```
// ------------------------- funcdraw.l ----------------------------
%{
# include "semantics.h"
unsigned int LineNo;                    // 行号
```

```
struct Token tokens;                        // 记号，自定义类型与变量
%}
// ---------------- 入口声明 ----------------
%x comment_entry c_comment_entry
// ---------------- 辅助定义 ----------------
name          [a-z]([_]?[a-z0-9])*
number        [0-9]+
ws            [ \t]+
newline       \n
comments      "//"|"--"
c_comments    "/*"
%%
// ----------------    翻译规则   ----------------
// ----------------    注释与白空 ----------------
{comments}        BEGIN comment_entry ;      // Ada 或 C++注释
{c_comments}      BEGIN c_comment_entry ;    // C 注释
{ws}                                         // 白空
{newline}         LineNo ++;                 // 换行
// ------------------ 保留字与变量 ------------------
"origin"|"原点"            return ORIGIN;
"scale"|"横纵比例"         return SCALE;
"color"|"线条颜色"         return COLOR;
"red"|"红色"               return RED;
"black"|"黑色"             return BLACK;
"rot"|"旋转角度"           return ROT;
"is"|"是"                  return IS;
"for"|"令"                 return FOR;
"from"|"自"                return FROM;
"to"|"至"                  return TO;
"step"|"步长"              return STEP;
"draw"|"绘制"              return DRAW;
"t"                        return T;
// ------------------ 常量名、函数与符号 ------------------
"pi"     tokens.type = CONST_ID;    tokens.value = 3.14159;    return CONST_ID;
"e"      tokens.type = CONST_ID;    tokens.value = 2.71828;    return CONST_ID;
"sin"    tokens.type = FUNC;        tokens.FuncPtr = sin;      return FUNC;
"cos"    tokens.type = FUNC;        tokens.FuncPtr = cos;      return FUNC;
"tan"    tokens.type = FUNC;        tokens.FuncPtr = tan;      return FUNC;
"exp"    tokens.type = FUNC;        tokens.FuncPtr = exp;      return FUNC;
```

```
"ln"       tokens.type = FUNC;        tokens.FuncPtr = log;       return FUNC;
"sqrt"     tokens.type = FUNC;        tokens.FuncPtr = sqrt;      return FUNC;
"-"        return MINUS;
"+"        return PLUS;
"*"        return MUL;
"/"        return DIV;
","        return COMMA;
";"        return SEMICO;
"("        return L_BRACKET;
")"        return R_BRACKET;
"**"       return POWER;
// ------------------ 常量字面量 ------------------
{number}(\.{number}+)?
           {    tokens.value = atof(yytext) ;
                tokens.type = CONST_ID;
                return CONST_ID ;
           }
// ------------------ 其他均为错误 ------------------
{name}     return ERRTOKEN;
.          return ERRTOKEN;
// ------------------ 注释的匹配 ------------------
<comment_entry>.              ;
<comment_entry>\n             BEGIN 0;    LineNo ++;
<c_comment_entry>"*/"         BEGIN 0;
<c_comment_entry>.            ;
<c_comment_entry>\n           LineNo ++;
```

3.7.2 语法分析器生成器 YACC

　　LR 分析的有效性和 LR 分析器构造的复杂性，使得我们既想使用 LR 分析器又不想构造 LR 分析器。幸运的是，与词法分析器的构造类似，为文法 G 构造 LR 分析器的每个步骤均有成熟的算法，无需人工干预。将这些算法组合起来，形成的软件称为语法分析器生成器。YACC 就是这样一个语法分析器生成工具，它通常与 LEX 配合使用。

　　YACC 接受扩充的 LALR(1)文法，生成 LALR 语法分析器。同时它还提供适当的语义变量(语义变量实际上是与分析栈并列的语义栈中的元素，用来表示文法符号的属性值)，以支持用户进行语法制导翻译。

　　利用 YACC 进行程序设计的过程，主要就是编写和修改产生式及产生式对应语义规则的过程。由于语义规则是由程序设计人员编写的，因此 YACC 不但作为传统的语法分析器生成工具使用，也可以被广泛地用来设计和实现各类软件系统。

1. YACC 概述

YACC 和 LEX 很像一对双胞胎，无论是它们的工作方式、源程序格式、框架文件结构，还是生成分析器的方法和过程都是相似的。本节以与 LEX 相似的方法论述，若以对照和联想的方式学习会取得事半功倍的效果。

YACC 以 C 语言为开发和运行环境，接受扩充的 LALR(1)文法，生成识别语言语法结构的 C 语言语法分析器源程序。利用 YACC 构造语法分析器的过程可以分为三个阶段，其工作原理如图 3.35 所示。首先用 YACC 编译器编译 YACC 源程序(被称为 YACC 规格说明或 YACC specification，文件名一般以.y 为后缀)，生成一个以 C 为源代码、基于 LALR(1)分析表的语法分析器 yyparse()，在 UNIX 环境中文件名为 y.tab.c。若加上适当的编译开关(-v)，YACC 在输出 y.tab.c 的同时还输出一个正文文件 y.output，它是 YACC 所生成分析表的可读形式，对于 YACC 源程序的调试很有帮助。然后用 C 编译器编译 y.tab.c 生成目标程序 a.out。最后运行所生成的语法分析器 a.out，它以词法分析器的输出(记号流)为输入，识别所描述语言的语法结构。

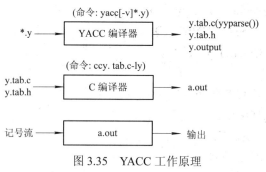

图 3.35　YACC 工作原理

与 LEX 类似，YACC 编译器所生成的语法分析器拥有一个共同的框架，它是一个正文形式的 C 语言源文件，可以划分为四个主要部分。

(1) **定义**。文件中定义语法分析器中所需要的共同资源，主要包括预编译语句(如 #include、#define)和一些通用的全局资源等。

(2) **分析表**。分析表是一个识别活前缀的有限自动机，在框架中仅给分析表预留位置，分析表的具体内容根据用户所规定的产生式由 YACC 编译器填写。

(3) **驱动器**。此处仅是驱动器的框架，具体识别出每条产生式时所需进行的语义动作，由用户在 YACC 源程序中指定并由 YACC 编译器填写。

(4) **子程序定义**。此处给出 YACC 预定义的一些子程序。

YACC 编译器以此框架为基础，将用户编写的 YACC 源程序中的内容经过适当处理，分别以不同的形式填写进相应的部分，从而形成一个由用户定制的语法分析器。YACC 编译器所生成的语法分析器对用户是透明的，用户完全可以仅关心语法分析器的功能，而忽略语法分析器的构成。但是如果用户对 YACC 所生成的语法分析器有一个概念上的理解，那将对利用 YACC 进行语法分析器设计有很大帮助。

利用 YACC 进行语法分析器设计的关键是如何编写 YACC 源程序。下边首先介绍 YACC 源程序的基本结构，然后着重讨论 YACC 的产生式、YACC 解决产生式冲突的方法以及 YACC 对语义的支持等，最后给出 YACC 源程序的实际例子，以便加深对 YACC 的理解。

2. YACC 源程序的基本结构

YACC 源程序基本结构如下：

[声明(declarations)]

%%

翻译规则(translation rules)

[%%

用户定义子程序(user defined routines)]

它与 LEX 源程序的结构相同，由声明、翻译规则和用户定义子程序三部分组成。我们
必须牢记在心的是，YACC 仅是一个语法分析器生成工具，并不能自动生成语义处理。用户
必须提供分析器所需的语义动作，这些语义动作以 C 语言的形式写在 YACC 源程序的声明
和用户定义子程序等部分，以便 YACC 编译器把它们同对翻译规则的处理结合在一起形成
一个完整的语法分析器。三部分之间用双百分号%%分隔，方括号中的部分可以省略。因此，
YACC 源程序中只有翻译规则是必需的。与 LEX 不同的是，YACC 源程序中应至少有一条
产生式。

【例 3.44】 下述是一个简单的 YACC 源程序，它的语法分析器可以分析若干行由整型
数和减与乘运算组成的算术表达式并计算它们的值。

```
%{
# include <ctype.h>
# include <stdio.h>
    extern yylex();
%}
%token NUM ERROR
%left   '-'
%left   '*'
%%
LS   : LS E '\n'      { printf("=%d\n", $2); }
     | E '\n'         { printf("=%d\n", $1); }
     ;
E    : E '-' E        { $$=$1-$3; }
     | E '*' E        { $$=$1*$3; }
     | NUM
     |   ERROR   {yyerror("syntax error")}
     ;
%%
void yyerror(s){ printf("%s\n", s); }
```

此源程序包括了 YACC 源程序的三个基本组成部分，下边分别讨论。

1) 声明

YACC 的声明可以分为两个子部分：C 语言部分和辅助说明部分。

(1) C 语言部分。C 语言部分被括在 "%{" 和 "%}" 之间，如例 3.44 所示。这部分可

以包括：预处理语句、类型和变量说明语句、子程序说明等。此处说明的一切东西在 YACC 源程序的其他部分均可被引用。YACC 把它们直接加入到框架文件的定义部分，以便与 YACC 所生成的部分共同组成一个完整的 C 源程序(即 y.tab.c)。可以看出，此部分的描述和处理与 LEX 的 C 语言部分完全相同。

(2) 辅助说明部分。辅助说明的目的是为翻译规则服务。YACC 的辅助说明包括的内容较多，下边一一予以解释。

● **说明文法的开始符号**：在 YACC 的源程序中，第一个产生式的左部非终结符一般被默认为文法的开始符号。如果文法的开始符号不是第一个产生式的非终结符，则必须显式说明如下：

　　　　%start n_name

%start 是说明开始符号的关键字，n_name 是相应的非终结符。

● **说明终结符**：YACC 源程序中的终结符可以有两种表示形式。一种表示形式是用单引号引起来的直接表示形式，如例 3.44 中的'-'和'*'；另外一种形式是对终结符进行说明，形式如下：

　　　　%token t_name

%token 是说明终结符的关键字，t_name 是相应的终结符。t_name 一旦被说明，YACC 就会赋给它一个唯一的整型编码，而词法分析器返回给语法分析器的函数值就是此编码，如例 3.44 中的 NUM 和 ERROR。

● **说明优先级与结合性**：对于程序设计语言中出现最多的表达式，写出它们的无二义性文法一般比较罗嗦，并且由于为消除二义性而引入的非终结符会使产生式的个数增加、推导步骤增加以及分析树的层次增高，从而使语法分析器的分析效率降低。为了减少非终结符的引入，YACC 提供了说明优先级和结合性的机制，用给文法符号规定优先级和结合性的方式来消除二义性。

YACC 允许三种声明结合性的形式：左结合、右结合、无结合，它们分别用关键字%left、%right 和%nonassoc 表示。被说明的文法符号都是终结符，它们紧跟在关键字之后。YACC 对优先级没有说明符，而是根据文法符号在说明结合性语句中的位置，从低到高确定它们的优先级。如例 3.44 中，'-'和'*'都具有左结合性质，并且'*'的优先级高于'-'的优先级，因为'*'在'-'之后说明。另外，在同一条说明结合性语句中的终结符具有相同的优先级。如：

　　　　%left　　　'+' '-'
　　　　%left　　　'*' '/'

表示'+'、'-'、'*'、'/'均具有左结合性质并且'*'、'/'的优先级高于'+'、'-'的优先级。

YACC 中不但允许说明终结符的优先级和结合性，也允许对产生式(或者说是产生式所对应的非终结符)进行说明，具体方法在下节给出。

● **重新定义语义栈类型**：YACC 语义栈的默认类型是整型 int。显然，这在语法分析中是不够用的。YACC 提供了让用户定义自己所需语义栈类型的机制，使得用户可以为不同的终结符和非终结符定义不同的属性以便于语法制导翻译。关于重新定义语义栈类型的具体步骤，后续部分会详细讨论。

2) 用户定义子程序

这部分与 LEX 的第三部分作用相同，此处不再赘述。

3) 翻译规则

翻译规则是 YACC 源程序的核心部分，它实际上就是由若干条规则组成的集合。YACC 的规则由产生式和语义动作两部分组成。语义动作一般被括在"{"和"}"之间，当语义动作和产生式写在同一行时，"{"和"}"也可以省略。

YACC 产生式的形式比较接近标准 BNF 描述，它的文法可描述如下：

规则　　　　　　→ 非终结符 ':' 候选项集';'

候选项集　　　　→ ε

　　　　　　　　| 候选项

　　　　　　　　| 候选项集'|' 候选项

候选项　　　　　→ 产生式 右部语义动作

产生式　　　　　→ ε

　　　　　　　　| 产生式 文法符号

文法符号　　　　→ 终结符 | 非终结符 | 嵌入语义动作

右部语义动作　　→ ε

　　　　　　　　|'{' C 语言语句序列'}'

嵌入语义动作　　→'{' C 语言语句序列'}'

值得注意的是，文法符号除了终结符和非终结符之外，还可以是一个嵌入语义动作，目的是为自下而上分析器提供 L_属性同步计算机制。关于属性计算的基本原理在第 4 章语法制导翻译的有关部分讨论。

3. YACC 程序设计

利用 YACC 进行程序设计的关键是做好两件事：用 YACC 形式的产生式对所设计语言的语法进行精确描述(产生式设计)和利用 YACC 提供的语义支持进行语法制导翻译(语义动作设计)。

由于 YACC 提供的产生式描述方法与 BNF 十分相似，因此下边忽略产生式设计，仅着重讨论与文法设计有关的、YACC 解决文法中冲突的方法和对语义动作设计的支持。

1) YACC 解决冲突的方法

当 YACC 源程序中的产生式集不是 LALR(1)文法时，YACC 生成的分析表中会产生两类冲突。

● **移进/归约冲突**：在一个状态中，面对相同的下一文法符号，可以同时有移进和归约两个动作与其匹配。

● **归约/归约冲突**：在一个状态中，面对相同的下一文法符号，有两个或两个以上可以归约的产生式。

YACC 在生成分析表时,会报告表中产生的两类冲突,同时采用以下默认方法予以解决：

(1) 当发生移进/归约冲突时，执行移进动作，即移进先于归约。

(2) 当发生归约/归约冲突时，选择 YACC 源程序中第一个出现的产生式归约。

典型的悬空 else 现象就是一个移进/归约冲突，由于 YACC 采用移进先于归约的原则，它实际上等价于该语句具有右结合性，因此自然解决了这一问题。

当 YACC 的默认方法不能满足用户意愿时，就需要用户自己在文法中规定文法符号的优先级和结合性。出现冲突时，YACC 按高优先级文法符号所对应的动作进行匹配，高优先级文法符号在左则先归约，在右则先移进；而当优先级相同时，根据文法符号的结合性来决定下一个动作：左结合意味着归约，右结合意味着移进。

产生式的优先级总是与出现在最右边终结符的优先级一致。当产生式与其最右边终结符优先级不一致时，可以用%prec name 的方式把该产生式的优先级强迫为 name 所具有的优先级。

【例 3.45】　　下述产生式将算术表达式输出为后缀形式。

```
E   : E '+' E              { printf("+"); }
    | E '-' E              { printf("-"); }
    | E '*' E              { printf("*"); }
    | E '/' E              { printf("/"); }
    | '-' E %prec uminus { printf("-"); }
    | num                  { printf("%d", $1); }
    ;
```

如果希望所有二元运算符具有左结合性质，一元运算符'-' 具有右结合性质且具有最高优先级，'*'和'/'的优先级次之，'+'和'-'优先级最低，则在 YACC 源程序的声明部分中应有如下说明：

%left '+' '-'

%left '*' '/'

%right uminus

注意，uminus 实际上并不是一个真正的终结符，%right uminus 只规定了 uminus 的优先级和结合性，至于 uminus 到底对应哪个非终结符(或者说哪个产生式)，要由出现在产生式中的%prec uminus 说明来确定。在上边的产生式中，如果不进行%prec uminus 说明，则产生式 E : '-' E 应与二元运算'-'同优先级。如果有如下输入序列：

- 3 * 6

那么在某一时刻，分析栈顶已经形成'-' E 且下一个输入终结符是'*'时，由于'*' 的优先级高于'-'，因此分析器并不对栈顶已经形成的句柄(有效活前缀)'-' E 进行归约，而是继续移进终结符'*'，使得表达式的后缀式输出为 "36*-"，即乘运算的优先级高于一元减运算。

当有了%prec uminus 说明之后，该产生式被强迫与 uminus 同优先级。因此再遇到上述情况时 uminus 的优先级高于'*'的优先级，分析器就会先对栈顶进行归约然后再移进，使得表达式的后缀式输出改为 "3-6*"，即一元减运算的优先级高于乘运算。

此处 uminus 是一个虚拟的终结符，它只起规定优先级的作用，因此被称为占位符 (placeholder)。■

由于 YACC 具有报告分析表中冲突和解决冲突的能力，因此 YACC 不但能够处理 LALR 文法，还可以处理二义文法。用 YACC 进行程序设计时，用户无需太多考虑所设计文法是否是 LALR(1)文法，YACC 会通过报告冲突信息来帮助用户把关，用户需要做的就是根据 YACC 提供的冲突信息修改源程序，直到达到目的为止。

2) YACC 对语义的支持

YACC 对语义的支持主要表现在它为用户提供了一个可以表示文法符号属性的语义栈，

该栈与分析栈并列，如图 3.36 所示。YACC 为产生式中的每个文法符号分配一个伪变量来指示此文法符号的语义值。产生式左部非终结符的语义值由伪变量\$\$指示，\$\$任何时刻均指向语义栈的栈顶。产生式右部每个文法符号由伪变量\$i(i = …， -2， -1， 0， 1， 2， …)指示，其中\$1 是产生式右部第一个文法符号的伪变量并且永远与\$\$有相同指向。i 的值以\$1为基准，向上递增向下递减，具体到产生式右部的文法符号就是从左到右递增。

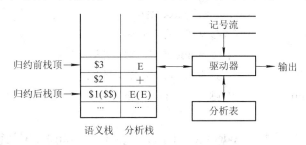

图 3.36　YACC 生成的语法分析器的工作原理

图 3.36 的分析栈说明了产生式 E：E '+' E 归约前后的状态，归约前分析栈中的内容是产生式右部 E '+' E，对应的伪变量分别是\$1、\$2 和\$3。归约后的分析栈和语义栈顶的内容分别改变为\$\$和 E(栈中括弧中的内容)，即当分析器用产生式的左部替换分析栈中产生式右部的同时，也用同样的方法替换了语义栈。由于此时\$\$正好是原\$1 所指示的位置，因此当产生式右部仅有一个文法符号时，空语义就等价于\$\$ = \$1。

一个重要问题是语义值可以表示些什么，它表示能力的强弱在很大程度上决定了 YACC的能力。

(1) YACC 默认的语义值类型为 int。从对 LEX 的讨论中我们已经知道，YACC 生成的语法分析器主要以词法分析器的函数返回值 yylex()、语义变量 yylval、yytext 和 yyleng 为输入，接收终结符所需的信息。而文法符号的语义值最初总是从终结符得到的，因此 YACC提供的语义栈与 yylval 同类型，并以终结符的 yylval 值作为栈中的初值。yylval 的默认类型为整型，因此当用户所需文法符号的语义类型是整型时，无需定义它的类型。如在下述表达式的产生式中：

```
E       : E '+' E        { $$=$1+$3； }
        | E '*' E        { $$=$1*$3； }
        | num
        ;
```

最原始的表达式 E 是一个 num，yylval 是 int 类型，并且持有 num 的值，因此从 num归约为 E 时，E 自动获得了 num 的值，无需语义动作。而随后用上述产生式前两个候选项对表达式进行归约时，其中的语义动作恰好把表达式的计算结果赋给了左部非终结符的语义变量。

(2) 所需语义值不是 int。对于这种情况，YACC 源程序中需要重新定义语义栈的类型，即在 YACC 源程序声明中用预处理语句#define YYSTYPE new_type 冲去默认的#define YYSTYPE int 语句，通过 YACC 所生成分析器中的变量声明语句 YYSTYPE yylval 使得yylval 具有 new_type 类型。

【例 3.46】 利用如下定义

```
#define YYSTYPE treeptr
typedef  struct tnode {  int           data;
                         struct tnode  *left;
                         struct tnode  *right;
                      } treenode，*treeptr;
```

使语义栈具有 treeptr 类型，下述语义动作的执行

```
E      : E '+' E        { $$ = node('+', $1, $3); }
       |  E '*' E        { $$ = node('*', $1, $3); }
       |  num            { $$ = leaf(num_val); }
       ;
```

会为 E 构造一棵语法树。其中 node(arg1，arg2，arg3)和 leaf(arg)分别是构造二叉树内部节点和叶子节点的过程，可以在 YACC 源程序的用户定义子程序部分或者是在其他源程序模块中定义。其中的 num_val 应该是一个词法分析器和语法分析器均可见的变量。■

(3) 所需语义值不止一个类型。YACC 源程序中文法符号的语义值有时需要有不止一种类型，YACC 通过 C 语言提供的 union 机制来解决这一问题。具体做法是在 YACC 源程序声明中完成以下两个步骤：

① 用%union 定义不同的语义值类型，例如：

```
%union {int ival;   char cval;}
```

② 在声明文法符号的同时说明它们的语义值类型。例如：

```
%token <ival> num
%token <cval> id
%type <ival> E
```

需要提醒的是，终结符的语义值说明符是%token，非终结符的语义值说明符是%type。

【例 3.47】 下述源程序将算术表达式输出为后缀形式。表达式变量既可以是整型数也可以是变量。

```
%{
    #include <stdio.h>
    extern int yylex (void) ;
%}
%union {int ival;   char cval;}          // 定义不同的语义值类型
%left '+'
%left '*'
%token <ival> num                        // 将 num 说明为 ival 类型(即整型)
%token <cval> id                         // 将 id 说明为 cval 类型(即字符型)
%%
S    : E ';'            { printf("\n"); }
     ;
E    : E '+' E          { printf("+"); }
```

```
            | E '*' E              { printf("*"); }
            | num                 { printf("%d",$1); }
            | id                  { printf("%c",$1); }
        ;
```

若有表达式

    35+a*b;

则输出结果为

    35ab*+

3) YACC 源程序的一般书写习惯

(1) LEX 与 YACC 的关系。首先简单回顾一下 LEX 和 YACC 的工作方式：用户编写的文件名为*.l 的源程序经 LEX 编译后生成一个文件名为 yy.lex.c 的 C 语言的源程序，即词法分析器 lexyy()；用户编写的文件名为*.y 的源程序经 YACC 编译后生成一个文件名为 y.tab.c 的 C 语言的源程序，即语法分析器 yyparse()。

yyparse()通过调用 lexyy()得到记号，然后进行语法分析。二者之间关于记号种类的约定是在 YACC 源程序中通过对终结符的声明来完成的。为了使 lexyy()能够得到记号种类的信息，YACC 在生成 yyparse()的同时，还必须生成一个关于记号种类说明的文件 y.tab.h。LEX 源程序中引用该文件即可得到相关信息。

lexyy()和 yyparse()之间除了记号种类的约定之外，还有一个重要的语义值 yylval 的约定。该值的类型也是 yyparse()中语义栈的类型，默认情况下类型为 int。若用户重新定义它的类型，则新类型信息也必须在 y.tab.h 中给出。

LEX、YACC 源程序以及它们所生成的 C 语言源程序之间的关系如图 3.37 所示。

图 3.37　LEX 与 YACC 的关系

(a) LEX 和 YACC 的输出；(b) yylex()与 yyparse()的信息共享

【例 3.48】　在例 3.47 的源程序中，首先声明了一个 union 结构，然后声明了两个终结符 num 和 id 且它们具有不同的语义值。YACC 编译此源程序之后所生成的 y.tab.h 文件的主要内容如下：

    typedef union　{int ival;　char cval;} YYSTYPE;

    extern YYSTYPE yylval;

    # define num 257

    # define id 258

记号 num 和 id 的种类分别被赋值为 257 和 258(不同的系统编码会不同)，而 yylval 的类型是 union 所规定的类型。为了使 yylex()能够正确地为 yyparse()提供记号和属性，对应的*.l 源程序应书写如下：

```
%{
        # include "y.tab.h"                                    // 获取记号与 yylval 类型信息
%}
digits              [0-9]+
letter              [a-z]
white_space         [ \t]
operator            \+|\|*|\/
%%
{white_space}       ;                                          // 忽略白空
{letter}            yylval.cval=yytext[0];      return id;     // 返回标识符
{digits}            yylval.ival=atoi(yytext);   return num;    // 返回整型数
{operator}          return yytext[0];                          // 返回运算符
\n;                 return yytext[0];                          // 返回行结束符
```

语句 return num 和 return id 分别返回值 257 和 258。由于 yylval 的类型已经在 y.tab.h 文件中被定义为 union 类型，且 num 和 id 在源程序中分别被指定为 union 中的分量 ival 和 cval，所以 LEX 源程序中对 yylval 的赋值应是对它们对应分量的赋值。∎

(2) **语法设计的一般习惯。**

① 设计 YACC 产生式时应尽量采用左递归形式。由于左递归意味着归约先于移进，所以左递归产生式构造的分析器可以使移进/归约分析栈的内容总是保持最少。而右递归意味着移进先于归约，所以右递归产生式构造的分析器在极端的输入情况下会使分析栈溢出。

② 充分利用优先级和结合性，而不是引进非终结符来解决文法中的冲突，以减少产生式个数。特别是尽量避免形如 E→T 的单非产生式，以提高分析速度。

③ 终结符和非终结符在书写上最好有明确区分，例如分别用大、小写来表示非终结符和终结符，以便于程序的阅读。

(3) **语义变量设计的一般习惯。** LEX 通过 yylex()、yylval、yytext 和 yyleng 向 yyparse() 返回识别的记号和记号的属性。根据前述的讨论可知：

① 记号的属性 yylval 的类型同时也是语法分析器的语义值类型。

② 此类型除了默认值 int 之外，还可以由用户重定义。

③ 有两种重定义的形式：定义为组合类型(如 struct)和定义多个类型(union)。

而事实上，LEX 和 YACC 之间的关联并不能很好地处理组合类型与多个类型交叉定义的情况，例如用 union 定义多个类型，而 union 中的分量又是自定义的组合类型。同时，yylval 类型与语义栈类型的相同，也使得 yylval 在 LEX 源程序中的使用并不便利。可以采用下述做法解决以上问题。

① 自定义记号的类型以回避 yylval 与语义栈相关联的问题。

② 在 YACC 源程序中避免组合类型与多个类型交叉定义。

根据上述思路，例 3.43 的 LEX 源程序就是利用自定义的类型 Token 的变量 tokens 向语法分析器传递记号属性值的，使得在例 3.43 对应的 YACC 源程序(参见例 3.51)的语义栈类型设计中仅考虑非终结符的需求，从而简化了语义栈的设计，也回避了 LEX 和 YACC 的弱点。

(4) **合理的模块划分**。由于 LEX 和 YACC 并不自动生成语义处理过程，使得用户需要进行大量的程序设计以支持对所识别语言结构的语义处理，而如果仅依靠 LEX 和 YACC 提供的方式(如在源程序的第三部分)编写 C 源程序,则会使*.l 和*.y 文件过分庞大且不易阅读。

从软件工程和系统的角度看，词法分析和语法分析只是整个系统的一小部分，并且应该与语义处理分离，具体的做法可如图 3.38 所示。图 3.38 在图 3.37(b)的框架基础之上加入了 semantics.h 和 semantics.c，图中箭头可以简单地理解为#include 语句。当语义处理十分庞大时，可以设计为一组而不是一对语义模块。

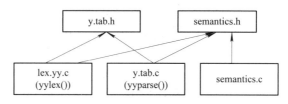

图 3.38 语义支撑模块与其他模块的关系

4) YACC 对语法错误的处理

没有处理语法错误功能的语法分析器在分析含有语法错误的输入序列时，遇到第一个语法错误分析器就会停止分析。这给用户带来极大不便，同时也是不实用的。因此 YACC 提供处理语法错误的机制，所采用的方法是出错产生式。

(1) **不引入出错产生式的情况**。在没有适当语法错误处理的情况下，YACC 生成的语法分析器分析输入序列时，遇到语法错误就会由于在栈顶形不成该语言的活前缀(形不成产生式的右部)而找不到适当的产生式与之匹配，从而使得栈中元素被连续弹出，直到栈被弹空迫使分析过程终止。

考察一条没有出错处理机制的 E 产生式:

```
%left '+'
%%
E   :  E '+' E               (1)
    |  num                   (2)
    ;
```

YACC 生成的正文形式分析表(y.output)的主要内容如下，其中的注释是为了阅读方便而另加的。注意此处各项目集中仅有核心项目，对核心项目求闭包才会得到完整的项目集。

```
state 0
    $accept : .E         // 项目 E'→.E
    num    shift 2        // 遇到 num，转向状态 2
    . error              // 其他任何均为 error
    E   goto 1           // 遇到 E，转向状态 1
state 1
    $accept :  E.        // 项目 E'→E.
    E :  E.+ E           // 项目 E→E.+E
    $end   accept        // 遇到结束标志，正确结束
    +   shift 3          // 遇到+，转向状态 3
```

```
                . error                   // 其他任何均为 error
    state 2
        E :   num.        (2)             // 项目 E→num.(2)表示第二个产生式
        .   reduce 2                      // 按第二个产生式归约
    state 3
        E :   E +.E                       // 项目 E→E+.E
        num    shift 2                    // 遇到 num，转向状态 2
        .   error                         // 其他任何均为 error
        E   goto 4                        // 遇到 E，转向状态 4
    state 4
        E :   E.+ E                       // 项目 E→E.+E
        E :   E + E.      (1)             // 项目 E→E+E.(1)表示第一个产生式
        .   reduce 1                      // 按第一个产生式归约
```

根据上述文件内容可以画出对应的 DFA 如图 3.39(a)所示，其中可移进状态 0、1、3 处的.error 表示在这些状态可能会遇到输入错误。

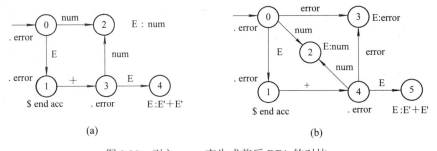

(a)   (b)

图 3.39　引入 error 产生式前后 DFA 的对比

(a) 引入前；(b) 引入后

当输入序列中的下一终结符在 DFA 的当前状态没有下一状态转移时，YACC 会在输入序列中虚拟加入一个 error，而由于 DFA 中没有对应 error 的下一状态转移，所以当遇到输入序列中的错误时，就会使得分析器将分析栈弹空而终止分析。对于输入序列 3++5，分析过程如表 3.7 所示。

表 3.7　无出错处理时输入序列 3++5 的分析过程

栈顶内容	剩余输入	分析器动作
# 0	3++5#	移进 num，转向 state 2
# 0 num 2	++5#	按(2) "E : num" 归约，转向 state 1
# 0 E 1	+5#	移进 +，转向 3
# 0 E 1 + 3	error+5#	输入序列中插入 error，弹出 state 3
# 0 E 1	error+5#	弹出 state 1
# 0	error+5#	弹出 state 0
#	error+5#	?

(2) **引入出错产生式的情况**。为解决这一问题 YACC 引入了对特殊终结符 error 的处理，

利用它在适当的地方加入若干"出错产生式"，即含有 error 的产生式。如在 E 产生式中加入一个 error 候选项：

```
E   :   E '+' E              (1)
    |   num                  (2)
    |   error                (3)
    ;
```

则生成加入 error 处理的分析表正文形式的主要内容如下，所对应的 DFA 如图 3.39(b)所示。

```
state 0
    $accept : .E             // 项目 E'→.E
    num    shift 2           // 遇到 num，转向状态 2
    error  shift 3           // 遇到 error，转向状态 3
    . error                  // 其他任何均为 error
    E   goto 1               // 遇到 E，转向状态 1
state 1
    $accept :  E.            // 项目 E'→E.
    E :  E.+ E               // 项目 E→E.+E
    $end   accept            // 遇到结束标志，正确结束
    +   shift 4              // 遇到+，转向状态 4
    . error                  // 其他任何均为 error
state 2
    E :  num.     (2)        // 项目 E→num.(2)表示第二个产生式
    . reduce 2               // 按第二个产生式归约
state
    E :  error.   (3)        // 项目 E→error.(3)表示第三个产生式
    . reduce 3               // 按第三个产生式归约
state 4
    E :  E +.E               // 项目 E→E+.E
    num    shift 2           // 遇到 num，转向状态 2
    error  shift 3           // 遇到 error，转向状态 3
    . error                  // 其他任何均为 error
    E   goto 5               // 遇到 E，转向状态 5
state 5
    E :  E.+ E               // 项目 E→E.+E
    E :  E + E.   (1)        // 项目 E→E+E. (1)表示第一个产生式
    . reduce 1               // 按第一个产生式归约
```

从图 3.39(b)中可以看出，由于加入了出错产生式和特殊终结符 error，可移进状态 0 和 4 分别有了对应 error 的下一状态转移(由于状态 1 是整个文法的接收状态，所以到达状态 1 被认为分析结束，不再进行出错处理，故状态 1 处没有 error 的下一状态转移)。YACC 在分析输入序列时如果遇到了错误，此时 YACC 在输入序列中加入的终结符 error 会因为有了下一状态转移

而使分析继续进行。用图 3.39(b)再分析输入序列 3++5，则分析过程改变为如表 3.8 所示。

表 3.8　　有出错处理时输入序列 3++5 的分析过程

栈顶内容	剩余输入	分析器动作
# 0	3++5#	移进 num，转向 state 2
# 0 num 2	++5#	按(2)"E : num"归约，转向 State 1
# 0 E 1	++5#	移进+，转向 State 4
# 0 E 1 + 4	error +5#	移进 error，转向 state 3
# 0 E 1 + 4 error 3	+5#	按(3)"E : error"归约，转向 State 5,
# 0 E 1 + 4 E 5	+5#	按(1)"E : E'+' E"归约，转向 State 1
# 0 E 1	+5#	移进+，转向 State 4
# 0 E 1 + 4	#	移进 num，转向 State 2
# 0 E 1 + 4 num 2	#	按(2)"E : num"归约，转向 State 5
# 0 E 1 + 4 E 5	#	按(1)"E : E'+'E"归约，转向 State 1
# 0 E 1	#	接受

　　上述分析过程中在两个+号之间加入了一个 error，通过把 error 归约为一个表达式 E，使得分析可以继续进行。

　　原理上，YACC 分析一个表达式时，如果栈顶形不成产生式的前两个候选项，则输入就肯定有了错误。此时分析器默认当前要分析的终结符是 error，并从栈中弹出状态，直到找到这样一个状态,它的项目集中含有项目 [A → . error α](此项目表示当前状态下若遇到 error 则移进)，于是分析器就把 error 压入栈中，使分析继续进行。若 α 为空，下一步就按产生式 A → error 归约然后抛弃若干输入，直到发现一个能回到正常分析的终结符为止。若 α 不为空，则先继续向前分析，找到与之匹配的 α 串，使栈顶形成 error α，然后按产生式 A → error α 归约。这一分析过程对应 3++5 分析中在状态 4 遇到下一个'+'的情况。由于状态 4 本身就有 error 的状态转移，因此无需弹栈。同时，由于按照出错产生式归约之后，'+'已经是一个合法的下一输入终结符，所以也无需抛弃若干输入。可以看出，是否弹栈和是否抛弃若干输入，视输入序列而定。例如将输入序列 3++5 改为 3+−5，由于'−'不是合法的输入，因此必须在错误恢复后将其抛弃，具体分析过程如表 3.9 所示。

表 3.9　　有出错处理时输入序列 3+−5 的分析过程

栈顶内容	剩余输入	分析器动作
# 0	3+ −5#	移进 num，转向 state 3
# 0 num 3	+ −5#	按(2)"E : num"归约，转向 State 1
# 0 E 1	+ −5#	移进+，转向 State 4
# 0 E 1 + 4	error −5#	移进 error，转向 state 2
# 0 E 1 + 4 error 2	−5#	按(3)"E : error"归约，转向 State 5,
# 0 E 1 + 4 E 5	−5#	按(1)"E : E'+'E"归约，转向 State 1
# 0 E 1	#	抛弃−5，接受

归纳总结 YACC 生成的分析器处理语法错误的过程:若遇到了输入错误则栈顶与剩余输入肯定不匹配。首先向输入序列中插入一个 error,然后弹出栈顶中若干状态直到遇到可以与 error 匹配的状态,移进 error 并归约栈顶形成的出错产生式,归约后继续移进输入序列。此时如果下一输入终结符仍然与栈顶不匹配,则不能继续插入 error(这样会陷入死循环),而是转而抛弃剩余输入中的终结符,直到遇到一个可以与栈顶匹配的终结符为止。为使分析器尽快从错误中恢复过来,YACC 提供一个过程 yyerrok,执行它后分析器不再抛弃输入序列中的终结符,使分析器回到正常操作方式。但是在使用 yyerrok 时应注意,如果产生式形如 A → error,其后语义动作中加入 yyerrok 时会使分析器不再抛弃终结符,而这时分析器也不会移进任何终结符,从而使分析器陷入死循环。

(3) **如何设计出错产生式**。是否有了 error 作为一个特殊终结符,就可以在文法中任意加入出错产生式呢?事实上并非如此。YACC 提供的这种处理语法错误的方法,往往会使初学者感到难以使用。这主要因为:

① 语法错误出现的随机性和文法的复杂性,使得在文法中加入出错产生式去预置对语法错误的处理带有一定的盲目性。

② 出错产生式是利用特殊终结符 error 来构造的,而在 YACC 源程序中过多地加入 error 会人为造成冲突,使得有些出错产生式不能同时加入。

下边首先从一个简单的例子中看一下问题所在,然后给出一些加入出错产生式的基本原则。

【**例 3.49**】 对例 3.44 的源程序稍加修改如下:

```
%{
        # include <ctype.h>
        # include <stdio.h>
%}
%token    num
%left     '-'
%left     '*'
%%
LS     :    LS E '\n'              { printf("%d\n", $2); }
       |    E '\n'                 { printf("%d\n", $1); }
       |    error                  { yyerror("lines: error"); }
       ;
E      :    E '-' E                { $$=$1-$3; }
       |    E '*' E                { $$=$1*$3; }
       |    num
       |    error                  { yyerror("expr: error"); }
       ;
```

源程序中有两个出错产生式,加入第一条出错产生式是想在一行中出现语法错误时可以从该行中恢复;加入第二条出错产生式是想在一个表达式中出现语法错误时可以从该表达式中恢复。但实际上同时加入它们是行不通的。这是由于 E : error 的引入使得在

```
LS      :     LS E '\n'              { printf("%d\n", $2); }
        |     E '\n'                 { printf("%d\n", $1); }
        |     error                  { yyerror("lines: error"); }
        ;
```

的后两个候选项中引起对 error 的冲突，而由 error 的加入引起的冲突往往是不容易消除的。

考虑输入序列：

    23*34−5−2*3

    23*4−23*2+5−6*2

    23*4−23*2−6+5*3−4

去掉第二个出错产生式，保留第一个出错产生式，分析器执行的结果为

    711

    lines : error

    lines : error

去掉第一个出错产生式，保留第二个出错产生式，分析器执行的结果为

    711

    expr : error

    34

    expr : error

    −22

当输入的一行中没有语法错误时，两种情况均输出表达式的结果(如 711)。而当在一行中有语法错误时(注意，'+'不是该表达式的合法运算符)，加入在 LS 中的出错产生式把整个行处理成为一个语法错误，而加入在 E 中的出错产生式只把当前行中不合法的符号去掉(第二和第三行中的"+5")，然后继续分析，得出去掉不合法符号之后表达式的结果(第二和第三行分别为 34 和−22，)。但是请注意，由于 YACC 编译器实现方法的不同，此结果的值是不确定的。事实上一旦输入中有错误，结果值就无意义了。■

考察对同一输入序列运行的不同结果可以看出，当引入 LS : error 产生式时，一行中出现错误之后，分析器把当前输入行整个归约为一个错误行，然后继续分析；而当引入 E : error 时，分析器仅把当前输入中有限的出错部分归约成一个错误表达式，然后适当地丢掉若干输入，使分析继续下去。这样看来似乎出错产生式加入的位置越接近底层(如 E : error)，错误定位越精确。但从另一方面讲，离开始符号近的出错产生式(如 LS : error)会使分析栈尽可能低，这对分析器的工作有利。

如何在 YACC 源程序中加入 error 以构成出错产生式是个很难回答的问题，它实际上需要在考虑若干因素(而且这些因素往往又可能是互相矛盾的)之后，在这些似乎矛盾的因素之间取得最佳折中的结果。加入 error 所需考虑的因素包括：

① 避免产生冲突。

② 尽量接近文法的开始符号(使分析栈尽可能低)。

③ 尽量接近终结符(使出错定位较精确)。

④ 最好不要加在产生式最右边(即 A →α error β 中，β 最好不为空)。

⑤ 应考虑为关键结构(如条件、循环等)引入出错产生式。

如何利用 YACC 提供的出错处理机制设计出好的语法分析器是一个经验问题，需要在学习和工作实践中摸索提高。参考文献[10]和[11]中均较详细地介绍了利用 LEX 和 YACC 进行编译器设计的方法。Flex/Bison 和 Jlex/CUP 等的资料亦可在相关网站中获取。

另一个特别需要强调的问题是，LEX 和 YACC 实质上可以看做是两个程序设计语言，但它们并不像其他程序设计语言那样具有统一标准。因此，无论是从语言的规范上还是从语言的实现上，不同的 LEX 和 YACC 之间均存在许多的不一致，可以说是各有各的方言。此处的介绍仅是一般原理的讲解，具体使用时应该参考所用系统的手册。

5) YACC 源程序举例

【例 3.50】 下边是一个上机实习题目 minipascal 的 YACC 源程序，它调用例 3.42 所生成的词法分析器，分析 minipascal 源程序并将声明语句中的对象填写进符号表。由于篇幅所限，生成可执行语句中间代码的语义处理被忽略。

```
// ----------------------------- minipascal.y -----------------------------
%{
    # include "minipas.h"
    extern int yylex(void);
    extern unsigned char * yytext;
    # define YYSTYPE token_rec_type
    # define true 1
    # define false 0
    struct symbol_table_type * root=NULL, * subs=NULL;
    struct symbol_field_type * current=NULL;
    int sub_dec;
%}

    %token      ARRAY  _BEGIN  _DO  END  FUNCTION  _IF
    %token      INPUT  INTEGER  OF  OUTPUT  PROCEDURE
    %token      PROGRAM  READ  REAL  THEN  VAR  _WHILE  WRITE
    %token      _ID  ERROR
    %token      DOTS  NUM  ASSIGNOP
    %token      ERROR  NULLTOKEN
    %right      ELSE
    %left       RELOP
    %left       ADDOP
    %left       MULOP
    %right      NOT

    %%
programm
    :   PROGRAM _ID M1 '(' INPUT ',' OUTPUT ')' ';'
```

```
        M2
        declarations
        subprogram_declarations
        M2
        compound_statement
        '.'
        ;
M1 : {root = new_table($0.lexeme, 1, NULL);};
M2 : {sub_dec=false;};
identifier_list
    : _ID        {if (sub_dec==true)        insert($1.lexeme, data_id, subs);
                 else                        insert($1.lexeme, data_id, root);
                 }
    | identifier_list ',' _ID
                 {if (sub_dec==true)        insert($3.lexeme, data_id, subs);
                 else                        insert($3.lexeme, data_id, root);
                 }
    ;
declarations
    :
    |declarations VAR identifier_list ':' type ';'
                 { if (sub_dec==true)        current=subs->symbol;       // 子程序声明
                 else                        current=root->symbol;       // 主程序声明
                 while(current!=NULL)
                  { if (current->name_type==data_id) current->data.type=$5.type;
                    current=current->next;
                  }
                 }
          }
    ;
type
  : standard_type        {$$.type=$1.type;}
  | ARRAY '[' NUM DOTS NUM ']' OF standard_type
  ;
standard_type
  : INTEGER        {$$.type=INTEGER;}
  | REAL           {$$.type=REAL;}
  ;
subprogram_declarations
  :
```

```
    |  subprogram_declarations subprogram_declaration ';'
    ;
subprogram_declaration
    : subprogram_head declarations compound_statement   ;
subprogram_head
    : FUNCTION _ID M3   arguments ':' standard_type ';'
        {current=root->symbol;
         while(strcmp(current->name, $2.lexeme)!=0) current=current->next;
         current->type=$6.type;
         current->proc_ptr->symbol->type=$6.type;
        }
    |  PROCEDURE _ID arguments ';'
    ;
M3  :    {sub_dec=true;
          insert($0.lexeme, proc_id, root);
          subs=root->symbol->proc_ptr;
         };
arguments     :
    |    '(' parameter_list ')'      ;
parameter_list
    :    identifier_list ':' type
         {current=subs->symbol;
          while(current!=NULL)
         {  if (current->name_type==data_id) current->data.type=$3.type;
           current=current->next;
          }
         }
    |    parameter_list ';' identifier_list ':' type
             {current=subs;
              while(current!=NULL)
             {    if (current->name_type==data_id) current->data.type=$5.type;
              current=current->next;
              }
             }
    ;
compound_statement        // 以下可执行语句的语义处理略
    _BEGIN   optional_statements   END ;
optional_statements
    :
```

```
        |statement_list ;
statement_list
        :statement
        |statement_list ';' statement;
statement
        :variable ASSIGNOP expression
        |procedure_statement
        |compound_statement
        |_IF expression THEN statement
        |_IF expression THEN statement    _ELSE statement
        |_WHILE expression _DO statement
        |READ '(' variable ')'
        |WRITE '(' variable ')' ;
variable   :_ID array_elemet ;
array_elemet   :_ID '[' expression ']';
procedure_statement : _ID    | procedure_with_param ;
procedure_with_param  : _ID '(' expression_list ')'     ;
expression_list : expression   | expression_list ',' expression ;
expression
        :simple_expression
        |simple_expression RELOP simple_expression;
simple_expression  : term| simple_expression ADDOP term ;
term : facto | term MULOP factor;
factor
        : _ID
        |array_elemet
        |procedure_with_param
        |NUM
        |'(' expression ')'
        |NOT factor ;
%%
// ---------------------- 出错处理
void yyerror (const char *Msg)
{char errmsg[200];
memset(errmsg,0,200);
sprintf(errmsg, "Line %5d : %s--%s", line_no, yytext);
    }
```

输入下述简化了的 minipascal 源程序，得到符号表的逻辑表示如图 3.40 所示，其中的 1
和 2 分别表示两个过程的嵌套深度。

program test(input, output);

　　var x, y : integer;

　　function gcd(a,b:integer):integer;

　　begin {⋯} end;

　　begin {⋯} end.

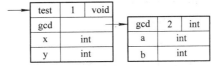

图 3.40　为 minipascal 源程序生成的符号表

【例 3.51】　下述是"函数绘图语言解释器"的 YACC 源程序,它生成的语法分析器调用例 3.43 的 LEX 源程序所生成的词法分析器,再加上适当的语义支撑,构成一个完整的函数图形绘制系统。

```
// ------------------------- funcdraw.y -----------------------------
%{
    # include "semantics.h"
    extern int yylex (void) ;
    extern unsigned char *yytext;
    #define YYSTYPE struct ExprNode *     // 重定义语义变量类型为树节点指针
    double    Parameter=0,                 // 参数 T 的存储空间
             start=0, end=0,step=0,        // 循环绘图语句的起点、终点、步长
             Origin_x=0, Origin_y=0,       // 横、纵平移距离
             Scale_x=1,     Scale_y=1,     // 横、纵比例因子
             Rot_angle=0;                  // 旋转角度
        int    line_color=red_line;        // 线条颜色
        extern struct Token tokens;        // 记号
%}
// ------------- 终结符声明 -------------
%token CONST_ID FUNC FOR FROM DRAW TO STEP ORIGIN SCALE COLOR RED
    BLACK;
%token ROT IS T ERRTOKEN SEMICO COMMA L_BRACKET R_BRACKET;
%left PLUS MINUS;
%left MUL DIV;
%right UNSUB;
%right POWER;
%%
//--------------- 规则部分 ----------------
Program :     // 程序
```

```
        |    Program Statement SEMICO
        ;
Statement// 语句
    : FOR T FROM Expr TO Expr STEP Expr DRAW L_BRACKET Expr COMMA Expr
    R_BRACKET
        {    start = GetExprValue($4);
             end   = GetExprValue($6);
             step  = GetExprValue($8);
             DrawLoop(start, end, step, $11, $13) ;
        }
    | ORIGIN IS L_BRACKET Expr COMMA Expr R_BRACKET
        {    Origin_x = GetExprValue($4);
             Origin_y = GetExprValue($6);
        }
    | SCALE IS L_BRACKET Expr COMMA Expr R_BRACKET
        {    Scale_x = GetExprValue($4);
             Scale_y = GetExprValue($6);
        }
    | COLOR IS Colors
    | ROT IS Expr    {  Rot_angle = GetExprValue($3);    }
        ;
Colors   :    RED      { line_color = red_line; }
         |     BLACK { line_color = black_line; }
         ;
Expr          // 表达式
: T                              { $$ = MakeExprNode(T); }
| CONST_ID                       { $$ = MakeExprNode(CONST_ID,   tokens.value); }
| Expr PLUS Expr                 { $$ = MakeExprNode(PLUS,    $1, $3); }
| Expr MINUS Expr                { $$ = MakeExprNode(MINUS, $1, $3); }
| Expr MUL Expr                  { $$ = MakeExprNode(MUL,     $1, $3); }
| Expr DIV Expr                  { $$ = MakeExprNode(DIV,     $1, $3); }
| Expr POWER Expr                { $$ = MakeExprNode(POWER, $1, $3); }
| L_BRACKET Expr R_BRACKET    { $$ = $2; }
| PLUS Expr %prec UNSUB          { $$ = $2; }
| MINUS Expr %prec UNSUB
    { $$ = MakeExprNode(MINUS, MakeExprNode(CONST_ID, 0.0), $2); }
| FUNC L_BRACKET Expr R_BRACKET
    { $$ = MakeExprNode(FUNC, tokens.FuncPtr, $3);}
| ERRTOKEN       { yyerror("error token in the input");}
```

;%%　　//--------------- 用户定义子程序 ----------------
(略)

对如下"函数绘图语言解释器"的源程序:

　　-------------- 图形 1:
　　原点　　　是 (200, 200);　　　　　　　　　　　　　-- 设置原点
　　横纵比例 是 (80, 80);　　　　　　　　　　　　　　-- 设置原横纵比例
　　旋转角度 是 0;　　　　　　　　　　　　　　　　　-- 不旋转
　　令 t 自 0 至 2*pi 步长 pi/50 绘制(cos(t),sin(t));　　-- 画 T 的轨迹
　　令 t 自 0 至 Pi*20 步长 Pi/50 绘制　　　　　　　　-- 画 T 的轨迹
　　　　((1-1/(10/7))*cos(T)+1/(10/7)*cos(-T*((10/7)-1)),
　　　　(1-1/(10/7))*sin(T)+1/(10/7)*sin(-T*((10/7)-1)));
　　-------------- 图形 2:
　　原点　　　是(400, 200);　　　　　　　　　　　　　-- 右移
　　横纵比例 是 (80, 80/3);　　　　　　　　　　　　　-- y 方向压缩
　　旋转角度 是 pi/2+0*pi/3 ;　　　　　　　　　　　　-- 旋转角度初值设置
　　令 t 自 -pi 至 pi 步长 pi/50 绘制 (cos(t), sin(t));　-- 画 T 的轨迹
　　旋转角度 是 pi/2+2*pi/3;　　　　　　　　　　　　-- 旋转 2/3*pi
　　令 t 自 -pi 至 pi 步长 pi/50 绘制 (cos(t), sin(t));　-- 画 T 的轨迹
　　旋转角度 是 pi/2-2*pi/3;　　　　　　　　　　　　-- 再旋度 2/3*pi
　　令 t 自 -pi 至 pi 步长 pi/50 绘制 (cos(t), sin(t));　-- 画 T 的轨迹
运行后得到图 3.41 所示的图形。

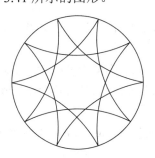 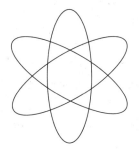

图 3.41　函数绘图语言绘制的图形

3.7.3　语言识别器生成工具简述

　　词法分析器生成器和语法分析器生成器,就其真实作用来讲,并不仅仅用于编译器的编写,凡是需要语言识别的应用软件,均可以利用它们来构造。更确切地讲,它们是一类语言识别器生成器。由于 LEX 和 YACC 的广泛应用,似乎给人们造成了这样的错觉,语言识别器生成器就是 LEX 和 YACC 类。但实事并不如此,根据生成器的目标语言、功能需求、基于的文法以及生成器之间的耦合程度等的不同,其具有多样性。

1. 不同的目标语言

生成器所能自动生成的识别器仅能识别语言的结构，而对于识别出的语言结构的语义处理，仍然需要用户用某种程序设计语言和借助于生成器提供的某些便利来实现。因此这类生成器的一个共同特点是：

(1) 语义的描述依赖于一种(或若干种)程序设计语言。

(2) 生成的目标代码是这种(或这些)程序设计语言的源程序模块。

由于应用需求和开发环境的多样性，需要生成器支持多种程序设计语言。传统的方法是固定支持一种特定的程序设计语言，如 C/C++、Pascal、Java、C#、Python 等。另一种方法是生成一个独立的分析表，然后通过提供不同的分析器引擎(Parser Engine)来达到支持多种语言环境的目的。例如 GOLD(Grammar Oriented Language Deverloper，http://www.devincook.com/goldparser)就采用了这种方法，这种分析表与分析程序分离的形式显然是一种具有发展前景的体系结构。

2. 词法分析器的功能扩展

词法分析器的功能扩展之一是扩展正规式。广义上讲词法分析器的作用实质上是识别以正文形式表示的输入序列，不但可以识别程序设计语言所需的、较为简单的记号，也应该可以处理更为复杂的各种类型的模式匹配。为此有些词法分析器生成器对正规式集进行扩展，提供了方便、多样、灵活的匹配模式供用户选择，典型的例子如 TLEX 中所提供的 or 与 and 模式，以及前缀、后缀、子串等多种模式。

词法分析器的另一功能扩展是支持国际化。随着互联网的广泛应用，需要词法分析器识别不同国家的文字，因此要求词法分析器生成器对字母的处理范围从原来的单字节扩大到双字节。当前绝大多数的词法分析器生成器采取了统一的解决方案，即支持 unicode。

3. 不同文法的语法分析器生成器

语法分析器分为两大类：基于 LL 文法系列的自上而下分析器和基于 LR 文法系列的自下而上分析器。两类分析器均可自动生成，并且都得到了广泛的应用。

基于 LR 文法系列的生成器的典型代表就是 LEX/YACC 类，也是应用最为普遍的一类，包括 Bison、CUP、YACC++、Bison++(还包括 FLEX++)、YaYACC、Thinkage YAY、TP YACC、Elkhound、Rie，等等。

基于 LL 文法系列的生成器有 Coco/R、CppCC、Grammatica、LLgen、PCCTS、PRECC、Spirit、SLK、ANTLR 等。

4. 词法分析与语法分析的耦合程度

一般情况下词法分析器和语法分析器是分别构造的，这样的构造方式称之为松耦合方式，其优点是构造灵活，适应于各种应用。但由于对语言的处理往往是将词法分析和语法分析联系在一起的，因此可以将词法分析器和语法分析器的构造合二为一，使得生成器的语言更简练，处理更方便，这样的构造方式称为紧耦合方式。下述是一个简化了的 Coco/R(http://www.ssw.uni-linz.ac.at/Research/Projects/Compiler.html)源程序，它将词法和语法的描述合并在统一的源程序中。显然这是一种既方便阅读又便于处理的描述方法。

```
COMPILER Demo
CHARACTERS
```

```
    letter = "ABCDEFGHIJKLMNOPQRSTUVWXYZabcdefghijklmnopqrtsuvwxyz".
    digit = "0123456789".
    EOL = '\t'.
TOKENS
    ident = letter {letter | digit}.
    number = digit {digit}.
COMMENTS FROM "/*" TO "*/" NESTED
IGNORE    EOL
PRODUCTIONS
    Demo = Statement {";" Statement}.
    Statement (. string x; int y; .)
                    = Ident "=" Number    (. CodeGen.Assign(x, y); .).
    Ident = ident (. x = t.val; .).
    Number = number (. n = Convert.ToInt32(t.val); .).
    END Demo.
```

5. 现状与发展

语言识别器生成器始于 20 世纪 70 年代，发展于 80 年代，成熟于 90 年代。随着软件技术的发展，生成器的相关研究也在不断发展，它们早已超越了 LEX 和 YACC，也早已走出了高校与学术机构。除了大量的自由软件之外，生成器也形成了许多产品，成为了软件开发环境中的有效工具之一。

(1) **文法与分析方法**。文法是语法分析器生成器的核心，早期的生成器仅局限于 LALR(1) 和 LL(1)文法，要求使用者具有较高的素质与技能，从一定程度上限制了它们的使用。因此改进生成器基于的文法，提高生成器的能力和降低它们的使用难度成为生成器追求的目标之一。具体措施包括：

① 将 LALR(1)文法扩展为 GLR(Genenralized LR)文法。与 LALR(1)文法比较，GLR 文法消除了两条限制：无限制的 lookahead 和支持二义文法。

② 将 LL(1)文法扩展为 LL(K)文法，支持无限制的 lookahead。同时有些生成器，例如 PCCTS 生成可回溯的递归下降分析器，从而大大降低了对文法设计的要求。

(2) **语义扩展**。生成器通过引入属性文法，提供对语义处理的更多支持。语法分析器的结果通常是形成抽象语法树和符号表，一些语言识别器生成器，如特别值得一提的 ANTLR(http://www.antlr.org/)，它提供统一的词法、语法和语义描述界面，生成递归下降子程序，同时支持生成抽象语法树和对树的遍历。由于它集词法、语法、语义为一体且具有灵活、好学、易用的特性，因而得到越来越广泛的应用。

(3) **开发与应用环境**。随着计算机技术和应用的发展，软件的应用环境和开发手段发生了很大的变化。开发手段的进步表现在提供可视化与集成环境；应用环境的进步表现在所生成的软件独立于平台和程序设计语言，支持程序再入与多线程，支持软件重用，提供预定义的类和跟踪调试工具，等等。这些大多是商业化的产品，如 Abraxas Software 公司的 PCYACC、NorKen Technologies 公司的 ProGrammar 等。

6. XDCFLEX 与 XDYACC

XDCFLEX 和 XDYACC 是西安电子科技大学软件工程研究所于 1993 年研制的，目的是将 LEX 和 YACC 移植到 PC 机上，以配合当时的教学和科研工作。XDYACC 是自主研发的，XDCFLEX 是对美国加州大学 Berkeley 分校 1988 年的 FLEX 改造而得到的。XDCFLEX/XDYACC 的名字分别以 FLEX/YACC 为基础，前缀 XD 为西安电子科技大学的缩写，XDCFLEX 中的 C 为 Chinese 的缩写。

与 LEX/YACC 相比，XDCFLEX/XDYACC 具有以下显著特色：

(1) 与 LEX/YACC 兼容，原有 LEX/YACC 的源程序不做修改就可在 XDCFLEX/XDYACC 上运行。

(2) 源代码可方便地移植到任何有 C 编译器的系统中。

(3) 接受汉字输入和 C++ 风格注释。

(4) 给出启发式的信息提示，帮助用户进行语法错误处理的设计。

(5) 自动调整内部数据结构大小，原则上可以处理任何大小的输入文件。

我们利用该软件已完成了多项科研任务和多届编译课程的教学辅助实践工作。本节中的两个重要例子"minipascal"和"函数绘图语言"均是使用该软件编译和测试的。

随着技术的进步，XDCFLEX/XDYACC 已趋于陈旧。但是由于它的小巧与灵活，因而仍然具有一定的编译教学辅助工具的应用价值。(有兴趣的读者可通过出版社的网址 http://www.xduph.com 获取它们。)

3.8　本 章 小 结

语法分析是编译的重要阶段之一，可以认为是语法制导翻译模式编译器的核心。语法分析也有双重含义：根据一定的规则构成语言的各种结构，即语法规则；根据语法规则识别输入序列(记号流)中的语言结构，即语法分析。同词法分析比较，语法分析分析的不是记号，而是组成语言的句子；从结构上讲，不是线性的，而是层次的。表征这种结构的最好方法是树，从而使得对语法的分析就有了从根到叶子和从叶子到根两种分析方法。由于语言结构的复杂性，语法规则的描述比词法描述也相应困难。本章主要从三个方面对语法分析进行了讨论：程序设计语言与文法、自上而下语法分析器和自下而上语法分析器。作为一种补充，本章最后还对编译器编写工具 LEX 和 YACC 做了较为详细的介绍，以帮助读者使用较为有效的工具编写相关软件。

1. 程序设计语言与文法

● 正规式与正规文法：正规式与正规文法用于描述线性结构，如构成句子的记号(终结符)；识别正规语言的自动机是有限自动机，它们的特征是没有记忆功能。

● 上下文无关文法(CFG)：CFG 用于描述层次结构，如构成程序的句子；识别 CFL 的自动机是下推自动机，它在有限自动机的基础上增加了一个下推栈，从而有了简单的记忆功能。

● 文法的分类：0 型、1 型、2 型和 3 型文法。

2．有关推导的基本概念

- CFG 产生语言的基本方法——推导：推导的基本思想是从文法的开始符号开始，反复地用产生式的右部替换句型中的非终结符。所涉及的基本概念包括：句子、直接推导、最左推导、左句型、最右推导、右句型等。

- 分析树与语法树：分析树和语法树都反映了语言结构，同时分析树还记录了分析的过程。

- 二义性与二义性的消除：二义性的本质是在文法中缺少对文法符号优先级和结合性的限制，从而使得一个句子可以推导出多于一棵的分析树。二义性的消除有两种方法：① 改写二义文法为非二义文法；② 对文法符号施加优先级与结合性的限制，使得在分析过程中每一步均有唯一选择。

3．自上而下分析

- 采用推导的方法进行分析，从上到下构造分析树，是一种试探的方法。

- 为避免回溯，要求文法没有公共左因子和左递归。

- 递归下降子程序方法：为每一个非终结符构造一个子程序，子程序体中是对产生式右部文法符号的展开，遇到终结符就匹配，遇到非终结符就调用相应的子程序。

- 预测分析表方法：用一个栈和一个预测分析表模拟递归子程序，它的基本工作模式是下推自动机，以格局的变化反映预测分析器的分析过程。

- 预测分析表的构造：计算 FIRST 集合与 FOLLOW 集合，在此基础上构造预测分析表。

- LL(1)文法及其判别：预测分析表中若没有多重定义条目，则文法、语言和分析器分别被称为 LL(1)的文法、语言和分析器。通过推论 3.2 可以直接从产生式判定一个文法是否为 LL(1)文法。

4．自下而上分析

- 用归约的方法进行分析，从叶子到根构造分析树。

- 基本概念：短语、直接短语、句柄、归约、规范归约。

- 基本方法：用移进—归约方法实现剪句柄。关键问题是如何确定栈顶已经形成句柄；当句柄形成时，如何判定采用哪个产生式进行归约。

- 构造识别活前缀的 DFA：活前缀、LR(0)项目、LR(0)项目集、LR(0)项目集族、拓广文法与子集法。

- DFA 如何分析输入序列：有效项目、可移进项、可归约项、移进/归约冲突、归约/归约冲突。

- 移进—归约分析表的构成：动作表、转移表。

- SLR(1)文法：简单向前看一个终结符即可解决冲突的方法，对应的分析表称为 SLR(1)分析表，文法称为 SLR(1)文法。

- LR 与 LALR 分析：向前看符号的引入，它的作用和计算方法；基于 LR(1)项目集识别活前缀 DFA 中的状态数，LR(0)和 LR(1)的折中——LALR(1)。

5．编译器编写工具

- LEX 和 YACC 的工作原理，它们的源程序基本结构、工作原理、使用方法等。

● 其他种类的编译器编写工具。

习　　题

3.1　仿照最左推导和左句型的定义，定义最右推导和右句型。

3.2　对所给文法：

$$S \rightarrow (L) \mid a \qquad L \rightarrow L,S \mid S$$

(1) 指出文法的开始符号、终结符、非终结符。

(2) 为下述句子建立最左推导和最右推导，并给出它们最终的分析树：

① (a, a)　　② (a, (a, a))　　③ (a, ((a, a), (a, a)))

(3) 用自然语言描述该文法所产生的语言。

3.3　对所给文法：

$$N \rightarrow D \mid ND \qquad D \rightarrow 0 \mid 1 \mid 2 \mid 3 \mid 4 \mid 5 \mid 6 \mid 7 \mid 8 \mid 9$$

(1) 给出句子 0127、34 和 568 的最左推导和最右推导。

(2) 用自然语言描述该文法所产生的语言。

3.4　对所给文法

$$G：S \rightarrow aSbS \mid bSaS \mid \varepsilon$$

(1) 通过为句子 abab 建立两个最左推导来说明 G 是二义文法，给出两个最左推导的分析树。

(2) 为句子 abab 建立最右推导并给出分析树。

(3) 另外举出两个 G 产生的句子，并用自然语言描述该文法所产生的语言(句子的特点)。

(4)* 试设计一等价文法，但它是非二义的。

3.5　下述条件语句的文法(others 表示其他语句)试图消除悬空的 else，试证明此文法仍然是二义的。

$$stmt \rightarrow if\ expr\ then\ stmt \mid matched\_stmt$$

$$matched\_stmt \rightarrow if\ expr\ then\ matched\_stmt\ else\ stmt \mid others$$

3.6　设字母表 $\Sigma = \{0, 1\}$，设计下述语言的文法。对于正规语言，可用正规式表示。

(1) 每个 0 后边至少跟随一个 1 的字符串。

(2) 0 和 1 个数相等的字符串。

(3) 0 和 1 个数不相等的字符串。

(4)* 形式为 $\alpha\beta$ 且 $\alpha \neq \beta$ 的字符串。

3.7　设计一文法 G，使得 L(G)={ω|ω 是不以 0 开始的正奇数}。

3.8*　仿照将正规式所描述的语言结构转换成 CFG 描述的方法，试将属于正规文法的 CFG 转换成正规式形式。

3.9　对于 3.2.4 节的文法 G3.4 和它所产生的句子–id+id*id 和–(id+id)*id。

(1) 分别写出它们的最左推导和最右推导，并给出它们最终的分析树(若最左推导和最右推导的分析树相同，可以仅给出一棵分析树)。

(2) 改造文法 G3.4。首先消除左递归，然后提取左因子(如果有的话)，最后以 EBNF 的形式给出改造后的文法，并写出它的递归下降子程序。

3.10* 对于包括关系(<, =, >)、布尔(or, and, not)运算、算术(+, *)运算、最终操作数为整型数和布尔值(num, true, false)的表达式，优先级与结合性的规定与 C/C++相同，并且可以利用括弧来改变优先级和结合性。

(1) 试写出符合上述要求的无二义的表达式文法。

(2) 分别建立句子 x + 5>3 and y<10 和(x<5 or y = z) and x + y = 10 的分析树。

(3) 设计文法的递归下降子程序(包括必要的改写文法)。

3.11 文法 G 如下：

$$S \rightarrow aABe$$

$$A \rightarrow b \mid Abc$$

$$B \rightarrow d$$

(1) 改写 G 为等价的 LL(1)文法。

(2) 求每个非终结符的 FIRST 集合和 FOLLOW 集合。

(3) 构造预测分析表。

(4) 以格局的形式写出对输入序列 abcde、abcce 和 abbcde 的分析过程。

3.12 试证明 LL(1)文法不是二义文法。

3.13* 试证明左递归的文法不是 LL(1)文法。

3.14 下述四个文法，无需构造预测分析表，指出哪一个是 LL(1)文法，并指出其他文法为什么不是 LL(1)文法。

(1) $S \rightarrow Ra \mid a$ $R \rightarrow Sb \mid b$

(2) $S \rightarrow aAc \mid b$ $A \rightarrow a \mid b \mid \varepsilon$

(3) $S \rightarrow aA \mid Aa$ $A \rightarrow b \mid \varepsilon$

(4) $S \rightarrow iCtS \mid iCtSeS \mid a$ $C \rightarrow b$

3.15 对于 3.2.4 节的文法 G3.4，证明 E + T*F 是它的一个句型，并指出这个句型的所有短语、直接短语和句柄。

3.16 对习题 3.2 中所给文法

$$S \rightarrow (L) \mid a \qquad L \rightarrow L,S \mid S$$

(1) 构造(a, (a, a))的最右推导，指出每个右句型的句柄。

(2) 给出最右推导的分析树。

(3) 对分析树进行"剪句柄"操作，将每次剪句柄所使用的产生式按顺序写出。

3.17 对于 3.2.4 节的文法 G3.4 和它所产生的句子–id + id*id 和– (id + id)*id。

(1) 构造基于 LR(0)项目集的识别活前缀的 DFA。

(2) 指出 DFA 中所有含有冲突的项目集，并说明这些冲突可以用 SLR(1)方法解决。

(3) 构造文法 G3.4 的 SLR(1)分析表。

(4) 用分析表对句子–id+id*id 和–(id+id)*id 进行分析(以格局变化的方式)。

(5) 根据(4)的分析给出–id+id*id 的分析树和剪句柄的过程。

3.18 文法同习题 3.11。

(1) 构造识别活前缀的 DFA。

(2) 指出 DFA 中的冲突(如果有的话)。

(3) 构造 SLR(1)分析表。

(4) 用分析表分析输入序列 abcde、abcce 和 abbcde(以格局变化或剪句柄的方式)。

3.19　假设所讨论的文法是非二义的。

(1) 说明为什么在规范归约中，非终结符绝不会出现在句柄的右边。

(2)* 证明对任何句子的最右推导的逆是一个最左归约。

3.20　证明下述文法是 LL(1)文法，但不是 SLR(1)文法。

$$S \to AaAb \mid BbBa \qquad A \to \varepsilon \qquad B \to \varepsilon$$

3.21　构造下述文法基于 LR(0)项目集的识别活前缀的 DFA。试证明此文法既不是 LR(0)文法，也不是 SLR(1)文法。

$$E \to E \text{ sub } R \mid E \text{ sup } E \mid \{ E \} \mid c \qquad R \to E \text{ sup } E \mid c$$

3.22　构造 SLR(1)分析表的算法 3.9 基于的假设是 LR(0)项目集中可能有冲突。如果基于的假设是 LR(0)项目集中没有冲突，则构造方法可以简化(无需计算 FOLLOW 集合)，得到的是 LR(0)分析表。试修改算法 3.9 成为构造 LR(0)分析表的算法。

3.23* 考虑下述有 n 个中缀算符的二义文法，规定所有算符均左结合，且若 i>j，则 θ_i 优先级高于 θ_j。

$$E \to E \theta_1 \quad E \mid E \theta_2 E \mid \cdots \mid E \theta_n E \mid (E) \mid id$$

(1) 构造此文法的项目集，作为 n 的函数，它有多少个项目集？

(2) 分析 $id \theta_i \ id \theta_j \ id$ 共需要多少步？

3.24* 证明下述文法是 LALR(1)的，但不是 SLR(1)的：

$$S \to Aa \mid bAc \mid dc \mid bda \qquad A \to d$$

3.25* 证明下述文法是 LR(1)的，但不是 LALR(1)的：

$$S \to Aa \mid bAc \mid Bc \mid bBa \qquad A \to d \qquad B \to d$$

3.26* 对于算术表达式文法

$$G: E \to E+E \mid E- \ E \mid E*E \mid E/E \mid (E) \mid n$$

(1) 编写一个 YACC 源程序，计算并打印表达式的值。

(2) 改写(1)的源程序，构造表达式的语法树并以目录和缩进的形式打印树。

第 4 章　静态语义分析

在分析/综合模式的编译器中，分析过程中的最后一个步骤是静态语义分析(简称语义分析)。只有在这一步才真正开始考虑程序设计语言的实际意义。静态语义分析也有两个作用：检查出源程序中的静态语义错误和将语义正确的语句翻译成中间代码。这一过程通常采用的方法是语法制导翻译。

本章主要讨论以下三个方面的内容：

(1) 静态语义分析的基础，包括语法制导翻译的基本概念，属性与属性的计算；中间代码的各种表示形式；符号在符号表中的表示方法和符号表组织的基本原则。

(2) 对语义正确的语句的处理，包括声明性语句的翻译，主要讨论如何记录可执行语句中所需符号的信息，以便于符号的查找与使用；程序设计语言中可执行语句典型结构的具体翻译方法，主要包括表达式的翻译、数组元素引用的翻译、条件语句的翻译等。可执行语句翻译的目标形式是三地址码或四元式。

(3) 对语义正确性的检查，重点讨论类型检查，因为类型检查对提高软件质量和减轻程序员负担均起重要作用。检查采用的基本方法是类型表达式与类型表达式的计算。

4.1　语法制导翻译简介

4.1.1　语法与语义

到目前为止，我们仅讨论了程序设计语言语法的分析与处理。语法表述的是语言的形式，或者说是语言的样子和结构。程序设计语言的大多数语法现象属于 CFG，已经有了很成熟的形式化描述方法和语法分析器的自动生成工具。

程序设计语言中更重要的一个方面，是附着于语言结构上的语义。语义揭示了程序本身的涵义、施加于语言结构上的限制或者要执行的动作。同语法相比，语义的问题要复杂得多。一个语法上正确的句子，它所代表的意义并不一定正确，例如"猫吃老鼠"是一个语法正确的主谓宾结构的句子，它所表述的意思也被认为是正确的；而"老鼠吃猫"也是一个语法上正确的句子，但它所表述的意思却被认为是错误的。

同语法分析类似，语义分析也具有双重作用：

(1) 检查语言结构的语义是否正确，即是否结构正确的句子所表示的意思也合法。

(2) 执行所规定的语义动作，如表达式的求值、符号表的填写、中间代码的生成等。

应用最广的语义分析方法是语法制导翻译，它的基本思想是将语言结构的语义以**属性**(attribute)的形式赋予代表此结构的文法符号，而属性的计算以**语义规则**(semantic rules)的形式赋予由文法符号组成的产生式。在语法分析推导或归约的每一步骤中，通过语义规则实现对属性的计算，以达到对语义的处理。

虽然语义的形式化工作已经有相当的进展，但由于语义的复杂性，使得语义分析不能像语法分析那样规范。到目前为止，语义的形式化描述并没有语法的形式化描述那样成熟，使得语义的描述处于一种自然语言描述或者半形式化描述的状态。而没有基于数学抽象的形式化描述，就很难设计出基于数学模型的统一算法来实现语义分析器的自动生成。典型的例子是 LEX 和 YACC，它们能够自动生成的是纯语法分析器，而语义规则的书写属于普通程序设计的范畴，LEX 和 YACC 通过向使用者提供用于描述属性的伪变量和语义栈来支持语法制导翻译。

程序设计语言的语法和语义之间并没有明确界线，语义可以完成上下文无关文法无法描述的特性。例如标识符声明与引用问题，如果把它以语言结构的形式表现出来，可以抽象为 $L1 = \{\omega c\omega | \omega \in (a|b)^*\}$。第一个 ω 是标识符的声明，而第二个 ω 是标识符的引用。前边已经讨论过，L1 不是上下文无关文法，这也就意味着用前面所介绍的语法分析方法无法处理该语句。另一种解决途径是，从语言结构上消除这种限制。在语法的规定中，标识符的声明与引用没有直接关系，而是从语义上为每个标识符设计若干属性，如名字、类型、作用域、声明/引用标志等，并且设计符号表和相应的语义规则。当语法分析到标识符的声明时，语义规则将标识符的属性填进符号表；而语法分析到标识符的引用时，语义规则去查找符号表，从而确定此标识符的声明与引用是否一致。

属性是描述语义的有效方法，由此发展而来的属性文法被认为是上下文无关文法的扩充。但属性并不是描述语义的唯一方法，特别是程序设计语言的动态语义(程序的运行时特性)并不适合用属性文法来描述。动态语义形式化描述的方法主要有公理语义、操作语义和指称语义。应用最多的是指称语义，它也被认为是对上下文无关文法的一种扩充。本章讨论以属性为基础的程序静态语义检查和中间代码生成。

4.1.2　属性与语义规则

语法制导翻译的基本思想是，为每一个产生式配上语义规则并且在适当的时候执行这些规则。即当归约(或推导)到某产生式时，除了按照产生式进行相应的代换之外，还要按照产生式所对应的语义规则执行相应的语义动作，如计算、查填符号表、产生中间代码、发布出错信息等。

定义 4.1　对于产生式 A→α，其中 α 是由文法符号 X1X2⋯Xn 组成的序列，它的语义规则可以表示为式(4.1)所示关于属性的函数：

$$b := f(c_1, c_2, \cdots, c_k) \tag{4.1}$$

语义规则中的属性存在下述性质与关系：

(1) 若 b 是 A 的属性，$c_1, c_2, \cdots, c_k$ 是 α 中文法符号的属性或者 A 的其他属性，则称 b 是 A 的综合属性。

(2) 若 b 是 α 中某文法符号 Xi 的属性，$c_1, c_2, \cdots, c_k$ 是 A 的属性或者是 α 中其他文法符号的属性，则称 b 是 Xi 的继承属性。

(3) 称式(4.1)中属性 b 依赖于属性 $c_1, c_2, \cdots, c_k$。

(4) 若语义规则的形式如下述式(4.2)，则可将其想像为产生式左部文法符号 A 的一个虚拟属性，属性之间的依赖关系在虚拟属性上依然存在：

f(c1, c2, ···, ck)   (4.2)

■

文法符号属性的抽象表示采用点加标识符(.属性)的方法。例如,对于表达式 E,可以用 E.val、E.type、E.place、E.code 等分别表示表达式的值、类型、存储空间、代码序列等属性。而属性在程序设计中的具体表示,可以根据实际情况采用适当的数据结构或者程序代码来实现。

式(4.1)中属性之间的依赖关系,实质上反映了属性计算的先后次序,即所有属性 ci 被计算之后才能计算属性 b。

如果在分析树中的每个文法符号上加上它们的属性,则称为**带注释的分析树**(简称注释分析树)。类似地,将属性附加于语法树中表示语言结构的节点上,所得到的树被称为**带注释的语法树**(简称注释语法树)。

注释分析树可以直观地反映属性的性质和属性之间的关系。如果我们将继承属性标记为.i,将综合属性标记为.s,则产生式 A→X1X2···Xn 对应的注释分析树如图 4.1 所示。其中(a)反映了综合属性的关系,(b)反映了继承属性的关系;树中箭头的方向反映了属性之间的依赖关系,若属性 b 依赖于属性 c,则箭头从 c 指向 b。不难看出,注释分析树很好地反映了属性的性质和属性之间的关系:继承属性从前辈和兄弟的属性计算得到,综合属性从子孙和自身的其他属性计算得到。通俗地讲,就是继承属性"**自上而下,包括兄弟**",综合属性"**自下而上,包括自身**"。

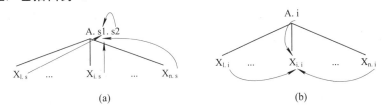

图 4.1 注释分析树与属性的依赖关系

(a) 综合属性; (b) 继承属性

4.1.3 语义规则的两种形式

根据属性表示的抽象程度,语义规则可以有两种表示方式:用抽象的属性和运算符号表示的语义规则称为**语法制导定义**,而用具体属性和运算表示的语义规则称为**翻译方案**,语义规则也被习惯地称为语义动作。

【例 4.1】 为下述文法所描述的中缀形式的算术表达式加上适当的语义,得到表达式的后缀表示。其语法制导定义和翻译方案可分别表示如下:

产生式	语法制导定义	翻译方案
$L \to E$	print(E.post)	print_post(post);
$E \to E_1 + E_2$	E.post := E1.post ‖ E2.post ‖ '+';	post(k):='+'; k := k+1;
$E \to num$	E.post := num.lexval;	post(k):=lexval; k := k+1;

其中 print(E.post)是 L 的虚拟属性,可以想像为 L.p := print(E.post)。翻译方案中的 lexval 表示词法分析返回的记号 num 的值。

■

语法制导定义仅考虑"做什么"，用抽象的属性表示文法符号所代表的语义，如用.post 表示表达式的后缀式；用抽象的算符表示语义的计算，如用"||"表示两个子表达式后缀式的连接运算。属性和运算的具体实现细节不在语法制导定义的考虑范围。根据定义 4.1 可知.post 是一个综合属性。

翻译方案不但需要考虑"做什么"，还需考虑"如何做"。例 4.1 中，翻译方案设计了一个数组 post 来存放表达式的后缀形式。由于综合属性是自下而上计算的，所以考虑在自下而上的分析过程中，仅由 num 归约而来的子表达式 E 的后缀式就是它自身，而当归约由两个子表达式和加号组成的表达式时，两个子表达式均已分析过，分别已按从左到右的次序存放在 post 中，此时仅需将'+'添加在 post 中，自然就构成了表达式的后缀式。当然，在实现中还要考虑计数器 k 的初值等相关问题。

如果忽略实现细节，语法制导定义和翻译方案的作用是等价的。

从某种意义上讲，语法制导定义类似于算法，而翻译方案类似于程序。当我们希望解决某一问题时，首先应该考虑算法，而忽略实现细节，因为这样更便于我们集中精力进行翻译工作，而不会陷入某些繁琐的细节中。

由于翻译方案与具体实现密切相关，因此不同的实现方法可以达到相同的目的。将表达式翻译为后缀式的另一种翻译方案是：无需存放中间过程，直接在分析的过程中输出表达式的后缀形式。这是因为自下而上分析过程是对表达式分析树的一次后序遍历，而遍历次序与表达式的后缀表示正好一致。具体的翻译方案如下(两个语义规则分别可以被认为是产生式左部非终结符 E 的虚拟属性)：

产生式	翻译方案
L → E	
E → E1 + E2	print(+);
E → num	print(lexval);

【例 4.2】 设 3＋5＋8 是例 4.1 表达式的一个实例，它的注释分析树如图 4.2 所示，其中虚拟属性被括在括弧中。读者不难验证，采用深度优先的后序遍历，两棵注释分析树上属性计算的结果是相同的。

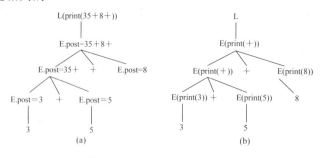

图 4.2 3+5+8 带注释的分析树

(a) 语法制导定义；(b) 翻译方案

4.1.4 LR 分析翻译方案的设计

由于翻译方案与实现密切相关，因此分析方法的不同，会使得采用翻译方案的语法制

导翻译的方法也不同。对于 LR 分析,可以把语法制导翻译看做语法分析的扩充,具体扩充体现在以下两个方面:

(1) 扩充 LR 分析器的功能。当执行归约产生式的动作时,也执行产生式对应的语义动作。由于是在归约时执行语义动作,因此限制语义动作仅能放在产生式右部的最右边。

(2) 扩充分析栈。增加一个与分析栈并列的语义栈,用于存放分析栈中文法符号所对应的属性值。

扩充之后的 LR 分析最适合对综合属性的计算,而对于继承属性的计算还需要进行适当的处理。关于 LR 分析中继承属性的计算原理会在下一节中详细讨论,本章所讨论的翻译方案,除特别声明外均采用 LR 分析。

本章的重点是语义分析,为了突出重点并使分析过程简单明了,许多文法都采用简化了的二义文法,而默认解决二义性的方法是为文法符号规定常规意义下的优先级和结合性。例如,表达式中算符的优先级是乘除法高于加减法,if-then-else 语句中 else 是右结合(移进先于归约),等等。

【**例 4.3**】 在下面的语法制导定义中,属性.val 用于表达式值的计算。在与之等价的翻译方案中,设计一与分析栈并列的语义栈 val,用于存放文法符号对应的值,top 指针在任何时刻与分析栈栈顶指针所指对象相同。

产生式	语法制导定义	翻译方案
$L \rightarrow E$	print(E.val)	print(val[top]);
$E \rightarrow E_1 + E_2$	E.val := E1.val + E2.val;	val[top] := val[top]+val[top+2];
$E \rightarrow E_1 * E_2$	E.val := E1.val * E2.val;	val[top] := val[top]*val[top+2];
$E \rightarrow (E_1)$	E.val := E1.val;	val[top] := val[top+1];
$E \rightarrow num$	E.val := num.lexval;	val[top] := lexval;

用句子 3＋5*8 的分析过程来验证翻译方案的正确性。分析过程与语义规则的处理如下,其中语义栈中的 "?" 仅占据一个位置,其属性并不被关心。

步骤	分析栈	语义栈	当前输入	语义动作
(1)	#	#	3+5*8#	shift
(2)	#num	#	+5*8#	E→num,val[top]:=lexval
(3)	#E	#3	+5*8#	shift
(4)	#E+	#3?	5*8#	shift
(5)	#E+num	#3?	*8#	E→num,val[top]:=lexval
(6)	#E+E	#3?5	*8#	shift
(7)	#E+E*	#3?5?	8#	shift
(8)	#E+E*num	#3?5?	#	E→num,val[top]:=lexval
(9)	#E+E*E	#3?5?8	#	E→E1*E2,val[top]:=val[top]*val[top+2]
(10)	#E+E	#3?40	#	E→E1+E2,val[top]:=val[top]+val[top+2]
(11)	#E	#43	#	L→E,print(val[top])
(12)	#E	#43	#	accept

在分析过程中，总是假设在对产生式归约之后执行该产生式的语义动作。因此，此时的分析栈顶已下降到当前非终结符处(实际上是非终结符所对应状态处)。如果分析与这一假设不符，则语义动作不正确。

4.1.5　递归下降分析翻译方案的设计

递归下降子程序方法是语法分析方法中唯一适合于手工构造的方法，它的分析过程是从上到下构造一棵分析树，换句话讲，是对虚拟分析树的一次深度优先遍历。任何一个非终结符所对应的子程序，只有遍历过父亲和所有左边的兄弟后才会进入该子程序，进入时可以得到父亲和所有左兄弟的继承属性；当所有的子孙均被遍历之后才可能退出该子程序，退出时可以得到所有子孙的综合属性。由于非终结符的子程序实质上就是对产生式右部的展开，所以等价于计算属性的语义规则可以放在产生式右部的任何位置，或者说在子程序中的任何位置。而 LR 分析的语法制导翻译仅可以将语义规则放在产生式右部的最右边，因为当产生式右部全部移进栈后才可能归约和执行语义规则。从这一点看，自上而下分析比自下而上分析在属性的计算上更直接、方便。

【例 4.4】修改第 3 章中为文法 G3.9″构造的递归下降子程序，使得分析表达式的同时，也计算表达式的值。为简单起见，去除了标识符作为表达式的情况。主要的修改涉及：

(1) 递归子程序可以设计为函数，用于返回必要的属性值。

(2) 适当设计子程序中的临时变量，用于保存属性值。

(3) 将语义动作嵌入在子程序的适当位置，正确计算属性值。

修改后的子程序如下：

```
function match(t:token_type) return val_type is          -- 函数返回下一个标识符的值
begin    if   t=lookahead
         then lookahead:=lexan;  val := lexval;          -- lexan 是记号, lexval 是记号的值
         else error("syntax error1");
         end   if;
         return val;
end match;
procedure L is                                           -- 展开非终结符 L
begin
    lookahead := lexan; val := lexval;
    while (lookahead /= eof) loop     put(E(val)); val := match(';'); end loop;
end L;
function E(val:val_type) return val_type is              -- 展开非终结符 E
left : val_type;
begin
    left := T(val);
    while lookahead ∈(+|−)
```

```
    loop    val := match(lookahead); left := left+T(val);        --或–运算
    end loop;
    return(left);
end E;
function    T(val:val_type) return val_type is                  -- 展开非终结符 T
left : val_type;
begin
    left := F(val);
    while lookahead ∈ (*|/|mod)
    loop val := match(lookahead); left := left * F(val);        --或/或 mod 运算
    end loop;
    return(left);
end T;
function F(val:val_type) return val_type is                     -- 展开非终结符 F
val : val_type;
begin
    case lookahead is
        '('          : val   := match('('); val := E(val); temp := match(')');
        num          : temp := match(num);
        others       : error("syntax error2");
    end case;
    return val;
end F;
```

4.2* 属 性 的 计 算

本节我们从原理的角度讨论属性与属性计算，重点讨论如何在语法分析的过程中同步进行语义处理，特别是如何在自下而上分析方法中实现语义的同步计算。本节的内容可以选学，从原理上理解属性计算的性质有助于语法制导翻译的设计。

4.2.1 综合属性与自下而上分析

如果一个语法制导定义中仅含有综合属性，也就是说任何一个文法符号的属性均可以由其子孙的属性和自身的其他属性计算得到，则称此语法制导定义具有 S_属性性质，也可以简称它是 S_属性的。

综合属性在分析树上的计算次序，与自下而上语法分析形成分析树的过程完全一致。因此若采用 LR 分析方法，则语义的计算可以与语法分析同步，即对虚拟的注释分析树一次深度优先后序遍历可以计算所有 S_属性，因为深度优先后序遍历等同于 LR 分析中的剪句柄，并且 LR 分析中语义规则的计算是在每次剪句柄之后进行的。语法分析与语义分析同步的方法也被称为**增量分析**(incremental processing)。

　　【例 4.5】 再考虑例 4.1 中的语法制导定义，它是 S_属性的，因为父亲的属性由其孩子的属性计算得到。因此该语法制导定义可以与 LR 分析同步计算，即识别出一个子表达式，就可以直接输出此子表达式，最终形成的输出序列就是原算术表达式的后缀式。

　　对于算术表达式 3＋5＋8，它的注释分析树如图 4.3 所示，其中虚拟属性被括在括弧中，图 4.3(b)的翻译方案采用直接打印输出的形式。采用深度优先的后序遍历，两棵注释分析树上属性计算的结果相同，这说明无论是语法制导定义还是翻译方案，只要是 S_属性的，均可以与 LR 分析同步计算。

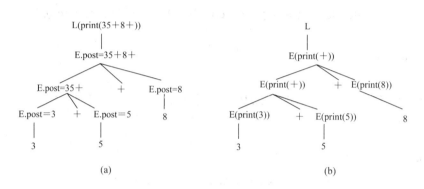

图 4.3　3＋5＋8 的注释分析树

(a) 语法制导定义；　(b) 翻译方案

4.2.2　继承属性与自上而下分析

1. 属性计算的深度优先遍历方法——dfvisit

　　如果语法制导定义中既有综合属性又有继承属性，则可以用下述递归函数 dfvisit 深度优先遍历注释分析树来完成对属性的计算。注意，dfvisit 仅强调深度优先而不强调次序。

```
procedure dfvisit(n:node) is
begin
    for   n 的每个子节点 m，从左到右
    loop
        计算 m 的继承属性;       -- 遍历子节点 m 前计算继承属性(先序遍历)
        dfvisit(m);            -- 递归遍历子节点 m
    end loop;
    计算 n 的综合属性;           -- 遍历节点 n 后计算综合属性(后序遍历)
end dfvisit;
```

　　事实上，dfvisit 对属性的计算是先序遍历与后序遍历的结合：先序遍历计算继承属性，后序遍历计算综合属性。我们用图 4.4 来说明 dfvisit 在分析树上对属性的计算。对于产生式 A→X1X2…Xn 的分析树，考察 dfvisit 对节点 A 和 Xi 的属性计算。对于 A 节点的第 i 个节点 Xi，遍历 Xi 之前它可以得到从上边和左边传来的属性，如图 4.4 中实箭头所示，因为遍历 Xi 之前

节点A和X1X2…Xi−1均已被遍历(注意，此时A仅完成了先序遍历，还未进行后序遍历)，所以可以根据这些属性计算Xi的继承属性。当A的n个孩子均已被遍历后，它可以得到从下边所有孩子传来的属性，如图4.4中虚箭头所示，可以根据这些孩子的属性计算A的综合属性。

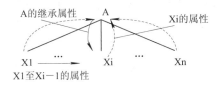

图 4.4 dfvisit 对属性的计算

由于dfvisit是递归计算的，因此对于分析树上的任何一个节点，或者说对任何一个文法符号A或X，在dfvisit的一次遍历过程中，它可以得到上、下、左三个方向传来的属性，并在进行dfvisit之前计算其继承属性，返回之前计算其综合属性。

【例 4.6】 C 形式的变量声明文法 G4.1 和语法制导定义如下：

$$D \rightarrow TL \qquad L.in := T.type;$$
$$T \rightarrow real \qquad T.type := real; \qquad\qquad (G4.1)$$
$$L \rightarrow L^{1}, id \qquad L^{1}.in := L.in;\ addtype(id.entry,\ L.in);$$
$$L \rightarrow id \qquad addtype(id.entry,\ L.in);$$

根据属性的定义可知.in 是继承属性，.type 和.entry 是综合属性；addtype(entry, type)是产生式左部非终结符 L 的虚拟属性，也是一个综合属性，其作用是将类型信息 type 填写进符号表中由 entry 所指示的栏目中。

输入序列 real id1, id2, id3 的分析树如图 4.5(a)所示。对分析树应用 dfvisit，第一个被计算的是 T.type 属性，在退出访问 T 之前它得到属性值 real。第二个被计算的是 L1.in 属性，访问 L1 之前它得到从 T.type 传来的属性值 real。接下来 L2 和 L3 以同样的方式得到.in 的值。从 L3 退出前，计算 L3 的综合属性 addtype，它的两个参数此时均已得到，因此可以将 id1 的类型信息记录为 real。依此类推，id2 和 id3 的类型也是 real。最终结果如图 4.5(b)所示。其中依赖自身属性的箭头被忽略。

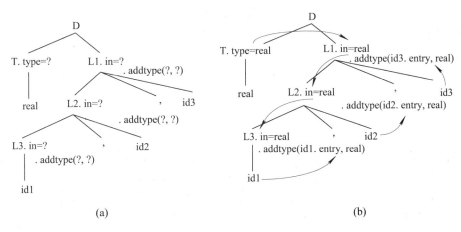

图 4.5 real id1,id2,id3 的注释分析树

(a) 属性计算之前；(b) 属性计算过程与计算结果

2. dfvisit 与递归下降分析

如果一个语法制导定义的所有属性均可由 dfvisit 计算，则可用递归下降子程序进行增量分析。因为递归下降子程序以程序的方式模拟分析树的构造，从左到右分析输入序列并从上到下构造分析树，与 dfvisit 遍历分析树的过程完全一致。

递归子程序中语义动作可以加入在子程序的任何部位。当一个非终结符 A 的子程序被调用时，它的父亲节点和左兄弟节点均已被构造，故调用前可以根据父亲和左兄弟的属性计算 A 的继承属性；当子程序返回时，它的所有孩子节点均已被构造，故可以根据孩子的属性计算 A 的综合属性。

【例 4.7】 将文法 G4.1 中的 L 产生式改写为 EBNF 形式：L→id {, id}，则可以写出如下的 L 产生式的递归下降子程序：

```
procedure L(in : obj_type) is        -- in 是类型属性，如 real 等
begin
    match(id); addtype(id.entry, in);   --将 in 类型记录在符号表的 id 栏目中
    while lookahead=","
    loop
        match(",");
        match(id); addtype(id.entry, in);-- 将 in 类型记录在符号表的 id 栏目中
    end loop;
end L;
```

将.in 作为 L 子程序的参数，因为.in 是 L 的继承属性，在调用 L 之前已经得到。当match(id)之后得到 id.entry，于是可以计算虚拟属性 addtype。这与分别记录下每个 id 的 entry，最后在 L 返回前一并计算是等价的。 ■

4.2.3　依赖图与属性计算

1. dfvisit 对文法的限制

由图 4.4 可知，分析树上的任何一个节点只能得到上、下、左三个方向的属性，而得不到来自右兄弟的属性。换句话说，dfvisit 无法计算依赖于右兄弟的继承属性。

【例 4.8】 将 C 语言形式的变量声明文法 G4.1 改造为 Pascal 语言形式的文法 G4.2，但语义规则不变：

$$D→L:T \qquad L.in := T.type;$$
$$T→real \qquad T.type := real; \qquad\qquad (G4.2)$$
$$L→L^1, id \qquad L^1.in := L.in; addtype(id.entry, L.in);$$
$$L→id \qquad addtype(id.entry, L.in);$$

输入序列 id1, id2, id3:real 的注释分析树如图 4.6 所示。dfvisit 访问到 L1 时，它需要 T.type 的属性，但是 T 节点还没有被访问，因此 L1.in 没有所需的属性值。依此类推，L2 和 L3 也得不到属性值。于是当分别从 L1、L2、L3 返回时，addtype 无法在符号表中为 id1、id2、id3 填写正确的类型值。

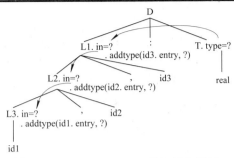

图 4.6 id1，id2，id3:real 的注释分析树

2. 分析树的依赖图

对于一个任意的语法制导定义，更一般的方法可能需要对分析树进行多次遍历才能完成对所有属性的计算。理论上可以采取如下步骤：首先构造输入序列的注释分析树，然后根据属性的依赖关系构造分析树的依赖图，若依赖图中无环，则可找到一个拓扑排序序列并根据此序列计算属性。

定义 4.2 **分析树的依赖图**是一个有向图，它在分析树的基础上：

(1) 为每个属性(包括虚拟属性)分配一个节点。

(2) 若属性 b 依赖于属性 c_i，则从 c_i 到 b 有一条有向边。

上述两条规则可以用下述两个循环构造：

for 分析树的每个节点 n   -- 第一个循环构造节点

loop 为节点上的每个属性 a 构造一个节点

end loop;

for 分析树的每个节点 n   -- 第二个循环构造边

loop   for 节点 n 所用产生式的每个语义规则 $b:=f(c_1, c_2, \ldots, c_k)$

       loop 从每个 c_i 到 b 构造一条有向边；end loop;

end loop;

【例 4.9】 用上述方法为输入序列 real id1, id2, id3 和 id1, id2, id3:real 的分析树构造的依赖图分别如图 4.7(a)和图 4.7(b)所示。属性节点用 n1, n2, n3, …标记。属性 type、in、entry 和 addtype 分别缩写为 t、i、e 和 a，并附注在属性节点旁。

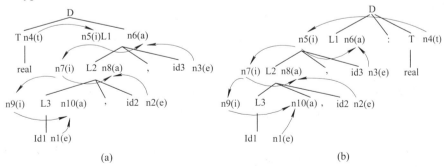

图 4.7 分析树的依赖图

(a) C 形式的声明；(b) Pascal 形式的声明

3. 属性的计算次序

依赖图中箭头所指的方向即为属性计算的次序。若分析树的依赖图中有环，则说明属性之间有相互的死锁依赖，无法进行属性计算，同时也称此语法制导定义有环。否则图中任何一个拓扑排序序列可以作为一个属性计算次序，根据此序列对分析树进行若干次遍历即可计算所有属性。对于有 k 个属性节点的依赖图 G，我们可以通过下述算法给 k 个属性从 1 到 k 顺序编号，从而得到一个拓扑排序序列。

算法 4.1 求有向图的拓扑序列

输入 有向图 G。

输出 若 G 无环，则给出一个节点序列，否则指出一个错误。

方法

```
loop
        找出 G 中所有没有前驱的节点，并为这些节点编号；
        删除这些已编号节点，形成 G 的子图 Gnew；
        if      Gnew=Φ
        then        正确结束；            -- 全部节点被编号，找到一个拓扑排序
        else if    Gnew=G                -- 存在非空的强连通子图
            then 错误结束；              -- 语法制导定义中有环
            else G:=Gnew;               -- 否则继续
            end if;
        end if；
end loop;
```

【例 4.10】 将图 4.7(a)中的分析树删除，留下依赖图如图 4.8(a)所示。第一次循环将节点 n1、n2、n3、n4 分别编号为 1、2、3、4，删除这 4 个节点得到子图如图 4.8(b)所示。图 4.8(b)中没有前驱的唯一节点是 n5，第二次循环将 n5 编号并删除 n5 得到图 4.8(c)。重复此循环直到所有节点均被编号。事实上我们得到的是一个组的全序(n1,n2,n3,n4) (n5) (n6,n7) (n8,n9) (n10)，组中的节点之间没有依赖关系，即组中节点的计算次序可以任意，因此拓扑排序不是唯一的。 ∎

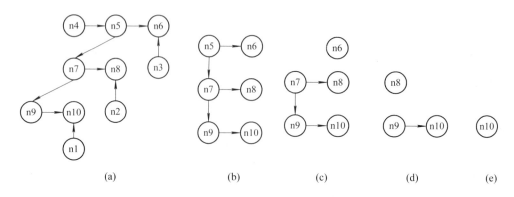

图 4.8　依赖图的拓扑排序过程

由分析树构造依赖图，再按照依赖图的拓扑排序规定的次序计算属性，这种方法被称为分析树法，它原则上可以处理任意的属性，唯一的约束是语法制导定义无环。

事实上被广泛应用的属性计算并不采用上述的分析树方法，而采用与语法分析同步计算的增量分析，也称为非分析树法。非分析树法既适用于 LL 分析也适用于 LR 分析，它的优点是属性的计算不必显式构造依赖图，从而提高了编译器的效率，其弱点是并非所有属性均可与语法分析同步计算。

4.2.4 L_属性的增量分析

1. L_属性与 LL 分析

定义 4.3 若文法 G 的产生式 A→X1X2…Xk 的语义规则中的属性都是综合属性，或者 Xi(1≤i≤n)的继承属性依赖于：

(1) X1, X2, …, Xi−1 的属性，

(2) A 的继承属性，

则称 G 的语法制导定义是 L_**属性**定义，或称 G 是 L_属性的。 ■

从定义 4.3 可以得出三点结论：

(1) S_属性⊆L_属性。

(2) 若语法制导定义是 L_属性的，则所有属性值均可用 dfvisit 计算得到。

(3) 若语法制导定义是 L_属性的，则 LL 分析可同步计算所有属性值。

结论(1)是显而易见的，现在简单说明结论(2)和(3)。

对于结论(2)，若语法制导定义是 L_属性的，则产生式中的任何一个文法符号 Xi，或者仅有综合属性，或者根据图 4.4 可知 dfvisit 在计算 Xi 的属性之前其孩子的综合属性均已计算。现在我们令 A→X1X2…Xk 在分析树上的节点是 n, m1, m2, …, mk，则

(1) 任何节点 n, mi，其综合属性均可在 dfvisit(n)或 dfvisit(mi)返回之前得到计算。

(2) n 的继承属性在调用 dfvisit(n)之前已被计算。

(3) mi 左边各节点属性在 dfvisit(mi)之前均已被计算。

因此，只要语法制导定义是 L_属性的，则一定可以用 dfvisit 进行属性计算。

对于结论(3)，由于 dfvisit 和递归下降分析存在下述关系：

(1) LL 分析的过程是为输入序列从上到下、从左到右构造一棵分析树。

(2) LL 分析构造分析树的过程与 dfvisit 遍历分析树的过程完全重合。

所以，LL 分析可以同步计算 L_属性。

2. L_属性的翻译方案

1) 如何嵌入语义动作

翻译方案与语法制导定义的本质区别在于，语义动作需要考虑实现的细节，这包括：

(1) 如何为各属性安排存储空间(语义变量)。

(2) 如何安排属性的计算次序。

如果我们能够合理地将 L_属性以语义动作的形式嵌入到产生式中，则可以利用 dfvisit 实现属性的计算。具体的嵌入方法是：将语义动作放在{ }中并将{ }和其中的内容作为一个可以出现在产生式右部任何位置的特殊文法符号。该特殊文法符号作为分析树中的一个节

点，它在分析树中的位置由其在产生式右部的位置所决定。有了以上安排，则对分析树 dfvisit 的次序就是对语义动作的计算次序。

【例 4.11】 考虑下述翻译方案：

E→E op T　　{ print(op.lex); }

E→T

T→num　　　{print(num.val);}

若输入序列为 9-5+2，则它的分析树如图 4.9 所示，对分析树进行 dfvisit，得到分析结果为 95-2+。 ■

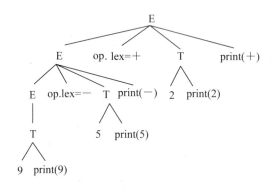

图 4.9　嵌入语义动作的分析树

2. dfvisit 对翻译方案设计的限制

若翻译方案中既有继承属性又有综合属性，则语义动作的计算必须满足下面三个条件：

(1) 产生式右部符号的继承属性必须在先于该符号的动作中计算。

(2) 一个动作不能引用该动作右部符号的属性。

(3) 产生式左部非终结符 A 的综合属性只能在 A 引用的所有属性都计算完成后才能计算。

显然，L_属性自然满足限制条件(2)。再考虑限制条件(3)，它等价于将对 A 的属性的计算放在产生式右部的最右边，即所有文法符号的属性均计算完成后再计算 A 的属性。最后考虑如何安排其他属性的计算以满足限制条件(1)。这可以分两步走：首先将所有的语义动作都放在产生式的最右边，然后将需要提前的语义动作提到应该在的位置。

【例 4.12】 考虑文法 G3.4 和输入序列 aa。aa 的注释分析树如图 4.10(a)所示，dfvisit 该树显然无法在打印 A.in 时得到它的值。

S→A1A2　　{A1.in:=1; A2.in:=2;}

A→a　　　　{print(A.in);}

为此我们稍作修改，将对 A1.in 和 A2.in 的计算提前到文法符号 A1 和 A2 之前：

S→ {A1.in:=1; A2.in:=2;} A1 A2

A→ a　　{print(A.in);}

于是 aa 注释分析树成为图 4.10(b)所示的形式，在 dfvisit 遍历的过程中，执行语义动作 print(A.in)时可以得到正确的属性值。 ■

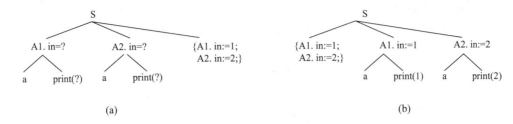

图 4.10 嵌入语义动作的调整

再举一个复杂的例子，将数学排版问题的语法制导定义转换为翻译方案。

【例 4.13】图 4.11 是数学符号 E_1.val 排版格式的图形表示，其中的 1 作为 E 的下标有两点与一般的正文不同：字体变小和位置下移。因此，它的排版格式可以描述为：E sub 1 .val，其中 sub 1 表示将正文 1 缩小并下移。

图 4.11 数学排版图示

数学排版的文法可设计如下：

$$S \rightarrow B \qquad\qquad\qquad (1)$$
$$B \rightarrow B_1 B_2 \qquad\qquad\quad (2) \qquad\qquad\qquad\qquad (G4.3)$$
$$|\ B_1\ sub\ B_2 \qquad\quad (3)$$
$$|\ text \qquad\qquad\quad (4)$$

为了设计语义规则，首先引入下述属性与函数：

继承属性.ps：表示点的大小，决定正文实际高度；

综合属性.ht：表示正文的实际高度；

综合属性 text.h：参数值，语法分析时可作为常数；

函数 max(a,b)：取 a 和 b 的最大值作为返回值；

函数 shrink(a)：将 a 按一定比例缩小；

函数 disp(a,b)：将 b 向下偏置，然后返回二者的最大值。

然后设计如下语义规则：

$$S \rightarrow B \qquad \{B.ps:=10;\ S.ht:=B.ht;\ \} \qquad\qquad\qquad (1)$$
$$B \rightarrow B_1 B_2 \qquad \{B_1.ps:=B.ps;\ \ B_2.ps:=B.ps; \qquad B.ht:=max(B_1.ht,\ B_2.ht);\} \qquad (2)$$
$$|\ B_1\ sub\ B_2 \quad \{B_1.ps:=B.ps;\ \ B_2.ps:=shrink(B.ps); \qquad B.ht:=disp(B_1.ht,\ B_2.ht);\} \qquad (3)$$
$$|\ text \qquad\quad \{B.ht:=text.h*B.ps;\} \qquad\qquad\qquad\qquad (4)$$

这是一个 L_属性定义，因为产生式右部 B 的.ps 属性仅依赖于其左部非终结符的.ps 属性，从分析树的角度看，.ps 是从其父亲的.ps 属性继承而来，与其兄弟属性无关，并且所有语义规则均在产生式的最右边。若将此语法制导定义改写为翻译方案，它自然满足上述限制条件(2)和(3)。因此仅需将部分语义动作向左移至适当位置，使其满足限制条件(1)即可。

根据限制条件(1)"产生式右部符号的继承属性必须在先于该符号的动作中计算"，将对文法符号继承属性的计算移到该文法的左边，形成翻译方案如下：

$$S \rightarrow \{B.ps:=10;\}\ B\ \{S.ht:=B.ht;\} \qquad\qquad\qquad\qquad\qquad (1)$$
$$B \rightarrow \{B_1.ps:=B.ps;\}\ B_1\ \{B_2.ps:=B.ps;\}\ B_2\ \{B.ht:=max(B_1.ht,\ B_2.ht);\} \qquad (2)$$
$$|\ \{B_1.ps:=B.ps;\}B_1\ sub\{B_2.ps:=shrink(B.ps);\}B_2\{B.ht:=disp(B_1.ht,\ B_2.ht);\} \qquad (3)$$

　　　　| text　　{B.ht:=text.h*B.ps;}　　　　　　　　　　　　　　　　　　　(4)

设 text.h = 2, shrink = 0.7, 则对于输入 E sub 1 .val, 注释分析树如图 4.12 所示。　■

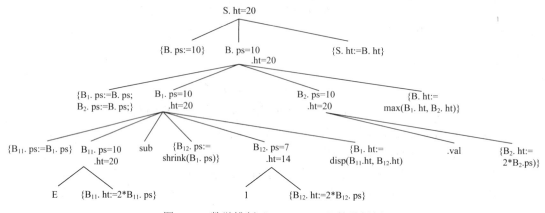

图 4.12　数学排版 "E sub 1 .val" 的分析树

　　编写语法制导定义和翻译方案同样是一种程序设计, 但是抽象程度更高, 没有清晰的控制流与数据流, 从书面上看各语义变量和动作的控制流向十分困难, 需要对语法分析过程和属性计算次序有深刻认识。这一编写过程既要有理论支持也要有经验积累, 因此更具挑战性。

4.2.5　L_属性的自下而上计算

　　回顾 LR 分析的语法制导翻译, 它在语法分析的基础上进行了两点扩充:

　　(1) 扩充分析栈, 即增加一个与分析栈并列的语义栈, 用于存放文法符号的属性值。

　　(2) 扩充分析器的驱动程序, 在归约产生式后执行该产生式的语义动作。

　　由于是在归约后执行语义动作, 因而语义规则只能放在产生式右部的最右边。对于产生式 A→X1X2···Xk, 在移进—归约分析中只有当 X1X2···Xk 全部被移进栈中后才可能归约出 A。也就是说, 分析 X1X2···Xk 时 A 还没有出现, 当然所有的 Xi 也就无法得到 A 的继承属性。

　　解决问题的关键是能否将需要用到的所有继承属性在被使用前均已放进语义栈中。具体可以采取以下两项措施, 灵活应用它们可以设计出 L_属性在自下而上分析中的增量计算。

　　(1) 引入标记非终结符 M(marker nonterminals) 并构造一个空产生式 M→ε。M 对语言的结构没有贡献, 或者说引入 M 对语言结构无影响。但是可以为 M 产生式配上语义规则, 使得在对 M 产生式进行归约时执行该语义动作。

　　(2) 利用**复写规则**(copy rule)A.att:=B.att, 用等价的 B.att 取代对 A.att 的引用。

1. 去除翻译方案中的嵌入动作

　　LR 分析中要求所有语义动作均在产生式右部的最右边。对于不满足要求的嵌入语义动作, 可以通过引入标记非终结符来将嵌入动作移出去。

　　【例 4.14】　对于下述算术表达式的翻译方案:

　　　　E → TE'

E' → +T　{print(+)} E' | –T {print(–)} E' | ε

T → num {print(num.val)}

用标记非终结符取代嵌入动作，使得所有语义动作均可在产生式归约时执行：

E → TE'

E' → +TME' | –TNE' | ε

T → num {print(num.val)}

M → {print(+)}

N → {print(–)}

对于输入序列 3+5–4，引入标记非终结符前后的分析树分别如图 4.13(a)和(b)所示(其中将 print(x)缩写为 p(x))。

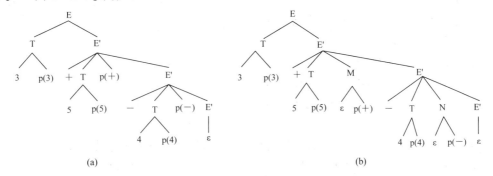

图 4.13　用标记非终结符去除嵌入语义动作

(a) 引入前的分析树；(b) 引入后的分析树

用 dfvisit 遍历两棵分析树，两者的输出结果是相同的，都是 35+4–。但是消除嵌入语义动作的翻译方案可以进行 LR 的增量分析。

2. 分析栈上的继承属性

对于产生式 $A \to X_1 X_2 \cdots X_k$，虽然在 LR 分析的过程中 X_i 无法直接得到 A 的继承属性，但是我们可以通过已经在分析栈中的、等价的属性代替 A 的属性。由于 X_i 左边的 $X_1 X_2 \cdots X_{(i-1)}$ 已经在栈中，所以 X_i 可以得到它的左兄弟的属性。事实上只要语法制导定义是 L_属性的，我们总可以进行 LR 的增量分析。

【例 4.15】 重新考虑 C 语言形式的变量声明的文法 G4.1 和语法制导定义：

D→TL　　　　　　　　L.in := T.type;

T→real　　　　　　　T.type := real;

L→L¹, id　　　　　　L^1.in := L.in; addtype(id.entry, L.in);

L→id　　　　　　　　addtype(id.entry, L.in);

根据语义规则 L.in:=T.type 和 L^1.in:=L.in 可知 T.type 和所有的 L.in 都是等价的。

输入序列 real p, q, r 的 LR 分析过程如图 4.14 所示，其中分析栈的指针用 YACC 的伪变量$$, $1，…表示(注意：$$是以 L 产生式为基准的)。首先移进 real 并将 real 归约为 T，此时语义栈中为 T 存放了语义 real。然后移进 p 并将 p 归约为 L。这两步完成后分析栈与语义栈如图 4.14(a)所示。接下来移进“,q”并将栈顶的句柄“L, q”归约为 L，如图 4.14(b)所示。依此类推，最终归约到文法的开始符号 D 并且留在栈中，如图 4.14(d)所示。

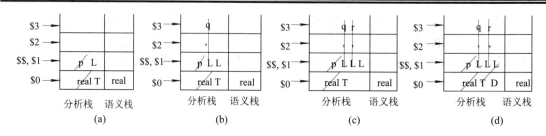

图 4.14　分析栈中 L 与 T 的相对位置

(a) T→real 和 L→p 的归约；(b) L→L,q 的归约；(c) L→L,r 的归约；　(d)D→TL 的归约

由分析过程可以看出，在整个分析过程中，任何时刻 L 与 T 在分析栈中的相对位置不变。因此我们可以用已经在栈中的 T 的属性.type 取代 L 的属性.in，即所有的复写规则被省略，得到适合 LR 增量分析的翻译方案如下：

D→TL

T→real　　　　　　　　{$$.type := real;}

L→L , id　　　　　　　{addtype($3.entry, $0.type);}

L→id　　　　　　　　 {addtype($1.entry, $0.type);}

如果文法是左递归的，则文法符号之间在分析栈中的相对位置就是它们在产生式中的相对位置，如 D→TL 中 TL 的相对位置就是分析栈中 TL 的相对位置。

3. 继承属性的模拟计算

在自下而上的分析过程中，我们可以利用已经在栈中的等价的属性来模拟还未进栈的文法符号的继承属性。利用栈中已有的属性需要两个前提：

(1) 属性计算仅由复写规则得到，即可以利用属性之间的等价性质。

(2) 所需属性在分析栈中的位置与分析过程中任何时刻想使用它的文法符号的位置关系均是确定的。

但是更一般的情况下上述两个前提并不一定满足，而往往是：

(1) 想要利用的属性是通过函数计算得到的。

(2) 该属性的位置并不是在任何想利用它的时刻均是确定的。

我们可以通过引入空产生式 M→ε 来将一般情况转化为满足要求的情况。用标记非终结符 M 的属性进行中间传递，它既可传递由复写规则所得到的属性，也可以传递由函数计算所得到的属性。传递的基本思想可以如图 4.15(a)所示概括为两点：

(1) 用 M 的继承属性来继承其左边文法符号的属性；

(2) 当归约 M→ε 时，将 M 的继承属性转换成综合属性，并传递给其右边的文法符号。

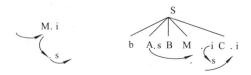

图 4.15　用标记非终结符传递属性

(a) M→ε 属性传递；(b) M→ε 属性传递实例

1) 利用 M 的属性传递位置不确定的属性

考察下述语法制导定义：

$S \to aAC$	$C.i := A.s;$	(1)
$\quad \mid bABC$	$C.i := A.s\ ;$	(2)
$C \to c$	$C.s := g(C.i);$	(3)

C 的 i 属性是通过复写 A 的 s 属性得到的。但是设计翻译方案时并不能简单地将 C.i 用 A.s 取代。考虑 S 产生式的两个候选项 aAC 和 bABC，C 和 A 的相对位置不确定，因此两个候选项在分析栈中属性的相对位置也不确定，分别如图 4.16(a) 和 (b) 所示。当前栈顶按产生式 C→c 归约后，需要计算语义规则 C.s:=g(C.i)，由于 C 和 A 的相对位置不确定，所以在当前栈顶状态下对 i 属性的引用不能直接改变为对 s 属性的引用。

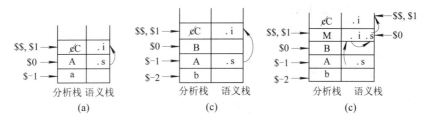

图 4.16　用标记非终结符传递位置不确定的属性

(a) 栈顶句柄是 aAC; (b) 栈顶句柄是 bABC; (c) 栈顶句柄是 bABMC

可以引入 M→ε 并理论上为 M 设计继承属性 i 和综合属性 s。通过附加在 M 产生式后的语义规则，将 A.s 传递给 C.i。改写后的语法制导定义如下：

$S \to aAC$	$C.i := A.s;$	(1)
$\quad \mid bABMC$	$M.i := A.s;\ C.i := M.s;$	(2)
$C \to c$	$C.s := g(C.i);$	(3)
$M \to \varepsilon$	$M.s := M.i;$	(4)

产生式 S→bABMC 中利用 M 进行属性传递的过程如图 4.15(b) 所示。由复写规则 C.i:=A.s、M.i:=A.s、C.i:=M.s、M.s:=M.i 可知 C.i、A.s、M.i、M.s 均等价，因此语义规则 C.s:=g(C.i) 中对 C.i 的引用既可以用 A.s 代替，也可以用 M.s 代替，使得 C 在分析栈中相对于它所需属性的相对位置如图 4.16(c) 所示成为固定的。

消除无用的复写规则后得到的翻译方案如下，它与上面的语法制导定义是等价的：

$S \to aAC$		(1)
$\quad \mid\ \ bABMC$		(2)
$C \to c$	$\$\$:= g(\$0);$	(3)
$M \to \varepsilon$	$\$\$:= \$\$ - 1;$	(4)

2) 利用 M 的属性传递由一般函数计算所得的属性

考察下述语法制导定义：

| $S \to aAC$ | $C.i := f(A.s);$ | (1) |
| $C \to c$ | $C.s := g(C.i);$ | (2) |

能否将 C.s:=g(C.i) 改写为 C.s:=g(f(A.s))？这取决于函数计算是否产生副作用。在不能保

证函数计算不产生副作用的情况下，更一般的方法也是引入 M→ε 并利用 M 的属性隔离函数 f 与 g 的计算。改写语法制导定义如下：

$$S→aAMC \qquad M.i:=A.s; \ C.i:=M.s; \qquad\qquad (1)$$
$$M→ε \qquad M.s:=f(M.i); \qquad\qquad\qquad\qquad (2)$$
$$C→c \qquad C.s:=g(C.i); \qquad\qquad\qquad\qquad (3)$$

由复写规则 M.i:=A.s 和 C.i:=M.s 可知 M.i 与 A.s 等价且 C.i 与 M.s 等价。因此 C.s:=g(C.i) 中 C.i 可用 M.s 代替，而 M.s:=f(M.i) 中的 M.i 又可以由 A.s 代替。当分析栈顶形成句柄 aAMC 时，属性之间关系如图 4.17 所示，等价的翻译方案如下：

$$S→aAMC \qquad\qquad\qquad\qquad\qquad\qquad\qquad (1)$$
$$M→ε \qquad \$\$:=f(\$0); \qquad\qquad\qquad\qquad (2)$$
$$C→c \qquad \$\$:=g(\$0); \qquad\qquad\qquad\qquad (3)$$

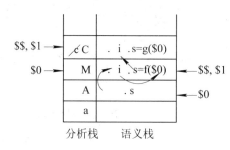

图 4.17　用标记非终结符传递函数计算的属性

3) 继承属性的 LR 增量分析

【例 4.16】重新考虑例 4.13 中数学排版问题的翻译方案，将其构造为 LR 的增量分析。对于翻译方案中的嵌入语义规则，若具有实质意义，则为其引入一个标记非终结符；若可以由其他属性代替，则可删除。采用类 YACC 的表示方式，翻译方案可以改写如下：

(1) S→L B 　　　　　　　　{$$=$2;}
(2) L→ε 　　　　　　　　　{$$=10;}
(3) B→B M B 　　　　　　{$$=max($1,$3);}
(4) 　| B sub N B 　　　　{$$=disp($1,$4);}
(5) 　| text 　　　　　　　{$$=$1*$0;}
(6) M→ε 　　　　　　　　{$$=$-1;}
(7) 　N→ε 　　　　　　　{$$=shrink($-2);}

L 产生式用于计算 B.ps。所有与 L 紧邻的 B 的属性均可由 L 的属性代替，故可删除原翻译方案中的 {B₁.ps:=B.ps;}。但是不可以删除对 B₂.ps 的计算，因为它们不紧邻 L，因此需要引入 M 和 N 产生式，用于计算和传递所需属性。上述翻译方案中还将.ps、.ht 和.h 合并为一个属性，原因稍后讨论。

再来考察输入序列 E sub 1 .val，仍然令 text.h = 2，shrink = 0.7。分析栈和语义栈的变化过程如图 4.18 所示，各文法符号均得到了正确的属性值。

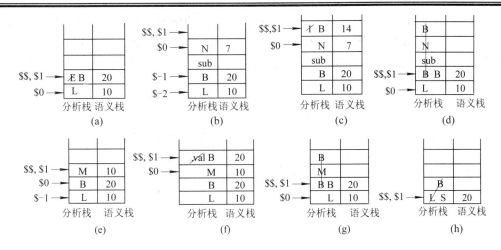

图 4.18 数学排版问题的 LR 增量分析过程

(a) L→ε 与 B→text 的归约；(b) N→ε 的归约；(c) B→text 的归约；(d) B→B sub N B 的归约；

(e) M→ε 的归约；(f) B→text 的归约；(g) B→BMB 的归约；(h) S→LB 的归约

通过上述讨论我们可以将继承属性的 LR 增量分析归结为下述几个步骤：

(1) 设计语法制导定义。

(2) 将语法制导定义改写为适合 dfvisit 计算的翻译方案。

(3) 引入标记非终结符消除嵌入的语义规则。

(4) 删除可由其他属性代替的属性值计算。

标记非终结符的引入使得文法中增加了许多空产生式，是否会像 error 产生式的引入会产生冲突那样，标记非终结符的引入也将使得原来没有冲突的文法产生冲突呢？结论是 LL(1)文法中引入标记非终结符会使得文法变成为 LR(1)的，但是 LR(1)文法中引入标记非终结符可能使文法不再是 LR(1)的，这说明 LR(1)文法中标记非终结符的引入要慎重。

4. 用综合属性代替继承属性

对于一个含有继承属性的文法 G，如果我们能想办法将 G 改写为 G'，使得：

(1) G 与 G'等价(描述同一个句子的集合)。

(2) G 与 G'的语法制导定义等价(完成同样的语义功能)。

(3) G'的语法制导定义是 S_属性的。

则可以回避对继承属性的语义计算。特别是当语法制导定义不是 L_属性定义时，通过改写文法达到 LR 增量分析的目的是一条有效途径。

【例 4.17】 例 4.8 中文法 G4.2 的语法制导定义不是 L_属性的，因为 L.in 依赖于右兄弟的 T.type。可以将文法和语法制导定义改写为如下形式：

$$D→id\ L \qquad\qquad addtype(id.entry, L.in);$$

$$L→, id\ L^1 \qquad L.in := L^1.in;\ addtype(id.entry, L.in);$$

$$\qquad |: T \qquad\qquad L.in := T.type; \tag{G4.2'}$$

$$T→real \qquad\qquad T.type := real;$$

显然这是一个 S_属性定义，它将原来依赖于右兄弟的继承属性 L.in 转变为综合属性。

再考察对输入序列 id1,id2,id3:real 的 LR 分析，分析树的依赖图和分析过程(剪句柄的过程)分别如图 4.19(a)和(b)所示(图(a)中的.e 和.t 分别是.entry 和.type 的缩写)。此文法的改写说明一个问题，当改写属性计算无效时，也可以通过改写文法来达到目的。

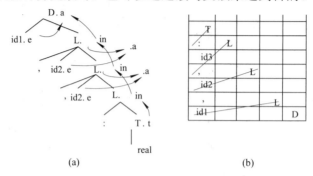

图 4.19　继承属性转化为综合属性

(a) 分析树上属性计算的次序；(b) 分析栈上句柄的归约次序

但由于(G4.2')中 L 是右递归的，极端情况下会造成分析栈的溢出，因为只有当全部输入移进后栈顶才会出现第一个句柄。第一个出现在栈顶的句柄是":T"，将它归约为 L，形成栈顶的新句柄", id3 L"，再将其归约为 L，如此继续，最终栈顶留下开始符号 D。

根据文法符号在分析栈中的相对位置可写出(G4.2')的翻译方案如下，事实上伪变量的序号正好是文法符号在产生式右部从左到右的序号：

D→ id L	addtype($1, $2);
L→ , id L	addtype($2, $3); $$=$3;
| : T	$$=$2;
T→ real	$$=real;

4.2.6　属性的空间分配

翻译方案中除了需要考虑属性的计算次序之外，还需要为属性分配存储空间。不同的语法分析对属性空间的分配也不尽相同。递归下降分析中，任何属性存储空间均是由子程序中的变量、函数值等所表示的。换句话说，属性的存储空间就是程序设计语言所提供的任何可用的存储形式，因而属性的存储空间分配在递归下降子程序中就是一个程序设计问题。

在 LR 分析中，一般采用分析器生成工具，如 YACC。YACC 为属性提供语义栈，并且通过伪变量表示属性的存储空间，从而大大简化了属性的空间分配。

本节仅讨论 LR 分析中的属性空间分配。首先讨论如何有效利用语义栈，然后简单讨论在 LR 分析中显式的属性空间分配。

1. 优化使用语义栈

1) 不同属性的空间共享

如果语法制导定义中的属性是等价的，或者属性隶属于不同的文法符号且不同时使用，则这些属性可以共享语义栈上的存储空间。

【例 4.18】 重新考虑例 4.6 中文法 G4.1 的语法制导定义，它的三个属性 type、in 和

entry 分别隶属于文法符号 T、L 和 id，也就是说三个属性在分析栈上的使用是不交的。但对于可以表示任何文法符号的伪变量$$来讲，它应该有三个分量$$.type、$$.in 和$$.entry 来分别存储它们。这三个属性是否可共享一个空间？分析三个属性发现：

(1) 由复写规则 L.in:=T.type 可知 type 和 in 本质上是一个属性，因此 type 和 in 属性可以共享存储空间。

(2) 若 type 和 entry 的内部均用整型数表示，则 type 和 entry 也可以共享存储空间。

在这种情况下它们可以共用一个单元，于是可将翻译方案改写为如下更简单的形式：

```
D→T L
T→real          {$$=real;}
L→L , id        {addtype($3, $0);}
L→id            {addtype($1, $0);}
```

上述改写的出发点是节省存储空间，并没有考虑其他因素。如果从程序安全的角度考虑 type 和 entry，则即使类型相同也应该占据不同的存储空间。另外，如果 type 用枚举类型表示，或者 entry 不是连续存储空间的下标，而是指向不连续存储空间的指针，则 type 和 entry 也不能共享存储空间。■

2) 文法采用左递归

左递归文法的特点是在 LR 的分析过程中归约先于移进，从而使得分析栈保持较低。右递归的文法在分析过程中移进先于归约，有时需要将所有输入全部移进栈中才可以进行归约，从而占据大量空间。事实上右递归存在两大风险：

(1) 分析栈会很高，可能造成分析栈的溢出。

(2) 会使左递归文法在分析过程中相对位置确定的文法符号成为不确定的。

从例 4.17 中可以看到风险 1 的存在，下述例 4.19 可说明风险 2。

【例 4.19】 将左递归的文法 G4.1 改写为如下的右递归形式：

```
D→T L
T→real
L→id , L
L→id
```

为了设计能实现 LR 增量分析的翻译方案,首先考察输入序列 real id1, id2, id3 在分析栈中的分析过程。

在图 4.20(a)中，输入序列需要全部移进栈中。然后归约句柄"id3"得到 L1，归约句柄"id2, L1"得到 L2，归约句柄"id1, L2"得到 L3。而三个 L 相对于栈底 T 的属性 real 的距离分别是 1、3、5。特别是 L1 与 L2 用同一个产生式归约，但相对位置不同！为使相对位置成为确定，需要引入标记非终结符来传递属性值。改写后的文法和翻译方案如下：

```
D→T L
T→real          {$$=real;}
L→id , M L      {addtype($1, $0);}
L→id            {addtype($1, $0);}
M→ε             {$$=$-2;}
```

用此翻译方案再分析 real id1, id2, id3，过程如图 4.20(b)所示，通过 M 传递 T 的属性，使得在分析栈中的任何时刻，L 的下方必有属性.real，从而保证 L 的属性值均得到正确计算。

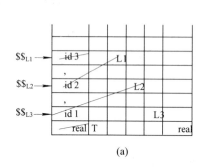
(a)

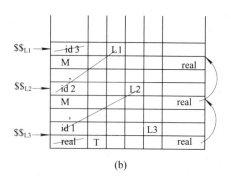
(b)

图 4.20　右递归文法在分析栈中的表现

(a) 右递归文法的分析栈变化；(b) 标记非终结符在右递归文法中的作用

2. 属性空间的显式分配

由于语义栈一定是与分析栈并列的，因而它在有些情况下并不能完全适合属性的计算。对于有些不满足后进先出原则的属性值的计算，或者属性计算过程中的副作用产生的全程量，或者仅仅是为了增强翻译方案的易读性等原因，需要显式地为属性分配存储空间。

为属性显式分配存储空间的基本原则是：生存期不交的属性值可以共享同一存储空间。属性值的**生存期**是指从该属性第一次被计算到所有依赖于它的属性均被计算的这段时期。

1) 生存期不交的属性可以共用存储空间

【例 4.20】　考虑我们所熟悉的算术表达式求值的语法制导定义。

$$
\begin{aligned}
E &\to E^1 + T & &E.val := E^1.val + T.val; \\
&\mid T & &E.val := T.val; \\
T &\to T^1 * F & &T.val := T^1.val * F.val; \\
&\mid F & &T.val := F.val; \\
F &\to n & &F.val := n.lexval;
\end{aligned}
\tag{G4.4}
$$

该文法是左递归的，分析过程中归约先于移进，在任何时刻相同文法符号的属性值的生存期不交。因此，可以为 E、T、F 的 val 属性对应分配三个变量 e、t、f，并设计翻译方案如下：

$$
\begin{aligned}
E &\to E + T & &e := e + t; \\
&\mid T & &e := t; \\
T &\to T * F & &t := t * f; \\
&\mid F & &t := f; \\
F &\to n & &f := n.lexval;
\end{aligned}
$$

对于输入序列 3 + 5 + 8*2，它的注释分析树如图 4.21(a)所示。用 e、t、f 存放计算的中间结果，最终得到表达式的值 e = 24。

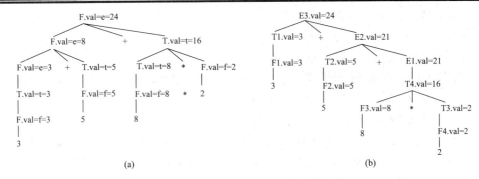

图 4.21　左递归与右递归文法的分析树

(a) 左递归文法的分析树；(b) 右递归文法的分析树

2) 生存期相交的属性需要不同的存储空间

【例 4.21】　将左递归文法(G4.4)改写为右递归文法(G4.4')，语法制导定义不变。

$$
\begin{aligned}
E \to T + E^1 & \qquad E.val := T.val + E^1.val; \\
\mid \quad T & \qquad E.val := T.val; \\
T \to F * T^1 & \qquad T.val := F.val * T^1.val; \\
\mid \quad F & \qquad T.val := F.val; \\
F \to n & \qquad F.val := n.lexval;
\end{aligned}
$$

(G4.4')

对于相同的输入序列 3+5+8*2，它的注释分析树如图 4.21(b)所示，其中文法符号按剪句柄的先后次序进行编号。考察分析树上 T1、T2 和 T3 的属性，它们的生存期是嵌套的，如果仅为 T 的属性分配一个单元 t，则无法有效保存所有 T 的属性值。同样的问题也存在于 E 和 F 的属性中。　■

4.2.7　YACC 源程序中的语法制导翻译

YACC 的一些特性为语法制导翻译提供了方便，它们包括：

(1) YACC 自动报告语法冲突，因此我们设计文法时无需考虑文法是否是 LALR(1)的。

(2) YACC 并不自动区分属性的性质是继承属性还是综合属性，它只接受已在栈中且可利用的属性，当引用还没有出现在栈中的属性时，会指出错误(大多是推迟到 C 编译时指出)，帮助用户检查属性计算是否合法。

(3) YACC 支持嵌入的语义动作，具体方法是为嵌入的语义动作引入内部的标记非终结符。利用这些特性可以进行有效的 YACC 源程序设计。但是，由于嵌入语义动作的"虚拟性"，它与直接使用标记非终结符在伪变量的引用上是不同的。

【例 4.22】　讨论数学排版问题。其类 YACC 翻译方案的部分产生式和语义动作如下：

(1) S→ L B　　　　　　{$$=$2;}
(2) L→ε　　　　　　　{$$=10;}
(3) B→ B M B　　　　　{$$=max($1,$3);}
(4) M→ε　　　　　　　{$$=$-1;}

标记非终结符 M 是为了去除嵌入的语义动作。事实上 YACC 源程序中允许嵌入语义动作，因此可以将上述翻译方案改写为如下形式：

(5) S→ L B　　　　　　　{$$=$2;}

(6) L→ε　　　　　　　　{$$=10;}

(7) B→ B {$2=$0;} B　　{$$=max($1,$3);}

二者是等价的，但是 M 产生式的语义动作中对伪变量的引用与嵌入动作中对伪变量的引用不同，因为 YACC 源程序中伪变量的位置均是以当前产生式右部的第一个文法符号为基准的，向右递增，向左递减。嵌入语义动作在产生式(7)中是向右第二个符号，故语义动作是{$2=$0;}，而不是{$$=$-1;}。两个语义动作具体引用的内容分别如图 4.22(a)和(b)所示。当栈顶按 M→ε 归约后，伪变量如图 4.22(a)右边的箭头所指；当栈顶按 B→B{$2=$0;}B 归约后，伪变量如图 4.22(b)左边的箭头所指。这两种情况均可以正确传递 L 的属性值。　　■

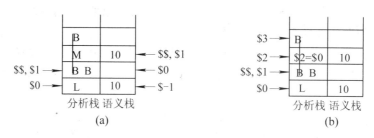

图 4.22　YACC 对嵌入语义动作的支持

(a) 引入标记非终结符；(b) 直接嵌入语义动作

根据上述讨论，YACC 源程序中语义动作的设计应尽量使用 S_属性。当有 L_属性时，调试阶段也应少使用嵌入语义动作，因为 YACC 在内部为每个嵌入语义动作都引入了一个标记非终结符，使得源程序中的产生式和内部产生式不一致，这给阅读由产生式所生成的分析表造成了困难。

最后我们通过一个简单的例子来看一下 YACC 源程序设计的多样性。

【例 4.23】　下述文法产生由 1 组成的序列，其中的语法制导定义记录 1 的个数并将其打印。

　　S → L　　　　　　　　L.count := 0;

　　L → L^1 1　　　　　　　L^1.count := L.count + 1;

　　　| ε　　　　　　　　　print(L.count);

用 YACC 提供的方法设计此语法制导定义的翻译方案，至少有以下四种解决方案。

(1) 引入标记非终结符：

　　S : M L　　　　　　　{printf("%d\n", $1);};

　　M :　　　　　　　　{$$=0;};

　　L :

　　　| L 1　　　　　　　{$0++;}

　　　;

(2) 嵌入语义动作：

　　S : {$2=0;} L　　　　{printf("%d\n", $2);};

　　L :

　　　| L 1　　　　　　　{$0++;}

```
                ;
(3) 为属性显式分配变量:
    int count=0;
    %%
    S : L                {printf("%d\n", count);};
    L :
      | L 1              {count++;}
                ;
(4) 改继承属性为综合属性:
    S : L        {printf("%d\n", $1);};
    L :          {$0=0;}
    | L 1        {$0++;}
      ;
```

4.3　中间代码简介

回顾图 1.3，编译器工作的各阶段 (符号表管理器与出错处理器除外) 的完整输出均可以被认为是源程序的某种中间表示。本章所讨论的中间代码是图 1.3 所示的中间代码生成器输出的中间表示。

原理上讲，源程序在语义分析完成之后，已经具备了生成目标代码的条件，完全可以跳过后面的若干阶段，直接生成目标代码。但是，由于源代码与目标代码的逻辑结构往往差别很大，特别是考虑到具体机器指令系统的特点，要使翻译一次到位很困难，而且用语法制导翻译方法机械生成的代码往往是繁琐、重复和低效的。因此有必要设计一种中间代码，首先通过语法制导翻译生成此中间代码，然后在中间代码的基础上，再考虑对代码的优化和最终目标代码的生成。中间代码实际上应起分隔编译器前端与后端分水岭的作用，目的是便于编译器的开发移植和代码的优化。为此，要求中间代码具有如下特性:

(1) 便于语法制导翻译。

(2) 既与机器指令的结构相近，又与具体机器无关。

中间代码的主要形式有树、后缀式、三地址码等。最基本的中间代码形式是树，它实质上就是一棵语法树，其他几种形式的中间代码均与树有着对应关系，或者直接可以由树得到。最为常用的中间代码形式是三地址码，它的实现常采用四元式形式。三地址码的形式接近机器指令，且具有便于优化的特征。

一般来讲，主要是对可执行语句生成中间代码，而对于定义或声明性语句，例如类型定义、变量声明、过程或函数的说明等语句，其主要处理过程是记录相关信息并分配适当的存储空间等。符号表是帮助声明语句实现存储空间分配的重要数据结构。

4.3.1　后缀式

后缀式也被称为逆波兰表示，它的典型特征是操作数在前，操作符紧跟其后。例如中缀表示的算术表达式 a+b*c 的后缀式表示为 abc*+，而(3+5)*(8+2)的后缀式为 35+82+*。由于操作符紧跟操作数之后，因此只要知道操作符有几个操作数，每一步的运算就可以确定。与中缀式相比，后缀式的优点是没有括号且便于计算。对于结构正确的后缀式，可以采用下述固定模式计算求值。

算法 4.2　后缀式计算

输入　后缀式。

输出　计算结果。

方法　采用下述过程进行计算，最终结果放在栈中。

```
    x := first_token;
    while   not end_of_exp
    loop    if    x is an operand
            then push x;                -- 是操作数则进栈
            else pop(operands);         -- 是操作符则弹出操作数，个数由操作符定
                 push(evaluate);        -- 计算，并将结果进栈
            end   if;
            next(x);
    end loop;
```

以 abc*+和 35+82+*作为例子，不难验证计算的正确性。这种计算模式可以被认为是一个栈式的虚拟机，而后缀式的计算恰好符合后进先出的特性。因此，只要将程序翻译成后缀式的中间表示，则均可以用这样一个虚拟机对它进行计算。

后缀式并不局限于二元运算的表达式，可以推广到任何语句，只要遵守操作数在前，操作符紧跟其后的原则即可。典型的例子如 if-then-else 语句：

　　　　if e　then x else y

将 if-then-else 看做一个完整的操作符，则 e、x 和 y 分别是三个操作数，这显然是一个三元运算。根据后缀式的特点，它的后缀式可以写为

　　　　e x y if-then-else

但是，这样的表示有个弱点。按照算法 4.2 的计算次序，e、x 和 y 均需计算，而实际上，根据条件 e 的取值，计算 x 则不计算 y，计算 y 则不计算 x。因此可以将后缀式改写为

　　　　e p1 jez x p2 jump p1: y p2:

其中，p1 和 p2 分别是标号，p1 jez 表示 e 的结果为 0(假)则转向 p1，p2 jump 表示无条件转向 p2。与 exy if-then-else 相比较，操作符 if-then-else 被分解，首先计算 e，根据 e 的结果是否为真，决定计算 x 还是计算 y。

后缀式的语法制导翻译已在例 4.1 中给出，其翻译方案中假设初值 k=1。

4.3.2　三地址码

1. 三地址码的直观表示

顾名思义，三地址码是由不超过三个地址组成的一个运算。它可以直观地表示为下述形式：

　　result := arg1 op arg2　或 result := op arg1　或　op arg1

其中，arg1 和 arg2 用于存放运算对象，result 用于存放运算结果。它们分别表示结果存放在

result 中的二元运算 arg1 op arg2，结果存放在 result 中的一元运算 op arg1，以及一元运算 op arg1。

三地址码与汇编指令在结构上已经十分接近，因此从三地址码生成目标代码比较容易。但是它又不涉及与具体机器有关的实现细节，例如地址 arg1、arg2、result 在三地址码中仅代表抽象的变量，而它们到底是寄存器变量、内存变量，还是常量，在三地址码中并不被考虑，因此便于对程序进行与机器无关的控制流或数据流的优化。三地址码是最终生成目标代码的理想中间代码形式。

形式上，三地址码与程序设计语言中的数学表达式或赋值句很相似，但是它有一个明显的特征，即形式上是最多仅由一个二元运算组成的赋值句。例如赋值句 x := a + b * c，它的三地址码形式是序列：

T1 := b * c
T2 := a + T1
x := T2

三地址码的种类如表 4.1 所示。它们构成了三地址码的指令集合。大部分形式的三地址码所表示的意义很直接，这里仅将个别形式做一简单解释。x[i]表示对数组元素的引用，(10)和(11)分别表示取数组元素的值和向数组元素赋值；(12)、(13)、(14)借用了 C/C++的语法和语义，分别表示了对地址和指针的引用形式的取值和赋值。

表 4.1 三地址码的种类

序 号	三 地 址 码	四 元 式
(1)	x := y op z	(op, y, z, x)
(2)	x := op y	(op, y, , x)
(3)	x := y	(:=, y, , x)
(4)	goto L	(j, , , L)
(5)	if x goto L	(jnz, x, , L)
(6)	if x relop y goto L	(jrelop, x, y, L)
(7)	param x	(param, , , x)
(8)	call P, n	(call, n, , P)
(9)	return y	(return, , , y)
(10)	x := y[i]	(=[], y[i], , x)
(11)	x[i] := y	([]=, y, , x[i])
(12)	x := &y	(=&, y, , x)
(13)	x := *y	(=*, y, , x)
(14)	*x := y	(*=, y, , x)

2. 三地址码的实现——三元式与四元式

三地址码可以有多种实现方式，常用的有三元式、间接三元式和四元式等。间接三元式是一种介于三元式和四元式之间的折中形式。下面我们仅对三元式和四元式做一简单介绍。

1) 三元式表示

三元式的表示为

　　　　(i) (op，　arg1，　arg2)

它所代表的计算是：

　　　　(i) := arg1 op arg2

即 arg1 和 arg2 分别作为左右操作数进行 op 运算，运算结果存放在三元式的编号(i)中。

三元式的编号具有双重含义，既代表此三元式，又代表三元式存放的结果。三元式一般被按顺序存放在数组结构的三元式组中，三元式组中的每个元素是一个记录，其中的三个域分别存放三元式中的各项。三元式的序号一般是隐含的，由其在三元式组中的位置(下标)决定。由于三元式序号的作用和三元式的存储方式，使得三元式存在一个弱点，即三元式在三元式表中的位置一旦确定，就不允许被改变。这给代码的优化带来困难，因为代码优化常使用的方法是删除某些代码或将某些代码移动位置，而一旦进行了代码的删除或移动，则表示某三元式的序号就会发生变化，从而使得其他三元式中对原序号的引用无效。

【例 4.24】　表达式 x:=a+b*c 可由一组三元式表示为

(1) (*，　b，　c)

(2) (+，　a，(1))

(3) (:=，x，(2))

此处标识符 a、b、c、x 分别表示它们的存储位置，序号(1)、(2)、(3)分别是它们在三元式表中的位置。　　　　　　　　　　　　　　　　　　　　　　　　　　　　　■

2) 三元式的语法制导翻译

为文法符号和产生式设计如下的属性和语义函数：

(1) 属性.code：表示三元式代码，指示标识符的存储单元或三元式表中的序号。

(2) 属性.name：给出标识符的名字。

(3) 函数 trip(op，arg1，arg2)：生成一个三元式，返回三元式的序号。若运算是一元的，如 E→–E1，则 arg2 可以为空。

(4) 函数 entry(id.name)：根据标识符 id.name 查找符号表并返回它在符号表中的位置或存储位置。为了直观，三元式中仍以标识符自身的名字表示。

对于简单赋值句的求值，三元式语法制导翻译如下：

(1) A → id := E 　　{ A.code := trip(:=，entry(id.name), E.code) }

(2) E → E1 + E2 　{ E.code := trip(+，　E1.code, E2.code) }

(3) E → E1 * E2 　{ E.code := trip(*，　E1.code, E2.code) }

(4) E → (E1) 　　{ E.code := E1.code }

(5) E → –E1 　　　{ E.code := trip(@，E1.code，　) }

(6) E → id 　　　　{ E.code := entry(id.name) }

【例 4.25】　赋值句 x:=a+b*c 的注释分析树如图 4.23 所示。语法制导翻译生成三元式的主要过程如下，其中的属性计算是在自下而上分析过程中每次"剪句柄"之后进行的。

步骤	"剪句柄"使用的产生式	属性计算结果
(1)	E1 → a	E1.code = a
(2)	E2 → b	E2.code = b
(3)	E3 → c	E3.code = c
(4)	E4 → E2 * E3	E4.code = (1) (*,　b,　c)
(5)	E5 → E1 + E4	E5.code = (2) (+,　a,　(1))
(6)	A → x := E5	A.code = (3) (:=,　x,　(2))

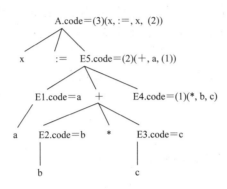

图 4.23　x:=a+b*c 的注释分析树

3) 四元式表示

在三元式中，运算的结果由三元式的序号表示，它的最大弱点是三元式一旦在三元式表中确定了位置，则不能再被改变，这给优化工作带来了困难。四元式在三元式的基础上，增加了一个存放结果的项，具体形式如下：

　　(op，arg1，arg2，result)

它所表示的计算为

　　result := arg1 op arg2

即 arg1 和 arg2 分别作为左右操作数进行 op 运算，运算结果存放在 result 中，如果是一元运算，则 arg2 可以为空。

result 的表示方法通常是给出一个临时名字，用它来存放运算的结果，被称为临时变量，例如常用 T1、T2、T3 等来表示临时变量。语法制导翻译时可以随意地引入临时变量，所以会在四元式序列中出现很多临时变量，而大部分仅使用一两次就不再使用。因此，从优化的角度考虑，若干个临时变量可以共用同一个存储空间。

从表现形式上看，四元式与三元式的唯一区别是将由序号所表示的运算结果改为了由临时变量来表示。而这一改变使得四元式具有了运算结果与四元式在四元式序列中的位置无关的特点，它为代码的优化提供了极大的方便，因为这样可以删除或移动四元式而不会影响运算结果。

三地址码的四元式形式如表 4.1 所示，它们基本上是一一对应的。事实上，有些教材中对三地址码和四元式是不加区分的。在以后的讨论中，并不刻意区分三地址码与四元式。

4) 四元式的语法制导翻译

对于简单赋值句的求值，四元式语法制导翻译如下：

(1) A → id := E   { A.code := newtemp; emit(:=，entry(id.name)，E.code, A.code) }

(2) E → E1 + E2   { E.code := newtemp; emit(+,   E1.code，E2.code, E.code) }

(3) E → E1 * E2   { E.code := newtemp; emit(*,   E1.code，E2.code, E.code) }

(4) E → (E1)   { E.code := E1.code }

(5) E → –E1   { E.code := newtemp; emit(@，E1.code， , E.code) }

(6) E → id   { E.code := entry(id.name) }

此处，属性.code 表示存放运算结果的变量；函数 newtemp 表示返回一个新的临时变量，如 T1、T2 等；过程 emit(op, arg1, arg2, result)生成一个四元式，若运算是一元的，如 E→–E1，则 arg2 可以为空。

【例 4.26】   赋值句 x:=a+b*c 可由一组四元式表示如下：

(*， b， c， T1)

(+， a， T1, T2)

(:=, x， T2, T3)

仿照例 4.25，不难给出四元式序列生成的过程。

4.3.3 图形表示

1. 树作为中间代码

语法树真实反映句子的结构，对语法树稍加修改，即可以作为中间代码的一种形式。

【例 4.27】   赋值句 x:=(a+b)*(a+b)的树的中间代码表示如图 4.24(a)所示。在树表示的中间代码中，根节点和每一个内部节点均代表一个运算，其中运算的次序由附加在根和内部节点上的序号表示。

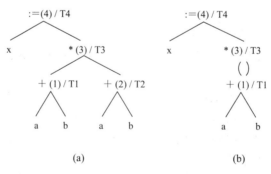

图 4.24   x:=(a+b)*(a+b)图形表示的中间代码

(a) 树表示；(b) DAG 表示

2. 树的语法制导翻译

对简单赋值句的求值进行语法制导翻译如下：

(1) A → id := E   { A.nptr := mknode(:=, mkleaf(entry(id.name)), E.nptr) }

(2) E → E1 + E2   { E.nptr := mknode(+,   E1.nptr, E2.nptr) }

(3) E → E1 * E2   { E.nptr := mknode(*,   E1.nptr, E2.nptr) }

(4) E → (E1)   { E.nptr := E1.nptr }
(5) E → –E1   { E.nptr := mknode(@，E1.nptr,) }
(6) E → id   { E.nptr := mkleaf(entry((id.name)) }

其中，属性.nptr 是指向树节点的指针；函数 mknode(op，nptr1，nptr2)生成一个根或内部节点，节点的数据是 op，左右孩子分别是 nptr1 和 nptr2 所指向的子树，若仅有一个孩子，则 nptr2 为空；函数 mkleaf(node)生成一个叶子节点。

3．树的优化表示——DAG

考察图 4.24(a)所示的树，节点*(3)的两棵子树完全相同，反映在计算上就是 a+b 被重复计算一次，对应的三元式也重复出现，这显然是一种浪费。为了避免这种情况，可以将树的表示进行某种程度的优化。如果若干个节点有完全相同的孩子，则这些节点可以指向同一个孩子(如图 4.24(b)所示)，形成一个有向无环图(Directed Acyclic Graph, DAG)。DAG 与树的唯一区别是多个父亲可以共享同一个孩子，从而达到资源(运算、代码等)共享的目的。DAG 的语法制导翻译与树的语法制导翻译相似，仅需要在 mknode 和 mkleaf 中增加相应的查询功能，查看所要构造的节点是否已经存在，若存在，则无需构造新的节点，直接返回指向已存在节点的指针即可。

4．树与其他中间代码的关系

树表示的中间代码与后缀式和三地址码之间有着内在的联系。对树进行深度优先的后序遍历，得到的线性序列就是后缀式，或者说后缀式是树的一个线性化序列；而对于每棵父子关系的子树，父亲节点作为操作符，两个孩子节点作为操作数，恰好组成一个三元式，且父亲节点的序号成为三元式的序号。为每个三元式序号赋一个临时变量，就不难将三元式转换为四元式。

【例 4.28】 赋值句 x:=(a+b)*(a+b)的后缀式表示如下，它恰好是对图 4.24(a)进行后序遍历得到的序列：

    xab+ab+*:=

赋值句 x:=(a+b)*(a+b)的三元式和四元式序列如下，不难检验它们的等价性。

(1) (+,   a,   b)   (1) (+,   a,   b,   T1)
(2) (+,   a,   b)   (2) (+,   a,   b,   T2)
(3) (*,   (1), (2))   (3) (*,   T1,   T2,   T3)
(4) (:=,   x,   (3))   (4) (:=,   x,   T3,   T4)

4.4 符号表简介

符号表是连接声明与引用的桥梁。一个名字在声明时，相关信息被填写进符号表，而在引用时，根据符号表中的信息生成相应的可执行语句。有效记录各类符号的信息，以便于在编译的各个阶段对符号表进行快速、有效的查找、插入、修改、删除等操作，这是符号表设计的基本目标之一。

符号表的管理贯穿整个编译过程，既涉及前端，也涉及后端，尤其与后端的存储空间分配有密切联系。符号表的内容一般仅在编译时使用，如果名字的具体信息需要在运行时确定或者使用，则符号表的部分内容还要保留到运行时，例如动态数组和跟踪调试信息等。符号表的信息组织与符号表数据结构的安排对于编译的效率有重大影响。合理组织符号表的内容，以适应不同阶段的需要，也是符号表设计需要考虑的问题之一。

由于程序设计语言对源程序大小一般不做任何限制，符号表中存放的名字的个数原则上也是无限的，符号表的存储空间无论多大，都会有溢出的可能，因而符号表的空间存储应该是可以动态扩充的。

本节对于符号表的讨论，不是针对某些特别的名字和结构介绍它们的具体符号表组织，而是基于上述目标或者要求，讨论符号表内容和结构的一般原则，目标是合理存放信息和快速准确查找信息。

4.4.1　符号表条目

每个声明的名字在符号表中占据一栏，称为一个条目。条目的格式无需统一，因为名字所需保存的信息取决于名字的使用。条目可以用连续的内存字构成的记录来实现。为了保持符号表记录的统一和较高的空间利用率，名字的有些信息可以分别存放，而把指向这些信息的指针放在符号表条目的相应域(field，也被称为字段)中。符号表中的内容可以包括保留字、标识符、特殊符号(包括算符、分隔符等)，等等。其中标识符是最大的一类符号，因为标识符在程序设计语言中起着为对象命名的作用。程序设计语言中大多数的对象都有名字，例如常量名、变量名、类型名、过程名、类名、对象名、标号等。为了处理方便，符号表可以按照上述分类划分为几张子表，如保留字表、变量名表、过程名表、类型名表等。

符号表中的一个条目中包含若干内容，基本内容可以分为名字和属性。当词法分析器遇到一个新名字时，就为它建立一个新的条目，并把到目前为止的信息填写到属性中，而把暂时不知的属性空起来，等以后确定后再填。条目中的名字可以不唯一，例如不同作用域中的两个变量可以用同一个名字。另外，有些语言也允许在同一个作用域中用一个名字表示两个以上不同类型的对象。例如 C 语言的如下声明：

　　int x;

　　struct x { double y, z; };

在同一作用域中，x 既可以表示一个整型对象，又可以表示一个结构对象。所以符号表中要为 x 建立两个条目，它们的名字是一样的，但是类型不同。为此，需要若干域合起来标记一个条目，习惯上把这些唯一区分一个条目的若干域称为组合关键字。例如，为 C 语言构造的符号表中，一个名字的组合关键字至少应该包括三项：名字＋作用域＋类型。

值得一提的是，如果一个名字在同一作用域中允许有多于一个的声明，则表示这个名字在同一个作用域中代表不同的对象，因此，在名字作用域范围内对该名字引用时，就必须根据上下文来判定名字属于哪个对象。有些程序设计语言在语法上规定了不允许这样的声明，以便简化编译时的处理。

4.4.2 构成名字的字符串

名字的记号 id 和 id 的属性与构成 id 的字符串组成的单词(如 draw_line)之间是有区别的。对于名字的记号及其某些属性,往往是一些定长信息,在符号表中较容易一致存储。而对于名字本身,即构成名字的字符串,原则上可以由任意长的字符组成,例如 Ada 中把白空(包括空格、制表符,以及回车换行符等)作为标识符的分界符,而当前大部分编译器的编辑器或文字处理器允许行的最大值超过 256 个字符。也就是说,Ada 的标识符长度原理上可以超过 256 个字符,而一般我们习惯用的标识符长度在 10 个字符左右。如果把名字的字符串信息本身直接存放在符号表中,则会造成很大浪费,同时也无法解决极端情况。

直接将构成名字的字符串存放在符号表条目中的方式被称为直接存储方式,如图 4.25(a)所示。对于这种长度变化范围很大的字符串,采用间接存储方式更为合理。所谓间接存储,就是将构成名字的字符串统一存放在一个大的连续空间中(见图 4.25(c)),字符串与字符串之间用特殊的分隔符隔开,而在符号表的条目中,仅存放指向该字符串首字符的指针即可,见图 4.25(b)、(c)。间接存放解决了字符串长度不确定的问题,但是在访问字符串时,需要进行间接寻址,在效率上不如直接存储方式。

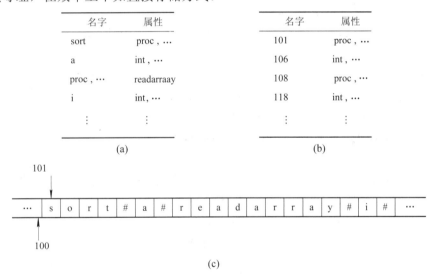

图 4.25 字符串的两种不同的存储方式

间接存储的方法实际上解决了复杂信息的存储问题,将其推广到属性,则对于任何一个复杂的属性,均可以为其另辟空间(空间本身可以是复杂结构,如数组的内情向量等),而仅需要将指向此空间的指针放在此属性在符号表中的对应位置即可。

4.4.3 名字的作用域

源程序中一个名字可以出现在不同的范围内,并且可以具有不同的意义。程序设计语言范围的划分可以有两种不同的方式——并列和嵌套。不同的程序设计语言,根据其提供的抽象方法不同,采用不同的范围划分方式。例如,Pascal 语言的过程定义可以是嵌套的,即一个过程内部可以再定义另一个过程;而 C/C++语言的过程只能是并列的,也就是说 C/C++的过程中不能再定义过程，但是 C/C++允许程序块(block)嵌套，每个程序块的范围以花括弧{ }界定，而花括弧内可以再嵌套花括弧。一个名字在哪个范围内起作用，被称为名字的作用域。分别在并列的两个范围内的名字作用域互不相干，但是分别在嵌套的两个范围内的名字，其作用域就需要制定规则来限定，以使得任何一个名字在任何范围内涵义都是无二义的。规定一个名字在什么样的范围内应该表示什么意义的原则，被称为名字的作用域规则，通用的程序设计语言，如 Pascal、C/C++、Ada 等，均遵守下述两条原则(第一条原则实际上是一个总的方针，第二条原则是在总方针下的具体规则)：

(1) **静态作用域原则**(static-scope rule)：编译时就可以确定名字的作用域，也可以说，仅从静态读程序就可确定名字的作用域。

(2) **最近嵌套原则**(most closely nested)(下面的作用域规则以程序块为例，但也适用于过程)：

① 程序块 B 中声明的作用域包括 B；

② 如果名字 x 不在 B 中声明，那么 B 中 x 的出现是在外围程序块 B'的 x 声明的作用域中，使得 B'有 x 的声明，并且 B'比其他任何含 x 声明的程序块更接近被嵌套的 B。

通俗地讲，名字的声明在离其最近的内层起作用，即在名字引用处从内向外看，它处在所遇到的第一个该名字声明的作用域中。

【例 4.29】 下述源程序说明了 C 的程序块符合上述作用域规则。

```
main( )
{   int a=0; int b=0;                /*最外层，不妨定为 B0 层*/
    {   int b=1;                     /* B1 层，被 B0 嵌套 */
        {   int a=2;   int c=4;   int d=5; /* B2 层，被 B1 嵌套 */
            printf("%d %d\n"，a，b);  /* 结果为 2，1 */
        }
        {   int b=3;                 /* B3 层，与 B2 并列，并列的名字作用域不交 */
            printf("%d %d\n"，a，b); /* 结果为 0，3 */
        }
        printf("%d %d\n"，a，b);     /* 结果为 0，1 */
    }
        printf("%d %d\n"，a，b);     /* 结果为 0，0 */
}
```

在不同程序块中声明的 a 和 b，它们的作用域分别为

声　明	作用域
int a=0	B0−B2
int b=0	B0−B1
int b=1	B1−B3
int a=2	B2
int b=3	B3

4.4.4　线性表

最简单和最容易实现符号表的数据结构是线性表。可以将线性表表示为一个数组，也可以表示为一个单链表。为了正确反映名字的作用域，线性表应具有栈的性质，即符号的加入和删除均在线性表的一端进行。以例 4.29 静态作用域的例子为例，对应符号表的线性表组织如表 4.2 所示，可以将其看做是一个顶在下的栈。

表 4.2　线性表的符号表组织

名　　字	属　　性
a = 0	int, B0
b = 0	int, B0
b = 1	int, B1
c = 4(或 b = 3)	int, B2(或 int, B3)
d = 5	int, B2
a = 2	int, B2

对于任何一个名字，从栈顶开始向栈底查找，遇到的第一个符合条件的名字即是所要查找的符号。当要插入一个名字的时候，也是首先在符号表中查找。若查到，则返回该名字在符号表中的位置(指针或下标)；否则加入到栈顶。在表 4.2 中，如果当前分析到的作用域是 B2，则栈顶条目是 a = 2，因此，在符号表中查找，遇到的第一个 a 和 b 分别是 a = 2 和 b = 1，正好符合作用域规则。

当从某个作用域退出时，从栈顶把该作用域的所有名字全部摘走，存放在一个不活动的临时表中，以备后用。例如，当分析从 B2 退出并进入 B3 时，则把栈顶条目 a = 2、d = 5、c = 4 摘走，而将条目 b = 3 加入。这种临时摘走的方式也称为临时删除或假删除，只有确认某名字永远不会再被使用时，才会真正删除相应的条目。

设符号表中有 n 个条目，那么成功查找的概率是 n / 2，不成功查找的概率是 n+1。因此，在符号表中插入 n 个名字和完成 e 次查找的时间复杂度约为 n(n+e)。当 n 和 e 很大时，在线性表上进行查找的效率显然很低。

4.4.5　散列表

1．散列表的构成

为了提高符号表的查找效率,可以将线性表化整为零，分成 m 个子线性表，简称子表。构造一个散列函数，使符号表中元素均匀地散布在这 m 个子表中。散列表的结构如图 4.26 所示，m 个子表的表头构成一个表头数组，它以散列函数的值(hash 值)为下标，每个子表的组织与上述线性表相同。具有相同 hash 值的节点被散列在相同子表中，连接子表的链被称为散列链。如果散列均匀，则时间复杂度会降到原线性表的 1/m。

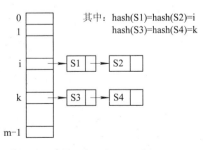

图 4.26　散列表的结构

在线性表中，相同作用域中的名字会相对集中地存放在线性表的某一段，进入或退出某作用域时，此作用域中的所有名字会一同摘走。但是在散列表中，相同作用域的名字会被散列到不同的子表中，无法一同摘走。为了方便这种情况下的条目删除，需要为每个元素在原来散列链(hash link)的基础上，再设立一个作用域链(scope link)。

hash link：　链接所有具有相同 hash 值的元素，表头在表头数组中。

scope link：链接所有在同一作用域中的元素，表头在作用域链中。

2．散列表的操作

在散列表中可以进行如下操作：

(1) 查找。首先计算散列函数，然后从散列函数所指示的入口进入某个线性表，在线性表中沿 hash link，像查找单链表中的名字一样进行查找。

(2) 插入。首先查找，以确定要插入的名字是否已在表中，若不在，则要将其分别沿 hash link 和 scope link 插入到两个链中，方法都是插在表头，即两个表均可看做是栈。

(3) 删除。把以作用域链接在一起的所有元素从当前符号表中删除，保留作用域链所链的子表，为后继工作使用(如果是临时删除，则下次使用时将该元素直接沿作用域链加入到散列链中即可)。

表 4.2 所示的线性表结构的散列表结构如图 4.27 所示。图中散列函数的计算公式可以简单地设计为 hash(s)=ord(s)–ord('a')。图 4.27(a)所示散列表中的内容处在 B2 作用域中，而图 4.27(b)所示散列表的内容处在 B3 作用域中。当分析从 B2 退出进入 B3 时，图 4.27(c)所示的作用域表中，B2 节点的 scope link 串起 B2 中声明的所有名字。

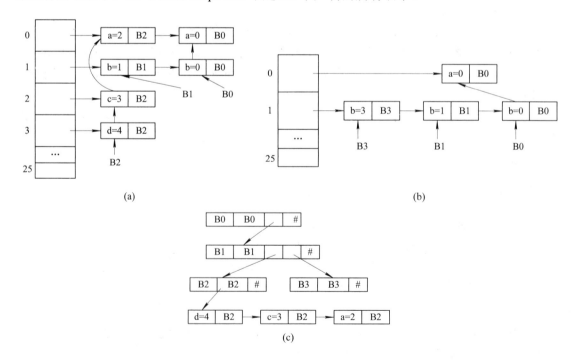

图 4.27　散列表的符号表组织

(a) 当前分析 B2 时的散列表；(b) 当前分析 B3 时的散列表；(c) 作用域表的内容

3. 散列函数的计算

要最大可能地提高散列表上操作的速度，关键是合理计算散列函数，使符号表中的名字均匀地散列在各个子表中。关于散列函数的计算方法，在有关数据结构的教材中均有详细介绍，此处仅根据符号表中数据的特点，简单提一下散列函数计算的原则和有代表性的散列函数。

符号表中散列函数的计算，要考虑符号表中名字的特性。源程序中往往会出现很多接近的且具有相同前缀或后缀的名字。例如，一个(设计不好的)源程序中可能出现 300 个如下的名字：

V001, V002, V003, …, V300

如果散列函数设计不合适，如取字符串的前缀或后缀作为散列函数等，则可能使得名字集中在某些散列地址上，从而降低散列表的性能。一般情况下，对符号表中的散列函数可进行如下处理：

(1) 从串 s 中的 c_1, c_2, …, c_k 字符确定正整数 h。h 的计算可以简单地采用各字符的整数值相加，或者取 $h_0 = 0$, $h_i = \alpha h_{i-1} + c_i$, $1 \leqslant i \leqslant k$, $h = h_k$。$\alpha = 1$ 时就是简单相加的情况，更一般的是令 α 为一个大小合适的素数，如 $\alpha = 65599$。

(2) 把上面确定的整数 h 变换成 0～m−1 之间的整数，直接除以 m 然后取余数。m 一般应为素数。

下面是一个现成的散列函数，它用于 P.J.Weinberger 的 C 编译器。

```
#define PRIME 211
#define EOS '\0'
int hashpjw(char * s)

{   char * p;    unsigned h = 0,   g;
    for ( p=s; *p !=EOS; p = p+1 ) {
        h = (h<<4)+(*p);
        if (g = h&0xf0000000) {
            h = h^(g>>24);   h = h^g;   }
    }
    return h%PRIME;
}
```

4.5 声明语句的翻译

声明语句的作用是为可执行语句提供信息，以便于其执行。对声明语句的处理，主要是将所需要的信息正确地填写进合理组织的符号表中。

4.5.1 变量的声明

1. 变量的类型定义与声明

决定变量存储空间的是变量的数据类型。声明一个变量，实质上是声明此变量属于什么类型。编译器根据类型确定变量的存储空间。程序设计语言中都提供一些预定义的简单数据类型，如 integer、char、boolean、real 等。而对于组合的数据类型，如数组或记录等，则需要程序员自己定义。因此，一个变量的声明应该由两部分来完成：类型的定义和变量的声明。**类型定义**为编译器提供存储空间大小的信息，而**变量声明**为变量分配存储空间。由于简单变量的类型是程序设计语言预定义的，所以对于简单变量的声明一般不包括类型定义。组合数据的类型定义和变量声明可以有两种形式：定义与声明在一起，定义与声明分离。

在 Pascal 程序中，可以使用下述语句声明简单变量和组合变量：

```
type player = array[1..2] of integer;
     matrix = array[1..24] of char;
var  c, p : player;
     winner : boolean;
      display : matrix;
      movect : integer;
```

此处，首先定义了一个整型数组 player 和一个字符数组 matrix，然后声明两个 player 变量 c 和 p，以及一个 matrix 变量 display。当然也可以将这些数组变量声明为如下形式：

```
var     c, p :      array[1..2] of integer;
        display :  array[1..24] of char;
```

需要强调的是，由于定义确定存储空间，声明分配存储空间，因此简单变量的存储空间是已经确定的，如 integer 可以占 4 个字节，real 可以占 8 个字节，char 可以占 1 个字节等。组合数据类型变量的存储空间要求编译器根据程序员提供的信息进行计算而定。

2. 变量声明的语法制导翻译

变量的声明语句提供变量名和变量类型的信息。对变量声明的处理比较简单，只要将变量名、变量类型和变量所需存储空间的信息填写进符号表就可以了。假设过程中可以声明若干个变量，则关于变量声明的语法描述如下：

```
D → D ; D                      (1)
  | id : T                     (2)
T → int                        (3)                    (G4.5)
  | real                       (4)
  | array [num] of T           (5)
  | ^T                         (6)
```

产生式(5)是数组类型的声明，其中的数组元素个数由 num 表示，如 num 可以是 5 或 10 等。这是一个简化了的表示方法，它等价于 1..5 或 1..10。产生式(6)是指针类型的声明，它占据的存储空间是一个常量。数组元素的类型和指针所指对象的类型可以是任意合法的类型。因此，对于一个多维整型数组 A 的声明，其形式可以是 A : array $[d_1]$ of array $[d_2]$ of … array $[d_n]$ of integer。从结构上看，这应该是一个以行为主存储的数组，因为第一维是有 d_1 个元素的一维数组，每个元素又是一个 n–1 维的数组。

填写符号表信息的语法制导定义可设计如下：

(1)	$D \rightarrow D ; D$	
(2)	$D \rightarrow id : T$	{ enter(id.name, T.type, offset);
		offset := offset + T.width; }
(3)	$T \rightarrow int$	{ T.type := integer; T.width := 4; }
(4)	$T \rightarrow real$	{ T.type := real; T.width := 8; }
(5)	$T \rightarrow array [num] of T1$	{ T.type := array(num.val, T1.type);
		T.width := num.val*T1.width; }
(6)	$T \rightarrow \wedge T1$	{ T.type := pointer(T1.type); T.width:= 4; }

其中，全程量 offset 用于记录当前被处理符号存储分配的偏移量，设初值为 0；属性.name 给出标识符的名字；属性.val 给出整型数的值；属性.type 和.width 分别表示类型和此类型变量所占据的存储空间，也称为宽度；过程 enter(name, type, offset)为 type 类型的变量 name 建立符号表条目，并为它分配存储位置 offset。

【例 4.30】 下述是一个符合文法 G4.5 的源程序：

a : array [10] of int;

x : int;

为它建立的分析树如图 4.28(a)所示，归约时使用的产生式和语义处理结果如下，而填写的符号表内容如图 4.28(b)所示。

步　骤	产　生　式	语　义　处　理　结　果		
(1)	T1 → int	T1.type = integer	T1.width = 4	
(2)	T2 → array [num] of T1	T2.type = array(10，integer)		T2.width = 10*4=40
(3)	D1 → id : T2	enter(a, array(10), 0)	offset = 40	
(4)	T3 → int	T3.type = integer	T3.width = 4	
(5)	D2 → id : T3	enter(x, integer, 40)	offset = 44	

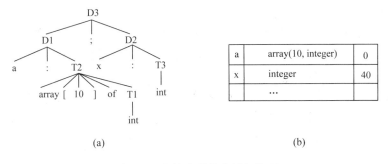

图 4.28　变量声明的分析与处理

(a) 声明语句的分析树；(b) 符号表内容

4.5.2　数组变量的声明

符号表中只需提供四个域(name, type, offset, width)就可以记录简单变量的最基本信息，它们分别给出简单变量的名字、类型、相对存储位置以及变量的宽度。

相对于简单变量而言，数组声明时需要记录的信息要多得多，至少需要包含计算宽度所需的信息。如果希望简单变量和数组变量存放在一张符号表中，则会出现一个问题：符号表一个栏目中应该安排多少域，以同时满足简单变量和数组变量的需求。一个变通的办法是，数组在符号表中占用与简单变量同样多的域，而对于数组所需的详细信息，另外安排一个称为**内情向量**的数据结构，并在符号表中安排一个指针，指向内情向量地址。例如，图 4.29 所示的符号表中有两个变量：变量 x 是一个整型数，它可以被分配在相对某个首地址距离为 0 的某地址空间；变量 a 是一个数组，它的内情向量首地址由 ptr 指示，而有关数组 a 的所有详细信息均存放在内情向量中。

name	type	offset	width
x	int	0	4
a	arr	ptr	40

图 4.29　数据在符号表中的存放

1. 静态数组的内情向量

根据文法 G4.5，一个 n 维整型数组可以声明如下：

array [d_1] of array [d_2] of … array[d_n] of integer

为了以后数组元素的引用，数组声明时需要保存的信息应该包括：数组的首地址偏移量 offset、数组的维数 n、每维的成员个数 d_i、数组元素类型 type 以及计算数组元素地址所需不变部分的 c。数组的内情向量可以安排如图 4.30 所示，这些信息均可以在数组声明时填写进来。此处的类型 type 用于确定数组元素的宽度，例如 integer 的宽度为 4 字节，而 real 的宽度为 8 字节。

n	c	offset	type
d_1	d_2	…	d_n

图 4.30　数组的内情向量

c 是计算数组元素在被分配的数组存储空间中的相对位置所需的一个常数，而元素在数组空间的相对位置与 n 维数组的存储方式，即将 n 维数组转化为一维的内存空间时的转化方式有关。转化的方式一般有两种：以行为主存储和以列为主存储。数组的存储方式可以用语法的形式加以限制，但这种限制并不是必须的。上述 n 维数组更一般的表示可以是：

array [d_1, d_2, …, d_n] of integer

显然文法无法确定它是以行为主存储还是以列为主存储。此时需要一个约定，然后由编译器去实现这个约定。不同的程序设计语言约定可以不同，但对于任何一个程序设计语言，约定是唯一的，即只能采用一种存储方式。在以行为主存储的约定下，可以用下述递推公式计算 c：

$$c_1 = 1$$
$$c_j = c_{j-1}*d_j+1 \quad (j = 2, 3, …, n) \tag{4.3}$$

当 j = n 时，得到 c = c_n。c 的计算依据将在数组元素引用的语法制导翻译中详细讨论。

文法 G4.5 中的产生式(5)是一个右递归的产生式，所以在自下而上分析过程中，移进先于归约，也就是说，最早得到的是 d_n，而最后得到的是 d_1。这与计算 c 的递推公式(4.3)的次序正好相反。为了使分析与计算一致，修改 G4.5 中关于数组声明的相关产生式，得到下述数组变量声明的左递归文法：

$$AR \rightarrow id : array [num] of \qquad (1)$$
$$AR \rightarrow AR \ array [num] of \qquad (2)$$
$$D \quad \rightarrow AR \ T \qquad (3) \qquad \qquad (G4.6)$$
$$T \quad \rightarrow int \qquad (4)$$
$$T \quad \rightarrow real \qquad (5)$$

在设计数组声明的语法制导翻译之前，首先设计一个简化了的存放内情向量的数据结构：

```
type arr_rec_ptr is access arr_rec;        -- 用来访问 arr_rec 的访问类型
type arr_rec is record                     -- 存放内情向量的数据结构
    n: integer;                            -- 存放维数
    c: integer;                            -- 存放 c
    offset: integer;                       -- 存放数组首地址
    types: e_type;                         -- 存放元素类型，如 integer，real 等
    dims: array[1..maxn] of integer;       -- 存放每维成员个数 $d_i$
end record;
arr : arr_rec_ptr;                         -- 声明一个指向内情向量的指针
```

并引入下述新的属性与函数：

全局变量 offset：记录数组的首地址，当数组声明之后，它应该指向下一个可用空间；

属性.arr：记录指向内情向量的指针；

属性.size：计算数组元素的个数；

属性.entry：记录数组条目在符号表中的入口地址(位置)；

过程 fill(entry, arr, ptr)：将数组 arr 和指向内情向量的指针 ptr 填写进 entry 所指的符号表条目中；

过程 add_width(entry, size)：将数组占据的空间 size 填写进 entry 所指的符号表条目中。

填写内情向量的语法制导翻译如下：

(1) AR → id : array [num] of

```
        {  AR.arr:=new(arr_rec);             -- 为数组开辟一块内情向量
           AR.entry := entry(id.name);       -- 记录数组变量符号表入口
           fill(AR.entry, arr, AR.arr);      -- 填写符号表
           AR.dim :=1;                       -- 当前是第 1 维
           AR.place := 1;                    -- c 的初值 $c_1 = 1$
           AR.size := num.val;               -- 记录 $d_1$ 的值
           AR.arr.offset := offset;          -- 填写数组首地址
           AR.arr.dim[AR.dim] := AR.size;    -- 填写 $d_1$ 的值
        }
```

(2) AR → AR1 array [num] of

```
        {  AR.arr := AR1.arr;                -- 接续内情向量指针
           AR.entry := AR1.entry;            -- 接续符号表入口
```

　　　　　　　AR.dim := AR1.dim + 1;　　　　　　　-- 维数加 1

　　　　　　　AR.arr.dim[AR.dim] := num.val;　　　-- 填写 d_j 的值

　　　　　　　AR.size := AR1.size * num.val;　　　-- 前 j 个 d_j 值的乘积

　　　　　　　AR.place := AR1.place * AR.arr.dim[AR.dim];

　　　　　　　AR.place := AR.place + 1;　　　　　 -- 计算 $c_j = c_{j-1}*d_j+1$

　　　　　}

(3) D　→ AR T　{　　AR.arr.n := AR.dim;　　　　　　　-- 填写 n

　　　　　　　　　　AR.arr.types := T.type;　　　　　-- 填写数组元素的类型

　　　　　　　　　　AR.arr.c := AR.place*T.width;　　-- 填写 c

　　　　　　　　　　add_width(AR.entry, AR.size*T.width);-- 填写数组占据的总空间

　　　　　　　　　　offset := offset + AR.size*T.width;　-- 数组之后的 offset 值

　　　　　　　}

(4) T　→ int　{ T.type := int;　 T.width := 4; }

(5) T　→ real　{ T.type := real; T.width := 8; }

　　第一个产生式开始分析一个数组，设置初值并且向符号表和内情向量中填写已经得到的信息；第二个产生式递归计算并填写各维的 d_i，最后一个产生式结束对数组声明的分析，将最终得到的信息填写进内情向量。此处记录的分量也是采用点"."加分量名的形式，与属性的表示方法完全相同，一般情况下可以通过分析上下文确定究竟是属性还是记录分量。同一符号在不同的上下文中表示不同含义的形式，在程序设计语言中也是经常出现的，称为符号的重载(overload)。在上述的语法制导翻译中，函数 entry(id.name)也是重载的，但是我们可以根据上下文确定它应该返回的是标识符的符号表入口还是对应的存储空间。

　　【例4.31】数组声明 x : array [3] of array [5] of array[8] of int 的分析树如图 4.31(a)所示，设 offset 初值为 0，则归约时使用的产生式和语义处理结果如下，所填写的符号表和内情向量的内容如图 4.31(b)所示。

步骤	产 生 式	语 义 处 理 结 果
(1)	AR1 → id : array [num] of	产生内情向量指针 AR1.arr
		得到符号表入口 AR1.entry=x
		填写符号表(x, arr, AR1.arr)
		AR1.dim=1, AR1.place=1
		AR1.size=3, AR1.arr.offset=0
		AR1.arr.dim[1]=3
(2)	AR2 → AR1 array [num] of	AR2.arr=AR1.arr, AR2.entry=AR1.entry
		AR2.dim=2, AR2.arr.dim[2]=5
		AR2.size=15, AR2.place=6

续表

步骤	产 生 式	语 义 处 理 结 果
(3)	AR3 → AR2 array [num] of	AR3.arr=AR2.arr, AR3.entry=AR2.entry
		AR3.dim=3, AR3.arr.dim[3]=8
		AR3.size=120, AR3.place=49
(4)	T1　　→ int	T.type=int, T.width=4
(5)	D　　→ AR3 T1	AR3.arr.n=3, AR3.arr.types=int
		AR3.arr.c=196, offset=480
		AR3.entry.width=480

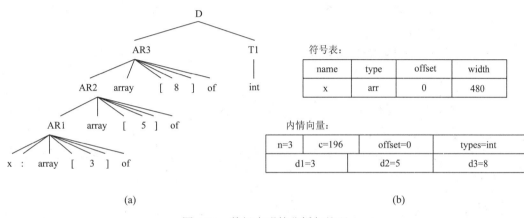

图 4.31　数组声明的分析与处理

(a) 数组声明的分析树；(b) 符号表与内情向量

2*. 动态数组的内情向量

如果程序设计语言允许声明动态数组，则数组声明 A :array[d_1] of array [d_2] ⋯ of array[d_n] of int 中的 d_i 可以是变量，这些变量的值在程序运行时才能够得到。由于编译时不能确定数组的大小，因而无法在编译时为数组分配存储空间。也由于不知道各 d_i 具体的值，因而无法在编译时为数组元素的引用正确计算地址。

但是，数组存储空间大小的确定和数组元素地址的计算所需的数据均可以从内情向量中获取，所以，解决这些动态数组问题的关键就成为：能否将内情向量中内容的填写从编译时推迟到程序运行时，使得在真正需要时它们是确定的。

分析数组声明语句 A :array[d_1] of array [d_2] ⋯ of array[d_n] of int 的语法可以看出，虽然数组各维大小静态不能确定，但是数组的维数静态可以确定，也就是说，内情向量的结构和大小在编译时已知，因此上述设想是可行的。可以按下述的方法进行动态数组的存储分配和数组元素地址计算的翻译：

(1) 在编译时给数组分配一块内情向量表区，即将原来存放在编译时的符号表中的内情向量移到运行时的存储空间中，把原来编译时为数组分配的存储空间分配给数组的内情向量。

(2) 编译时在生成的程序可运行代码前边加入一段代码，该代码根据运行时确定的 d_i

值填写内情向量，然后根据内情向量为数组动态地分配一块存储区，并且正确填写内情向量的各项内容。在可执行代码序列中，对数组元素的引用与静态数组的引用方式是一样的，唯一的不同就是对 d_i 的引用从一个固定值变为一个在内情向量中的变量。对这种解决方案的限制是，运行时数组声明之前各 d_i 的值均已确定。所加代码可以作为一个子程序，其框架如下：

```
参数：内情向量地址, n, types, width, d₁, d₂, … , dₙ
begin
    i:=1；  cells:=1；  c:=1；
    while i<=n
    loop    cells := cells*dᵢ;
            将 dᵢ 填入内情向量中;
            i := i+1;
            if i>n then exit; end if;
            c := c*dᵢ+1;
    end loop;
    c := c*width;
    cells := cells*width;
    申请 cells 个单元的数组空间，令首地址为 a，将 n, c，types, a 等填入内情向量；
end;
```

4.5.3　过程的定义与声明

过程(procedure)是程序设计语言的重要元素，它是操作的抽象，为过程式的程序设计范型提供直接支持。过程的界面被称为**规格说明**(specification)或**过程头**(header)，它为过程的使用者提供使用时所必需的信息，包括过程名、参数和可能的返回值。规格说明告诉使用者过程"做什么"，而过程所要完成操作的具体实现被称为**过程体**(body)，它包括过程"如何做"的实现细节。对过程的一次调用，是对过程体的一次执行。有返回值的过程也被称为**函数**(function)，而**主程序**(program 或 main)可以被认为是操作系统调用的过程。

在程序设计语言中，过程允许以三种形式出现：**过程定义、过程声明和过程调用**。过程定义是对过程的完整描述，包括规格说明和过程体。过程声明的目的是为使用者提供使用过程的信息，它仅涉及规格说明。例如有一 Ada 过程定义如下：

```
procedure swap(x, y: in out integer) is        -- is 之前是规格说明，之后是过程体
    temp : integer;                            -- 体中的声明
begin temp := x; x := y; y := temp; end swap;  -- 可执行语句序列
```
则对它的声明和调用可以分别为
```
procedure swap(x, y: in out integer);          -- 声明
swap(a, b);                                    -- 调用
```
如果一个过程的定义在前，调用在后，则过程的声明可以省略，因为定义中已经包括了对过程的声明。而如果对过程的调用在过程的定义之前，则必须在调用前先对过程进行

声明，因为使用者所必须知道的有关过程的信息均在规格说明中提供。先声明后引用的原则会给语言的翻译，特别是类型检查，带来很大的方便，所以当前通用的程序设计语言一般都遵循这一原则。

本节重点讨论规格说明和体中声明的处理，它们涉及的问题包括参数的传递和名字作用域及其信息的保存等。为了简单起见，下述讨论中将过程定义和过程声明统称为过程声明，读者不难从上下文中确定它们的具体涵义。

1. 左值与右值

从字面上理解，左值和右值分别表示出现在赋值号的左边和右边的值，但它的实质是该值是否对应一个存储空间。在程序设计语言中，哪些对象可以作为左值，哪些对象可以作为右值，首先可通过下述语句得到对左值和右值的一些初步印象：

(1)　const two = 2;　　　　　　　　　　-- 声明一个值为 2 的常量 two
(2)　x : integer;　　　　　　　　　　　-- 声明一个类型为整型数的变量 x
(3)　function max(a, b : integer) return integer;
　　　　　　　　　　　　　　　　　　-- 声明一个返回值类型是整型数的函数
　　　　　　　　　　　　　　　　　　max，返回 a、b 的大者
(4)　x := two;　　　　　　　　　　　　-- 赋值句执行后，x 当前值为 2
(5)　x := two + x;　　　　　　　　　　-- 赋值句执行后，x 当前值变为 4
(6)　x := max(two,x)+x;　　　　　　　-- 赋值句执行后，x 当前值变为 8
(7)　4 := x;　　　　　　　　　　　　　-- 字面量不能作为左值
(8)　two := x;　　　　　　　　　　　　-- 常量不能作为左值
(9)　max(two,x) := two;　　　　　　　-- 函数返回值不能作为左值
(10)　x+two := x+two;　　　　　　　　-- 表达式的值不能作为左值

上述可执行语句中，只有变量 x 可以出现在赋值号的左边，而其他任何常量、函数返回值、表达式的值等，均不能出现在赋值号的左边，即变量是左值，其他是右值。左值通过赋值句可以改变值，因此左值是有存储空间的对象，不能被改变的右值是没有存储空间的对象。更通俗地讲，**左值是地址，右值是值**，也可以说**左值是容器，右值是内容**。可以作为左值的是变量，包括简单变量和组合变量；可以作为右值的包括字面量、常量、表达式的值、函数的返回值和变量的值等。

2. 参数传递

过程与过程之间的信息交流，往往通过非局部变量或者参数进行。由于在过程的声明和调用时均要用到参数，为了能够区分它们，一般将声明时的参数称为形式参数(parameter 或 formal parameter)，或简称为形参，而调用时的参数称为实在参数(argument 或 actual parameter)，或简称为实参。在根据上下文可以区分的情况下，形参和实参也被统称为参数。最常用的参数传递方法有值调用(call by value)、引用调用(call by reference)、复写－恢复(copy-in copy-out)和换名调用(call by name)。参数传递方法的根本区别在于实参是代表左值、右值，还是实参本身的正文。

1) 值调用

值调用是最简单的参数传递方法。调用时首先计算实参，并把它的右值传递给被调用

过程。C 语言采用值调用方式进行参数传递。Pascal 语言也允许值调用方式传递参数，以语法的形式表现出来就是声明中没有 var 关键字。

值调用传递的是右值，这就意味着实参不一定有存储空间。对程序员来讲，值调用的典型特征就是，过程内部对参数的修改不影响作为实参的变量原来的值。下边的 Pascal 程序实现值调用，调用前后实参 a 和 b 的值均不改变：

```
(1)   program reference ( input, output);
(2)       var a, b : integer;
(3)       procedure swap(x, y : integer);
(4)           var temp : integer;
(5)       begin
(6)           temp := x ;      x := y;        y := temp
(7)       end;
(8)   begin
(9)       a := 1;    b := 2;      swap(a, b);
(10)      writeln('a=', a); writeln('b=', b)
(11)  end.
```

下边的 C 程序也实现值调用，调用前后实参 a 和 b 的值也不改变：

```
(1) swap (int x, int y)
(2) {    int temp;
(3)      temp = x;      x = y;    y = temp;
(4) }
(5) main ( )
(6) {    int a = 1;   b = 2;
(7)      swap(a, b);      printf("a=%d, b=%d\n", a, b);
(8) }
```

值调用的参数传递和过程内对参数的使用应按下述原则处理：

(1) 过程定义时形参被当作本地数据，并在过程内部为形参分配存储单元。

(2) 调用过程前，首先计算实参，并将计算的值(实参的右值)放入形参的存储单元。

(3) 过程内部对形参单元中的数据直接访问。

2) 引用调用

对于引用调用，调用时首先计算实参的地址，并将此地址传递给被调用过程。引用调用传递的是左值，因此实参应是有存储空间的变量，而不是常量或者表达式。Pascal 中 var 形式的参数即采用引用调用方式。对用户来讲，引用调用的特征就是，过程内部对参数的修改等价于直接对实参的修改。下边的 Pascal 程序与上述对应 Pascal 程序的唯一区别是参数定义时增加了 var 声明，从而实现了实参的数据交换。

```
(1) program reference ( input, output);
(2)     var a, b : integer;
(3)     procedure swap(var x, y : integer);
(4)         var temp : integer;
```

```
(5)      begin
(6)          temp := x ;        x := y;          y := temp
(7)      end;
(8)   begin
(9)      a := 1;     b := 2;     swap(a,b);
(10)     writeln('a=', a); writeln('   b=', b)
(11)  end.
```

结果输出：

a = 2   b = 1

C 语言不提供引用调用方式，但是 C 语言可以通过提供对变量地址的引用，实现引用调用的功能。将 swap 的 C 语言程序进行如下修改，就可实现实参 a 和 b 的交换。但是必须清楚，参数传递仍然是值调用。因为当前传递的是 a 和 b 的地址，调用前后 a 和 b 的地址并没有改变，只是在过程内部通过指针引用修改了 a 和 b 地址中的值。

```
(1)  swap (int *x, int *y)
(2)  {    int temp;
(3)       temp = *x; *x = *y; *y = temp;
(4)  }
(5)  main ( )
(6)  {    int a = 1;   b = 2;
(7)       swap(&a, &b);     printf("a=%d, b=%d\n", a, b);
(8)  }
```

结果输出：

a = 2   b = 1

引用调用的参数传递和过程内对参数的使用应按下述原则进行：

(1) 过程定义时形参被当作某变量地址看待，并在过程内部为形参分配存储单元。

(2) 调用过程前，将作为实参的变量的地址放进形参的存储单元。

(3) 过程内部把形参单元中的数据当作地址，进行间接访问。

由于引用调用的实用性，C++提供了引用调用方式。C++中引用类型的实例在使用时与它所引用的对象之间在语法上没有必须的一致对应关系，因而 C++引用类型的不恰当使用会破坏程序的可读性。

3) 复写—恢复

引用调用方式中形参与实参共用同一地址，因此过程内部对形参的修改等价于对作为实参的非过程内部变量的修改，从而可能会造成不希望的副作用。考察下述 Pascal 程序：

```
(1)  program test ( input, putout );
(2)      var a : integer;
(3)      procedure add_one(var x : integer);
(4)      begin
(5)          a := x+1;        x := x+1;
(6)      end;
```

(7) begin

(8)　　　a := 2;　a := add_one(a);　　　writeln('a=', a);

(9) end.

程序的本意是将实参加 1，在程序的第(8)行，a 被赋值为 2，调用过程 add_one(a)之后，期望的值应该是 3，但是由于在 add_one 过程内部第(5)行，a 和 x 共用一个地址，且均被加 1，使得程序运行结果是 a = 4。

值调用实参与形参分别使用不同的地址，不会产生上述副作用，但是值调用的结果得不到返回值。如 swap(x, y)过程，如果采用值调用的方式传递参数，则调用 swap(a, b)之后，a 和 b 中的值并没有交换。

复写－恢复参数传递是一种既可以实现参数值的返回，又可以避免副作用的方法。它是值调用和引用调用的一种结合，调用方式和过程内部对参数的使用方式均与值调用相同，唯一的区别在于：过程返回前需要将形参中的内容拷贝回对应的实参，从而实现参数值的返回。复写－恢复的参数传递和过程内对参数的使用按下述原则进行(前三条实际上就是值调用的处理方法)：

(1) 过程定义时形参被当作局部名看待，并在过程内部为形参分配存储单元(复写)。

(2) 调用过程前，首先计算实参，并将计算的值(实参的右值)放入形参的存储单元。

(3) 过程内部对形参单元中的数据直接访问。

(4) 过程返回前，将形参的右值重新放回实参的存储单元(恢复)。

(5) 虽然调用时传递的是右值，但是返回时需要实参有对应的存储空间，因此要求实参应是变量而不是表达式或常量。

复写－恢复与引用调用的主要区别在于：复写－恢复方式在过程体中，不对实参进行操作，因此，过程体中对参数的修改并不影响过程体外的实参。当过程返回时，把对参数的操作结果返回给实参。

Ada 语言支持复写－恢复参数传递方式,它采用的语言结构是把参数声明为 in out 形式。等价的 swap 过程的 Ada 形式如下，它能够正确进行数据交换：

(1) procedure reference is

(2)　　　a, b : integer;

(3)　　　procedure swap(x, y : in out integer) is

(4)　　　　temp : integer;

(5)　　　begin

(6)　　　　temp := x ;　　x := y;　　y := temp;

(7)　　　end swap;

(8)　begin

(9)　　　a := 1;　　b := 2;　　swap(a, b);

(10)　　put_line('a=', a); put_line('b=', b);

(11) end reference;

而 add_one 过程的 Ada 形式如下：

(1) procedure test is

(2)　　　a : integer;

(3)　　　procedure add_one(x : in out integer);
(4)　　　begin
(5)　　　　a := x+1;　　　x := x+1;
(6)　　　end add_one;
(7) begin
(8)　　　a := 2;　　add_one(a);　put_line('a=', a);
(9) end test;

由于 a 和 x 在任何时刻都不会共用一个地址，对 x 值的改变不会造成对 a 的值的改变，因此，程序的运行结果是 a = 3 而不是 a = 4。

4) 换名调用

严格意义上讲，换名调用并不能算作真正的过程调用和参数传递。历史上，换名调用由 Algol 的复写规则定义：

(1) 过程看作是宏，每次对过程的调用，实质上是用过程体去替换过程调用，替换中用实参的文字替换体中的形参。这样的替换方式被称为宏替换或宏展开。

(2) 被调用过程的局部名和调用过程的名字保持区别。可以认为在宏展开前被调用过程的每个局部名系统地重新命名成可区别的名字。

(3) 当需要保持实参的完整性时，可以为实参加括弧。

换名调用在 C 中的形式是宏定义(#define)。C 对宏定义的处理，实质上是采用预处理的方法，在预处理时进行宏替换。宏替换将过程体直接展开在它被调用的地方，因此在经过宏替换之后的程序中已经不存在过程的调用与参数传递。宏替换的特点是运行速度快，但有时也会带来不希望的结果。例如，对于过程调用 swap(i, a[i])，换名调用在过程体中可以展开为下述形式：

　　　temp := i;　　　i := a[i];　　　a[i] := temp;

当程序运行时，换名调用下语句 i := a[i]使得 i 具有了 a[i]的值，而对于语句 a[i] := temp，由于 i 的值已经被改变，在这种情况下不能进行正确的数据交换。

3. 作用域信息的保存

1) 过程的作用域

与程序块类似，在允许嵌套定义过程的程序设计语言中，相同的名字可以同时出现在不同的作用域中，因此有必要讨论如何设计符号表来存放它们。此处讨论的过程作用域同样遵守的是静态作用域和最近嵌套原则。

【例 4.32】 下述计算阶乘 f(n) = n!的 Ada 程序中，各变量符合作用域规则。但是请注意，过程定义中过程名和参数的作用域是过程本身，即第(5)行中的 n 处在第(3)行中 n 的作用域中；而过程调用时的作用域是外部过程，即第(7)行中的 n 处在第(2)行中 n 的作用域中。参数作用域的变化，是实参与形参的结合。

(1) procedure test is
(2)　　　n : integer = 10;
(3)　　　procedure f(n : integer) is
(4)　　　begin

(5)　　　　　　　if n<=1 then return 1;else return n*f(n–1);end if;

(6)　　　　end f;

(7) begin　　　f(n);　　end test;

声明	作用域
n : integer = 10	test–f
procedure f(n)调用	test–f
procedure f(n)定义	f

【例 4.33】　下述是一个快排序的 Pascal 程序。其中过程 partition 的具体实现被忽略，它的作用是，根据函数调用时实参 y 和 z 所确定的数组范围及此范围内数据的大小，确定一个数组下标 i(作为返回值)，若 a[i] = x，则所有小于 x 的值均被交换到 y..i–1 的范围内，所有大于 x 的值均被交换到 i + 1..z 的范围内。

考虑程序中名字 i 的作用域：i 分别在 readarray、quicksort 和 partition 中被声明了三次，quicksort 和 partition 是嵌套的，根据作用域规则，(19)行被引用的 i 处在(12)行声明的作用域中，而(15)行被引用的 i 处在(14)行声明的作用域中。readarray 和 quicksort 两个过程是并列的，内部声明的 i 的作用域相互独立。

(1)　program sort (input, output);

(2)　　　var　a : array[0..10] of integer;

(3)　　　　　x : integer;

(4)　　　procedure readarray;

(5)　　　　　var i : integer;

(6)　　　　　begin for i :=1 to 9 do read(a[i]) end { readarray };

(7)　　　procedure exchange (i, j : integer);

(8)　　　　　begin

(9)　　　　　　　x := a[i]; a[i] := a[j]; a[j] := x;

(10)　　　　　end {exchange };

(11)　　　procedure quicksort (m, n : integer);

(12)　　　　　var　i, v : integer;

(13)　　　　　function partition (y, z : integer) : integer;

(14)　　　　　　　var　i, j : integer;

(15)　　　　　　　begin ... a ...; ... v ...;　... exchange(i, j); ...

(16)　　　　　　　end { partition };

(17)　　　　　begin

(18)　　　　　　if (n>m) then begin

(19)　　　　　　　　i := partition(m,n);　quicksort(m, i-1); quicksort(i+1, n)

(20)　　　　　　end

(21)　　　　　end { quicksort };

(22)　　　begin

(23)　　　a[0] := -9999; a[10] := 9999; readarray;　quicksort(1,9)

(24)　　　end { sort }.

定义 4.4　设主程序(最外层过程)的嵌套深度 $d_{main} = 1$，则

(1) 若过程 A 直接嵌套定义过程 B，则 $d_B = d_A + 1$。

(2) 变量声明时所在过程的嵌套深度被认为是该变量的嵌套深度。

在此定义下，例 4.33 的程序中各过程和过程中变量的嵌套深度如下：

过程	过程中的变量	嵌套深度
sort	a, x	1
readarray	i	2
exchange		2
quicksort	i, v	2
partition	i, j	3

如果我们将嵌套定义的过程之间的嵌套关系用树的形式表示出来，节点 a 是节点 b 的父亲，当且仅当过程 b 直接嵌套在过程 a 中时，例 4.33 中过程嵌套关系的树如图 4.32(a)所示。若树根被认为是第一层，则嵌套深度恰好是过程对应节点在树中的层次数。

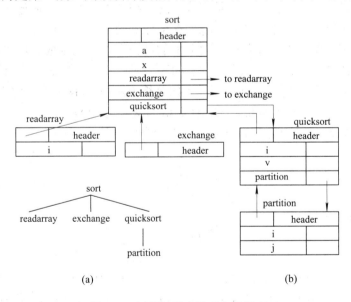

图 4.32　过程的嵌套关系与符号表

(a) 嵌套关系树；(b) 嵌套过程的符号表

2) 符号表中的作用域信息

过程定义的文法可以如 G4.7 所示。产生式(1)指出过程是一个声明语句；产生式(3)和(4)分别给出了变量声明和过程定义的形式；而产生式(2)指出声明语句可以是一个序列，由若干个声明语句组成。文法中的 T 是类型，如整型、实型等；S 是可执行的语句，如赋值句、

控制语句等，此处予以忽略。为了简单起见，下述文法中过程的定义忽略了参数。有关过程中参数的作用域信息问题，留作一个练习，供读者自己思考。

$$P \to D \qquad\qquad\qquad (1)$$
$$D \to D ; D \qquad\qquad\qquad (2) \qquad\qquad\qquad\qquad (G4.7)$$
$$| \; id : T \qquad\qquad\qquad (3)$$
$$| \; proc \; id ; D; S \qquad\quad (4)$$

嵌套过程中名字作用域信息的保存，可以用具有嵌套结构的符号表来实现，每个过程可以被认为是一个子符号表，或者是符号表中的一个节点。嵌套的节点之间可以用双向的链表连接，正向的链指示过程的嵌套关系，而逆向的链可以用来实现按作用域对名字的访问。

【例 4.34】 对于例 4.33 中的快排序程序，忽略过程的参数定义之后的符号表结构如图 4.32(b)所示。主程序 sort 内嵌套定义了 readarray、exchange 和 quicksort，在 sort 中可以访问到它们。quicksort 内又嵌套定义了 partition，隔着一层 quicksort 的封装，在 sort 中无法访问到 partition。在 partition 的过程体中，可以访问到的名字除了 i 和 j 之外，还可以沿着逆向的链访问到 quicksort 中的 i 和 v，sort 中的 a、x、readarray、exchange 和 quicksort。沿逆向链访问不到的名字，作用域是不交的。如 readarray 和 partition 中分别有名字 i，但是从两个过程体中分别访问不到对方的 i，因为两个 i 的作用域互不相交。 ∎

3) 语法制导翻译生成符号表

在过程声明时要做的工作之一，是在分析的过程中逐步生成上述形式的符号表，并将正确的内容填写进符号表的相应栏目，以便在编译器的后续工作中为名字分配正确的存储空间和正确地使用名字。为了在从外向内分析的过程中逐步地生成并填写符号表，需要将文法进行适当的改造。首先，当一个过程声明开始时，需要新生成一个符号表节点，这个动作需要在每个 D 之前进行。但在自下而上的分析方法中，G4.7 中产生式(1)和(4)的 D 前是无法加入语义动作的，也就是说，无法在分析 D 之前先为 D 产生一个新节点。为了解决这个问题，在产生式(1)和(4)的 D 前分别加入两个非终结符 M 和 N，形成新的文法(G4.8)：

$$P \to M \, D \qquad\qquad\qquad\qquad (1)$$
$$D \to D ; D \qquad\qquad\qquad\qquad (2)$$
$$| \; id : T \qquad\qquad\qquad\qquad (3) \qquad\qquad\qquad (G4.8)$$
$$| \; proc \; id ; N \, D; S \qquad\quad (4)$$
$$M \to \varepsilon \qquad\qquad\qquad\qquad\qquad (5)$$
$$N \to \quad \varepsilon \qquad\qquad\qquad\qquad (6)$$

由于引入的是两个空产生式，它们除了多一步推导之外，并不产生任何新的文法符号，所以它们是等价的。而引入的空产生式右部可以加入语义动作，使得在自下而上分析过程中，对空产生式归约时的语义动作正好在 D 的前边执行。由此可见，M 产生式的语义动作应该是生成一个像图 4.32(b)中 sort 那样的主程序的节点，而 N 产生式的语义动作应该是生成一个像 readarray 或 quicksort 那样的内部过程节点，二者的区别在于有没有前驱节点。

对嵌套结构的分析过程具有栈的特性，最先进入外层过程，而最早从内层过程退出。为了正确处理符号表中节点的嵌套关系，需要用栈来记录各节点的生成过程，以便正确产生双向的链结构。此处采用一个有序对栈(tblptr, offset)，tblptr 用于保存指向符号表节点的指针，offset 用于保存当前节点所需宽度(变量存储空间大小)。栈上的操作包括：将有序对压入栈中的 push(t, o)，从栈中弹出一个有序对的 pop。top(stack)表示 stack 的栈顶，它既可以作为左值，也可以作为右值，其中的 stack 既可以是 tblptr，也可以是 offset。

设计下述函数和过程，来实现嵌套信息的保存。

函数 mktable(previous)：建立一个新的节点，并返回指向新节点的指针。参数 previous 是逆向链，指向该节点的前驱，或者说是外层。

过程 enter(table, name, type, offset)：在 table 指向的节点中为名字 name 建立新的条目，包括名字的类型和存储位置等。

过程 addwidth(table, width)：计算 table 节点中所有条目的累加宽度，并记录在 table 的头部信息中。

过程 enterproc(table, name, newtable)：为过程 name 在 table 指向的节点中建立一个新的条目。参数 newtable 是正向链，指向 name 过程自身的节点。

具体语法制导翻译如下：

```
(1) P → M D              { addwidth(top(tblptr), top(offset));
                               pop; }
(2) M → ε                { t := mktable(null);
                           push(t, 0); }
(3) D → D ; D
(4) D → id : T           { enter(top(tblptr), id.name, T.type, top(offset));
                             top(offset) := top(offset) + T.width; }
(5) D → proc id ; N D; S { t := top(tblptr);
                           addwidth(t, top(offset));
                           pop;
                           enterproc(top(tblptr), id.name, t); }
(6) N → ε                { t := mktable(top(tblptr));
                           push(t, 0); }
```

其中对 T 的处理前边已经介绍，而关于可执行语句 S 的处理，此处暂时予以忽略。属性.name、.type 和.width 分别表示一个标识符的名字、类型以及它所需的宽度。

【例 4.35】 下述是一个按文法 G4.8 编写的简化的快排序程序：

```
(1)  proc sort;
(2)      a : array[10] of int;
(3)      x : int;
(4)      proc readarray;
(5)          i : int;
(6)          read(a);
(7)      readarray
```

为它建立的分析树如图 4.33(a)所示，树中内部节点的序号标记了剪句柄的次序，归约时执行的语义规则如下。生成的符号表如图 4.33(b)所示，它与图 4.32 的区别是多了一个头节点 t1。

步骤	产 生 式	语 义 处 理 结 果
(1)	M1 → ε	t1 := mktable(null); push(t1, 0);
(2)	N1 → ε	t2 := mktable(top(tblptr));　push(t2, 0);
(3)	T1 → int	T1.type=integer,　T1.width=4
(4)	T2 → array[10] of T1	T2.type=array(10, integer), T2.width=40
(5)	D1 → a: T2	将(a, arr, 0)填进 t2 所指节点，top(offset):= 40
(6)	T3 →　int	T3.type=integer,　T3.width=4
(7)	D2 → x : T3	将(x, int, 40)填进 t2 所指节点，top(offset):= 44
(8)	N2 → ε	t3 := mktable(top(tblptr));　push(t3, 0);
(9)	T4 →　int	T4.type=integer,　T4.width=4
(10)	D3 → i : T4	将(i, int, 0)填进 t3 所指节点，top(offset):=4
(11)	D4 → proc readarray N2 D3 ; S	t := top(tblptr); addwidth(t, top(offset)); pop;　enterproc(top(tblptr), readarray, t);
(14)	D7 → proc sort N1 D6 ; S	t := top(tblptr); addwidth(t, top(offset)); pop;　enterproc(top(tblptr), sort, t);
(15)	P → M1 D7	addwidth(top(tblptr), top(offset));　pop;

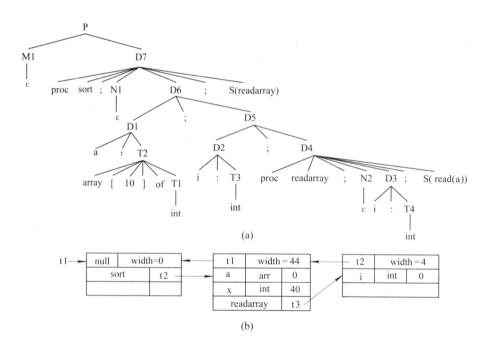

图 4.33　嵌套过程声明的处理

(a) 过程声明的分析树；(b) 语法制导翻译构造的符号表

4.5.4　记录的域名

　　记录把若干个相同类型或者不同类型的变量(还可以是记录)封装在一起，形成一个新的数据类型，所以，记录的域名也是嵌套的。对域名的处理与过程中的嵌套定义很相近。首先，扩充文法 G4.7 中关于 T 的定义，使其包括记录类型：

T → record T end

关键字 record 的作用与 G4.7 中的 proc 相同，每出现一个 record，则进入记录的一层嵌套，与过程定义的处理相似，得到修改的文法和语法制导翻译如下：

T → record L T end   { T.type := record(top(tblptr));
                      T.width := top(offset); pop;}
L → ε   { t := mktable(null); push(t,0):}

4.6 简单算术表达式与赋值句

程序设计语言中最基本也是最重要的语句是赋值句，它将赋值号右边的表达式赋给左边的变量，即以赋值号为界，将右值赋给左值。所谓的简单算术表达式和赋值句，是指表达式和赋值句中的变量是不可再分割的简单变量，如整型数或字符等，而不是组合变量或组合变量的元素，如数组或记录或它们的分量。

本节的讨论基于下述简化了的文法：

A → id := E
E → E1 + E2 | E1 * E2 | - E1 | (E1) | id   (G4.9)

4.6.1 简单变量的语法制导翻译

将简单表达式和赋值句翻译成三地址码的语法制导翻译如下：

(1) A → id := E   { emit(entry(id.name) ':=' E.place); }
(2) E → E1 + E2   { E.place := newtemp;
                   emit(E.place ':=' E1.place '+' E2.place); }
(3) E → E1 * E2   { E.place := newtemp;
                   emit(E.place ':=' E1.place '*' E2.place); }
(4) E → – E1   { E.place := newtemp;
                   emit(E.place ':=' '–' E1.place); }
(5) E → (E1)   { E.place := E1.place； }
(6) E → id   { E.place := entry(id.name)； }

其中，首先引入属性与过程。属性.place 用于存放 E 的变量名地址，它可以是符号表中的地址或者临时变量；过程 emit(result ':=' arg1 'op' arg2)产生一条 result:= arg1 op arg2 的三地址码指令。

4.6.2 变量的类型转换

为了程序设计的灵活性，程序设计语言往往允许算术表达式的变量可以是不同类型的，如既可以是整型量也可以是实型量。类型不同，最终的目标代码所分配的空间大小也不同。如果允许表达式中变量的类型不同，则必须提供一种机制，使得不同类型的变量最终被分配的存储空间大小相同，从而可以进行运算。这种机制被称为强制(coercion)。它按照一定的原则，将不同类型的变量在内部转换为相同的类型，然后进行同类型变量的计算。为了不损失变量中的信息，一般原则是将占用存储空间小的类型转换为占用存储空间大的类型，如整型量转换为实型量。4.6.1 节的语法制导翻译中，变量的类型转换原则如图 4.34 所示。

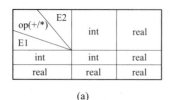

(a)

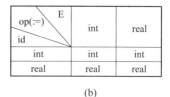

(b)

图 4.34 类型转换原则

(a) 二元运算的类型转换；(b) 赋值运算的类型转换

为了进行类型转换，需要用属性.type 记录变量的类型，它可以取值 int 或 real。同时还需要引入两个新的三地址码指令，进行整型和实型之间的类型转换：

T := itr E　将 E 从整型变为实型，结果存放在 T 中；

T := rti E　将 E 从实型变为整型，结果存放在 T 中。

赋值句中表达式类型的确定比较简单，赋值号左部变量是什么类型的，表达式就被转换为什么类型的。对产生式 E → E1 op E2 中各表达式 E 类型的确定稍微困难一些，可以用图 4.35 的判断树来确定。

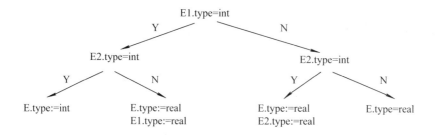

图 4.35 确定算术表达式的类型

加入类型转换后的赋值句和表达式的语法制导翻译如下，其中运算+和*在产生式中合并为 op：

(1) A → id := E　{　tmode := entry(id.name).type;

　　　　　　　　if　　tmode=E.type

　　　　　　　　then emit(entry(id.name) ':=' E.place);

　　　　　　　　else T := newtemp;

　　　　　　　　　　if　　tmode=int

　　　　　　　　　　then emit(T　':=' rti E.place);

　　　　　　　　　　else emit(T　':=' itr E.place);

　　　　　　　　　　end if;

　　　　　　　　　　emit(entry(id.name) ':=' T);

```
                        end if;
                    }
(2) E → E1 op E2 {  T := newtemp；E.type:=real;
                    if    E1.type = int
                    then if    E2.type = int
                        then   emit(T ':=' E1.place OPⁱ E2.place);
                                E.type := int;
                        else   U := newtemp;
                                emit(U ':=' itr E1.place);
                                emit(T ':=' U OPʳ E2.place);
                        end if;
                    else if    E2.type = int
                        then   U:=newtemp;
                                emit(U ':=' itr E2.place);
                                emit(T ':=' E1.place OPʳ U);
                        else   emit(T ':=' E1.place OPʳ E2.place);
                        end if;
                    end if;
                    E.place := T;
                }
(3) E → – E1      {   E.type := E1.type；   E.place := newtemp；
                    emit(E.place ':=' '–' E1.place);
                }
(4) E → ( E1 )    { E.type := E1.type; E.place := E1.place;}
(5) E → id        { E.type := entry(id.name).type; E.place := entry(id.name);}
```

【例 4.36】 赋值句 x:= – a*b+c 中，x、a、b 是整型数，c 是实型数。它的注释分析树如图 4.36 所示，语法制导翻译中所使用的产生式和生成的代码序列如下：

步 骤	产 生 式	中 间 代 码
(1)	E1 → a	
(2)	E2 → - E1	t1 := -a
(3)	E3 → b	
(4)	E4 → E2 * E3	t2 := t1 *ⁱ b
(5)	E5 → c	
(6)	E6 → E4 + E5	t4 := itr t2
		t3 := c+ʳ t4
(7)	A → x := E6	t5 := rti t3
		x := t5

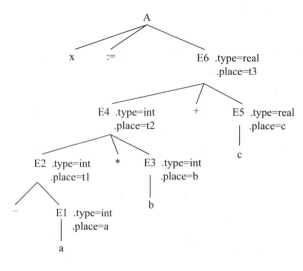

图 4.36　x :=−a*b+c 的注释分析树

4.7　数组元素的引用

　　对于简单的变量，例如整型数或字符等，属性.place 就可以表示它的存储位置，最终它对应内存中一个位置和大小均确定的存储空间。例如整型数可以是四个字节，而字符可以是一个字节。

　　数组是由多个类型相同的元素组成的。无论一个数组是几维的，它最终都会被映射成一个线性序列，对应到内存中一段连续的空间。可以确定的是这段连续空间的首地址和它的大小，而具体某个数组元素在这段空间中的具体位置，却需要在程序运行时经过一定的计算来确定。例如一个三行和三列的二维数组 a[0..2, 2..4]，它有如下元素：

　　　　a[0, 2], a[0, 3], a[0, 4]

　　　　a[1, 2], a[1, 3], a[1, 4]

　　　　a[2, 2], a[2, 3], a[2, 4]

可以有两种不同的映射方式，以行为主存放时，元素排列为

　　　　a[0, 2], a[0, 3], a[0, 4], a[1, 2], a[1, 3], a[1, 4], a[2, 2], a[2, 3], a[2, 4]

以列为主存放时，元素排列为

　　　　a[0, 2], a[1, 2], a[2, 2], a[0, 3], a[1, 3], a[2, 3], a[0, 4], a[1, 4], a[2, 4]

　　若线性序列中第一个元素对应到存储空间的地址被称为首地址，则对于数组中元素的引用，如 a[1,4]，在以行为主的存储方式中，应该是从首地址开始的第 6 个元素，而在以列为主的存储方式中，应该是从首地址开始的第 8 个元素。

　　由此可以看出，对于一个数组元素的引用，至少需要两个因素来确定它的具体位置：数组的首地址和相对首地址的偏移量。如果映射方式不同，则同一个元素相对首地址的偏移量不同。本节首先根据某种确定的映射方式给出计算数组中元素位置的一般公式，然后给出按此公式生成数组元素引用的三地址码的语法制导翻译。

4.7.1　数组元素的地址计算

为了计算的简单，我们约定三个假设条件：

(1) 数组元素以行为主存放，推广到 n 维数组，就是数组的第 i 维中每个成员是 di 个 n–i 维的数组，其中 di 是第 i 维成员的个数。

(2) 数组每维的下界均为 1。

(3) 每个元素仅占一个标准存储单元(可以认为是一个字或者一个字节)。

计算时，首先根据第一个假设条件计算 n 维数组元素引用的一般公式，然后根据第二个假设条件将一般公式化简为一个简单的递推公式。

有数组 $A[l_1..u_1,\ l_2..u_2,\ \cdots,\ l_n..u_n]$，每维有 $u_i - l_i + 1$ 个成员$(i = 1, 2, \cdots)$，数组的每个元素占据 w 个标准存储单元，设首地址为 a。引用数组元素 $A[i_1,\ i_2,\ \cdots,\ i_n]$ 的公式如下：

$n = 1$ 时，$A[i_1]$ 的地址应该是首地址加上前边 $i_1 - l_1$ 个元素的偏移量(存储空间大小)，即

$$addr(A[i_1]) = a + (i_1 - l_1)*w$$

$n = 2$ 时，$A[i_1, i_2]$ 的地址应该是首地址加上前边 $i_1 - l_1$ 行元素的偏移量，再加上第 i_2 行前边 $i_2 - l_2$ 个元素的偏移量，即

$$addr(A[i_1,\ i_2]) = a + (i_1 - l_1)*(u_2 - l_2 + 1)*w + (i_2 - l_2)*w$$

依此类推，n 维数组元素 $A[i_1,\ i_2,\ \cdots,\ i_n]$ 的地址计算公式为

$$
\begin{aligned}
addr(A[i_1,\ i_2,\ \cdots,\ i_n]) = {} & a + (i_1 - l_1)*(u_2 - l_2 + 1)*(u_3 - l_3 + 1)*\cdots*(u_n - l_n + 1)*w \\
& + (i_2 - l_2)*(u_3 - l_3 + 1)*(u_4 - l_4 + 1)*\cdots*(u_n - l_n + 1)*w \\
& + \cdots + (i_n - l_n)*w
\end{aligned}
\tag{4.4}
$$

根据第二个假设条件，$l_i = 1(i = 1, 2, \cdots, n)$，数组的定义可以化简为 $A[d_1, d_2, \cdots, d_n]$，其中 $d_i = u_i - l_i + 1 = u_i - 1 + 1 = u_i(i = 1, 2, \cdots, n)$，则公式(4.4)可以化简并重新组合为如下形式：

$$
\begin{aligned}
& addr(A[i_1,\ i_2,\ \cdots,\ i_n]) \\
& = a + ((i_1 - 1)*d_2*d_3*\cdots*d_n + (i_2 - 1)*d_3*d_4*\cdots*d_n + \cdots + (i_n - 1))*w \\
& = a - ((d_2*d_3*\cdots*d_n + d_3*d_4*\cdots*d_n + \cdots + d_n + 1))*w \\
& \quad + ((i_1*d_2*d_3*\cdots*d_n + i_2*d_3*d_4*\cdots*d_n + \cdots + i_{n-1}*d_n + i_n))*w \\
& = a - c*w + v*w
\end{aligned}
\tag{4.5}
$$

提取公因式之后，c 和 v 可以化为便于循环计算的公式：

$$c = (\cdots((d_2 + 1)*d_3 + 1)\cdots + 1)*d_n + 1$$

$$v = (\cdots((i_1*d_2 + i_2)*d_3 + i_3)\cdots + i_{n-1})*d_n + i_n$$

令　　　　　　　　　$v_1 = i_1$

则　　　　　　　　　$v_2 = i_1*d_2 + i_2 = v_1*d_2 + i_2$

$$v_3 = (v_1*d_2 + i_2)*d_3 + i_3 = v_2*d_3 + i_3$$

从而得到下述 v 的一般递推公式(4.6)：

$$v_1 = i_1$$

$$v_j = v_{j-1}*d_j + i_j\ (j = 2, 3, \cdots, n)
\tag{4.6}$$

当 $j = n$ 时，就得到了完整的 v，即 $v = v_n$。

同理,可以得到 c 的一般递推公式(4.3),读者不妨试着推导一下,该公式在数组声明中已经被使用。

无论是静态数组还是动态数组,d_j 都是在数组引用前已经确定的常量,所以 a 和 c 均可以在数组引用前确定,而在数组元素引用时被认为是常量,无需再计算。需要计算的仅是与各变量 i_j 有关的 v_j。因此,数组元素引用时的地址计算实际上可以分为如公式(4.7)所示的两个部分:

$$addr(A[i_1, i_2, \cdots, i_n]) = a - c*w + v*w = CONSPART + VARPART \tag{4.7}$$

由 a − c*w 组成的 CONSPART 称为不变部分,由 v*w 组成的 VARPART 称为可变部分。

根据第三个假设条件,$w = 1$,则式(4.7)可以继续简化为式(4.8)。它与式(4.7)的唯一差别是当 c 和 v 计算出来之后,不需要乘以一个常数 w。

$$addr(A[i_1, i_2, \cdots, i_n]) = a - c + v = CONSPART + VARPART \tag{4.8}$$

4.7.2 数组元素引用的语法制导翻译

数组元素的地址由不变部分和可变部分共同确定,可以用变址的方式表示为

CONSPART[VARPART],或者 T1[T]

将不变部分作为基址,而可变部分作为变址,于是取数组元素的值和向数组元素赋值的三地址码可以分别如下所示:

取值 X:=T1[T]

赋值 T1[T]:=X

下述文法(G4.10)允许变量是数组元素:

$$
\begin{aligned}
A &\rightarrow V := E \\
V &\rightarrow id[EL] \,|\, id \\
EL &\rightarrow EL \, , \, E \,|\, E \\
E &\rightarrow E + E \quad |\, (E) \,|\, V
\end{aligned}
\tag{G4.10}
$$

文法中引入了一个新的非终结符 V,它既可以是简单变量,也可以是数组元素变量,而数组可以是多维的。对于数组元素引用的语法制导翻译,关键是根据从左到右的分析步骤逐步计算出数组下标地址的可变部分,即如何在分析的过程中同步计算递推公式(4.6)。

考察文法 G4.10,它并不适合递推公式的同步计算,因为在自下而上的分析过程中,只有当 EL 归约完成后才归约 V → id[EL],也就是说,当知道以 id 命名的数组时,数组各下标的列表已经归约完成。而我们希望的是,一遇到数组名时马上就知道这是一个数组变量,并且马上可以得到递推公式的基础项 $v_1 = i_1$,而在其后的分析中逐步得到各 v_j。为此目的,可以将文法 G4.10 改写为下述形式:

$$
\begin{aligned}
A &\rightarrow V := E &&(1) \\
V &\rightarrow id &&(2) \\
  &\quad |\ EL\ ] &&(3) \\
EL &\rightarrow id\ [\ E &&(4) \\
  &\quad |\ EL\ , E &&(5)
\end{aligned}
\tag{G4.11}
$$

$$E \rightarrow E + E \qquad\qquad (6)$$
$$| \ (E) \qquad\qquad (7)$$
$$| \ V \qquad\qquad\qquad (8)$$

由产生式 EL→id[E 首先可以得到数组名和第一维下标，然后由产生式 EL→EL,E 对各维下标进行分析，最终由产生式 V→EL]完成数组元素的分析，此时恰好得到了数组元素的最后一维下标。这一过程与递推公式中各 v_j 的计算完全一致。

为计算数组元素的地址，需要引入下述属性和函数。

(1) 属性.array：记录数组名在符号表中的入口，为简单起见，也表示数组的首地址 a。

(2) 属性.dim：数组维数计数器，用于记录当前分析到了数组的第几维。

(3) 属性.place：对于下标列表 EL，.place 是存放 $v_j = v_{j-1}*d_j + i_j$ (j=2，3，…，n)的临时变量；对于简单变量 id，它仍然表示简单变量的地址；而对于数组元素 id[EL]，它用于存放不变部分，一般可以是一个临时变量。

(4) 属性.offset：用于保存数组元素的可变部分，而对于简单变量，它为空，可记为 null。

(5) 函数 limit(array, k)：计算并返回数组 array 中第 k 维成员个数 d_k。

加入数组元素之后的赋值句的语法制导翻译如下，它的关键是如何在分析产生式(4)、(5)、(3)时正确进行数组元素地址中可变部分的计算：

(1) A → V := E 　　{ if 　V.offset=null
　　　　　　　　　　　then emit(V.place ':=' E.place);
　　　　　　　　　　　else emit(V.place' ['V.offset'] ' ':=' E.place);
　　　　　　　　　　　end if;}

(2) V → id 　　　　{ V.place:=entry(id.name); V.offset:=null;}

(3) V → EL] 　　　{ V.place:=newtemp;　emit(V.place ':=' EL.array '–' C);
　　　　　　　　　　　V.offset:=newtemp;　emit(V.offset ':= ' EL.place '*' w;}

(4) EL → id [E 　　{ EL.place:=E.place;　EL.dim :=1; EL.array:=entry(id.name);}

(5) EL → EL1 , E 　{ T:=newtemp; k:=EL1.dim+1;
　　　　　　　　　　　d_k:=limit(EL1.array, k);
　　　　　　　　　　　emit(T ':='EL1.place '*' d_k);
　　　　　　　　　　　emit(T ':=' E.place '+' T);
　　　　　　　　　　　EL.array:= EL1.array; EL.place:=T; EL.dim:=k;}

(6) E → E1 + E2 　{ T:=newtemp; emit(T ':=' E1.place '+' E2.place); E.place:=T;}

(7) E → (E1) 　　{ E.place:=E1.place;}

(8) E → V 　　　　{ if 　V.offset=null;
　　　　　　　　　　　then E.place:=V.place;
　　　　　　　　　　　else T:=newtemp;　emit(T ':=' V.place' ['V.offset'] ');　E.place:=T;
　　　　　　　　　　　end if;}

【例 4.37】　设数组声明为 arr: array[10, 20] of int，数组元素的宽度 w = 4，则表达式 arr[i + x, j + y]:= m + n 的带部分注释的分析树如图 4.35 所示，分析的重要步骤及所产生的三地址码如下，其中 $C = (c_1*d_2 + 1)*w = (1*20 + 1)*4 = 84$。

步骤	产 生 式	属性计算结果	中 间 代 码
(1)	V1 → i	V1.place=i,　V1.offset=null	
(2)	E1 → V1	E1.place=V1.place=i	
(3)	E2 → V2	E2.place=V2.place=x	
(4)	E3 → E1 + E2	E3.place=t1	t1 := i + x
(5)	EL1 → arr [E3	EL1.place=t1, EL1.dim=1	
		EL1.array=arr	
(6)	E6 → E4 + E5	E6.place=t2	t2 := j + y
(7)	EL2 → EL1 , E6	EL2.array=arr, EL2.dim=2	t3 := t1 * 20
		EL2.place=t3, d_2=20	t3 := t2 + t3
(8)	V5 → EL2]	V5.place=t4, V5.offset=t5	t4 := arr − 84
			t5:=t3*4
(9)	E9 → E7 + E8	E9.place=t6	t6 := m + n
(10)	A → V5 := E9		t4[t5] := t6

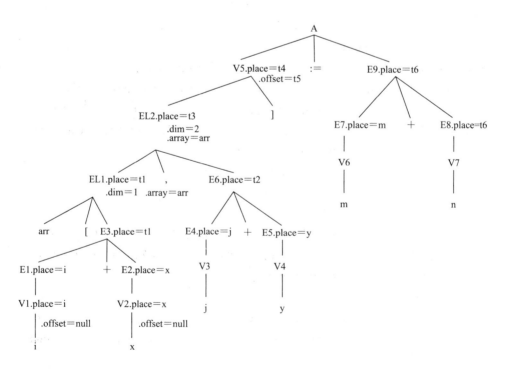

图 4.37　arr[i + x, j + y]:= m + n 的简化注释分析树

4.8　布尔表达式

4.8.1　布尔表达式的作用与结构

布尔表达式在程序设计语言中被广泛使用在两个方面：

(1) 逻辑运算，如 x := a or b。

(2) 控制语句转移的控制条件，如 if C then …，while C do …等。

在程序设计语言中，布尔表达式一般是优先级最低的一种表达式。一个较完整的布尔表达式的语法如下，其中的 relop 和 op 分别表示关系运算(<、<=、=、<>、>=、>)和算术运算(+、-、*、/ 等)：

    BE → BE or BE | BE and BE | not BE | (BE) | RE | true | false

    RE → RE relop RE | (RE) | E

    E　→ E op E | -E | (E) | id | num

在已经讨论过算术表达式的基础上，本节对布尔表达式的讨论基于下述简化文法(G4.12)：

    E → E or E | E and E | not E | (E) | id relop id | id | true | false　　　　　　　(G4.12)

其中布尔运算 or、and、not 的优先级规定为从低到高，且 or 和 and 具有左结合性质，not 具有右结合性质。为了书写方便，or、and、not 也可以分别用 $\vee$、$\wedge$、$\neg$ 表示。

4.8.2　布尔表达式的计算方法

布尔表达式的计算可以采用两种方法：数值表示的直接计算与逻辑表示的短路计算。

直接计算方法与算术表达式计算方法基本相同，它的特点是：翻译简单，计算速度快，常用于逻辑运算的求值。如果我们用数值 1 代表 true，数值 0 代表 false，并将 or、and、not 与+、*、-(一元减运算)对应，则直接计算的布尔表达式 A or B and not C 的三地址码如下：

    T1 := not C

    T2 := B and T1

    T3 := A or T2

对于关系运算表达式，如 a<b 的计算，可以翻译成如下固定的三地址码序列：

(1) if a<b goto (4)

(2) t1 := 0

(3) goto (5)

(4) t1 := 1

(5) ...

由于布尔表达式仅有真或假两个取值，因而在许多情况下，布尔表达式计算到某一部分就可以得到结果，而无需对其进行完全计算。短路计算以 if-then-else 的方式解释布尔表达式，一旦确定真假，后边的部分就不再被计算。三个操作的具体控制逻辑如下：

A or B　：if A then true else B

A and B　：if A then B else false　　　　　　　　　　　　　　(4.9)

not A　　：if A then false else true

对布尔表达式 A or B and not C 采用短路计算，则等价于下述解释：

if　　A

then true

else　if　　B

　　　then if C then false else true

　　　else false

在不产生副作用的情况下，短路计算与直接计算是等价的。由于 if-then-else 的解释方法比直接计算要慢，而且短路计算的控制比直接计算要复杂，因而似乎并没有必要进行短路计算。但是在有些控制语句的控制条件中，短路计算却是必不可少的，例如 Pascal 语句：

while ptr<>nil and ptr^.data=x do …

当指针类型变量 ptr 不是空指针时，对作为 while 语句控制条件的布尔表达式 ptr<>nil and ptr^.data=x 采用直接计算不会出现任何问题。而当 ptr 是空指针时，对 ptr^.data 的引用就是一个无效的引用，从而造成程序运行时的错误。如果采用短路计算，则当 ptr 是空指针时，ptr<>nil 不成立，布尔表达式的计算结束并返回假值，从而回避了对 ptr^.data=x 的判断，不会造成程序运行时的错误。

是否对布尔表达式进行短路计算，大多数的程序设计语言并不以语法的形式明确规定，而由编译器的实现来确定。这样会造成一个问题：同一程序在不同的编译器环境下，会得出不同的运行结果。如上边的 Pascal 语句，在 ptr 为空指针的情况下，短路计算和直接计算的结果不同。为了解决这一问题，有些程序设计语言以语法的形式明确规定布尔表达式的计算方式，如在 Ada 语言中提供两组运算：

and　和　and then

or　　和　or else

需要短路计算时，使用 and then 和 or else，否则使用 and 和 or。于是用 Ada 语句书写上述 while 语句如下，该语句在任何 Ada 的编译器上均会采用短路计算：

while ptr/=null and then ptr^.data=x loop …

4.8.3　数值表示与直接计算的语法制导翻译

首先，我们引入一个新的变量 nextstat，它总是指向第一个可用的三地址码序号，每调用一次 emit 操作，nextstat 增值 1，于是文法 G4.12 的语法制导翻译如下：

(1)　E → E1 or E2　　{ E.place := newtemp; emit(E.place ':=' E1.place 'or' E2.place);}

(2)　　| E1 and E2　　{ E.place := newtemp; emit(E.place ':=' E1.place 'and' E2.place);}

(3)　　| not E1　　　{ E.place := newtemp; emit(E.place ':=' 'not' E1.place);}

(4)　　| (E1)　　　　{ E.place := E1.place;}

(5)　　| id1 relop id2

　　　　　　　　{ E.place := newtemp;

emit('if' id1.place relop.op id2.place 'goto' nextstat+3);

emit(E.place ':=' '0');

emit('goto' nextstat+2);

emit(E.place ':=' '1');

}

(6)　　| id　　　　　{ E.place := entry(id.name);}

(7)　　| true　　　{ E.place := newtemp; emit(E.place ':=' '1');}

(8)　　| false　　　{ E.place := newtemp; emit(E.place ':=' '0');}

【例 4.38】 考虑布尔表达式 a<b or c<d and e<f, 直接计算的注释分析树如图 4.38(a) 所示。设 nextstat 的初值为 1, 语法制导翻译的主要过程和所生成的三地址码序列如下。

步骤	产 生 式	三 地 址 码
(1)	E1 → a < b	(1) if a<b goto (4)
		(2) t1 := 0
		(3) goto (5)
		(4) t1 := 1
(2)	E2 → c < d	(5) if c<d goto (8)
		(6) t2 := 0
		(7) goto (9)
		(8) t2 := 1
(3)	E3 → e < f	(9) if e<f goto (12)
		(10) t3 := 0
		(11) goto (13)
		(12) t3 := 1
(4)	E4 → E2 and E3	(13) t4 := t2 and t3
(5)	E5 → E1 or E4	(14) t5 := t1 or t4

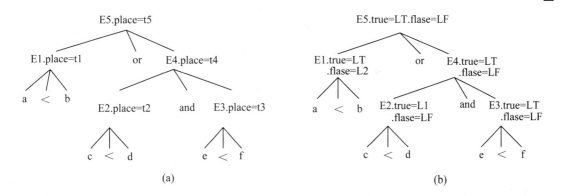

图 4.38 布尔表达式的注释分析树

(a) 直接计算；(b) 短路计算

4.8.4　短路计算的语法制导翻译

当布尔表达式用于控制条件时，并不需要计算表达式的值，而是一旦确定了表达式为真或者为假，就将控制转向相应的代码序列。我们为布尔表达式 E 引入两个新的属性和一个产生标号的函数。

属性.true：称为表达式的真出口，它指向表达式为真时的转向。

属性.false：称为表达式的假出口，它指向表达式为假时的转向。

函数 newlable：与 newtemp 相似，但它产生的是一个标号而不是一个临时变量。

考虑布尔表达式 E → E1 or E2，它应该有下述代码序列：

　　　　　E1.code

E1.false:　E2.code

即首先生成计算表达式 E1 的中间代码，然后在计算表达式 E2 的中间代码之前设置一个标号 E1.false，即当表达式 E1 为假时，转而计算表达式 E2。根据布尔表达式短路计算的逻辑 (4.9)，表达式真、假出口之间存在下述关系：

E1.true = E2.true = E.true 和 E2.false = E.false

暂不考虑.true 和.false 的具体实现问题，为文法 G4.12 设计的语法制导定义可如下(其中.code 是综合属性，而.true 和.false 是继承属性)：

(1)　 E →E1 or E2　　　{ E1.true := E.true; E1.false := newlabel;
　　　　　　　　　　　　　　E2.true := E.true; E2.false := E.false;
　　　　　　　　　　　　　　E.code := E1.code || emit(E1.false ':') || E2.code;}

(2)　　　|E1 and E2　　　{ E1.false := E.false; E1.true := newlabel;
　　　　　　　　　　　　　　E2.false := E.false; E2.true := E.true;
　　　　　　　　　　　　　　E.code := E1.code || emit(E1.true ':') || E2.code;}

(3)　　　|not E1　　　　　{ E1.false := E.true; E1.true := E.false; }

(4)　　　|(E1)　　　　　　{ E1.false := E.false; E1.true := E.true; }

(5)　　　|id1 relop id2
　　　　　　　　　　　　　　{ E.code := emit('if' id1.place relop.op id2.place 'goto' E.true)
　　　　　　　　　　　　　　|| emit('goto' E.false); }

(6)　　　| id　　　　　{ E.code := emit('if' id.place 'goto' E.true)||emit('goto' E.false);}

(7)　　　| true　　　　{ E.code := emit('goto' E.true);}

(8)　　　| false　　　　{ E.code := emit('goto' E.false);}

【例 4.39】 再考虑布尔表达式 a<b or c<d and e<f，短路计算的注释分析树如图 4.38(b) 所示。设整个表达式(E5)的真假出口分别是 LT 和 LF，newlable 生成的标号可以是 L1, L2, … 等，则最终生成的三地址码序列如下。

　　　　　if a<b goto LT
　　　　　goto L2
　　L2: if c<d goto L1
　　　　　goto LF
　　L1: if e<f goto LT

　　goto LF

　　其.code 属性可以通过对分析树的自下而上遍历得到,而.true 和.false 属性则需通过对分析树的自上而下遍历得到。

4.8.5　拉链与回填

　　上节的语法制导定义仅是原理上的,而真正要付诸实施,需要解决两个问题:

　　(1) 如何实现表达式的真、假出口。

　　(2) 如何在语法分析的同时正确生成三地址码序列,即所有的转向均可确定。

　　换句话讲,设计一种什么样的翻译方案,使得仅对分析树进行一次遍历(LR 分析中就是对分析树的一次深度优先后序遍历),即可生成所需的中间代码序列。其中的关键是如何控制真、假出口的正确转向,即在一次遍历中如何确定三地址码中的真出口和假出口。一种简单有效的方法是采用拉链与回填技术,它的基本思想是当三地址码中的转向不确定时,将所有转向同一地址的三地址码拉成一个链,一旦所转向的地址被确定,则沿此链对所有的三地址码回填此地址。为此需要新增两个属性。

　　属性.tc: 真出口链,链接所有转向真出口的三地址码。

　　属性.fc: 假出口链,链接所有转向假出口的三地址码。

　　通过引入下述函数和过程来实现三地址码的拉链与回填操作。

　　函数 mkchain(i): 为序号为 i 的三地址码构造一个新链,且返回指向该链的指针。

　　函数 merge(P1，P2): 将两个链 P1 和 P2 合并,且 P2 成为合并后的链头,并返回链头指针。

　　过程 backpatch(P，i): 将 P 链中相应域中的所有链域均回填为 i 值。

　　【例 4.40】　假设有两个序号分别为 i 和 j 的三地址码(i)goto−、(j)goto−。操作 p1:=mkchain(i)和 p2:=mkchain(j)之后所生成的链如图 4.39(a)所示；操作 p2:=merge(P1, P2)之后的链如图 4.39(b)所示；操作 backpatch(P2, k)之后的三地址码如图 4.39(c)所示。■

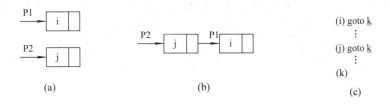

图 4.39　三地址码链上的操作

(a) 链的建立；(b) 链的合并；(c) 地址的回填

　　下述语法制导翻译仍然建立在自下而上语法分析的基础之上。为了实现拉链与回填,除了增加新的属性和过程之外,还需要修改文法。由于 LR 分析的语义规则只能加在产生式的最右边,所以当需要在产生式右部的中间位置加入语义规则时,仍然通过在需要语义规则的位置引入一个非终结符的方法来实现。根据这一原则,将文法 G4.12 改写为下述文法(G4.13):

E → E or M E | E and M E | not E | (E) | id relop id | id | true | false　　　　　(G4.13)

M → ε

同时，为 M 引入一个新的属性.stat，它记录当前第一个可用三地址码的序号。于是短路计算的语义规则可设计如下：

(1)　 M → ε　　{ M.stat := nextstat; }

(2)　 E → E1 or M E2

　　　　　　　 { backpatch(E1.fc, M.stat); E.tc := merge(E1.tc, E2.tc); E.fc := E2.fc; }

(3)　　　| E1 and M E2

　　　　　　　 { backpatch(E1.tc, M.stat); E.fc := merge(E1.fc, E2.fc); E.tc := E2.tc; }

(4)　　　| not E1　　　{ E.tc := E1.fc; E.fc := E1.tc; }

(5)　　　| (E1)　　　　{ E.tc := E1.tc; E.fc := E1.fc; }

(6)　　　| id1 relop id2

　　　　　　　 { E.tc := mkchain(nextstat); E.fc := mkchain(nextstat+1);

　　　　　　　 emit('if' id1.place relop.op id2.place 'goto –');

　　　　　　　 emit('goto –');

　　　　　　 }

(7)　　　| id

　　　　　　　 { E.tc := mkchain(nextstat); E.fc := mkchain(nextstat+1);

　　　　　　　 emit('if' id.place 'goto –');

　　　　　　　 emit('goto –');

　　　　　　 }

(8)　　　| true　　　 { E.tc := mkchain(nextstat); E.fc:=mkchain( ); emit('goto –');}

(9)　　　| false　　　{ E.fc := mkchain(nextstat); E.tc:=mkchain( ); emit('goto –');}

【例 4.41】　再考虑布尔表达式 a<b or c<d and e<f。采用上述语法制导翻译，它的注释分析树如图 4.40 所示。设 nextstat 初值为 1，自下而上分析的主要归约过程和所生成的三地址码序列如下。由于分析树中 E5 的真、假值链分别是(5, 1)和(6, 4)，所以在后继的分析中，一旦 E5 的真、假出口被确定，就可以沿这两个链正确回填。

步骤	产　生　式	三　地　址　码
(1)	E1 → a < b	(1) if a<b goto –
		(2) goto 3
(2)	M1 → ε	
(3)	E2 → c < d	(3) if c<d goto 5
		(4) goto –
(4)	M2 → ε	
(5)	E3 → e < f	(5) if e<f goto –
		(6) goto –
(6)	E4 → E2 and M2 E3	
(7)	E5 → E1 or M1 E4	

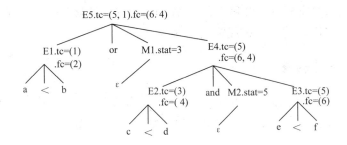

图 4.40 标记真、假值链的注释分析树

4.9 控 制 语 句

在程序设计语言的可执行语句中，除了顺序执行的语句之外，更多的是控制语句。控制语句可以根据程序员的意志，有条件或无条件地改变程序执行的顺序。控制语句大致可以分为四类：无条件转移语句、条件转移语句、循环语句和分支(分情况)语句。不同程序设计语言表示这四类语句的语法可能会有不同，但语义基本是一致的。

无条件转移是指将程序控制流无条件地转向某个地方，典型的如 goto L，它将程序的控制无条件转向标号 L 所指的语句。goto 语言的随意性破坏了程序的结构。大部分结构化的程序设计语言还提供结构化的无条件转移语句，如 break、exit 等，它们不是转向某个特定语句，而是退出某个局部范围，如某个分支、某层循环或者某个过程等。

条件转移是指根据条件执行程序的某个分支或者某个部分，典型的如 if-then-else 和 while-do 语句。在 if 语句中，若条件成立，则转向执行 then 部分的语句，否则执行 else 部分的语句。在 while 语句中，若条件成立，则执行 do 部分的语句，否则结束。由于 while 语句是可以循环执行的，所以也被认为是循环语句，此处将它界定为条件转移的根据是：决定 while 循环中的语句执行还是不执行，执行多少次等，是由布尔表达式的条件是否成立确定的，而不是由循环的下限、上限和步长来确定的。

循环语句是指可以根据设定的下限、上限和步长来确定循环执行若干次的语句，如 for-loop 语句。分支语句是根据表达式的不同取值执行不同语句序列的语句,如 case 或 switch 语句等。循环语句和分支语句与条件语句的区别在于控制程序流程的条件是算术表达式还是布尔表达式，其他部分的翻译是相通的。本节仅讨论无条件转移和条件转移，它们基于如下的文法：

$$
\begin{array}{llll}
S \to & id : S & (1) & \\
| & goto\ id & (2) & \\
| & if\ E\ then\ S & (3) & \\
| & if\ E\ then\ S\ else\ S & (4) & \\
| & while\ E\ do\ S & (5) & (G4.14) \\
| & A & (6) & \\
| & begin\ L\ end & (7) & \\
L \to & L; S & (8) & \\
| & S & (9) &
\end{array}
$$

其中，产生式(1)和(2)构成无条件转移语句，(3)～(5)是条件转移语句，(6)是前边章节介绍过的赋值句，(7)～(9)将简单的语句扩展为语句序列。

4.9.1　标号与无条件转移

虽然无条件转移语句的随意性破坏了程序的结构，在程序设计中使用它被认为是有害的，但是它随意转向的灵活性也是其他语句所无法替代的。因此，许多程序设计语言仍保留了这一语句类型。

无条件转移一般有两个要素：标号所标记的位置和 goto 所转向的标号。起标记位置作用的标号被称为标号的定义出现，如(G4.14)产生式(1)中的 id；用于 goto 转向的标号被称为标号的引用出现，如产生式(2)中的 id。

在一定的作用域内，标号仅可以定义一次，而可以引用多次。当标号定义出现时，可以将它的有关信息填写进符号表中；而当标号引用出现时，就可以根据符号表中的信息生成正确转移的三地址码。但是，在有些情况下，标号的引用先于标号的定义。当引用发生时，符号表中还没有标号定义的信息，不知道应该转向何处。显然，借助符号表的拉链与回填方法可以很好地解决这一问题。

首先，在符号表中为标号设置以下信息域。

.type：记录标识符的类型，如'标号'或'未知'。

.def：若是标号，记录是否已定义，如'未定义'或'已定义'。

.addr：标号定义前作为链头，标号定义后作为此标号对应三地址码的序号。

同时引入一个过程 fill(entry(id.name), a, b, c)，分别将 a、b、c 填写到符号表中标识符 id 的.type、.def、.addr 域中。

通过上述准备，可以设计生成转移语句三地址码序列的翻译方案如下：

(1)　S　→ goto id

```
        { if    entry(id.name).type='未知'              -- 标识符第一次出现
           then fill(entry(id.name),'标号', '未定义', nextstat);
                emit('goto –');
           else if    entry(id.name).type='标号'           -- 已出现且是标号
              then    emit('goto', entry(id).addr);
                      if    entry(id.name).def='未定义'      -- 尚未定义
                      then    fill(entry(id.name), '标号', '未定义', nextstat–1);
                      end if;
           else    error;    -- 标识符已出现且类型不是标号，出错
                   end if;
           end if;
        }
```

(2)　S　→ LAB S { -- 略(根据 S 是何种语句，进行相应的翻译)}

(3)　LAB → id:

```
        { if    entry(id.name).type='未知'                -- 标识符第一次出现
```

```
           then fill(entry(id.name), '标号', '已定义', nextstat);
      else if      entry(id.name).type='标号'
                     and entry(id.name).def='未定义' -- 还未定义出现
             then q:=entry(id.name).addr;
                   fill(entry(id.name), '标号', '已定义', nextstat);
                   backpatch(q, nextstat);
             else error;                                  -- 其他情况均出错
             end if;
      end if;
   }
```

其中产生式(1)是对标号的引用，产生式(2)和(3) 是对标号的定义，它们是对文法 G4.14 产生式(1)的改写，以便在'id:'之后加入语义规则。此翻译方案的基本思想是当所引用的标号还没有定义时，将所有被引用相同标号的三地址码进行拉链，并将链头放在符号表的.addr 域中；而一旦此标号定义出现，就将出现时的三地址码序号回填。由于符号表中.addr 域具有双重作用，因而只要此标号已经被填进符号表中，其后的引用均是相同的，即生成相同的三地址码(emit('goto', entry(id).addr))。唯一的差别是，若此标号还未定义出现，则应该将刚生成的三地址码拉进链中(即执行 fill(entry(id.name), '标号', '未定义', nextstat−1))。

4.9.2　条件转移

1. 条件转移的三地址码序列与语法制导定义

文法 G4.14 中的条件转移有三种结构：if-then、if-then-else 和 while-do，具体语法形式如产生式(3)、(4)、(5)所示。它们分别应该具有表 4.3 所示的逻辑上的三地址码序列，其中的.begin 和.next 作为语句 S 的属性，分别表示 S 开始和 S 结束后的三地址码序号。

表 4.3　条件转移语句的三地址码序列

if-then 结构	if-then-else 结构	while-do 结构
E.code	E.code	S.begin: E.code
E.true: S1.code	E.true:　S1.code	E.true:　S1.code
E.false: ...	goto S.next	goto S.begin
	E.false: S2.code	E.false: ...
	S.next:　...	

对于 if-then 结构来讲，首先应该生成的是一段计算表达式 E 的三地址码，然后是一段当表达式为真时应该执行的三地址码，它的第一条三地址码的序号由 E.true 标记，紧随此结构之后的第一条三地址码的序号被标记为 E.false。其他两个结构是类似的。于是可以得到下述的语法制导定义：

(1) S → if E then S1
　　　　{ E.true := newlabel;　　E.false := S.next;　　　S1.next := S.next;
　　　　 S.code := E.code || emit(E.true ':') || S1.code;
　　　　}

(2)　S → if E then S1 else S2

    { E.true := newlabel;　　　E.false := newlabel;

　　S1.next := S.next;　　　S2.next := S.next;

　　S.code := E.code || emit(E.true ':') || S1.code

　　　　|| emit('goto' S.next) || emit(E.false ':') || S2.code;

    }

(3)　while E do S1

    { S.begin := newlabel;　　E.true := newlabel;

　　E.false := s.next;　　　S1.next := S.begin;

　　S.code := emit(S.begin ':') || E.code

　　　　　　|| emit(E.true ':') || S1.code || emit('goto' S.begin);

    }

2. 条件转移的控制流程与翻译方案

条件语句的共同特点是根据布尔表达式取值分别执行不同的语句序列。其所带来的一个问题是：不同的语句序列结束后，如何使控制转向语句的结束。对于下述语句：

　　　if　　E1 then if　　E2　then S1　　else S2　　else S3

和

　　　while E3 do while E4　do S4

它们的控制流程分别如图 4.41 的(a)、(b)所示。

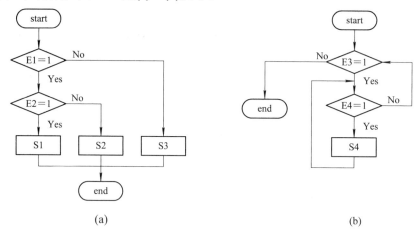

图 4.41　条件语句的控制流程

(a) if 语句的控制流程；(b) while 语句的控制流程

图 4.41 中 S1、S2、S3、S4 结束时控制流程的转向应如何处理？if 语句中 S1、S2、S3 任何一个结束，整个 if 语句均结束，它们应该都转向 if 语句的后继语句；while 语句中的 S4 结束后，应该转向判断内层 while 的条件 E4，同样，内层 while 的结束应该转向判断外层的条件 E3，而只有当 E3 条件为假时，整个 while 语句才结束。

显然，图 4.41 中所有 Yes 和 No 转向分别可由布尔表达式的真出口和假出口来指示，而当若干个语句具有相同的出口时，就需要像设置真、假值链那样，设置一个链，将所有转向相同出口的三地址码链起来，并通过拉链与回填技术来处理它们。为此，需要引入两个新的属性。

属性.nc：记录语句结束后的转向，如果若干个语句结束后转向同一地方，则用此属性将它们链在一起，从而记录下完整语句结构中结束的所有出口。

属性.begin：某三地址码序号，如 while 语句三地址码序列的首地址。

仿照布尔表达式短路计算的语法制导翻译方法，可以得到条件转移的语法制导翻译如下：

(1) M → ε { M.stat := nextstat; }

(2) S → if E then M S1
  { backpatch(E.tc, M.stat); S.nc := merge(E.fc, S1.nc); }

(3) N → ε { N.nc := mkchain(nextstat); emit('goto –'); }

(4) S → if E then M1 S1 N else M2 S2
  { backpatch(E.tc, M1.stat); backpatch(E.fc, M2.stat);
    S.nc := merge(S1.nc, merge(N.nc, S2.nc)); }

(5) S → while M1 E do M2 S1
  { backpatch(S1.nc, M1.stat); backpatch(E.tc, M2.stat);
    S.nc := E.fc; emit('goto' M1.stat);
  }

(6) S→A { S.nc := mkchain( ); }

【例 4.42】 将语句 if a<b then while a<b do a := a + b 翻译成三地址码序列的主要过程和对应代码序列如下，其中赋值句 A → id := E 的处理过程予以忽略。三地址码中加下划线的序号是经回填过程修改的，整个语句的出口由 S3.nc 指示，它包括(2)和(4)。简化的注释分析树如图 4.42 所示。

步骤	产 生 式	语义处理结果	三 地 址 码
(1)	E1 → a < b	E1.tc=(1)	(1) if a<b goto (3)
		E1.fc=(2)	(2) goto –
(2)	M1 → ε	M1.stat=(3)	
(3)	M2 → ε	M2.stat=(3)	
(4)	E2 → a < b	E2.tc=(3)	(3) if a<b goto (5)
		E2.fc=(4)	(4) goto –
(5)	M3 → ε	M3.stat=(5)	
(6)	A		(5) t1 := a+b
			(6) a := t1
(7)	S1 → A	S1.nc=()	
(8)	S2 → while M2 E2	backpatch(3, 5)	(7) goto (3)
	do M3 S1	S2.nc=(4)	
(9)	S3 → if E1	backpatch(1, 3)	
	then M1 S2	S3.nc=(4, 2)	

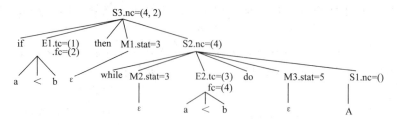

图 4.42　条件转移语句的注释分析树

4.10　过 程 调 用

过程调用也是改变控制流的一种方式，但与其他控制语句不同的是，过程调用完成后仍然回到被调用处。过程调用需要做的工作主要包括：实现参数传递，保存返回地址，控制转移。参数传递有不同的形式，此处仅考虑最简单的值调用形式。简单形式的过程调用的文法如下：

$$S \quad \rightarrow call\ id(AL) \qquad (1)$$
$$AL \rightarrow AL，E \qquad (2) \qquad\qquad (G4.15)$$
$$\mid \quad E \qquad (3)$$

对于过程调用语句 call sum(X + Y，Z)，应该生成如下形式的三地址码序列：

```
        ...
        T := X + Y
(k−3) param T
(k−2) param Z
(k−1) call 2, sum
(k)       ...
```

首先计算第一个参数 X + Y，结果放在临时变量 T 中，然后，将 T 和 Z 作为参数顺序排列，最后控制转向 sum 过程。从 sum 中返回时，应该返回到第 k 个三地址码。

需要一个属性.list 记录下分析过程中的各个参数，以便最后统一排列在 call 三地址码的前边。根据对参数排列的不同要求，.list 可以是一个队，也可以是一个栈。下边给出的是不考虑参数一致性检查的、简化了的过程调用的语法制导翻译：

(1) S 　→ call id(AL)

　　　　　　　　{ for AL.queue 中的每一项 p loop emit('param' p); end loop;

　　　　　　　　emit('call' k '，' entry(id.name)); }

(2) AL → AL，E 　{ k := k+1; 　　E.place 加入到 AL.list }

(3) AL → E 　　　　{ k := 1; 初始化 AL.list，使其仅含有 E.place }

当参数均为简单变量时，还可以将语法制导翻译简化成如下形式：

正序(队)

(1) S 　→ call id(AL) { emit('call' k '，' entry(id.name));}

(2) AL → AL，E　　　{ k := k+1; emit('param' E.place);}

(3) AL → E　　　　　{ k := 1;　　emit('param' E.place);}

逆序(栈)

(1) S　→ call id(AL) { emit('call' k ',' entry(id.name));}

(2) AL → E　　　　　{ k := 1;　　emit('param' E.place);}

(3) AL → E，AL　　　{ k := k+1; emit('param' E.place);}

4.11*　类 型 检 查

　　类型检查的目的是避免程序发生运行时错误。它的基本思想和语法分析是一致的，具体来讲就是为程序设计语言设计类型系统和类型检查器。这类似于为语言结构设计文法和语法分析器。

　　类型系统是一组规则，用于规定如何将类型赋予程序中的每个表达式，通过对规则的计算或推导来保证表达式的类型正确。**类型检查器**是实施规则计算或推导的算法或程序。类型检查既可以在编译时进行，也可以在运行时进行，前者称为**静态类型**检查，后者称为**动态类型**检查。若一个类型系统可以保证程序中不出现运行时错误，则称它是一个**健全**的类型系统(Sound Type System)。若一个程序设计语言中的任何类型错误总是可以被检测出来(无论是静态检查还是动态检查)，则称此语言是**强类型**的，否则被称为是**弱类型**的。

　　从某种意义上讲，类型的发展是程序设计语言发展的重要因素之一。由程序设计语言提供强类型的保障机制，为提高软件的可靠性和可维护性做出了不容忽视的贡献，但同时也给编译器提出了更高的要求，因为强类型语言是由编译器而不是由程序员来检查源程序中的类型错误的。

4.11.1　类型、类型系统与类型检查

1. 从不分类到强类型

　　计算机发展的早期，没有类型的概念。无论是可执行代码还是被处理的数据，均被认为是具有固定大小的位串(bit string)或存储字(memory word)。计算机无法区别它们的用途，无法识别一个字或字节到底是代表代码还是数据，是整型数还是字符串，从而将正确使用这些字或字节的负担强加给了程序设计人员。人们希望按照字或字节所表示的信息的特性和用途将它们分类，然后根据它们的特性和作用进行管理，于是就有了类型的概念。

　　定义 4.5　**类型**是由一组值集合和值集合上的操作集合组成的系统。可以将其表示为一个二元组：

　　　　type = (value-set, operator-set)　　　　　　　　　　　　　　　　　　　■

　　值集合中的任何值只能进行操作集合中所允许的操作，从而将被禁止的操作排除在了类型之外。

　　【例 4.43】　整型数(intger)是一个类型，在特定的计算机系统中，有不同的值集合，如[−32 768，32 767]就是一个被普遍采用的值集合，该值集合的操作可以包括加、减、乘、除

等。而 3.5、8.2、7/3 均不是整型数。10 000 000 是数学意义上的整型数，但不是此计算机系统中的整型数，因为它超出了 32 767 的上界。■

引入类型的目的是让程序设计语言的编译器承担起对类型检查的责任，如什么样的操作在哪些操作对象上是允许的，而在哪些操作对象上是不允许的。这些限制形成的规则就构成了程序设计语言的类型系统，而类型检查器用于实现这些限制，即根据这些限制进行类型检查。

类型检查一般在编译阶段进行，即静态类型检查，而有些语言机制必须在运行时才能进行类型检查，即动态类型检查。

【例 4.44】 对于如下源程序段：

    var x : integer; y : boolean;

    y := x;

我们可以对赋值句 y := x;进行静态类型检查：

    A → id := E { if id.type≠E.type then A.type := type_error; else … }

因为 x 和 y 的类型在编译时是确定的。

若程序设计语言中允许动态数组，则下述源程序段是合法的：

    var x, y : integer;

    ⋮

    procedure sort(left, right : integer) is

        A : array[left..right] of objects;

    end sort;

    ⋮

    sort(x, y);

因为 x 和 y 是整型值，故可以作为数组的下界和上界。但是，x 和 y 的值只能在运行时确定，而当 x＞y 时，sort(x, y)不能正确运行。因此，为保证 sort 可以正确运行，必须要有运行时的类型检查机制，在执行 sort(x, y)之前先检查是否能保证 x≤y。■

可以通过静态类型检查来保证程序不出现类型错误的程序设计语言被称为**静态类型语言**。换句话说，静态类型语言要求编译阶段就可以检查出程序中的所有类型错误，这对程序设计语言是一个很大的限制。不考虑类型错误是静态时被查出还是运行时被查出，能够保证程序运行时不出现类型错误的程序设计语言被称为**强类型语言**。强类型语言降低了对语言的限制，但是提高了对编译器的要求且降低了程序运行的效率，因为编译器除了编译时的类型检查之外，还要提供运行时的类型检查。

2. 强类型与多态(Polymorphism)

强类型语言对类型的严格检查提高了软件的可靠性和安全性，但是降低了程序的灵活性和有效性。例如，如果 x 是整型量，y 是实型量，那么表达式 x + y 是否合法？显然我们希望 x+y 可以随意计算。又例如一个栈的抽象数据类型程序包 stack(object)，它允许的操作 push(object)和 pop(object)中的参数 object 可以取什么类型？显然我们希望 object 可以取任何类型。两种情况下都希望一个操作(如+、push 等)可以有不同类型的操作对象，这种允许操作或操作对象取多于一种类型的机制被称为**多态**。

我们可以根据是操作取多于一种的类型还是操作对象取多于一种的类型将多态分为两类。操作对象可以具有多于一种类型的函数被称为**多态函数**，这类多态属于**通用多态**；操作可以施加于多于一种类型的操作对象的(操作)类型被称为**多态类型**，这类多态属于**特定多态**。

无论是通用多态还是特定多态，在现实生活的语言中均被广泛使用。例如"会计"和"会计算"，"会"在不同上下文中具有不同的意思，这是一个特定多态；又例如"吃水果"是"吃苹果"、"吃葡萄"等的概括，这是一个通用多态。正如自然语言离不开多态一样，完全禁止多态的程序设计语言是无法使用的。多态的分类如图 4.43 所示。

图 4.43　多态的分类

1) 通用多态

通用多态的典型特征是**实例可以有无穷多个**，具体有两种表现形式：参数多态与包含多态。

(1) **参数多态**。参数多态是过程式程序设计语言中最具代表性的通用多态，它具有"宏(macro)"的特征，即参数的类型可以有无穷多个，而对所有允许类型的参数，均执行同一个代码序列。与一般意义宏的概念不同的是：宏的参数是变量，而参数多态的参数是类型，即一般意义下不变的类型在此是可改变的。

【例 4.45】　C 语言的源程序中，可以通过#define 定义下述宏：

#define enter(x) printf("enter in　　"); printf(x); printf("\n")

对 enter("ForStatement")和 enter("Expression")的调用，得到不同的结果：

enter in　　ForStatement

enter in　　Expression

(2) **包含多态**。包含多态是另一种形式的通用多态。子类型、派生类型、子类(派生类)均属于包含多态。不同的是，子类型和派生类型的基类型是程序设计语言提供的，而子类的基类是程序设计者自己定义的。它们的共同特征是从一个基本的类型中可以"生出"无穷多个属于此基本类型的其他类型。

【例 4.46】　Ada 语言的源程序中可以定义整型数的子类型 height 和 weight 如下：

　　subtype height is integer range 1..200;　　　　-- 身高的取值范围

　　subtype weight is integer range 1..200;　　　　-- 体重的取值范围

height 和 weight 的值集合均是 integer 的子集[1, 200]，它们的变量可以进行 integer 允许的所有运算(子类型继承父类型的运算)，但是取值范围只能是[1, 200]。

2) 特定多态

特定多态的共同特征是操作对象(操作数)仅可以有**有限个不同的且不关联的类型**，从实现的角度看，就是对不同类型的操作对象执行不同的代码序列。特定多态也有两种表现形式：重载与强制。

(1) **重载**。重载是将相同的操作符施加于不同的操作对象，根据上下文确定操作的具体类型，即采用哪段代码序列实现这一操作。例如程序设计语言中的"+"可以表示整型数相加、实型数相加、字符串连接和集合的并运算等。对于表达式 x+y，需要根据上下文，即根据 x 和 y 的类型来确定"+"具体表示什么运算。

(2) **强制**。强制是指根据应用需求对类型进行内部转换，以减少重载的类型。在程序设计语言中，重载和强制往往是相互关联的，二者之间没有明确界限。

【**例 4.47**】 对于算术表达式 $3+4$、$3.0+4$、$3+4.0$ 和 $3.0+4.0$，"+"可以有三种解释：

(1) "+"有四种重载含意，对应四种形式的运算。

(2) "+"仅有一种重载含意，所有形式的运算均强制为 real + real。

(3) "+"有两种重载含意：int + int 和 real + real。对于 int + real 和 real + int 两种类型，均强制为 real + real。　　　　　　　　　　　　　　　　　　　　　　　　　　■

对于同一个表达式，采用什么样的重载与强制取决于语言的实现。大多数程序设计语言均采用上述第(3)种重载的方法，其合理性是显而易见的。

强类型提高了软件的安全性，多态提高了程序设计的灵活性，二者的结合为程序设计人员提供了良好的程序设计环境，但是却加大了类型检查的强度。同时强类型和多态之间并没有必然的联系，因此多数的程序设计语言是有条件的多态和受限制的强类型。另外还需要特别强调多态与不分类的区别。不分类的程序设计语言将运算和运算对象之间是否相符的决定权留给程序员，而多态的程序设计语言要求编译器进行类型检查以保证程序运行中类型的正确性。

3. 类型与类

面向对象程序设计语言(Object-Oriented Programming Language, OOPL)是程序设计语言的一个重要发展，它的最重要特征之一就是将对象类型化，即将构造新的类型的权利交给了程序设计语言的使用者。换句话说，传统的 PL 为我们提供了类型，而 OOPL 为我们提供了构造(定义)类型的方法。从引入类型的目的来看，OOPL 应该是强类型的和多态的。

4. 类型与类型检查

应用的多样性造成了语言的多样性。有些应用要求语言类型化，而有些应用并不要求。从编译的角度看，程序设计语言中引入类型是为了进行类型检查，使得不出或少出运行时错误，以提高软件的可靠性和安全性。但是从应用的角度看，语言中引入类型是为了便于程序设计，而过多的检查反而破坏了程序设计的灵活性和程序运行的效率。这就需要在可靠性、安全性与灵活性、有效性之间进行一定的取舍。

语言的类型化与检查之间并没有必然的联系。换句话说，语言的类型化和强类型并没有必然的联系。但是检查的缺失会造成安全的缺失，典型的例子是 C 语言中越界检查的缺失会造成程序运行时的缓冲区溢出，给大量的病毒制造者带来可乘之机。语言的类型化与安全性之间的关系可由表 4.4 中的例子加以说明。

表 4.4   类型化与安全性

	类型化的	非类型化的
安全的	ML、Java、Ada	LISP
不安全的	C/C++	Assembler

4.11.2   类型系统

1. 类型表达式

类型系统是一组规则，用于规定如何将类型赋予程序中的每个表达式，通过对规则的计算或推导来保证表达式的类型正确。我们用类型表达式作为类型规则，并通过对类型表达式的计算来确定语言结构的类型。

类型表达式与算术表达式和布尔表达式一样，也是由基本的运算对象和运算组成的递归式子。类型表达式的运算符被称为类型构造符。类型表达式具体可以表述如下：

(1) 基本类型是类型表达式。

(2) 类型名是类型表达式。

(3) 类型变量的值是类型表达式。

(4) 类型构造符作用于类型表达式的结果是一个类型表达式。

前三条指出了基本的类型表达式，第四条指出运算的结果仍然是类型表达式，从而形成了类型表达式的递归定义。

1) 程序设计语言的基本类型作为类型表达式

程序设计语言提供的、不可分割的基本类型(也称为简单类型)是类型表达式，例如 boolean、character、integer(包括子范围，如 1..15、15)、real 等。此处需要注意类型表达式与程序设计语言中类型声明的区别，例如 integer 和 character 类型在 C++中分别被声明为 int 和 char。在后续的讨论中我们并不特别强调二者的区别，因为可以根据上下文进行区分。

除了程序设计语言中定义的常见基本类型之外，void 是一个类型表达式，它表示对类型的不关心，或习惯上称为无类型。type_error 是一个类型表达式，它表示类型错，与 error 在 YACC 中的作用十分相似。在 YACC 中用 error 表示一个语言结构错误，而在类型系统中，当没有一个正确的类型表达式与相应语言结构的类型匹配时，就用 type_error 表示发现了一个类型错误。换句话说，error 表示一个语法错误，type_error 表示一个语义错误。

2) 类型名与类型变量的值作为类型表达式

大多数的程序设计语言都允许为类型起名字，类型的名字是一个类型表达式。事实上，当一个类型的结构太复杂或需要反复被使用时，我们就为它起个名字，用抽象的名字代替此复杂结构。抽象是程序设计中一个最基本的概念，并被广泛使用。例如，当一个正规式太复杂或反复被使用时就为它起个名字；当一个操作太复杂或反复被使用时就将其构造成一个函数；当需要反复使用一组值和值上类似的操作时，就将其抽象为一个类。从某种意义上讲，程序设计语言的发展之一就是抽象层次的提高。

在允许多态的程序设计语言中，类型是可变的，可变的类型可以用类型变量来表示。类型变量的值是一个类型表达式，它与基本类型和类型名一样，可以作为基本的类型表达式。

【例 4.48】 类型声明语句 type student is record…中 student 是一个类型名，它是一个类型表达式，代表所声明的记录类型。

再看类型变量与类型变量的值，在下述 Ada 源程序段中，我们可以如下定义一个栈：

```
generic                          -- 关键字 generic 指出 stack 是一个多态的程序包
    type object is private;      --    object 是类型变量
package stack is
    procedure push(element : in object);      -- push 的对象可以是任何变量
    procedure pop(element : out object);
    …
end stack;
```

其中的 object 是一个类型变量而不是类型表达式。使用该栈时需要先将类型确定化，例如可以声明一个整型数栈，它将类型变量实例化为一个整型：

```
package int_stack is new stack(integer);
```

之后即可如下使用：

```
int_stack.push(3);
```

这里 integer 是类型变量的值，所以它是类型表达式。

我们也可以这样定义：

```
package char_stack is new stack(character);
char_stack.push("student");
```

显然，类型变量的值 charzcter 也是一个类型表达式。 ■

3) 类型构造符

程序设计语言中提供了一些基本的类型组合方法，可以将简单类型组合为复杂类型，这些类型的组合方法在类型系统中被称为类型构造符，即利用类型构造符构造出复杂的类型表达式。程序设计语言中常见的组合方法有数组、记录、指针等，它们均可以作为类型表达式中的类型构造符。

(1) 数组(array)。array 是一个类型构造符。由于数组有两个基本成分：数组元素的类型 T 和数组下标的类型 I，所以数组的类型可以表示为 array(I, T)，即类型构造符 array 作用于类型表达式 I 和 T 的结果是一个类型表达式。

(2) 积(×，Cartesion Products)。×是一个类型构造符，用于表示若干个类型的并列关系，如参数列表、记录或程序包的分量等。若 T1、T2 分别是类型表达式，则 T1 和 T2 的积 T1 × T2 也是一个类型表达式。可以规定×具有左结合性质，即

$$T1 \times T2 \times T3 = (T1 \times T2) \times T3$$

(3) 记录(record)。record 是一个类型构造符。记录可以看做是各 field(域或字段)的积，而每个字段由名字与类型共同确定。记录的类型可以表示为

$$record(F1 \times F2 \times \cdots \times Fn)$$

其中 $Fi = name_i \times field_i$，即 record 作用于 $F1 \times F2 \times \cdots \times Fn$ 的结果是一个类型表达式。

(4) 指针(pointer)。pointer 是一个类型构造符。若 T 是类型表达式，则 pointer(T)是表示"指向类型 T 的对象的指针类型"的类型表达式。

　　(5) 函数(→，function)。→是一个类型构造符。→作为一个类型构造符具有特别重要的意义，这说明函数也被看做一个类型，它是定义域到值域的一个映射。设定义域类型为 D，值域类型为 R，则函数的类型表达式为 D→R。

　　(6) 异或积(+，disjunctive products)。+是一个类型构造符，用于表示若干个类型的其中之一，如记录中变体部分的各分量之间的关系。

　　【例 4.49】 类型化的程序设计语言通过数据对象的声明语句提供其类型信息。编译器可以通过对声明语句的分析建立它们的类型表达式。对于下述 Pascal 和 C++的类型定义语句和数据对象声明语句：

```
var x: integer;
        a: array [1..10] of integer;
type row = record
        address : integer;
        lexeme : array [ 1..15 ] of char;
end;
var table : array [1..10] of row;
var P : ^row;
function max ( x : integer, y : integer) : integer;
function f(a, b : char) : ^integer;
union A
{   int i;
    char c;
    double d;
}
```

它们的类型表达式可以分别表示如下：

　　变量 x 是一个整型数，它的类型表达式可以表示为 int。

　　变量 a 是一个数组，它的下标类型为 1..10，数组元素的类型为 int，所以 a 的类型表达式是类型构造符 array 作用于下标类型和数组元素类型形成的类型表达式 array(1..10, int)。

　　row 是一个类型名，它代表的类型是一个具有两个域的记录，根据记录的类型表达式的构造方法，row = record((address × int) × (lexeme×array(1..15, char)))。

　　row 一旦被定义就是一个类型表达式，因此变量 table 的类型表达式可表示为 array(1..10, row)，即数组元素的类型为 row。而变量 P 是一个指针类型，它所指向的对象的类型是 row，因此 P 的类型表达式为 pointer(row)。

　　函数的类型是定义域到值域的一个映射，因此函数 max 的类型表达式为 int × int→int。函数 f 的类型表达式为 char×char→pointer(int)。如果我们将 void 引入函数的类型表达式，则 D→void 是没有返回值的函数(在 Pascal 中被称为过程)，void→R 是没有参数的函数，而 void→void 是既无参数又无返回值的函数。

　　最后我们来看 C++的 union A，它也是一个记录类型，但是其特征是三个分量只能取其一，因此 A 的类型表达式为 record(i × int + c × char + d ×double)。　■

2. 类型表达式的图型表示

类型表达式与算术表达式或布尔表达式相似，均是由操作数与操作符(类型构造符)组成的，所以用于表示算术表达式或布尔表达式的图型均可表示类型表达式，如树、图(dag)等。其中，叶子表示基本类型，内部节点(包括根)表示类型构造符。显然此树也可以被称为类型表达式的语法树，如例 4.49 中的函数 f 和类型 row 的类型表达式就分别如图 4.44(a)和(b)所示。

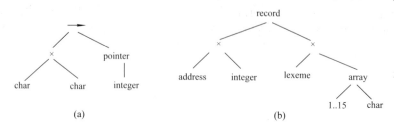

图 4.44 类型表达式的图形表示

(a) f 类型表达式的语法树；(b) row 类型表达式的语法树

4.11.3 简单的类型检查

编译时进行的类型检查被称为静态类型检查，它的基本思想是用类型表达式规定语言结构的类型，并通过类型表达式的计算确定所有语言结构的类型。通常的做法是声明时构造类型表达式，引用时检查类型表达式，因此一般的类型化程序设计语言均要求先声明后引用。

1. 一个简单的程序设计语言

首先设计一个简单的程序设计语言，它的语言结构由下述的文法规定。此语言由两部分组成：声明部分 D 和表达式部分 E，并且声明在先引用在后。

P → D ; E
D → D; D | id : T
T → char | int | array[num] of T | ^T   (G4.16)
E → literal | num | id | E mod E | E[E] | E^

该语言提供的基本类型有 char、int 和简化了的数组下标类型 num(它表示的范围是 1..num)，类型构造符有 pointer(^)和 array(array)。另外用 type_error 作为基本类型表示类型错误。

声明时的语义规则可以设计如下：类型表达式作为文法符号的属性，用.type 标记。当一个类型 T 被定义之后，它的属性.type 可用下述语义规则确定，在 id 被声明时将其类型信息通过函数 addtype 填写进符号表中：

P → D; E
D → D;D
D → id : T   { addtype(entry(id.name), T.type);}
T → char   { T.type := char; }
 | integer   { T.type := int; }   (G4.16-1)
 | ^T1   { T.type := pointer(T1.type);}
 | array[num]of T1 { T.type := array(num.val, T1.type);}

2. 表达式的类型检查

当声明语句被上述的类型规则确定了每个 id 的类型之后，可执行语句中表达式 E 的类型 E.type 可用下述的语义规则进行检查：

$$
\begin{aligned}
E \rightarrow \text{literal} \quad & \{ E.type := char;\} \\
| \text{num} \quad & \{ E.type := int;\} \\
| \text{id} \quad & \{ E.type := lookup(entry(id.name));\} \quad\quad (G4.16\text{-}2) \\
| E1 \text{ mod } E2 \quad & \{ T.type := \text{if } E1.type=int \text{ and } E2.type=int \\
& \quad\quad \text{then int else type\_error; } \} \\
| E1[E2] \quad & \{ E.type := \text{if } E2.type=int \text{ and } E1.type=array(s, t) \\
& \quad\quad \text{then t else type\_error; } \} \\
| E1^\wedge \quad & \{ E.type := \text{if } E1.type=pointer(t) \text{ then t else type\_error; } \}
\end{aligned}
$$

3. 语句的类型检查

语句的作用是执行一个或一串动作，语句本身没有值，所以没有类型。为此，我们用 void 作为语句的类型表达式，对(G4.16)进行扩充，使其含有语句，即可对语句的类型进行检查。

$$
\begin{aligned}
S \rightarrow \text{id} := E \quad & \{ S.type := \text{if compatible(id.type, E.type)} \\
& \quad\quad\quad \text{then void else type\_error; } \} \\
| \text{if } E \text{ then } S1 \quad & \{ S.type := \text{if } E.type=boolean \\
& \quad\quad\quad \text{then S1.type else type\_error; } \} \\
| \text{while } E \text{ do } S1 \quad & \{ S.type := \text{if } E.type=boolean \quad\quad (G4.16\text{-}3) \\
& \quad\quad\quad \text{then S1.type else type\_error; } \} \\
| S1; S2 \quad & \{ S.type := \text{if } S1.type=void \\
& \quad\quad\quad \text{then S2.type} \\
& \quad\quad\quad \text{else type\_error; } \}
\end{aligned}
$$

4. 函数的类型检查

根据函数类型的定义可知，函数的类型是一个定义域到值域的映射。值域可以是一个类型 T，也可以是 void。当它是 T 时，函数调用是一个表达式，否则函数调用是一个语句。将函数的调用引入类型检查，需要做两件事情：① 如何定义函数，并在定义函数的时候确定其类型；② 如何调用函数，并在调用时检查函数的类型。

因为函数是一个类型，所以我们原理上可以从语法上扩充 T，使其包含函数的定义，即类型的定义与函数的声明是分离的。而实际程序设计语言中，二者是结合的，即语法上并没有将函数作为一个类型。下边我们首先考虑函数作为类型的情况，然后考虑实际程序设计语言中的函数定义。

1) 将函数作为类型

函数作为类型在语法上的描述如下：

$$
\begin{aligned}
D \rightarrow \text{id} : T \quad & \{ addtype(entry(id.name), T.type);\} \quad\quad (G4.16\text{-}4) \\
T \rightarrow T1 \text{ '}\rightarrow\text{' } T2 \quad & \{ T.type := T1.type \rightarrow T2.type; \} \\
E \rightarrow E1(E2) \quad & \{ E.type := \text{if } E2.type=s \text{ and } E1.type=s\rightarrow t \\
& \quad\quad\quad \text{then t else type\_error; } \}
\end{aligned}
$$

　　它们是对(G4.16-1)和(G4.16-2)的扩充，其中，T 产生式中扩充了函数类型 T1 '→' T2，即定义域类型到值域类型的映射。当函数名在 D 产生式中像变量一样被声明为 T 类型时，函数的类型表达式就通过 addtype 被填写进了符号表中。

　　E 产生式中扩充了函数调用的语法，其中 E1 是函数名，E2 是实参列表构成的表达式。函数调用与(G4.16-2)中数组元素引用的区别是此处用圆括号而不是方括号来表示。函数调用时进行上述语义规则所规定的类型检查，若实参的类型为 s，函数名的类型为 s 到 t 的映射，则显然函数返回值的类型应该是 t，否则发现一个类型错误。

　　2) Pascal 的函数声明

　　大多数的程序设计语言，如 Pascal、C++等，并没有函数类型的语法表示，而是将函数的类型隐含在函数的声明中。我们以下述的 Pascal 语法(G4.16-5)为例，看如何从函数的声明中获取和填写类型信息。同样，(G4.16-5)也是对(G4.16-1)和(G4.16-2)的扩充。

D → function id (PS) : T

　　　　　　　　{ addtype(id.entry, PS.type→T.type); }　　　　　　　　　　　　(G4.16-5)

PS→ id : T　　{ addtype(id.entry, T.type); PS.type := T.type; }

　　| PS1 ; PS2 { PS.type := PS1.type×PS2.type; }

E → E1, E2　　{ E.type := E1.type×E2.type; }

　　| E1(E2)　　{ E.type := if E2.type=s and E1.type=s→t then t else type_error; }

　　D 产生式中扩充了函数声明，其中 PS 是形参列表，而 T 是返回值类型，因此函数名 id 的类型应该是 PS.type→T.type，即形参类型到返回值类型的映射，因此在函数声明时将该类型填写进符号表中，使得 id 具有了该类型。函数调用时进行与(G4.16-4)中相同的检查。注意，无论是形参列表还是实参列表，它们的类型均是所有参数的积。

　　【例 4.50】　　对于 Pascal 的函数声明 function max(a:integer; b:integer):integer 和函数调用 max(5,8)，我们可以用(G4.16-1)、(G4.16-2)和(G4.16-5)中相应的语法制导翻译分别对声明和调用进行类型检查。

　　首先分析声明语句 function max(a:integer; b:integer):integer。反映它的语法结构的分析树如图 4.45(a)所示。依照分析树上剪句柄的次序，参考(G4.16-1)、(G4.16-2)和(G4.16-5)中的语义规则，在每次归约后计算各非终结符的属性.type 并将终结符的类型信息填写进符号表：

归约使用的产生式	语义规则的计算	计 算 结 果
T1→integer	T1.type:=int	T1.type = int
PS1→id : T1	PS1.type:=T1.type	PS1.type = int
	addtype(a, int)	(第一个参数类型是 int)
T2→integer	T2.type:=int	T2.type = int
PS2→id : T2	PS2.type:=T2.type	PS2.type = int
	addtype(b, int)	(第二个参数类型是 int)
PS3→PS1;PS2	PS3.type:= PS1.type × PS2.type	PS3.type = int × int
T3→integer	T3.type:=int	T2.type = int
D→function max(PS3):T3	addtype(max, int × int→int)	max 的类型是 int × int→int

得到注释分析树如图 4.46(a)所示，其中.t 是.type 的缩写。此时符号表中 max 的类型填写的是 int × int→int。

然后构造函数调用语句 max(5,8)的分析树如图 4.45(b)所示。按分析树上剪句柄的次序以同样的方法计算各非终结符的属性.type，并进行类型检查：

被归约的产生式	语义规则的计算	计 算 结 果
E1→max	E1.type:=lookup(entry(max))	E1.type = int × int→int
E2→num	E2.type := int	E2.type = int
E3→num	E3.type := int	E3.type = int
E4→E2,E3	E4.type:= E2.type × E3.type	E4.type = int × int
E5→E1(E4)	E5.type :=	E5.type = int
	if E4.type = s and E1.type = s→t	
	then t	
	else type_error;	

最终得到如图 4.46(b)所示的注释分析树，其中.t 是.type 的缩写。

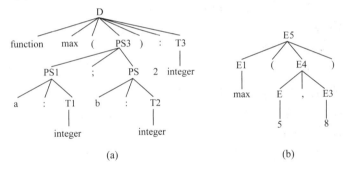

图 4.45 函数声明与调用语句的分析树

(a) 声明时的分析树；(b) 调用时的分析树

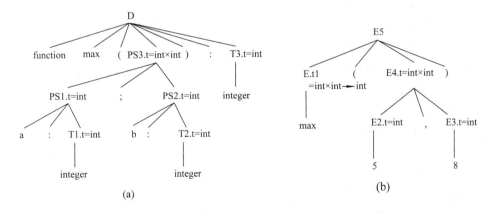

图 4.46 函数声明与调用语句的注释分析树

(a) 声明时的注释分析树；(b) 调用时的注释分析树

4.11.4 类型表达式的等价

在上节的简单类型检查中，通过判定所给的两个类型的类型表达式是否相等来进行类型检查。对于单态的类型，我们引入一个更专业的术语**类型等价**来描述类型检查。类型的等价与类型的表示有关，表示不同，等价的概念也不同。本节讨论三个问题：有哪些类型等价，程序设计语言规定什么样的等价，以及等价的判别。

1. 结构等价与等价的判别

若两个仅由类型构造符作用于基本类型组成的类型表达式完全相同，则称两个类型表达式**结构等价**。换句话说，类型表达式结构等价当且仅当二者完全相等。若类型表达式中没有名字，则结构等价就是类型等价。例如 int 与 int 结构等价，array(1..10, real) 与 array(1..10, real) 结构等价。结构等价反映在类型表达式的语法树上，就是两棵语法树完全相同。

我们可以用下边的算法 4.3 判定两个类型表达式是否结构等价。算法的主体是一个递归函数 sequiv(s, t)，它的全过程实际上是模拟了对 s 和 t 两个类型表达式的语法树的遍历。具体地讲，若 s 和 t 是基本类型，则直接判别是否相等；若 s 和 t 是相同的类型构造符，则分别判定它们对应的作用对象是否等价；其他任何情况均不等价。

算法 4.3　判别类型是否结构等价

输入　两个类型表达式。

输出　若两个类型表达式结构等价，则返回 true，否则返回 false。

方法　用下述递归函数进行判别：

```
function sequiv(s, t) return boolean is
  begin
      if s and t are the same type then return true;        -- 基本类型相同返回 true
      elsif s=array(s1, s2) and t=array(t1, t2)             -- 分别判别数组的两个参数
          then return sequiv(s1, t1) and sequiv(s2, t2);
      elsif s=s1×s2 and t=t1×t2                              -- 分别判别积的两边
          then return sequiv(s1, t1) and sequiv(s2, t2);
      elsif s=pointer(s1) and t=pointer(t1)                  -- 判别指针所指的对象
          then return sequiv(s1, t1);
      elsif s=s1→s2 and t=t1→t2                              -- 分别判别函数的定义域和值域
          then return sequiv(s1, t1) and sequiv(s2, t2);
      else   return false;                                    -- 其他任何情况均为类型错
      end if;
  end sequiv;
```

【例 4.51】 考虑函数声明 function max(x, y : integer):integer 和函数调用 max(5,8)的类型检查。声明时为 max 构造的类型表达式的语法树如图 4.47(a)所示，调用时类型表达式的

语法树如图 4.47(b)所示。在对调用语句 max(5,8)的类型检查中，因为函数形参的类型和实参的类型等价(sequiv(s, E2.type) = true)，所以最终的函数值的类型为 int。　■

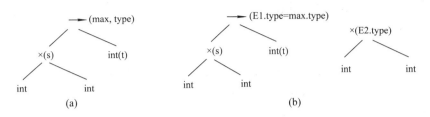

图 4.47　类型表达式的语法树

(a) 声明时类型表达式的语法树；(b) 调用时类型表达式的语法树

2. 引入类型名的等价判别

在允许为类型命名的程序设计语言中，类型名被看做是一个基本类型表达式。如例 4.49 中的 row，它所代表的类型表达式是 record((address × int) × (lexeme × array(1..15, char)))。但是它本身可以像 int 或 char 那样，在类型表达式中作为一个基本类型表达式被使用。如声明语句 var P:^row 使得变量 P 的类型表达式可以写为 pointer(row)。将 row 展开为它所代表的类型表达式，则变量 P 的类型表达式也可以写为 pointer(record((address × int) × (lexeme × array(1..15, char))))。row 是以自身还是以它所表示的结构出现在类型表达式中，将使得类型等价的判别产生不同的结果，为此，我们根据类型名在类型表达式中两种不同的使用方式，定义不同的等价方式。

若每个类型名作为一个可区分的类型出现在表达式中并且使得两个类型表达式完全相同，则称它们**名字等价**。若将类型表达式中的所有名字均用其定义的类型表达式替换后两个类型表达式完全相同，则称它们**结构等价**。

【例 4.52】　下述是一段 Pascal 程序的类型定义和变量声明。

        type cell = array[1..10, int];
        type link = ^cell;
        var　　next : link;
        last : link;
        p　: ^cell;
        q,r　　: ^cell;

采用名字等价，则变量 next 和 last 的类型表达式为 link，变量 p、q、r 的类型表达式为 pointer(cell)。显然 next 和 last 名字等价，p、q、r 名字等价。

若将名字用它们所代表的结构代替，则 5 个变量的类型表达式均为 pointer(array(1..10, int))，因此它们全部结构等价。　■

可以看出，名字等价是较为严格的等价，通过对取值范围相同但是代表不同意义的对象取不同的类型名，使得它们具有不同的类型。不同类型的对象不能进行运算，从而避免了潜在的错误。名字等价提高了程序的可靠性，但是降低了程序的灵活性。因此程序设计语言可以根据不同的需求采用不同的等价策略。例如 Algol 68 采用结构等价，而 Ada 采用名字等价。

【例 4.53】 下述的 Ada 类型定义语句将完全相同的结构定义为不同的名字：

type male_type is node_array;

type female_type is node_array;

male : male_type;

female : female_type;

在名字等价下，变量 male 和 female 的类型不同，使得这两个变量之间不能运算。 ■

由于对同一段程序采用不同的等价策略所得结果是不同的，因此程序设计语言应该明确规定采用何种等价策略。Pascal 最早设计时没有规定采用何种等价，其等价问题依赖于实现，这给熟悉名字等价或结构等价的程序员带来了不必要的使用上的混乱。Pascal 关于类型等价的一种解决方案是：变量声明时对类型的每次引用均隐含地为它构造一个类型名，然后采用名字等价。

【例 4.54】 对于例 4.52 中的 Pascal 程序段，编译器将它们看做为下述形式：

type   cell = array[1..10, int];

type   link = ^cell;

        np   = ^cell;

        nqr = ^cell;

var   next : link;

        last : link;

        p   : np;

        q,r : nqr;

在名字等价的定义下，原来与 q 和 r 类型等价的 p 现在被认为不与任何变量的类型等价。

■

Pascal 的这种类型等价的实现方法似乎比名字等价更为严格。程序员可以采用一种变通的方法将 Pascal 程序转换为名字等价，若有不同的变量声明具有结构等价的类型时先定义此类型，即为此类型命名。例 4.55 演示了这种变通。

【例 4.55】 定义 Pascal 程序的下述两个声明语句，变量 a 和参数 x 实质上结构等价：

var   a : array [1..10] of integer;

function test (x : array [1..10] of integer) : integer;

根据 Pascal 的等价策略，a 与 x 类型不等价，因此 a 不能作为函数 test 的实参。如果希望 a 作为 test 的实参，则必须首先为它们共同的类型命名，然后 a 和 x 均被声明为此类型名所代表的类型：

type arr_type = array [1..10] of integer;

var   a : arr_type;

function test (x : arr_type) : integer;

从而使得 a 与 x 类型等价。 ■

通过上述讨论，我们将单态的类型检查归纳为下述一般过程：

(1) 确定一种类型等价方式：没有类型名的情况下所有等价问题均是结构等价；名字可

以作为类型表达式时，就需要确定等价策略是采用名字等价还是采用结构等价。

(2) 根据类型信息构造类型表达式，名字等价与结构等价的唯一区别就是类型名是否可以出现在类型表达式中。

(3) 判定表达式的类型等价就是判定它们的类型表达式是否相等。

4.11.5 多态函数的类型检查

用通俗的语言来讲，程序设计语言中的多态就是一个符号可以有多种意思。多态与强类型是密不可分的。虽然一个符号可以有多种意思，但是编译器必须保证它的每次使用是确定的并且是类型正确的，否则并不是多态而是弱类型。弱类型的典型例子是 C，例如在 C 程序中 char 类型的变量和 int 类型的变量可以运算，但是运算结果的正确性由程序员负责。

1. 多态函数与类型变量的表示

1) 多态函数、类型变量与类型推断

本节讨论的是通用多态中的参数多态，称其为多态函数。**多态函数**的基本特征是参数的类型是类型变量且该变量可以取无穷多个值，但是所有类型均对应同一代码序列。

多态函数中形参的类型是一个变量，称为**类型变量**，用 α、β、δ 等表示。从语言结构的使用方式推断其类型，被称为**类型推断**(type inference)。例如从函数体推断函数的类型。

【例 4.56】 对于函数定义：function deref(p); begin return p^ end；从函数体中可以看出，p 的类型应该是指向某对象的指针，而 p^返回它所指向的对象。设该对象的类型为 α，则 p 的类型是 pointer(α)，因此函数 deref(p)的类型应该是：

$$\forall\alpha.pointer(\alpha) \rightarrow \alpha$$

即对于任何一个类型为 α 的对象，函数 deref(p)将指向 α 对象的一个指针类型映射到该对象。deref 习惯上也被称为脱引用。

2) 含多态函数语言的文法

多态函数与单态函数的本质区别是形参不但可以是常量也可以是变量。因此对(G4.16)和(G4.16-4)的文法进行扩充，将含有类型变量的类型定义引入产生式。

$$P \rightarrow D ; E$$
$$D \rightarrow D; D \mid id : Q$$
$$Q \rightarrow \forall type\text{-}variable.Q \mid T \qquad\qquad (G4.16\text{-}6)$$
$$T \rightarrow T\,'\rightarrow'\,T \mid T \times T \mid unary\text{-}constructor(T)$$
$$\qquad\quad \mid basic\text{-}type \mid type\text{-}variable \mid (T)$$
$$E \rightarrow E(E) \mid E, E \mid id$$

此扩充与将数据的简单变量扩充为含有数组元素类似。首先，文法将原来的单态类型 T 扩展为多态类型 Q，Q 除了包括 T 产生式的全部外，又引入了受约束的类型变量。同时 T 产生式中增加了类型变量，即将类型变量引入类型。

【例 4.57】 按文法(G4.16-6)书写的一个程序如下：

deref : $\forall\alpha.pointer(\alpha) \rightarrow \alpha$;

　　　　q : pointer(pointer(int));

　　　　defef(deref(q));

　　首先声明一个函数 deref 和一个变量 q，然后是一个函数调用语句 defef(deref(q))，其中内层函数调用的返回值作为外层调用的实参。显然，两个相同的函数在不同位置的出现具有不同的参数类型和返回值类型。

　　可以将含有类型变量的函数调用 E(E)表示为图 4.48(a)所示的语法树，读做"函数名作用于参数得到函数返回值"。各节点上对应不同的类型信息，若函数名节点对应函数的类型，参数节点上对应参数类型，则"作用于"节点上就对应返回值类型。以此为 deref(deref(q)) 构造的语法树如图 4.48(b)所示。为了反映两个 deref 调用的参数类型和返回值类型均不同这一事实，分别用下标 0 和 i 来标记语法树上这两个不同的 deref 调用。

　　考虑图 4.48(b)语法树上各节点应具有的类型。由程序中的声明信息可知 q 的类型是 pointer(pointer(int))，$deref_0$ 和 $deref_i$ 应该具有不同的类型，虽然当前还未知，但是我们可以分别令它们的类型为 $pointer(\alpha_0) \rightarrow \alpha_0$ 和 $pointer(\alpha_i) \rightarrow \alpha_i$，其中 α_0 和 α_i 均已是未知的确定类型，而不再是类型变量。

　　根据这些已知的类型信息可以从语法树上自下而上地推导出两个函数返回值的类型。首先根据函数类型可以确定两个返回值类型应分别是 α_0 和 α_i。然后由已知的类型和函数类型的映射关系推测出 α_0 和 α_i 的确定类型。已知 q 的类型是 pointer(pointer(int))和 $deref_i$ 的类型是 $pointer(\alpha_i) \rightarrow \alpha_i$，由函数的映射关系可知，q 的类型与 $pointer(\alpha_i)$ 应该等价，由此可推测出 $\alpha_i = pointer(int)$。α_i 作为 $deref_0$ 的参数，用同样的方法可推测出 $\alpha_0 = int$。最终得到标注了各节点类型信息的语法树如图 4.48(c)所示。

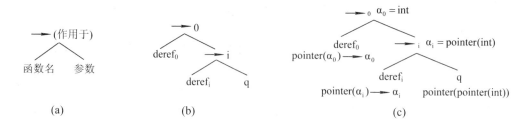

图 4.48　多态函数调用的语法树

(a) 函数调用的语法树；(b) deref(deref(int))的语法树；(c) deref(deref(int))语法树上各节点的类型

2. 代换、实例与合一

　　由例 4.57 我们可以得出多态函数类型检查的一般方法：首先设法消除类型变量，然后判定消除类型变量后的类型表达式是否结构等价。其具体有三点与单态的类型检查不同：

　　(1) 消除约束变元。类型表达式中约束变元的每次出现，在语法树中均要被替换为自由变元，并且同一类型表达式的多态函数的不同出现，变元可以具有不同的类型。消除的方法是每引入一个多态的类型表达式，就为其中的变元引入一个新的类型变量。例如将 $\forall \alpha.pointer(\alpha) \rightarrow \alpha$ 改写为 $pointer(\alpha_0) \rightarrow \alpha_0$ 或 $pointer(\alpha_i) \rightarrow \alpha_i$，从而消除了全称量词和约束变元。

　　(2) 合一(unify)类型表达式。判断类型表达式 s 和 t 是否等价改变为能否使 s 和 t "合一"，即当把 s 和 t 的类型变量用不含类型变量的类型表达式替换后，判断 s 和 t 是否结构等价。例如在对 deref$_i$ 进行类型检查时，将 α_i 用 pointer(int)替换，即 α_i = pointer(int)，可使得函数的形参类型 pointer(α_i)与实参类型 pointer(pointer(int))等价。

(3) 记录合一的结果。对每次合一的结果，需要记录下来，以便后续的类型检查使用。例如将 α_i 用 pointer(int)替换后结果是正确的，则此结果需要记录下来，再用于 deref$_0$ 的类型检查。

为了讨论多态的类型检查，我们引入以下基本概念：代换、实例与合一。

(1) 代换(substitutions)。代换是从类型变量到类型表达式的一个映射，例如类型变量 α_i 到类型表达式 pointer(int)的映射。

(2) 实例(instances)。代换的结果被称为代换的一个实例，用 S(t)表示。S(t)<t 表示 S(t)是 t 的一个代换的实例。例如类型表达式 pointer(int)是类型变量 α_i 的一个实例，可以表示为 pointer(int)<α_i。不含类型变量的类型表达式是其自身的一个实例，例如 int<int。

(3) 合一(unification)。若存在一个代换 S，使得 S(t1) = S(t2)，则称 t1 和 t2 能合一，该代换过程被称为合一操作。例如 S(α_i) = pointer(int)，则 α_i 和 pointer(int)能合一。

(4) 最一般的合一。代价最小的代换被称为最一般的合一。代价最小的代换具有下述性质：

① S(t1) = S(t2)；

② $\forall$S'.S'(t1) = S'(t2)均有 S'<S，即 $\exists$t.S'(t)<S(t)。

或者说 S 是代换次数最少的一个实例，即一旦有了可以确定类型是否等价的代换结果，就马上停止代换。

代换算法与类型等价算法很相似，下边的算法 4.4 仅考虑了函数的情况，而其他类型构造符的类型代换与之类似。

算法 4.4　代换算法

输入　类型表达式 t。

输出　t 的代换实例。

方法　用下述递归函数进行代换：

```
function subs(t: type_expression) return type_expression is
begin
    if      t 是基本类型    then return t;        -- 基本类型的代换是其自身
    elsif   t 是类型变量  then return S(t);       -- 返回类型变量的一个代换实例
    elsif t  是函数 t1→t2
                then      return subs(t1)→subs(t2);  -- 分别代换映射两边的类型表达式
    end  if;
end subs;
```

【例 4.58】　根据算法 4.4 可以判断：

α<β

pointer(int) < pointer(α)

real < real

int→int < α→α

而　int ≮ real，因为 int 和 real 是两个不同的基本类型表达式。

int→real ≮ α→α，因为 α 的代换不一致，映射的左边被代换为 int，而右边被代换为 real。

int→α ≮ α→α，因为 α 的代换不完全，映射的左边被代换，而右边没有代换。　■

3. 多态函数的类型检查

多态函数类型检查的基本思想是对两个要被检查的类型进行合一操作。所谓判定类型表达式 e 和 f 是否能合一，是指能否找到一个代换 S，使得 S(e) = S(f)，即检查 e 和 f 在代换 S 下是否等价。下边讨论的方法是分别给出 e 和 f 的语法树，如果两棵语法树经过代换之后重合为一棵语法树，则说明 e 和 f 能合一。

算法 4.5　类型表达式的合一算法

输入　以 m 和 n 为根的两棵类型表达式的语法树。

输出　若 m 和 n 代表的类型表达式能合一则返回 true，否则返回 false。

方法　用下述递归函数进行代换：

```
function unify(m, n: nptr) return boolean is
begin
      s := find(m);      t := find(n);    -- 分别找到 m 和 n 所在等价类的代表
      if      s=t        then return true;
      elsif   s 和 t 代表相同基本类型的节点 then return true;
      elsif   s 和 t 代表相同的类型构造符并分别具有孩子节点(s1, s2)和(t1, t2)
              then     union(s, t);        -- 首先构造等价类
              return unify(s1, t1) and unify(s2, t2);
                                           -- 然后分别合一左孩子和右孩子
      elsif   s 或 t 代表一个类型变量  then union(s, t); return true;
                                           -- 合并为一个等价类
      else    return false;                -- 其他均不可合一
      end if;
end unify;
```
　■

算法中用到的语义函数如下。

find(m)：找到并返回 m 所在等价类中的代表。

union(m, n)：构造 m 和 n 的等价类，并在等价类中选取一个代表。union(m, n)选取等价类代表的关键是：两个类型表达式中非类型变量的类型表达式被优先选取为代表，从而保证了类型变量到类型表达式的代换；否则任选其一作为代表，例如可以选取节点编号小的。

可以看出合一算法与判定类型等价的算法很相似。从语法树的根节点开始，首先分别找到 m 和 n 的等价类代表 s 和 t(若等价类中仅有一个元素则分别有 m = s 和 n = t)，然后判定 s 和 t 是否能合一。若 s 和 t 结构等价或 s 和 t 是相同的基本类型，则合一成功并返回 true；若 s 和 t 是相同的类型构造符，则将 s 和 t 合并为一个等价类并且分别递归判定它们的孩子是否能合一；若 s 和 t 至少有一个类型变量，则将它们合并成一个等价类并返回合一成功；其他任何情况均不可合一并返回 false。

有了合一算法，我们可以用下述的语法制导翻译对多态函数文法(G4.16-7)中的表达式进行类型检查：

$E \rightarrow E1(E2)$ { γ := mkleaf(newtypevar);

                         unify(E1.type, mknode('→', E2.type, γ));   (G4.16-7)

                         E.type := γ; }

      | E1, E2 {   E.type := mknode('×', E1.type, E2.type); }

      | id   {   E.type := fresh(id.type); }

其中语义函数 fresh(t)把类型表达式 t 中的约束变元用一新的自由变元来代替，若 t 是一个类型常量则结果仍然是 t 自身。这一过程类似于产生临时变量的语义函数 newtemp，所不同的是 newtemp 产生的是临时变量 T1、T2 等，而 fresh 产生的是类型变量的自由变元 α、β、δ 等。例如 fresh(deref：$\forall \alpha$.pointer(α)→α)可以得到 pointer(α_1)→α_1，而 fresh(int)得到 int。

函数调用的产生式 E→E1(E2)的语义处理可以解释如下：设函数名的类型表达式 E1.type = α，并且在函数声明时类型 α 已经确定，不妨令 α = s→t。设实参的类型表达式 E2.type = β。根据形参和实参的关系应有未知类型 γ，使得 $S(\alpha) = S(\beta \rightarrow \gamma)$，即 $S(s \rightarrow t) = S(\beta \rightarrow \gamma)$。为此，设 α 语法树的根节点为 n，并建立一个类型为 γ 的叶子节点和一个类型为 $\beta \rightarrow \gamma$ 的新节点 m，如图 4.49 所示。将 m 与 n 进行合一，若合一成功则其结果 γ 成为 E.type 的类型。

图 4.49 多态函数调用的类型检查

【例 4.59】 用算法 4.5 和语法制导翻译(G4.16-7)对 deref(deref(q))进行类型检查。首先根据文法为 deref(deref(q))建立如图 4.50 所示的分析树。剪句柄得到每一步归约和归约后的语义结果如下：

$E1 \rightarrow$ deref   E1.type=fresh(deref.type)=pointer(α_0)→α_0

$E2 \rightarrow$ deref   E2.type=fresh(deref.type)=pointer(α_1)→α_1

$E3 \rightarrow$ q   E3.type=fresh(q.type)=pointer(pointer(int))

$E4 \rightarrow E2(E3)$ E4.type=γ_1=pointer(int)

$E5 \rightarrow E1(E4)$ E5.type=γ_0= int

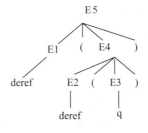

图 4.50 deref(deref(q))的分析树

类型检查的过程中，需要对多态函数 deref 的两次调用进行合一操作。

(1) 首先，归约 E1、E2、E3 后得到类型表达式的语法树如图 4.51 所示。根节点分别为 n1、n2 和 n3，标记 1、2、3 等是各节点的编号。

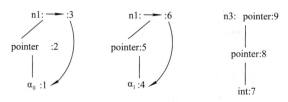

图 4.51　deref(deref(q))类型表达式的语法树

(2) 归约第一次 deref 调用 E4 → E2(E3)：根据(G4.16-7)的语义规则建立一个叶子节点 γ_1 和一个类型为 E3.type→γ_1 的新节点 m 如图 4.52(a)所示。用算法 4.5 对 E2.type 的语法树 n2 和 m 进行合一操作(分别用语法树上节点的编号表示各节点)。m 节点编号是 11，n2 节点编号是 6，因此调用 unify(11, 6)。因为 11 和 6 两个节点是相同的类型构造符，所以首先构造两个节点的等价类，并选编号小的为等价类的代表，例如 11 和 6 的等价类代表是 6，可以表示为 union(11, 6)→6。执行 unify(11, 6)可得到活动树[①]如图 4.53 所示。对活动树进行深度优先遍历，得到合一后的类型表达式的语法树如图 4.52(c)所示，活动树中的 find(t) = t 函数调用均被忽略，仅保留了 find(4)，因为 4 的等价类代表是 8。合一后 γ_1 节点的类型 pointer(int)成为 E4.type。

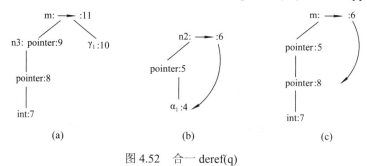

图 4.52　合一 deref(q)

(a) m 的类型；(b) n2 的类型；(c) unify(m,n2)之后 m 的类型

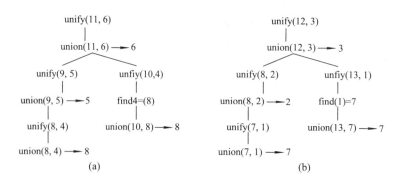

图 4.53　unify 的活动树

(a) unify(11,6)的活动树；(b) unify(12,3)的活动树

---

① 活动树定义见第 5 章定义 5.2。

(3) 归约第二次 deref 调用 E5→E1(E4)：重复(2)的处理过程。建立一个叶子节点 γ_0 和一个类型为 E4.type→γ_0 的新节点 m'，如图 4.54(a)所示。用算法 4.5 对 E1.type 的语法树 n1 和 m'进行合一操作。unify(12, 3)的活动树如图 4.53(b)所示，两个类型合一后的结果如图 4.54(c)所示。其中 γ_0 节点的类型 int 成为 E5.type，即 deref(deref(q))的类型是整型数。　■

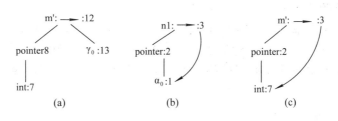

图 4.54　合一 deref(deref(q))

(a) m'的类型；(b) n 的类型；(c) unify(m',n1)之后 m'的类型

4.11.6　特定多态的类型检查

1. 函数与算符、重载与算符的辨别

1) 函数与算符

函数和算符是运算作用于运算对象的两种不同的表现形式，但它们的实质是相同的。算符作用于操作数形成结果，等价于函数作用于参数得到返回值。例如对于整型数 i 和 j，算符作用于运算对象形成的表达式 i+j 与函数作用于参数形成的表达式'+'(i, j)，其作用和结果完全相同。

两种表现形式的语法可以分别用下述产生式表示：

$$E \rightarrow E1 + E2$$
$$E' \rightarrow E1'(E2')$$

若　　E1'.type = +.type　　　　　　　　　　　　　　　　　　　　　(4.10)

　　　E2'.type = E1.type×E2.type

则　　E.type = E'.type

这表明表达式的两种表现形式是等价的，有时可以互换表示。在程序设计中习惯上将简单的运算表示为算符，而将较复杂的运算表示为函数。

2) 算符的重载与重载的消除

算符重载是特定多态的一种，其特征是多态的算符仅可以取有限个不同的、也无关联的类型值。不同类型的操作对象表示不同的含义并对应不同的代码序列，具体采用何种代码序列由上下文确定。例如在 Ada 语言中"( )"是重载的。A(I)至少有三种含义：数组元素、函数调用、类型转换，具体是哪种含义由上下文 A 和 I 而定。若 A 是 integer，I 是变量名，则 A(I)是类型转换；若 A 是数组名，I 是数组下标变量，则 A(I)是数组元素。又例如 Ada 中的"null"也是重载的，它在源程序不同的地方出现可以表示不同的意思，如空语句、空地址、空分量、空值，等等。

对于一个重载的算符，在一个具体的上下文中仅对应一种含意。确定重载算符在源程序中的唯一含义被称为算符的辨别。

对于简单的情况，如 Pascal 源程序中的算术表达式，可以根据表达式中与算符邻近的上下文来进行算符辨别。例如 x:=a+b，若 a 和 b 都是实型数，则 + 是一个实型运算并得到一个实型的结果值；若 x 是一个整型数，则需要将结果强制为整型然后赋给 x。因此，重载与强制均是特定多态，并且是互为补充的。

更一般的算符辨别需要考虑更多的上下文关系，具体可以分为两个步骤：首先根据上下文确定一个可能的类型集合，然后缩小此类型集合到唯一类型。若可以得到这样一个唯一类型，则说明表达式的类型是正确的，否则是一个类型错误。下边我们以 Ada 为例讨论如何进行类型检查。

2. 表达式的可能类型集合

Ada 的编译系统由三个部分组成：① 编译器核心(Compiler Kernel)；② 预定义的和用户自定义的程序库单元(Library Units)；③ 程序库管理(Library Management)。

Ada 所允许的基本类型包括 boolean、integer、float、character 等，均定义在 Ada 预定义的程序库单元 standard 程序包中。其中包括对 integer 值域和乘法运算的定义如下：

```
type integer is { … }        -- integer 的值，它们是实现相关
function "*" ( x, y : integer ) return integer;
                    -- 乘法运算的声明，可以用 x*y 的形式引用，也可用此声
                       明的形式引用

…
```

用户可以使用 standard 程序包中提供的整型数乘法运算，也可以再定义其他不同类型的乘法运算。例如，若用户定义了一个复数类型 complex，就可以定义 complex 上的乘法运算如下：

```
function "*" ( x, y : integer ) return complex;
function "*" ( x, y : complex ) return complex;
```

用 i 表示 int，用 c 表示 complex。则"*"至少有三种含意：$i \times i \to i$、$i \times i \to c$ 和 $c \times c \to c$。用属性.types 表示表达式的可能类型集合，则确定可能类型集合的语法制导翻译可设计如下：

$$
\begin{aligned}
&E' \to E && E'.types := E.types \\
&E \to E1(E2) && E.types := \{t \mid \exists s.s \in E2.types \text{ and } s \to t \in E1.types\} &&\text{(G4.17)}\\
&\quad \mid \text{ id} && E.types := lookup(id.entry) \\
&\quad \mid \text{ n} && E.types := \{i\}
\end{aligned}
$$

【例 4.60】 考虑算术表达式 3*5 的类型检查，它的注释分析树如图 4.55 所示，其中花括弧中标注的是文法符号可能的类型集合。首先我们根据(4.10)将 3*5 看做"*"(3，5)，然后利用 E→E1(E2)的语义规则进行类型检查。因为$\exists(i \times i).(i \times i \in E2.types)$使得$\{i \times i \to i, i \times i \to c\} \in E1.types$，所以 E.types ={i, c}。具体取什么类型视上下文而定。如果有整数变量 a 和复数变量 x，那么 a:=3*5 中"*"的类型应该取 $i \times i \to i$，即表达式的结果值应该是整型数；而 x:= 3*5 中"*"的类型应该取 $i \times i \to c$，即表达式的结果值应该是复数。 ■

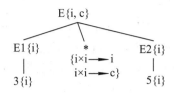

图 4.55 3*5 的注释分析树

3. 缩小可能类型集合到唯一类型

根据(G4.17)的语义规则，总可以从 E 中标识符重载的类型中选择出适当的类型 t 成为 E.types 中的类型。我们称 E.types 中的每个类型 t 均是**可行的**(feasible)。换句话说，表达式 E 的所有可选择的类型都是可行的。

对于表达式 E 的可行类型，可能有多于一种的方法到达该可行类型，即到达可行类型的方法不是唯一的，而这种不唯一性实质上是操作的不确定性。例如对于函数 f(x)，其中 f:{a→c, b→c}，x:{a, b}。根据(G4.17)的语义规则 f(x)应有类型 c。但是采用 a→c 和 b→c 均可使 f(x)有可行类型 c，从而造成操作的不确定性。

【**例 4.61**】 考虑 x:= (3*5)*(3*5)，其中 x 的类型是 c，在图 4.55 的基础上可以得到它的注释分析树如图 4.56 所示。由于 x 的类型是 c，所以 E3 的类型应该是 c。但是 E1 和 E2 均可取 i 类型或 c 类型，且{i×i → c, c×c → c}均可使 E3 获得 c 类型。因此"*"取 i×i→c 还是取 c×c→c 成为不确定的。■

当出现不确定的操作时可以有两种解决方法：由于无法缩小到唯一类型，所以可以简单地认为产生了类型错误；也可以从可行的类型中选取一个确定的类型，即确定一个唯一的操作。下述缩小表达式类型集合的语法制导翻译中简单地认为其产生了类型错误。

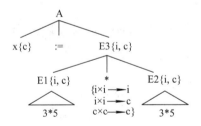

图 4.56 x:=(3*5)*(3*5)的注释分析树

缩小表达式类型集合的语法制导翻译建立在(G4.17)的基础之上。在自下而上计算了综合属性.types 之后，为表达式 E 增加一个依赖于.types 的继承属性.unique，并自上而下将 E.types 缩小为 E.unique。若 E.nuique 均是唯一类型则类型检查成功，否则出现一个类型错误。具体的语法制导翻译如下：

```
E'→E        {   E'.types := E.types;
                E.unique := if E'.types={t} then t else type_error; }
E→id        {   E.types := {lookup(id.entry)}; }
 |n         {   E.types := {i}; }
 |E1(E2)    {   E.types := {s'|∃s.s∈E2.types and s→s'∈E1.types};
```

t := E.unique;

S := { s | s∈E2.types and s→t∈E1.types};　　　　　　　(G4.18)

E2.unique := if S={s} then s else type_error;

E1.unique := if S={s} then s→t else type_error; }

　　A→id:=E　　{　　E.unique := if id.types∈E.types then id.types else type_error; }

【例 4.62】 设"*"的可行类型仍然是{ i×i→i, i×i→c, c×c→c }，用(G4.18)的语义规则再分析 x:= (3*5)*(3*5)，其中 x 的类型现在改为 i。首先在分析树上自下而上计算属性.types，得到图 4.57(a)所示的注释分析树。然后在此基础上自上而下计算属性.unique。根据产生式 A→id:= E 的语义规则，x 的类型 i 在 E7.types 中，因此得到 E7.unique = i。根节点 A 遍历后遍历 E_7 节点。根据产生式 E→E1(E2) 的语义规则和等价关系(4.10)，E1.types=*3.types = { i×i→i, i×i→c, c×c→c }，E2.types = E5.types × E6.types。由于 E7.unique = i，所以仅有 i×i→i 符合 S 集合中运算的要求，于是有 S={i×i}，故得到*3.unique = i×i→i，E5.unique=i，E6.unique = i。依此类推，最后得到所有子表达式均有唯一类型，标记唯一类型的注释分析树如图 4.57(b)所示。■

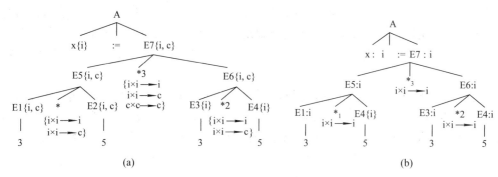

图 4.57　x:=(3*5)*(3*5)的属性计算

(a) 属性.types 的计算结果；(b)属性.unique 的计算结果

4.12　本章小结

本章讨论的重点是程序设计语言的静态语义分析。相对于语法分析而言，语义分析涉及的内容更广泛，采用的技术更复杂。本章的内容可以分为基本知识和更深入的讨论两个层次。基本知识部分包括语法制导翻译与中间代码、符号表的基本组成，声明语句的翻译以及可执行语句的翻译等内容，侧重于结合程序设计语言的实际例子讨论语言结构的具体翻译方法和一些实用的技术。更深入的讨论侧重于两个方面：属性与属性计算以及类型与类型检查，对于这两部分原理的讨论对深刻理解语义分析和实际编译器的设计均具有重要作用。作为本科学习，重点是掌握基本内容。

1．基本概念

● 语法与语义：语法和语义描述语言的不同方面，二者之间没有严格界线；语义形式化描述的困难性。

- 属性：用属性表示语义特征(语义值)，以及属性的计算和属性之间的依赖关系。
- 语法制导翻译：为产生式配上"语义规则"并在适当的时刻执行；语义规则的两种描述形式——语法制导定义和翻译方案，两种描述的等价性，各自的特点与适用范围；不同语法分析方法对翻译方案的影响。
- 中间代码：为什么生成中间代码，中间代码的特征，各种形式的中间代码及它们之间的关系，最常用的中间代码形式。

2. 符号表的组织

- 符号表的条目与信息的存储：符号的分类与符号表的拆分，符号表条目的基本信息，信息的直接存储与间接存储。
- 作用域信息的保存：线性表与散列表，表上的操作，散列函数的计算。

3. 声明语句的翻译

- 定义与声明：类型定义与变量声明，过程定义与过程声明。
- 变量声明：符号表信息的填写。
- 数组声明：符号表与内情向量，内情向量的内容及其填写。
- 过程声明：左值与右值；参数传递，包括参数传递的不同形式，各种参数传递形式的处理方式；名字的作用域，包括静态作用域与最近嵌套原则；声明中作用域信息的保存。

4. 可执行语句的翻译

- 简单算术表达式和赋值句的翻译：语法制导翻译的设计，类型转换。
- 数组元素的引用：数组元素地址计算的递推公式，地址的可变部分与不变部分，可变部分计算的语法制导翻译。
- 布尔表达式短路计算的翻译：为什么需要短路计算，短路计算的控制流，真出口与假出口，真值链与假值链。
- 控制语句的翻译：控制语句的分类，无条件转移与条件转移，拉链/回填技术。
- 过程调用：参数的计算与参数调用的三地址码。

5. 属性与属性的计算

- 继承属性：自上而下包括兄弟；综合属性：自下而上包括自身。
- 原理上的计算方法：语法制导定义—分析树—依赖图—拓扑排序—按次序计算。
- 实际上的计算方法：与某种语法分析的方法联系在一起，实现语法分析与属性计算的同步进行(增量分析)；L_属性与 LL 分析，S_属性与 LR 分析。
- LR 方法中的 L_属性的增量分析：如何利用属性的等价关系，使得在分析的任何时刻所需属性值均可在分析栈中得到，通过复写规则和引入标记非终结符来实现；也可以通过改写文法消除继承属性，特别是消除依赖右兄弟的继承属性来实现。
- 属性的存储空间分配：优化使用语义栈，生存期不同的属性值共享同一空间，尽量使用左递归。

6. 类型与类型检查

- 从不分类到类型：类型的定义；静态类型与强类型，编译器承担类型检查的责任。
- 从单态到多态：既保障类型一致性又提高程序设计的灵活性；通用多态，无穷多个类型对应同一个代码序列；特定多态，有限个无关联的类型对应不同的代码序列，选取哪一个由上下文确定。

● 类型系统：施加在语言结构(文法符号)上的一组类型表达式；基本类型与类型构造符；类型表达式的图形表示。

● 类型的等价：等价的判别；提高等价判别的方法是对类型构造符的重要成分编码以过滤重要成分不等价的类型。

● 结构等价与名字等价：是否允许为类型命名；不同的名字是否作为不同的类型；名字等价与结构等价的定义与各自的特点；为什么需要确定采用什么样的等价规则；名字等价与结构等价的类型检查方法。

● 多态函数(通用多态)的类型检查：类型变量与类型推断；代换、实例与合一；利用合一操作进行多态函数的类型检查。

● 多态类型(特定多态)的类型检查：可行的类型集合；缩小可行类型集合到唯一类型。

习　　题

4.1　将下述语句分别翻译成后缀式、三元式、三地址码和树。

(1) $a*-(b+c)$

(2) $-(a+b)*(c+d)+(a+b-c)$

(3) if $i<10$ then $i:=10$ else $i:=0$

4.2*　证明：如果所有的操作符都是二元的，则操作符和操作数的串是后缀表达式，当且仅当操作符个数正好比操作数个数少一个，且此表达式的每个非空前缀的操作符个数少于操作数的个数时。

4.3　使用 Pascal 的作用域规则，确定下述程序中名字 a 和 b 的引用属于哪个声明的作用域，并给出程序运行的结果。

```
program a (input, output);
    procedure b (u, v, x, y : integer);
    var   a : record a, b : integer end;
          b : record b, a : integer end;
    begin
        with a do begin a := u;   b := v end;
        with b do begin a := x;   b := y end;
        writeln(a.a, a.b, b.a, b.b)
    end;
begin    b(1, 2, 3, 4) end.
```

4.4　假定下述程序分别采用值调用、引用调用、复写—恢复和换名调用，请给出它们的打印结果。

```
program main(input, output);
    procedure p(x, y, z);
    begin y := y+1;    z := z+x    end;
```

begin a := 2;　　b := 3;　　　　p(a+b, a, a);　　print a　　end.

4.5　对于例 4.33 中的 Pascal 程序，若以线性表方式组织符号表，请给出分析到第(14)行时符号表的状态。

4.6*　过程定义时，形参被当作过程的本地变量考虑。

(1)　修改图 4.32(b)的符号表，在符号表中加入参数的信息。

(2)　修改文法(G4.7)，在产生式(4)中引入对参数的声明。

(3)　修改基于文法(G4.7)的语法制导翻译，加入对参数的语义处理。

(4)　根据修改后的文法，仿照例 4.35，编写一个简化的快排序程序，并用它对你的设计进行验证。

4.7　简单赋值句 x := − (a + b)*(c + d)，其中 x、a、c 是整型量，b、d 是实型量。根据教材中提供的翻译方案，生成它的中间代码序列(给出分析树和主要的分析过程)。

4.8　根据教材中数组元素引用的语法制导翻译，写出赋值句 result := a[x, y, z]的三地址码序列，其中的三维数组的声明为 a[10, 20, 30]。

4.9　设整型数组声明的形式为 int A[d_1, d_2, ⋯, d_n]，并且假设每个整型数占据 4 个字节。

(1)　试导出以列为主存储时计算 c 和 v 的递推公式。

(2)*　设计数组声明的语法制导翻译(包括语法和语义)，以使得在对数组声明从左到右分析的同时，正确填写符号表和内情向量的所有信息。

4.10　教材中的语法制导翻译将表达式 E→id_1<id_2翻译成一对三地址码：

　　if id_1<id_2 goto −

　　goto −

现将上述三地址码对用三地址码 if id_1≥id_2 goto −代替，当 E 为真时执行后继代码。请修改 4.7.5 节的翻译方案，使之产生这样性质的三地址码序列。

4.11　请根据短路计算的语法制导翻译，生成布尔计算的赋值句 x:=not(a or b) and (c or d)的三地址码序列(给出分析树和主要分析过程)。

4.12　有一布尔表达式文法如下：

　　C → TB { or TB }

　　TB → FB { and FB }

　　FB → (C) | not FB | id [rop id]

请用递归子程序的方法为其加入语义，生成计算布尔表达式值的三地址码序列(采用非短路计算方法)。

4.13*　写出标准 Pascal 布尔表达式的无二义文法 G，并为 G 加入语义，使之分别生成短路计算的和非短路计算的三地址码序列。

4.14　根据标号与 goto 的语义规则，分别给出

　　lab: x := a+b;

　　goto lab;

和　　goto lab;

　　lab: x := a+b;

　　goto lab;

三地址码序列的生成过程。

4.15*　C 中 for 语句的形式为 for (e1; e2; e3) stmt,它和语句序列 e1; while(e2) do begin stmt; e3 end 有相同的意义。请设计语法制导定义,把 C 风格的 for 语句翻译成三地址码。

4.16　根据条件语句的翻译方案,写出语句 while x>0 do while x＞10 do x:=x+1 的分析过程和最终生成的三地址码序列。

4.17　对于文法 G4.14:

(1) 为产生式(7)、(8)、(9)设计适当的语义,使得可将简单的语句扩展为语句序列。

(2) 给出 if x＞5 then begin if x＜10 then x:=10; if x＞10 then x:=0 end 的注释分析树和主要分析步骤,并给出最终的三地址码序列。

4.18*　对于文法 G4.1:

$D \rightarrow TL$	$L.in := T.type;$	
$T \rightarrow real$	$T.type := real;$	(G4.1)
$L \rightarrow L^1, id$	$L^1.in := L.in; addtype(id.entry, L.in);$	
$L \rightarrow id$	$addtype(id.entry, L.in);$	

(1) 改写文法,使得可以为其设计 S_属性定义。

(2) 设计 G4.1 的语法制导定义和翻译方案,它们实现同样的功能,但是所有的属性计算均是自下而上的。

4.19*　试证明在 LL(1)文法的任何位置加上唯一的标记非终结符后,结果文法是 LR(1)文法。

4.20*　对于例 4.17 的语法制导定义,如果采用显式的属性空间分配,试设计它的翻译方案。

4.21*　扩充文法 G4.16-3,设计语句 if E then S1 else S2 的类型检查。

4.22*　像扩充函数一样,在文法 G4.16-4 或文法 G4.16-5 中扩充下述语言结构中声明和引用时的类型检查:

(1) 无参函数:$void \rightarrow T$ 的类型检查。

(2) 过程 $D \rightarrow void$ 的类型检查。

(3) 无参的过程 $void \rightarrow void$ 的类型检查。

第5章 运 行 环 境

源程序最终需要运行，因此我们必须了解与源程序等价的目标程序如何在内存中运行，为了程序的正确运行需要什么样的支持。不同源语言结构所需的运行环境和支持不同。本章仅以最简单的、基于过程的、顺序执行的程序为前提进行讨论，即源程序的基本结构是顺序执行的过程，过程与过程之间仅通过子程序调用的方式进行控制流的转移。在这一前提下，需讨论的问题包括：静态的过程运行时具有什么样的动态特性，运行时需要什么样的环境支持(存储空间分配)，过程之间的调用与返回应如何实现等。

5.1 过程的动态特性

5.1.1 过程与活动

过程的每一次运行(或执行)被称为一次**活动(activation)**。活动是一个动态的概念，除了设计为永不停机的过程(如操作系统等)，或者是因设计错误而出现死循环的过程之外，任何过程的活动均有有限的**生存期(life time)**。

定义 5.1 活动的生存期是指从进入活动的第一条指令执行到离开此活动前的最后一条指令执行的这段时间，其中包括调用其他过程时其他活动的生存期。 ■

活动之间存在两种调用关系：如果活动 A 调用活动 B，从 B 中退出后又调用活动 C，则 B 和 C 是被顺序调用的活动，显然被顺序调用的活动的生存期是不交的；如果活动 A 调用活动 B，而活动 B 又调用活动 C，则 B 和 C 是被嵌套调用的关系。特别需要指出的是，活动的嵌套与过程的嵌套是两个截然不同的概念。过程的嵌套实际上是过程定义的嵌套，是指在一个过程的定义中包含另外一个过程的定义，这是一个静态的概念，仅读源程序就可以确定过程之间的嵌套定义关系。而活动的嵌套实际上是活动调用的嵌套或者活动生存期的嵌套，是指当一个活动正在执行时又调用了另外的活动，这是一个动态的概念，它们的嵌套关系是由确定活动执行轨迹的条件(例如参数等)动态确定的。

顺序执行的程序的最大特征是程序的执行在时间上是顺序的和排他的，即一个程序的运行轨迹由若干个顺序或嵌套的活动组成，并且在程序执行的任一瞬间，有且仅有一个活动正在运行。假想时间是一支笔，则任何一个顺序程序的执行过程(控制流)是一个"一笔画"，于是顺序程序运行时的控制流满足以下两点：

(1) 控制流是连续的。

(2) 过程间的控制流可以用树来表示。

定义 5.2 用来描绘控制进入和离开活动方式的树结构被称为活动树，在活动树中：

(1) 每个节点代表过程的一个活动。

(2) 根代表主程序的活动。

(3) 节点 a 是节点 b 的父亲，当且仅当控制流从 a 的活动进入 b 的活动时。

(4) 节点 a 处于节点 b 的左边，当且仅当 a 的生存期先于 b 的生存期时。 ■

活动树的实质是它反映了顺序执行程序的调用和时序关系，它把每个活动的生存期缩小到了一点。也就是说，如果我们关心的仅是活动之间的控制流和它们的生存期，而不关心活动究竟执行了多少时间的话，则活动树是最好的表示形式。

【例 5.1】 阶乘函数的计算可以用下述程序 test 实现，首先调用 get_line(n)得到一个整型数值，然后调用递归函数 f(n)计算出 n 的阶乘，最后将结果输出。令 n = 4，则程序运行时活动的轨迹如图 5.1(a)所示。其中纵向是时间轴，横向反映控制流。如果忽略活动执行的时间，仅考虑控制流的流向，即将图 5.1(a)各活动执行时间均压缩为一个点，且将其旋转 90°，则演变成为如图 5.1(b)所示的活动树。树的边是双向的，既表示调用又表示返回。

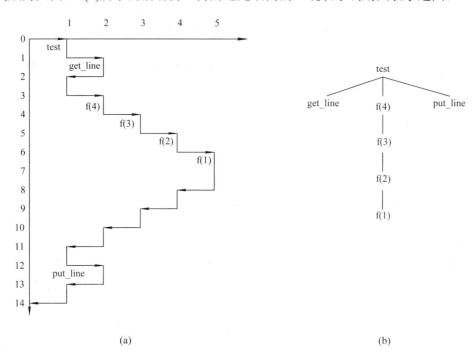

(a)　　　　　　　　　　　　　　　　　　(b)

图 5.1　顺序执行的程序的控制流

(a) 活动的调用关系与生存期；(b) 仅反映控制流的活动树

```
procedure test is
    n : integer;
    procedure f(n:integer) return integer is
    begin
        if i<2 then return 1;    else return n*f(n-1); end if;
    end f;
begin
    get_line(n); n:=f(n); put_line(n);
```

end test;

【例 5.2】　考虑例 4.33 的快排序过程，如果忽略 partition 中对 exchange 的调用，则对于某个初始数据，sort 的活动树可能如图 5.2(a)所示。其中的 s、r、q、p 分别是 sort、readarray、quicksort 和 partition 的缩写。图 5.2(a)反映了活动的嵌套，而图 4.32(a)反映了过程的嵌套。

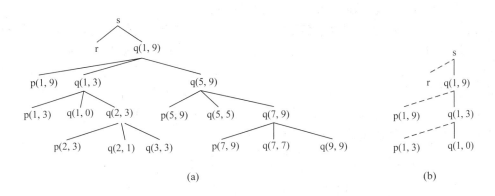

(a)　　　　　　　　　　　　　　　　　　　　(b)

图 5.2　活动树与控制栈

(a) 快排序过程的活动树；(b) 控制栈的一个状态

5.1.2　控制栈与活动记录

一个完整程序执行的控制流，恰好是对它的活动树的一次深度优先遍历。根据顺序执行程序的控制流特性，活动树上各节点之间具有下述关系：

(1) 同一层次的活动生存期不交。

(2) 任一时刻，处在生存期的活动构成一条从根到某节点的路径。

(3) 路径上各节点生存期是嵌套的(后进先出)。

换句话说，任何时刻仅需要为所有处在生存期的活动提供它们的活动场所，称为运行环境。根据上述的(2)和(3)，很显然，运行环境的最佳数据结构应该是一个栈，称为**控制栈**。而栈上的每个节点是每个活动的运行环境，称为**活动记录**(activation record)。每个活动开始时，就为它分配一个活动记录，即将此活动记录分配在栈顶上。活动的整个生存期中活动记录一直存在，而当活动结束时，将它从当前栈顶取消。控制栈的栈顶一般由 top 指示，为了提高效率，top 一般放在寄存器中。

活动记录中至少应该存放两类信息：控制信息和访问信息。

(1) 控制信息：用于控制活动的正确调用与返回以及用于控制活动记录的正确切换。

(2) 访问信息：用于为当前活动提供对数据，如本地数据和非本地数据的访问。

【例 5.3】　图 5.2(b)给出了快排序程序运行时的某个状态，从 s 开始，实线条所链接的活动构成了活动树上的一条路径，也是控制栈的一个状态，在当前状态下，栈中共有 4 个节点，分别是 s、q(1,9)、q(1,3)、q(1,0)。这些活动均处在它们的生存期，但是只有栈顶的 q(1,0)是正在运行的活动。

5.1.3 名字的绑定

定义 5.3 运行时为名字 X 分配存储空间 S，这一过程称为绑定(binding)。 ▮

绑定是名字 X 与存储空间 S 的结合。此处，名字 X 是一个对象，它既可以是数据对象，如变量，与之结合的是一个存储单元；也可以是操作对象，如过程，与之结合的是一段可执行的代码。本章的讨论仅限于 X 是一个数据对象。

现在有两个关于名字的问题：名字的声明与名字的绑定。它们都需要有对应的存储空间，而存储空间的对应方式，一个是静态的，一个是动态的。声明时我们关心的是声明的作用域，即当一个名字被引用时，在不同的作用域中与该名字的不同声明结合；绑定时我们关心的是绑定的生存期，即当一个名字在运行时被实际分配的存储单元，名字与存储单元结合的这段时间被称为绑定的生存期，显然这个生存期应该和名字的生存期是一致的。静态与动态概念之间的对应关系见表 5.1。

表 5.1 静 态 与 动 态

静　　态	动　　态
过程的定义	过程的活动
名字的声明	名字的绑定
声明的作用域	绑定的生存期

在名字绑定的概念下，对一个变量的赋值，实际上是通过两步映射来实现的。源程序中的一个名字，需要经过名字的绑定将名字映射到一个实际的存储空间，然后经过赋值将此存储空间映射到一个实际的值。名字到存储空间的映射被称为"环境"，存储空间到值的映射被称为"状态"。由于存储空间对应的是左值，而值对应的是右值，因此我们也可以说，环境将名字映射到左值，状态将左值映射到右值，或者说环境改变存储空间，状态改变值。

同样，在名字绑定的概念下，对一个常量的赋值实质上就是直接将名字与一个具体的值绑定，或者说环境将名字映射到右值，或者说环境直接改变值。变量与常量的映射关系分别如图 5.3(a)、(b)所示。由于表示常量的名字没有左值，因此，常量是不能通过赋值句被改变的。

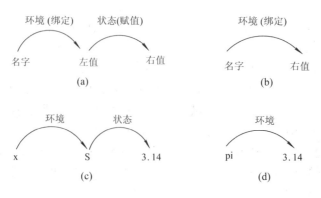

图 5.3 变量与常量名字的映射

(a) 变量名字的映射；(b) 常量名字的映射；(c) x:=3.14 的映射；(d) pi = 3.14 的映射

【例5.4】 对于赋值句 x := 3.14，首先为 x 分配一个存储单元 S，然后将 3.14 赋值给 S。对于常量声明 const pi=3.14，直接将 pi 与 3.14 绑定，于是在程序运行的任何时刻，pi 的值不能被改变。它们的映射关系分别如图 5.3(c)、(d)所示。 ■

在允许过程递归的情况下，当一个活动还没有执行完成时，可能又会进入同一过程的另一个活动。为了同时保存两个同一过程活动的运行环境，同一作用域中的一个名字在运行时可能会被分配多个存储空间，也就是说，同一作用域中的一个名字可以同时绑定到多个存储单元。例如图 5.2(b)中同一个快排序过程的三个活动的活动记录 q(1,9)、q(1,3)和 q(1,0)均被放在控制栈中，相同参数在三个活动记录中有不同的存储空间用于存放不同的值，从而使得在快排序的递归调用中，能够通过实参的值进行正确的排序操作。因此，环境是一个一对多的映射。同样，由于一个存储单元可以存放不同的值，因而状态也是一个一对多的映射。

编译器怎样对存储空间进行组织和采用什么样的存储分配策略，很大程度上取决于程序设计语言中所采用的机制，如过程能否递归，过程能否嵌套，过程调用时参数如何传递，哪些实体可以作为参数和返回值，是否允许动态地为对象分配和撤销存储空间，存储空间是否必须显式地释放，等等。

5.2 运行时数据空间的组织

5.2.1 运行时内存的划分与数据空间的存储分配策略

程序运行时，内存用来保存可执行代码和代码所操作的数据。可执行代码的大小在编译时可以静态确定，因此可以把它放在静态数据区。而对于数据可以有三种存储方式，对应三种组织形式的数据区，它们分别是静态数据区、栈和堆。静态数据区用于存放一对一的绑定且编译时就可确定存储空间大小的数据；栈用于存放一对多的绑定且与活动同生存期的数据；堆用于存放与活动生存期不一致且可以动态生成和撤销的数据，典型的如 Pascal 中的 new(p)和 dispose(p)等。栈与堆的典型安排如图 5.4 所示，它们的增长空间是共享的。

可执行代码(静态数据区)
静态数据区(static data)
栈(stack)
↓
↑
堆(heap)

图 5.4　内存空间划分

三种数据区对应着下述三种不同的分配策略，编译器具体实现时，根据语言机制的特性，可以采用三种方式中的若干种。

(1) 静态分配策略：编译时安排所有数据对象的存储。

(2) 栈分配策略：按栈的方式管理运行时的存储。

(3) 堆分配策略：在运行时根据要求从堆数据区动态地分配和释放存储空间。

5.2.2　静态与动态分配简介

1．静态分配策略

在静态分配中，名字在程序编译时与存储空间结合，运行时不再改变，每次过程活动时，过程中的名字映射到同一存储单元。这种性质允许局部名字的值在活动停止后仍能保持，即当控制再次进入活动时，变量的值和控制上一次离开时相同。

采用静态分配策略的存储空间可以组织如下：编译器为每个模块分配一块连续的存储空间，根据模块中名字的类型确定它所需空间的大小。为了称呼上的统一，我们称每个模块的数据区为活动记录。由于每个活动记录的大小均是确定的，所以若干活动记录组成的连续存储空间的大小也是确定的。这一确定的空间在程序运行时一并装入内存，而不管各活动记录是否在某次特定的运行中被使用，程序运行时不再有对存储空间的分配。

静态数据区中变量的地址可以有两种表示方法。以图 5.5 中变量 X 的地址 Δ_x 为例，它可以相对 base 寻址，也可以相对 base 2 寻址。事实上，由于数据的静态特性，所有的 base i 相对于 base 的偏移量均是编译时可以确定的常量，因此两种表示方法没有实质性区别。但是，相对于 base i 寻址的方法，可以将静态存储分配与栈式存储分配的方法统一起来，同时也有利于将各活动记录中的共享数据提取出来进行统一处理。

图 5.5　静态存储分配

静态分配的特点，使得它所适用的程序设计语言在某些方面受到限制：

(1) 数据对象的大小和它在内存中位置的限制必须在编译时确定，如数组的大小不能是动态的。

(2) 不允许程序递归，因为一个过程的所有活动使用同样的名字绑定，即绑定是一对一的。

(3) 不允许动态生成数据，因为没有运行时的存储分配机制。

FORTRAN 语言可以完全采用静态存储分配策略，因为 FORTRAN 满足上述限制。但是，FORTRAN 中的等价片与公用区机制使得分配比较复杂。允许分别编译的程序设计语言，分别编译模块中的数据定义模块(特别是全程引用的数据)，也可以采用静态分配策略，因为它们一般在整个程序运行期间是被共享的。

2．栈分配策略

栈分配策略是一种动态分配策略，它的基础是活动的控制栈，所有与活动同生存期的数据均可以采用栈分配策略。当活动处在生存期时，相应的数据被分配，生存期结束后，数据被撤销。对于这样的数据，其分配与撤销实际上就是控制栈上活动记录的分配与撤销。活动记录被分配在栈数据区中，栈顶由统一的栈顶指针 top 指示。活动记录的大小如果是 L，则活动开始时(确切讲应是开始前)，top 增加 L，活动结束后，top 减少 L。

对于静态分配策略分配的数据，栈分配策略均可分配。因为静态分配数据的特征是编译时可以确定大小，所以栈分配策略可以把这些静态可确定的数据在编译时就安排在栈的底部。而对于静态存储分配无法处理的递归程序调用问题和动态数组问题，均可以采用栈分配的策略来解决，因为递归调用的活动的活动记录的分配和撤销，可以在程序运行时(活动运行时)动态地添加到栈顶或是从栈顶撤销；动态数组的存储空间大小也可以根据保存在活动记录中的内情向量信息计算出来，然后动态地添加在当前的栈顶。

虽然栈分配策略是可以进行动态分配的，但是由于可以进行栈分配的数据必须与活动同生存期，所以它对程序设计语言的下述要求也无法满足：

(1) 当活动停止时，局部活动中名字的值必须保持(否则会出现悬空引用)。

(2) 在程序运行的任意时刻，可以随时生成或撤销动态数据。

(3) 被调用者的活动比调用者的"活"得更长，此时，活动树不能正确描绘过程间的控制流。

栈分配策略是本章介绍的重点，在下一节中将详细讨论。

3．堆分配策略

堆分配策略是三种分配策略中最灵活的一种，它对程序设计语言几乎不做什么限制，可以采用静态分配策略或栈分配策略进行分配的数据，均可采用堆分配策略。同时，对于栈分配策略不能分配的数据，堆分配策略也可以分配。

堆分配策略采用一个双向链表的结构，将所有可以被分配的自由空间链接在链表中，链表中的每个节点指示一个连续可用空间的信息，典型的如可用空间的起始和结束地址。节点的顺序应与可用空间的地址先后一致。

堆分配的思想并不复杂，当需要空间时，就在链表的节点中找到一块大小合适的区域，将区域中的部分或全部空间分给需要的对象，并将已分配的空间从链表的节点信息中删除，根据是全部还是部分分配，将节点从链中摘除或者修改节点可用空间信息。当空间需要释放时，首先在链表中进行查找，看是否释放的空间与某个(或某两个连续的)节点中的可用空间相邻。若与一个相邻，则修改当前链表中的节点可用信息；若与两个相邻，则合并两个节点为一个节点，且修改节点中的可用空间信息；若不与任何可用空间相邻，则在链表的适当位置加入一个新的节点。

一开始，链表中仅有一个节点，它提供的是一个连续的可用空间的全部。随着程序的运行，各活动和动态分配的数据不断地从可用空间中获取存储空间，或者将释放的空间放回可用空间。经过一段时间之后，堆中可能包含交错出现的正在使用和已经释放的区域，使得到一定的时候，堆分配的可用存储空间变成若干个不连续的可用空间(如图 5.6(a)、(b)所示)。如果存储空间的分配与撤销算法设计不合理，就会造成程序运行到一定的时刻，所有可用的存储空间被分割成许许多多不连续的碎片，使得无法再进行分配。因此，堆分配的空间分配与撤销算法的核心思想之一就是使可用存储空间尽可能保持连续。当然，算法的效率也是需要考虑的问题之一。

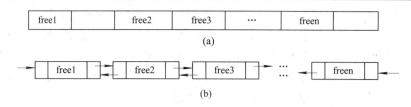

图 5.6 堆分配

(a) 堆分配的存储空间; (b) 堆分配的可用存储空间链

5.3 栈式动态分配

5.3.1 控制栈中的活动记录

前边已经提到,控制栈中活动记录的作用是为当前的活动提供运行环境,因此它既需要提供活动所操作的数据对象的存储空间,也需要提供适当的信息,以保证活动调用与返回时实现代码的正确转移和活动记录的正确切换,即活动记录中需要保存两类信息:控制信息与访问信息。活动记录的具体内容如图 5.7 所示。

1. 参数与返回值	actuals and return value
2. 控制链(可选)	optional control link
3. 访问链(可选)	optional access link
4. 保存的机器状态	saved machine status
5. 本地(局部)数据	local data
6. 临时变量	temporaries

图 5.7 活动记录的内容

(1) 参数与返回值:用于存放实参和返回值(如果有的话)。

(2) 控制链:指向调用者活动记录的指针,用于当调用返回时,将当前栈顶正确切换到调用者的活动记录;如果是静态分配,该项可以没有。

(3) 访问链:用于指示访问非本地数据;当过程不允许嵌套时,该项也可以没有。

(4) 调用时需要保存的机器状态:如程序计数器(返回地址)、寄存器等,对于某特定的计算机,这些被保存信息是固定的。

(5) 过程内部声明的数据,即本地数据,如 VAR X、Y :INTEGER 等。

(6) 临时变量:源程序中不出现的、由编译器产生的变量,如表达式 x+y+z 计值时产生的 T1、T2 等。

指示当前活动记录的一般有两个指针:一个是当前的栈顶指针 top,另一个是用于数据访问的 sp。活动记录中的所有数据均可以是相对于 sp 的偏移量。通常,top 和 sp 分别放在两个寄存器中,并且让 sp 作为活动记录的代表。

下边首先通过一个例子来看一下程序运行时控制栈中活动记录是怎样变化的,然后讨论采用什么样的方法来实现这样的变化。

【例 5.5】 回顾图 5.2(b)控制栈的一个状态,当前栈中有 4 个活动记录 s、q(1,9)、q(1,3)、q(1,0)。从活动 s 开始,控制栈中的活动记录需要根据控制流的转变,经过一系列的变化,才能到达当前的状态。活动 s 刚开始时,栈中仅有 s 的活动记录。当 s 调用 r 之后,栈顶加入了 r 的活动记录。当控制从 r 退出又进入 q(1,9)时,首先需要在退出 r 时将 r 的活动记录从栈顶弹出,然后再将 q(1,9)的活动记录压进栈。图 5.8 给出了控制流与控制栈的部分变化过程。 ■

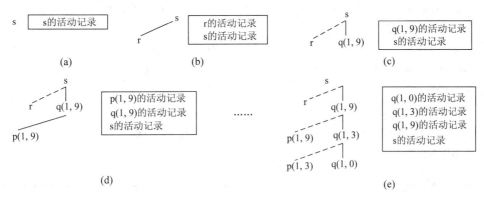

图 5.8 控制流与活动记录

5.3.2 调用序列与返回序列

实现控制流正确转移和活动记录正确切换的方法,是在过程发生调用和返回处加入适当的可执行代码。调用处加入的代码被称为**调用序列**(call sequence),返回处加入的代码称为**返回序列**(return sequence)。

以图 5.9 所示的程序中过程 A 调用过程 B 为例,调用前的栈顶是 A 的活动记录,top(A)指向当前栈顶,A 代码段中的变量 i 相对于 sp(A)寻址(如 $\Delta i[sp]:= \Delta i[sp] + 1$)。调用发生时,调用序列将 B 的活动记录加入到栈顶,使得栈顶指针改变为 top(B),而 B 中的变量 j 相对于 sp(B)寻址(如 $\Delta j[sp]:= \Delta j[sp] + 1$)。B 运行结束返回时,将当前栈顶的活动记录弹出,又恢复到调用前的 top(A)和 sp(A)。

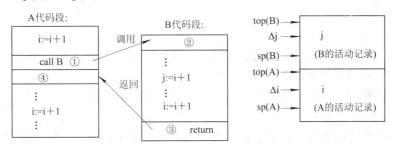

图 5.9 过程的调用与返回

这一系列的控制流转移和栈顶活动记录的切换,由调用序列和返回序列来完成。一般来讲,调用序列和返回序列的内容既可以放在调用者中,也可以放在被调用者中。经验认为,能让被调用者做的事情尽量不要让调用者做,因为在被调用者中只需要一个序列,而在调用者中每调用一次就需要一个序列。表 5.2 是一个可能的调用序列与返回序列的安排，其中图 5.9 的①和②形成调用序列，③和④形成返回序列。

表 5.2　调用序列与返回序列

调 用 序 列	返 回 序 列
调用者(①)： 　　传递参数； 　　维护访问链(如果必要)； 　　保存返回地址和控制链； 　　保存机器状态； 　　将控制转向被调用者	被调用者(③)： 　　保留返回值(若为函数)； 　　恢复访问链(如果必要)； 　　恢复调用时的机器状态； 　　恢复控制链； 　　将控制返回调用者
被调用者(②)： 　　设置新的活动记录大小； 　　为可变数组分配空间(如果有的话)； 　　初始化本地数据(如果必要)； 　　…(开始可执行代码)	调用者(④)： 　　接收返回值(如果有的话)； 　　…(继续执行代码)

5.3.3　栈式分配中对非本地名字的访问

如果过程不允许嵌套定义，则过程中只可能访问该过程的本地数据和全局的静态数据。全局数据可以放在静态数据区中(或者栈底)，而本地数据均可以放在过程的活动记录中，且相对于活动记录的 sp 寻址。

如果过程允许嵌套定义，则过程中会访问到一些定义在其他过程中的数据，这些数据既不是本地数据，也不是全局数据。

对允许嵌套定义过程的语言进行栈式分配，需要考虑两个关键问题：

(1) 名字在不同的作用域内表示不同的数据对象。

(2) 如何通过当前的活动记录访问非本地数据。

第一个问题由名字的作用域规则解决(静态作用域＋最近嵌套)，第二个问题通过引入访问链的方法解决。

1．访问链

嵌套过程的静态作用域的直接实现是在每个活动记录中加入一个访问链。访问链是一个指针，它起着双重作用：

(1) 它本身所在的位置可以作为本活动记录中数据寻址的基础，即活动记录的 sp。

(2) 访问链的内容指向它直接外层过程的最新活动记录的访问链，即最新直接外层活动记录的 sp。如果当前栈顶活动记录的过程 p 的嵌套深度为 n_p，则沿当前 sp 间接访问一次(习惯上称沿访问链追踪一次)，sp 所到达活动记录的嵌套深度减 1。沿访问链进行若干次追踪，则可到达任何嵌套深度小于 n_p 过程的活动记录。这实际上等价于可以沿访问链找到所有 p 的外层最新活动记录的 sp，通过这些 sp 就可以访问任何 p 的非本地数据。

2．利用访问链访问非本地数据

假定过程 p 的嵌套深度是 n_p，在过程 p 中引用一个嵌套深度为 n_a 且 $n_a \leqslant n_p$ 的变量 a，设 p 和 a 的层次之差为 x，即 $n_a + x = n_p$，于是 $x = n_p - n_a$，则 a 的存储可以按如下方法找到：

(1) 当控制在 p 中，p 的一个活动记录肯定在栈顶。从栈顶的活动记录中追踪访问链 $n_p - n_a$ 次。$n_p - n_a$ 的值是静态作用域规则决定的，可以在编译时计算得到。

(2) 追踪访问链 $n_p - n_a$ 次后，找到 a 的声明所在过程的活动记录的访问链 sp(a)。

因此，过程 p 中变量 a 的地址计算需要两个信息：层次差 $n_p - n_a$ 和偏移量 Δa，它们均可以在编译时计算得到，因此可以将有序对

$$(n_p - n_a, \ \Delta a) \tag{5.1}$$

存放在符号表 a 的条目中，这些信息用于生成存取变量 a 的代码。

3. 在调用序列中生成访问链

建立访问链的代码是过程调用序列的一部分。假定嵌套深度是 n_p 的过程 p 调用嵌套深度为 n_x 的过程 x，则建立访问链分下面两种情况。

(1) $n_p < n_x$ 的情况：因为被调用过程 x 比 p 嵌套得更深，所以根据作用域规则，x 肯定直接声明在 p 中。例如 sort 调用 quicksort，quicksort 调用 partition 等。此时，被调用过程 x 的访问链必须指向栈中刚好在它下面的调用过程 p 活动记录的访问链。

(2) $n_p \geqslant n_x$ 的情况：根据作用域规则，p 和 x 具有公共外层，即静态包围 p 和 x 且嵌套深度为 1，2，…，$n_x - 1$ 的过程。例如 quicksort 调用本身，partition 调用 exchange 等。从调用过程追踪访问链 $n_p - (n_x + 1) = n_p - n_x + 1$ 次，到达静态包围 x 和 p 的最接近过程的最新活动记录。所到达的访问链就是被调用过程 x 必须指向的访问链。同样，

$$n_p - n_x + 1 \tag{5.2}$$

可以在编译时计算。

事实上，两种情况均可用统一的公式(5.2)计算，因为对于第一种情况，$n_p - n_x = -1$，所以 $n_p - n_x + 1 = 0$，即直接将当前的访问链地址填写进被调用者的访问链中，而无需追踪访问链。

【例 5.6】 再考察例 4.33 的快排序过程。假设当前控制栈的状态是：s、q(1, 9)、q(1, 3)、p(1, 3)、e(1, 3)，其中，$n_s = 1$，$n_q = 2$，$n_p = 3$，$n_e = 2$，则从 s 开始，每个活动记录和访问链的建立过程如图 5.10 所示。图中简化的活动记录中 cl 和 al 分别表示控制链和访问链。左边的控制链反映了动态的调用关系(活动的嵌套)，右边的访问链反映了静态的嵌套关系(过程嵌套)。下述是部分访问链建立和利用访问链访问非本地数据的过程。

(1) s 调用 q(1, 9)时访问链的建立：当前控制栈如图 5.10(a)所示，根据公式(5.2)，$n_s - n_q + 1 = 1 - 2 + 1 = 0$，直接令 q(1, 9)的访问链指向 s 的访问链地址，形成图 5.10(b)所示的访问链。

(2) p(1, 3)调用 e(1, 3)时访问链的建立：当前控制栈如图 5.10(d)所示，$n_p - n_e + 1 = 3 - 2 + 1 = 2$，从 p(1, 3)追踪访问链两次，到达 s 的访问链，于是形成图 5.10(e)所示的访问链。

(3) e(1, 3)中访问变量 x：根据有序对(5.1)的计算公式，追踪访问链 $n_e - n_x = 2 - 1 = 1$ 次，到达 s 的访问链，利用此访问链对 x 进行寻址。

(4) p(1, 3)中访问数组 a：追踪访问链 $n_p - n_a = 3 - 1 = 2$ 次，也同样到达 s 的访问链，利用此访问链对 a 进行寻址。　■

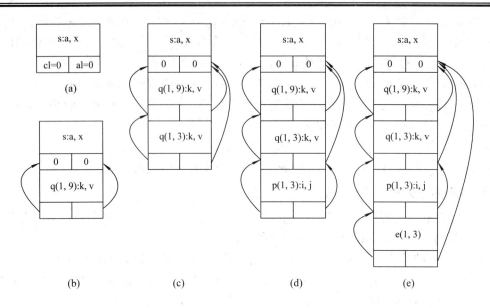

图 5.10   活动记录中的控制链与访问链

4. 利用显示表(display)快速访问非本地数据

考察访问链的特点不难看出,对于任何一个深度为 i 的活动来说,它可能访问的本地与非本地数据只能是嵌套深度不大于 i 的、最新被调用的活动。例如在图 5.10(d)中,当前的活动 p(1,3)的嵌套深度是 3,它除了可以访问本地的 i 和 j 之外,还可以沿访问链访问嵌套深度为 2 的最新活动 q(1,3)中的 k 和 v,以及嵌套深度为 1 的最新活动 s 中的 a 和 x。虽然栈中嵌套深度为 2 的活动有两个,但是在 p(1,3)中可以访问的是最新的活动 q(1,3),而不是q(1,9)。换句话说,在嵌套层次小于等于当前活动嵌套层次的活动中,每层仅有一个活动中的数据可以被当前的活动访问到。

为了加快对非本地数据的访问,我们可以考虑把访问链组织成一个栈,称为显示表(display)。显示表中的 d[i]存放的是嵌套深度为 i 的最新活动记录的访问链地址。因此,一个活动记录处在栈顶且深度为 i 的活动,可以通过显示表的内容直接访问任何一个它外层的非本地数据,而无需再沿访问链进行若干次追踪。

假定过程 p 的嵌套深度是 n_p,它引用一个嵌套深度为 $n_a(n_a \leq n_p)$的变量 a,则 a 的活动记录的访问链地址可以在 $d[n_a]$中找到,于是过程 p 中变量 a 的地址信息的有序对(5.1)可以简化为下述的有序对(5.3),它同样可以在编译时确定,并存放在符号表中:

$$(n_a, \quad \Delta a) \tag{5.3}$$

5. 生成与维护显示表

在沿访问链追踪的访问模式中,访问链只需建立,无需撤销,因为活动记录的撤销自然也撤销了访问链。如果采用显示表方式,则当进入和退出活动时,均需对显示表进行维护。

维护的方法是利用活动记录中的访问链。与前述访问链的方法不同,在显示表方案中,活动记录中的访问链已不是指向直接外层的最新活动记录,而是指向同层次的次新活动记录。

维护的过程被分别加入到对应的调用和返回序列中。一开始，显示表的初值被置为 0，表示不指向任何活动记录的访问链。当一个嵌套深度为 i 的活动被调用时，调用序列在为它建立新的活动记录时，也对显示表进行如下修改：

(1) 将 d[i]的值保存在新活动记录的访问链中。

(2) 置 d[i]指向新的活动记录(置 d[i]内容为新活动记录访问链地址)。

当活动结束时，返回序列中恢复 d[i]原来的值，即执行上述(1)的逆操作。

6．显示表的存储分配

由于顺序执行程序的排他性特点，程序运行到任何一个时刻，只需一个显示表副本。为了提高访问速度，可以用一组寄存器来作为显示表的存储空间，寄存器的个数(即显示表的容量)就是程序设计语言允许过程嵌套的层次数。原理上，程序嵌套的深度是不应受到限制的，而寄存器资源是十分宝贵的，因此，也可以设立一块静态存储区作为显示表，在栈分配中，它可以被放在栈底。

显示表的另外一种存储分配是给显示表多个副本。栈顶每生成一个新的活动记录时，从旧栈顶的活动记录中复制两个活动的公共外层的显示表部分，而把当前活动记录的访问链地址作为显示表中的最新元素。

【例 5.7】 将图 5.10 中的访问链改为显示表方案，则显示表建立的过程如图 5.11(a)～(f)所示。读者可以根据上述方法，在活动返回的序列中将显示表和控制栈的内容从图 5.11(f)恢复到图 5.11(a)。■

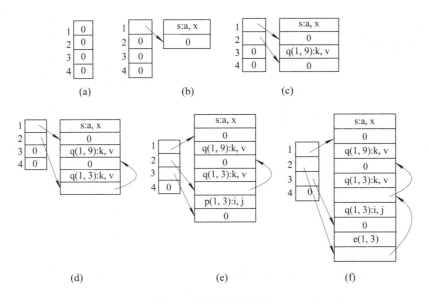

图 5.11　显示表的维护

5.3.4　参数传递的实现

根据上一章的分析，我们知道参数传递的主要区别在于传递的是左值还是右值，而且无论是哪种情况，均可按下述原则处理：

(1) 过程定义时形参被当作局部名看待，即在活动记录中为参数分配存储单元。

(2) 将调用时实参的左值或者右值放入形参单元。

(3) 根据传递的是左值还是右值确定过程中对形参单元的数据是间接访问还是直接访问。

此处我们仅考虑最简单的情况，即参数是简单变量，且传递的是右值(值调用)。对于 4.9 节中的过程调用 call sum(X+Y，Z)，当时生成了如下的中间代码：

(k−3) param T

(k−2) param Z

(k−1) call 2, sum

设 sum 的声明为 proc sum(a,b:int)，则可具体处理如下。

1. 设计含有参数存储单元的活动记录

设计一个简化的活动记录，如图 5.12(a)所示，其中访问链和控制链存放在连续的两个单元中，sp 指向访问链的存储单元。当所处理的语言不需要访问链时，sp 直接指向控制链。如果有 n 个参数，则相对 sp 寻址的前 n+1 个单元分配给参数，从第 n+2 个单元开始分配给过程中声明的变量，最后是代码生成时引进的临时变量。对于一段完整的过程来讲，所有这些内容在编译时均是可以确定的，因此，过程活动记录的长度 L 是可确定的。这实际上给栈式分配带来很大的方便：为新的活动记录分配存储空间就是将旧的 top 加上 L 形成新的栈顶。

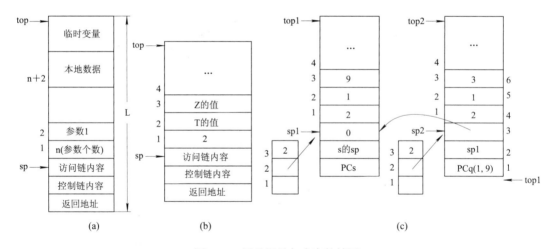

图 5.12　活动记录与内容的填写

(a) 简化的活动记录；(b) 参数传递；(c) 调用前后活动记录的变化

2. 调用序列中将实参的值放入对应的存储单元

参数传递的过程在调用者的调用序列中实现。将 call 2, sum 扩充为一个调用序列，其中的参数传递代码如下，从而得到图 5.12(b)所示的 sum 活动记录的参数的内容：

(k−3) param T

(k−2) param Z

(k−1) 4[top] := 2

(k)   5[top] := −3[pc]

(k+1) 6[top] := −3[pc]

(k+2) ...

3．过程内部对参数访问的实现

值调用中参数传递的是右值，过程内部对参数进行直接访问，形参 a 和 b 的地址分别为 2[sp]和 3[sp]。注意，此时是在 sum 的活动记录中，相对 sp 寻址，而参数传递过程是在调用者中实现的，相对当时的栈顶 top 寻址。

【例 5.8】 用显示表实现非本地数据的访问，考虑 q(1，9)调用 q(1，3)和从 q(1，3)返回 q(1，9)的过程，它们的调用序列和返回序列分别如表 5.3 所示，其中忽略了函数的返回值和机器状态的保存与恢复等。具体的活动记录和显示表内容如图 5.12(c)所示，本地数据的分配均简化为一个变量占用一个存储单元。

表 5.3   例 5.8 的调用序列和返回序列

调 用 序 列	返 回 序 列
q(1,9): 4[top] := 2 -- 参数传递 5[top] := −3[pc] 6[top] := −3[pc] 3[top] := d[2] -- 维护访问链 d[2] := top+3 2[top] := sp-1 -- 保存控制链 1[top] := pc -- 保存返址 jmp q -- 控制转移	q(1,3): d[2] := 0[sp] -- 恢复访问链 sp := −1[sp] -- 恢复旧 sp top := top-L -- 恢复旧 top pc := 1[top] -- 恢复返址 jmp pc -- 控制转移
q(1,3): sp := top+3 -- 设置新 sp top := top+L -- 设置新 top ⋮	q(1,9): ⋮

5.4 本 章 小 结

本章介绍程序运行时的空间组织，重点讨论如何通过对过程的静态分析(包括符号表的利用)建立运行环境，以保证程序的正确执行。

1．过程的动态特性

● 过程、活动、活动的生存期、顺序执行程序的控制流。

● 活动树、控制栈、活动记录。

● 声明的作用域与名字的绑定、变量名字的绑定与常量名字的绑定、左值与右值、"环境"与"状态"、映射的一对多特性。

2．运行时的存储空间组织

● 运行时内存的划分：可执行代码、静态数据区、栈、堆。

● 活动记录的具体内容：参数与返回值、返回地址、控制链(可选)、访问链(可选)、机器状态、局部数据、临时变量等。

3．存储分配策略

● 静态分配：简单的分配策略、对语言机制的限制。

● 栈分配：基于控制栈、可被分配数据的特点、对语言机制的限制、与静态分配的关系。

● 堆分配：可以任意动态分配和撤销数据空间，用双链表保持可用空间信息，对语言机制不作限制，分配策略的实现较为复杂。

4．栈分配策略

● 控制栈中活动记录的具体内容。

● 调用序列与返回序列：调用序列和返回序列的作用、内容；调用序列与返回序列功能的划分；如何设计调用序列与返回序列，以保证控制流的正确转移和活动记录的正确切换。

● 控制链与访问链：控制链与访问链的作用与区别；控制链用于活动记录的正确切换，体现活动的嵌套关系；访问链用于访问非本地数据，体现过程的嵌套关系。

● 访问链的不同实现方法：通过访问链访问非本地数据；通过显示表访问非本地数据；两种方法对访问链的维护。

5．参数传递的实现

● 如何进行实参与形参的结合；如何在代码中实现对参数的正确存取。

习　　题

5.1　静态分配策略对语言有哪些限制？栈分配策略对语言有哪些限制？

5.2　有过程 p 和函数 max 定义如下(参数传递均为值调用)：

    proc max (a，b：integer)：integer；
    begin　　if a < b then return b else return a；
    end；
    proc p ；
        x，y：integer；
    begin x := 3；y := 5；x := max(x，y)；　end；

(1) 请写出 p 与 max 之间的调用序列与返回序列。

(2) 请画出 p 与 max 各自的活动记录，列出活动记录中所有可以确定的内容。

(提示：过程定义中没有嵌套，活动记录中可以没有访问链，此时，控制链的地址作为本地数据寻址的基址。)

5.3　试解释为什么在程序运行的任何时刻，均可以通过控制链进行活动记录的正确切换，并且均可以通过访问链正确访问非本地数据。

5.4 设过程 p 和过程 q 的嵌套深度分别为 n_p 和 n_q，试证明，无论是 $n_p < n_q$ 还是 $n_p \geqslant n_q$，本章所讨论的显示表维护方法均能正确工作。

5.5 有一过程 A 如下所示。采用静态作用域、最近嵌套原则，设 A 是第 0 层的过程。

```
procedure A is
    procedure B is
        procedure D is x : character; begin    ... end D；
    begin ... end B；
    procedure C is
        x : integer；
        procedure E is y : integer; begin ... end E；
        procedure F is y : float；    begin ... end F；
    begin ... end C；
begin ... end A；
```

(1) 给出反映过程嵌套层次的嵌套树，指出各过程的嵌套层次。

(2) 给出可以正确反映作用域信息的符号表。

(3) F 可以调用 E 吗？可以调用 D 吗？可以调用 B 吗？为什么？

(4) 若一个可能的程序运行控制流是 A—C—E—F—B，试给出每次调用和返回时控制栈中各活动记录的可确定内容和显示表的变化。

(5) 分别给出 C 调用 E 的调用序列和从 E 返回的返回序列。

5.6* 如果题 5.2 中过程的参数传递采用的是传地址，试给出参数传递的实现过程，包括中间代码的形式，复制实参到形参单元以及过程内部对参数的存取。

第6章　代码生成

代码生成是编译器的最后一个阶段，它以中间代码和符号表信息为输入，生成最终可以在机器上运行的目标代码。

6.1　代码生成的相关问题

目标代码的生成由代码生成器来实现。如何使得代码生成器生成正确、高效的目标代码，以及如何使得所设计的代码生成器能够便于实现、测试和维护，这是我们所关心的问题。代码生成所需考虑的主要问题如下。

1．中间代码形式

中间代码有多种形式，其中树与后缀式形式适用于解释器，而对于希望生成目标代码的编译器而言，中间代码多采用与一般机器指令格式相近的三地址码形式。

2．目标代码形式

目标代码的形式可以分为两大类：汇编语言和机器指令。机器指令又可以根据需求的不同分为绝对机器代码和可再定位机器代码。绝对机器代码的优点是可以立即执行，一般应用于一类称为 load-and-go 形式的编译模式，即编译完成后立即执行，不形成磁盘形式的目标文件，这种形式特别适合于初学者。可再定位机器代码的优点是目标代码可以被任意链接并装入内存的任意位置，是编译器最多采用的代码形式。

汇编语言作为一种中间输出形式，便于软件开发人员的测试；load-and-go 提供给初学者使用；可再定位机器代码用于真正的软件开发。出于教学的目的，此处选择汇编语言作为目标代码。

3．寄存器的分配

由于寄存器的存取速度远远快于内存，因而一般情况下总是希望尽可能多地使用寄存器，但寄存器的个数是有限的，因此，如何分配寄存器，是目标代码生成时需要考虑的重要因素之一。

4．计算次序的选择

代码执行的次序不同，会使代码的运行效率有很大差别。在生成正确目标代码的前提下，优化安排计算次序和适当选择代码序列，也是代码生成需要考虑的重要因素之一。

6.2　简单的计算机模型

首先设计一个假想的计算机模型，并且约定：M 表示内存单元，Ri 表示寄存器，c 表示常量，op 表示运算，*表示间接寻址。

1．指令系统与寻址方式

计算机模型的寻址方式如表 6.1 所示。令 X 代表 Ri 或者 M，则赋值号右边的(X)表示直接取 X 内容作为操作对象，((X))表示一层间接，即取 X 的内容作为地址。可以看出，此模型中的指令与三地址码十分相似。基本寻址方式有直接型、寄存器型和变址型，对应这三种寻址方式，均可以间接寻址。

表 6.1 计算机模型的指令系统与寻址方式

寻址类型	指令形式	指令意义	三地址代码形式
直接型	op Ri, M	Ri := (Ri) op (M)	x := x op y
寄存器型	op Ri, Rj	Ri := (Ri) op (Rj)	x := x op y
变址型	op Ri, c(Rj)	Ri := (Ri) op (c+(Rj))	x := x op c[y]
间接型	op Ri, *M	Ri := (Ri) op ((M))	x := x op *y
	op Ri, *Rj	Ri := (Ri) op ((Rj))	x := x op *y
	op Ri, *c(Rj)	Ri := (Ri) op((c+(Rj)))	x := x op *(c[y])

表 6.1 中 op 均表示二元运算；若为一元运算，则指令 op Ri, M 的意义为 Ri := op (M)，对应三地址码形式为 x := op y。

2．特殊指令

除了上述寻址方式和一般的运算指令之外，计算机模型的指令系统中还包括如表 6.2 所示的特殊指令，主要有两大类：内存与寄存器交换类，包括 LD 与 ST；比较与转移类，如 CMP 与 J X 等。

表 6.2 计算机模型的特殊指令

指令格式	指令意义
LD Ri, B	Ri := (B)，即存储单元 B 的内容装入寄存器 Ri
ST Ri, B	B := (Ri)，即寄存器 Ri 的内容存回存储单元 B
J X	goto X，无条件转向 X 单元
CMP A, B	比较 A 和 B 单元的内容，根据结果置寄存器 CT 的内容： A<B : CT=0; A=B : CT=1; A>B : CT=2;
J<X	if CT=0 goto X
J≤X	if (CT=0 or CT=1) goto X
J= X	if CT=1 goto X
J≠ X	if CT≠1 goto X
J>X	if CT=2 goto X
J≥X	if (CT=2 or CT=1) goto X

可以看出，CMP A, B 和 J relop X 共同完成三地址码 if A relop B goto X 的功能。其中的 relop 是上述关系算符的任意一个。

3. 指令的代价

由于各指令中操作对象可以是寄存器，也可以是内存地址，可以是直接寻址，也可以是间接寻址，因此，各条指令的执行时间不同。每条指令执行的时间称为指令的代价。假设寄存器的代价为 1，内存地址的代价为 2，则上述计算机模型的指令代价如表 6.3 所示。代价并不是一个严格的量化指标，只是可以用它大概估算不同类型指令执行时间的差异，因此也可以采用所谓的相对代价，即令代价最小的指令的相对代价为 0，则其他指令代价与其的差就是相对代价的值。

表 6.3　计算机模型的指令代价

指 令 格 式	指令代价	相对代价
op Ri, M	4	1
op Ri, Rj	3	0
op Ri, c(Rj)	7	4
op Ri, *M	6	3
op Ri, *Rj	5	2
op Ri, *c(Rj)	9	6
LD Ri, B ST Ri, B	3	0

【例 6.1】　以下是一个三地址码序列和对应的目标代码序列，它们的相对代价被分别列在指令的右边。

```
t := a + b        LD    R1, a      0
t := t * c        ADD   R1, b      1
t := t / d        MUL   R1, c      1
                  DIV   R1, d      1
```

6.3　简单的代码生成器

本节所介绍的代码生成器以三地址码为输入，并将其转换为上述计算机模型的汇编指令序列。首先介绍程序控制流中基本块的相关概念，然后着重讨论在一个基本块内如何充分利用寄存器以提高目标代码的运行效率，并且给出寄存器分配的一般方法。

6.3.1 基本块、流图与循环

定义 6.1 一段顺序执行的语句序列被称为一个**基本块**，其中，第一条语句被称为基本块的**开始语句**，最后一条语句被称为基本块的**结束语句**(或简称为开始和结束)。 ∎

由于基本块中的语句是被顺序执行的，因此基本块的控制流总是从开始语句进入，不会有进入到块内部的跳转；从结束语句退出，中途没有退出或停机。任何一个复杂的程序控制流，均可以划分为若干个基本块；极端情况下，一条语句构成一个基本块。

将基本块作为一个图中的节点，节点之间的边指示程序控制流的转移，就可以形成一个程序的图形表示，称为控制流图或简称为流图。

定义 6.2 程序的**流图**是一个有向图，基本块构成图的节点。若在程序控制流中，从基本块 B 到 C 有一条边当且仅当 C 中的开始紧随 B 中的结束时，称 B 是 C 的**前驱**，C 是 B 的**后续**。 ∎

所谓基本块的划分，实际上就是如何找出程序段中所有顺序执行的子序列。基本块划分的算法如下：

算法 6.1 划分基本块与构造流图

输入 三地址码的语句序列。

输出 流图。

方法 按下述原则划分基本块，并且记录基本块之间的控制流转移。

(1) 求出各基本块的开始语句，并为其编号 1，2，…，它们包括：

① 程序的第一条语句；

② 或者能由条件转移或无条件转移语句转移到的语句；

③ 或者紧跟条件转移语句之后的语句。

(2) 对所求出的每个开始语句 i(i=1，2，…，n)，构造基本块 Bi。令每个 Bi 的前驱节点 prev(Bi)={}，每个基本块包括下述语句序列和相关信息：

① 从开始语句 i 到下一开始语句 j 的前一条语句，且加入 Bi 到 prev(Bj)；

② 从开始语句 i 到一转移语句，若转移语句转向开始语句 j，则加入 Bj 到 prev(Bi)；

③ 从开始语句 i 到停语句。

(3) 修改转移语句，从转向某语句修改为转向语句所在基本块。

(4) 凡未被划分到某个基本块中的语句，是程序控制流无法到达的语句，可以删除。 ∎

从程序的第一条指令开始构造基本块，不断添加指令到基本块中，直到遇到一个跳转、条件跳转或者一个标号。如果没有跳转和标号，则控制顺序地从一条指令转移到下一条指令。将这些基本块作为流图的节点，并且在基本块划分时记录下控制流的转移，即可得到流图。

首先根据算法的步骤(1)找出所有的开始语句：图 6.1(a)中，(1)是，因为它是程序的第一条语句；(2)、(3)、(13)是，因为它们是条件转移语句转向的语句；(10)和(12)也是，因为它们是紧随条件转移之后的语句。

然后根据算法的步骤(2)求出每个开始语句对应的基本块和各基本块的前驱信息：图 6.1(a)中，(1)的基本块就是(1)，记为 B_1；(2)的基本块就是(2)，记为 B_2；(3)的基本块从(3)到(9)，记为 B_3；(10)的基本块是(10)和(11)，记为 B_4；(12)的基本块就是(12)，记为 B_5；(13)的基本块从 13 到(17)，记为 B_6。

为每个基本块构造一个节点，并且若 B 是 C 的前驱(或者说 C 是 B 的后继)，则从 B 到 C 有一条边，最终得到流图如图 6.1(b)所示。

入口指向基本块 B_1，因为 B_1 包含程序的第一条指令。B_1 的唯一后继是 B_2，因为 B_1 不以无条件跳转结束且 B_2 的头指令紧随 B_1 的结束之后。

块 B_3 有两个后继。一个后继是其自身，因为 B_3 的开始语句是块 B_3 结束语句条件跳转的目的地。另一个后继是 B_4，因为控制越过 B_3 结束语句的条件跳转进入 B_4 的开始语句。

仅有 B_6 指向流图的出口，因为到达流图之后的唯一途径是越过 B_6 结束语句的条件跳转。

基本块中的转移语句的转向由原来的转向某三地址语句改变为转向该语句所在的基本块。根据算法 6.1 中基本块的划分方法可知，转移语句的转向一定是一个开始语句，因此这一改变不会造成语义上的不等价。同时它还有一个好处，便于进行不同基本块中的优化变换，因为基本块中的语句可能会被优化掉。如果跳转到语句，就必须在每次目标代码发生改变时不断地去修改相应的跳转指令。

流图作为普通的图，可以用任何适于表示图的数据结构来表示。节点的内容(基本块)需要专门的表示。我们可以用在三地址码数组中指向开始语句的指针来表示节点内容，加上一个语句条数或者另一个指向基本块结束语句的指针。由于可能会频繁地改变基本块中的语句条数，所以给每个基本块构造一个语句链表会更方便。

从图 6.1(b)中可以看到多个环路，事实上这些环路就是程序中的循环，即被反复执行的部分。

为了方便起见，习惯上还为流图增加两个空节点：入口节点 ENTRY 和出口节点 EXIT，它们不包含任何语句，仅作为流图的唯一入口和唯一出口。具体讲就是，从入口节点有一条边到流图的第一个可执行节点，即三地址码第一条语句所在的基本块；从包含程序最后一条可执行语句所在的基本块到出口节点有一条边，如果程序的最终指令不是无条件跳转，则包含程序最终指令的基本块是出口的前驱之一。

【例 6.2】 下述程序段将一个 10×10 矩阵变换为一个单位矩阵：

```
for i from 1 to 10 do
for j from 1 to 10 do a[i, j] = 0.0;
for i from 1 to 10 do a[i, i] = 1.0;
```

它对应的三地址码如图 6.1(a)所示。我们可以用算法 6.1 构造它的流图。

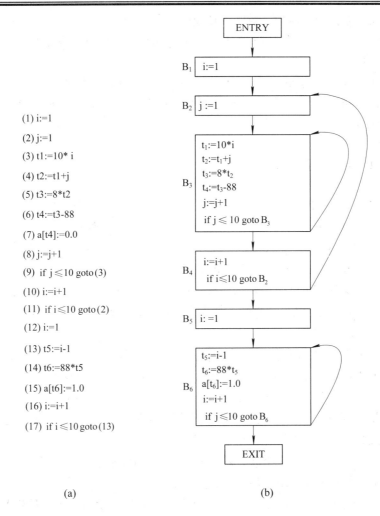

(1) i:=1

(2) j:=1

(3) t1:=10* i

(4) t2:=t1+j

(5) t3:=8*t2

(6) t4:=t3-88

(7) a[t4]:=0.0

(8) j:=j+1

(9) if j≤10 goto(3)

(10) i:=i+1

(11) if i≤10 goto(2)

(12) i:=1

(13) t5:=i-1

(14) t6:=88*t5

(15) a[t6]:=1.0

(16) i:=i+1

(17) if i≤10 goto(13)

　　　　(a)　　　　　　　　　　　　　　　(b)

图 6.1　程序与程序的流图

(a) 三地址码序列；(b) 对应的流图

定义 6.3　我们称流图中具有下述性质的节点集合 L 是一个**循环**(loop)：

(1) L 中有一个节点称为循环入口(loop entry)，如果 L 中没有任何其他节点有循环以外的前驱节点。也就是说，任何从整个程序的入口出发到 L 中节点的路径必须经过循环入口。

(2) L 中的任何节点有一条完全在 L 中的非空路径到 L 的循环入口。　　　　　　　■

程序设计语言的结构如 while 语句、do-while 语句和 for 语句等，在执行中会进行大量循环。由于实际上程序的绝大部分时间都在执行循环，所以生成好的循环代码对编译器来说尤为重要，而通过某种算法找出这些循环是构造好的代码的基础。

【例 6.3】　图 6.1(b)中有三个循环：

(1) B_3 自身是一个循环。

(2) B_6 自身是一个循环。

(3) { B_2，B_3，B_4}是一个循环。

前两个循环仅有一个节点和一条指向自身的边。例如 B_3 构成一个以 B_3 为入口节点的循环。根据定义 6.3 的第(2)条性质，循环中必须有一条非空的指向入口节点的路径，此处是从 B_3 到 B_3。因为，单一节点 B_2 没有一条从 B_2 到 B_2 的边，所以它不是循环，因为在 $\{B_2\}$ 中没有从 B_2 到其自身的非空路径。

第三个循环是 $L = \{B_2, B_3, B_4\}$，B_2 是它的入口节点。三个节点中只有 B_2 有循环之外的前驱节点 B_1，同时三个节点均有一个在循环中的到达 B_2 的非空路径。例如对 B_2 有路径 $B_2 \rightarrow B_3 \rightarrow B_4 \rightarrow B_2$。 ■

6.3.2　下次引用信息与活跃信息

为了生成好的目标代码，需要知道变量的值下次什么时候被使用。如果一个变量的值当前在寄存器中并且以后再也不被使用，则该寄存器就可以分配给其他变量。

定义 6.4　在形如(i) x := y op z 的三地址码中，出现在 ":=" 左边和右边的变量分别被称为对变量的**定值**和**引用**，i 被称为变量的**定值点**或**引用点**。若变量的值在 i 之后的代码序列中被引用，则称变量在 i 点是**活跃**的。若变量 x 在 i 点被定值，在 j 点被引用，且从 i 到 j 没有 x 的其他定值，则称 j 是 i 中变量 x 的**下次引用信息**，所有这样的下次引用信息 $j_k(k = 1, 2, \cdots)$ 构成一个**下次引用链**。 ■

一个变量 x 可以多次被定值，一次定值后又可以多次被引用。当一个变量 x 最后一次被引用之后，就不再活跃了，因此一个变量 x 在其下次引用链的范围内总是活跃的。

目标代码生成需要确定三地址码语句 x := y op z 中 x、y 和 z 的下次引用信息。下述算法通过对基本块的逆向扫描计算变量的下次引用和活跃信息。首先，暂不考虑基本块外的情况，因此对变量出基本块后是否活跃作如下假设：

(1) 一般情况下，临时变量不允许跨基本块引用，临时变量出基本块后是不活跃的。

(2) 非临时变量出基本块后是活跃的。

(3) 如果允许临时变量跨基本块引用，则这样的临时变量出基本块后也是活跃的。

然后，算法对每个基本块进行逆向扫描，并将信息存放在符号表中，因此需要在符号表的变量条目中增加下次引用信息和活跃信息两个栏目，用于存放计算的中间结果。

算法 6.2　确定基本块中每条语句的活跃信息与下次引用信息

输入　三地址码语句的基本块 B。

输出　对 B 中的每一语句 i：x := y op z，为 i 附加上 x、y 和 z 的活跃信息和下次引用信息。

方法　假设一开始 B 中的所有非临时变量是活跃的，且临时变量是不活跃的。从 B 的结束语句开始逆向扫描到 B 的开始，对每条语句 i：x := y op z 进行下述操作：

(1) 将当前符号表中 x、y 和 z 的活跃信息和下次引用信息附加在语句 i(的变量)上。

(2) 在符号表中置 x 为"不活跃"和"非下次引用"。

(3) 在符号表中置 y 和 z 为"活跃"并且 y 和 z 的下次引用为 i。

如果三地址码语句 i 形如 x := op y 或 x := y，则步骤同上但是忽略 z。注意步骤(2)和(3)的次序不能交换，因为 x 也可能是 y 或 z。 ■

【例 6.4】 在下述左边的基本块中，设 a、b、c、d 是程序中变量，t、u、v 是临时变量。如果我们用 F 分别标记"非下次引用"和"不活跃"，用 L 标记"活跃"，用(i)标记三地址码位置，则下述右边的基本块中给出了各变量或临时变量的下次引用信息和活跃信息，用算法 6.2 从(4)到(1)依次计算下次引用信息和活跃信息的过程如表 6.4 所示，其中信息填写的形式是"下次引用/活跃"。

(1) $t := a - b$

(2) $u := a - c$

(3) $v := t + u$

(4) $d := v + u$

(1) $t^{(3)/L} := a^{(2)/L} - b^{F/L}$

(2) $u^{(3)/L} := a^{F/L} - c^{F/L}$

(3) $v^{(4)/L} := t^{F/F} + u^{(4)/L}$

(4) $d^{F/L} := v^{F/F} + u^{F/F}$

■

表 6.4 下次引用信息与活跃信息的计算

	初值	(4)	(3)	(2)	(1)
a	F/L			(2)/L	(1)/L
b	F/L				(1)/L
c	F/L			(2)/L	
d	F/L	F/F			
t	F/F		(3)/L		F/F
u	F/F	(4)/L	(3)/L	F/F	
v	F/F	(4)/L	F/F		

6.3.3 简单的代码生成

代码生成的基本依据是变量的下次引用信息与活跃信息，以及寄存器的分配原则。下边首先规定寄存器的分配原则，然后在此原则下对寄存器和地址的信息进行适当的描述，并且设计如何为名字选择存储位置(getreg 函数)，在此基础上生成目标代码。

1. 寄存器的分配原则

在指令的执行代价中，寄存器的代价最小，因此总是希望将尽可能多的运算对象放在寄存器中。由于任何一个计算机模型中的寄存器个数都是有限的，所以需要根据一些原则对寄存器进行分配。下述是基于基本块的寄存器分配的一般原则：

(1) 当生成某变量的目标代码时，让变量的值或计算结果尽量保留在寄存器中，直到寄存器不够分配时为止，这样可以减少对内存的存取次数，降低代价。

(2) 当到基本块结束语句时，将变量的值存放在内存中。因为一个基本块可能有多个后继节点，同一个变量名在不同前驱节点的基本块内结束语句前存放的 R 可能不同，或没有定值，所以应该在结束语句前把寄存器的内容放在内存中，从而使得每个变量进基本块时，值均在内存中。

(3) 对于在一个基本块内、后边不再被引用的变量所占用的寄存器应尽早释放，以提高寄存器的利用效率。

2．寄存器与内存地址的描述符

代码生成器使用描述符来跟踪寄存器的内容和名字的地址。寄存器描述符跟踪当前在每个寄存器中的内容，当需要一个新寄存器时就查找描述符。假设初始状态寄存器描述符对所有寄存器为空(若寄存器被跨基本块赋值，则假设可能不成立)。随着基本块中代码的生成，每个寄存器在任何时刻可能持有 0 个或若干个名字的值。地址描述符跟踪运行时可以在其中找到名字当前值的存储位置，该位置可以是寄存器、栈中某单元、内存地址或它们的集合。该信息可以存放在符号表中，用于确定对一个名字的存取方式。

3．getreg 函数

getreg 函数为赋值 x := y op z 返回一个持有 x 值的存储位置 L。如何选择 L 是一个复杂的问题，此处仅讨论一个简单且易于实现的方法，此方法基于前边所讨论过的下次引用信息。该方法的主要步骤如下：

(1) 若名字 y 在不含其他名字的寄存器中(通过拷贝可以使一个寄存器中持有若干名字的值)，并且在执行过 x := y op z 之后不再被引用也不活跃，则返回 y 的寄存器作为 L。修改 y 的地址描述符以指出 y 已不在 L 中。

(2) 若(1)失败，则返回一个空闲的寄存器。

(3) 若(2)失败，则若 x 在基本块中具有下次引用信息，或者 op 是一个如下标之类的、需要寄存器的操作符，则找到一个被占用的寄存器 R。将 R 的值存入适当的内存位置 M，修改 M 的地址描述符，并且返回 R。若 R 中持有若干个变量的值，则需要将它们均存入适当的内存位置。对 R 的选择原则应该是 R 中的值已经在内存中或者最近不被使用。

(4) 若 x 在基本块中没被使用，或者找不到合适的被占用寄存器，则选择 x 的内存位置作为 L。

4．代码生成算法

算法 6.3　代码生成算法

输入　基本块。

输出　基本块的目标代码序列。

方法

(1) 对每个形如 x := y op z 的三地址码，按下述原则计算：

① 调用 getreg 函数确定一个位置 L，用于存放 y op z 运算的结果。L 通常应是一个寄存器，也可以是一个内存地址。

② 查找 y 的地址描述符以确定 y 的当前位置(或位置之一)y'。若 y 当前的值既在寄存器又在内存中，则寄存器优先，即选择寄存器作为 y'。如果 y 的值还不在 L 中，产生一条指令 LD L, y'将 y 的拷贝放进 L。

③ 产生一条指令 op L, z'，其中 z'是 z 的当前位置，也是寄存器优先。修改 x 的地址描述符使得 x 在位置 L 中。若 L 是一个寄存器，则修改 L 的描述符使得它含有 x 的值。

④ 若 y 和(或)z 的当前值不再待用，出基本块后不再活跃，且也不在寄存器中，则修改寄存器描述符，使得在 x := y op z 执行之后，这些寄存器分别不再含有 y 和(或)z。

对于形如 x := op y 的一元运算，处理的方法是类似的。特别是对于 x := y，如果 y 是一个寄存器，则只需修改相应的寄存器和地址描述符，记录下 x 的值当前只能在持有 y 的值的寄存器中找到即可。若 y 的当前值不再待用且出基本块后不再活跃，则寄存器不再持有 y 的值。

(2) 一旦处理完了基本块中的所有三地址码，将所有出基本块后是活跃的、且不在它们内存位置的名字通过 ST 指令存回内存。具体地，用寄存器描述符确定哪些名字留在寄存器中，用地址描述符确定名字是否不在它们的内存位置，用活跃信息确定名字是否需要存储。　■

【例 6.5】　算法 6.3 应用于例 6.4 中的三地址码序列，所产生的目标代码序列以及寄存器和地址描述符的内容如表 6.5 所示。　■

表 6.5　三地址码与目标代码

三地址码	目标代码	寄存器描述符	地址描述符
$t := a - b$	LD　R0, a SUB R0, b	R0 中含有 t	t 在 R0 中
$u := a - c$	LD　R1, a SUB R1, c	R0 中含有 t R1 中含有 u	t 在 R0 中 u 在 R1 中
$v := t + u$	ADD R0, R1	R0 中含有 v R1 中含有 u	v 在 R0 中 u 在 R1 中
$d := v + u$	ADD R0, R1 ST　R0, d	R0 中含有 d	d 在 R0 中 d 在 R1 和内存中

6.4　本 章 小 结

目标代码生成是编译器的最后一个阶段，是编译器中唯一与目标机器特性相关的阶段。这一阶段所需考虑的问题大部分是基于特定机器的，如机器的指令系统与寄存器等。本章以一个假想的机器指令系统为基础，简单介绍了目标代码生成所涉及的共性问题，如寄存器的分配原则、基本块与流图、基于基本块的简单代码生成等。

(1) 代码生成的相关问题：中间代码与目标代码的形式，指令系统的选择，代码的执行代价，寄存器的分配原则，计算次序的选择。

(2) 基本块与流图：基本块的划分与流图的构造，流图中的循环等。

(3) 目标代码生成器：下次引用信息与活跃信息，寄存器与内存地址的描述符，存储位置的选择(即 getreg 函数)，基于基本块的简单代码生成算法。

习　　题

6.1　根据 6.2 节的假设，计算下述各指令的相对代价。
　　 LD　R0, a

```
    SUB R0, b
    LD   R1, a
    SUB R1, c
    ADD R0, R1
    ADD R0, R1
    ST   R0, d
```

6.2 下述是一个简单的计算矩阵乘法程序。

```
for (i=0; i<n; i++)
    for (j=0; j<n; j++) c[i][j] = 0.0;
for (i=0; i<n; i++)
    for (j=0; j<n; j++)
        for  (k=0; k<n; k++) c[i][j] = c[i][j] + a [i][k]* b[k][j];
```

(1) 将程序改写为本节所用的三地址码语句。假设矩阵的元素需要 8 字节,并且矩阵以行为主存储。

(2) 构造上述三地址码程序的流图。

(3) 标记出流图中的循环。

6.3 对于下述三地址码序列,用算法 6.1 为它划分基本块并构造它的流图。

(1) a := 1	(7) e := e + 1
(2) b := 2	(8) b := a + b
(3) c := a + b	(9) e := c – a
(4) d := c – a	(10) a := b * d
(5) d := b * d	(11) b := a – d
(6) d := a + b	

6.4 设变量 a、b、c 出基本块是活跃的,d、e 出基本块后是不活跃的,用算法 6.2 计算 6.3 题各变量的下次引用信息与活跃信息,并以表格的形式写出各计算步骤的中间结果。

6.5* 假设有无穷多个寄存器可以使用,用算法 6.3 构造 6.3 题的目标代码。

第 7 章　代 码 优 化

如果有两段代码 A 和 B，它们的功能完全相同，但是 B 的性能优于 A，例如代码数量比 A 少、运行时间比 A 短、运行时占用空间比 A 小等，就称 B 是优化代码。所谓代码优化，就是进行一系列的保持语义的等价变换，逐步将代码段 A 变换为代码段 B。代码优化过程既可以在程序的编写阶段由程序员做，也可以在程序的翻译阶段由编译器做。从优化的阶段上划分，编译器对代码的优化主要在两个阶段进行：与机器代码无关的中间代码阶段和与具体机器相关的目标代码阶段。从优化的范围上划分，编译器可以在程序局部的范围内进行优化，也可以在全局的范围内进行优化。编译器优化所依据的重要手段是数据流分析。

本章讨论四个方面的问题：局部优化、独立于机器的全局优化、数据流分析以及数据流分析的数学基础。

7.1　局 部 优 化

局部优化是在程序的一个小范围内进行的优化，包括基本块的优化、窥孔优化、表达式优化等。局部优化直接面向目标代码生成，一些基本概念在上一章中已经介绍。但是局部优化所采用的一些方法和技术也同样适用于独立于机器的优化。

7.1.1　基本块的优化

目标代码生成器往往以基本块作为目标代码生成的基本单位，因此在生成目标代码之前进行基本块内部的优化可以获得运行时很大的性能改进。

1. 基本块的 DAG 表示

许多局部优化的重要技术都是从将基本块变换为有向无环图(Directed Acyclic Graph，简称 DAG)开始的。第 4 章已经简单介绍了表达式的 DAG 表示，目的是消除树中的公共子树。现在我们将 DAG 的概念扩展到一个基本块中的表达式集合，用下述方法构造基本块的 DAG：

(1) 出现在基本块中的每个变量的初始值在 DAG 中有一个节点。

(2) 块中的每条语句 s 关联一个节点 N。N 的孩子节点是那些先于 s 并且是 s 中所用变量的最后定值的语句对应的节点。

(3) 节点 N 由 s 中的算符所标记，同时与 N 关联的有一个在块中最后定值的变量列表。

(4) 某些特定的节点被称为输出节点。输出节点的特点是其中的变量在退出基本块后仍然活跃，即变量的值在流图的其他基本块中可能会被引用。

基本块的 DAG 表示有助于进行若干代码优化变换，例如：

(1) 消除局部公共子表达式，即计算已经被计算了的值的代码。

(2) 消除死代码，即计算的值从不被引用的代码。

(3) 对不依赖于其他代码的代码重新排序，这样可以减少临时值在寄存器中存放的时间。

(4) 对三地址码的运算对象根据代数性质重新排序，以简化计算。

2．找出局部公共子表达式

当需要在 DAG 中加入一个新节点 M 时，考察是否已存在其孩子个数、次序以及运算符均与 M 相同的节点 N，若有，则 N 和 M 计算的是相同的值并且可以用 N 取代 M。

【例 7.1】 考虑图 7.1 所示的基本块和对应的 DAG。当为基本块的第三条语句 c: = b + c 构造节点时，我们知道 b 在 b+c 中的引用是图 7.1(b)中标记为 "−" 的节点，因为它是 b 最近的定值，因此不会混淆其在语句 1 和 3 中的计算。

但是对应第四条语句 d := a − d 的节点具有运算符 "−" 并且以变量 a 和 d_0 为其孩子节点。由于其运算符和孩子均与语句 2 的节点相同，所以并不构造此节点，而是将 d 加在标记 "−" 的节点的定值列表中。

由于图 7.1 的 DAG 中仅有三个非叶子节点，所以图 7.1(a)的基本块可以被仅有三条语句的基本块所代替。事实上，如果 b 在块的出口处不再活跃，则无需计算该值，并且可以用 d 来接收标记为 "−" 的节点的值，于是可从 DAG 得到新的基本块如图 7.1(c)所示。　■

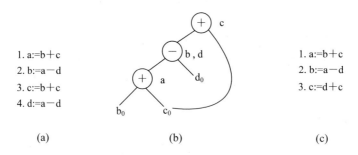

图 7.1　基本块与基本块的 DAG

(a) 基本块；(b) 对应的 DAG；(c) 由 DAG 生成的基本块

但是，如果 b 和 d 在出口处均是活跃的，则第四条语句必须用来复制相应的值。一般来讲，当从 DAG 构造节点时必须小心选择变量的名字。如果一个变量 x 被定值了两次，或者它被定值一次但它的初值 x_0 也被引用，则必须确保在所有 x 初值均被引用之前 x 的值没有被改变。

【例 7.2】 寻找公共子表达式实质上是在寻找保证计算相同的值的表达式，不管该值是如何计算的。因此 DAG 方法有时会丢失一些重要信息。例如在图 7.2(a)所示的基本块序列中，DAG 方法会失去由第一条语句和第四条语句计算的表达式是相同的这一事实，即 b_0+c_0。尽管 b 和 c 在第一条和第四条语句之间都发生了改变，但是它们的和仍然保持不变，因为 b + c = (b − d) + (c + d)。此序列的 DAG 如图 7.2(b)所示，但是其并没有显示出任何公共子表达式。　■

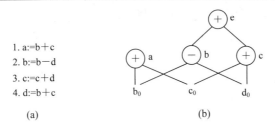

```
1. a:=b+c
2. b:=b-d
3. c:=c+d
4. d:=b+c
```

(a)   (b)

图 7.2 基本块与缺失信息的 DAG

(a) 基本块；(b) 对应的 DAG

3. 死代码消除

DAG 上对应死代码消除的操作可以这样实现：从 DAG 中删除没有附加任何活跃变量的根(即没有前驱的节点)。重复此操作可以消除掉 DAG 中所有相应的死代码。

【例 7.3】 在图 7.2(b)中，如果 a 和 b 是活跃的，但是 c 和 e 不是，则可以立刻删除标记为 e 的根。然后，标记为 c 的节点暴露为根并可继续被删除。标记为 a 和 b 的根被保留，因为它们分别附有活跃变量。∎

4. 代数恒等式的使用

基本块优化中重要的一类是利用代数恒等式化简。例如，可以用下述算术恒等式消除基本块中的一些计算：

$$x + 0 = 0 + x = x \qquad x - 0 = x$$
$$x * 1 = 1 * x = x \qquad x / 1 = x$$

另一类优化被称为强度削弱，即用开销小的运算代替开销大的运算，例如用 x*x 代替 x^2，用 x+x 代替 2*x，用 x*0.5 代替 x/2，等等。

第三类优化是常量求值。将编译时可以确定的常量表达式的值计算出来并且用值替换常量表达式，例如常量表达式 2*3.14 可以被替换为 6.28。

还有一类优化利用基本块的 DAG 实现。DAG 的构造过程可以帮助我们应用如交换律和结合律这样的变换。例如，如果程序设计语言中规定*是可交换的，即 x*y = y*x，那么当生成左孩子是 M、右孩子是 N 的"*"节点时，除了查看此节点是否已存在之外，也需要检查左孩子是 N、右孩子是 M 的"*"节点是否存在。

结合律可以用于发现公共子表达式。例如对于下述源代码：

    a = b + c;
    e = c + d + b;

可以产生如下中间代码：

    a := b + c
    t := c + d
    e := t + b

如果 t 在其后不被使用，则可以通过使用"+"的结合律和交换律将其改写为如下序列：

    a := b + c
    e := a + d

因为 e = t + b = c + d + b = b + c + d = a + d。

　　但是，由于可能出现上溢和下溢，计算机中并不总是遵循数学的代数恒等式，所以在代码优化时一定要认真研究语言参考手册和目标机器的指令系统，以确定允许什么样的运算。

5．数组引用的表示

　　数组下标结构初看起来似乎可以与任何其他算符同样对待。例如考虑下述三地址码序列：

　　　x := a[i]
　　　a[j] := y
　　　z := a[i]

　　如果将 a[i] 设为一个包含 a 和 i 的类似于 a + i 的运算，则两个 a[i] 的引用出现会被当作公共子表达式。对于这样的情况，似乎可以将三地址码 z:=a[i] 优化为 z:=x，但由于 j 可以等于 i，使得中间的语句会改变 a[i] 的值，所以这一优化是不合法的。

　　DAG 中数组的恰当表示方式如下：

　　(1) 形如 x:=a[i] 的数组赋值表示为生成一个算符 "=[]" 的新节点。它有两个孩子：一个代表数组初值的 a_0 和一个下标 i。变量 x 成为此新节点的标号。

　　(2) 形如 a[j]:=y 的数组赋值表示为生成一个算符 "[]=" 的新节点。它有三个孩子：a_0、j 和 y。没有变量作为此节点的标号。此节点的生成注销所有值依赖于 a_0 的节点，且被注销掉的节点不可以再接受任何标号，即它不可能成为一个公共子表达式。

　　【例 7.4】　考虑图 7.3(a) 中数组赋值的基本块。标号为 x 的节点 N 首先被生成，但是标记为 "[]=" 的节点生成后 N 就被注销。因此当标号为 z 的节点被生成时，它不能用 N 来标记，而是需要生成一个具有相同运算对象 a_0 和 i_0 的新节点，换句话说，a 和 z 不能是同一个节点的标号，即它们的值可能不同。

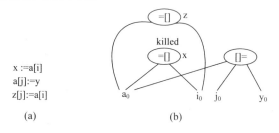

```
x :=a[i]
a[j]:=y
z[j]:=a[i]
```
　　(a)　　　　　　　　　　(b)

图 7.3　数组赋值的基本块与 DAG

(a) 基本块；(b) 对应的 DAG

6．指针赋值与过程调用

　　当通过指针对下述赋值句间接赋值时，我们并不知道 p 或 q 指向什么。

　　　x := *p
　　　*q := y

　　事实上，x = *p 是对每个变量的一个可能的引用，而 *q := y 是对每个变量的一个可能的赋值。因此，与数组元素运算的算符 "=[]" 和 "[]=" 类似，算符 "=*" 必须将当前所有与标识符关联的节点作为参数，这与死代码消除有关。更重要的是，算符 "*=" 注销到目前为止在 DAG 中构造的节点。

可以通过全局指针分析来约束代码给定位置中指针引用的变量集合，不过局部分析有时也可以约束一个指针的范围。例如下述序列：

　　p := &x

　　*p := y

此处明显由 y 而不是其他任何变量给 x 值，因此除了附有 x 的节点被注销之外，其他任何节点无需被注销。

过程调用很像通过指针的赋值。在缺少全局数据流信息的情况下，必须假设过程引用会改变任何它所访问的数据。因此，如果变量 x 在过程 P 的作用域内，则对 P 的调用既引用附有变量 x 信息的节点又注销此节点。

7. 由 DAG 重组基本块

在完成了构造 DAG 过程中的优化之后，可以重新组织构造 DAG 的基本块中的三地址码。对每个附有一个或多个变量的节点，构造一个计算这些变量之一的值的三地址码，一般为出基本块后仍然活跃的变量求值。如果没有全局活跃变量信息，则应假设除编译器产生的临时变量之外的所有变量出基本块后均是活跃的。

如果一个节点附有多于一个的活跃变量，就必须用拷贝语句给每个变量赋正确的值。当然，如果可以合理组织变量的使用的话，其中有些拷贝可以在全局优化中被消除。

回顾图 7.1(b)中的 DAG，如果可以确定 b 出基本块后不活跃，那么图 7.1(c)所示的重构后的基本块就可以减少一条语句。为了讨论方便，重写在下边：

　　a := b + c

　　d := a - d

　　c := d + c

注意，第三条指令 c := d + c 必须用 d 而不能用 b 作为其运算对象，因为优化后的块中不再计算 b。

如果 b 和 d 出基本块后均活跃，或者不清楚它们出基本块后是否活跃，则必须为 b 赋值，具体基本块如下：

　　a := b + c

　　d := a - d

　　b := d

　　c := d + c

虽然与原始的基本块语句数相同，但因为用了相对开销小的拷贝代替了减法运算，所以修改后的基本块还是比原始的基本块要好。事实上，在后续的全局分析中还可以通过用 d 代替 b 来消除基本块外对 b 的引用，并且随后还可以再回到基本块中将 b := d 消除。直观上，只要 d 中保留有 b 的值并且 b 被引用，则拷贝语句均有可能被消除。

在由 DAG 重构基本块时，不但要关注哪些变量用于保存 DAG 中节点的值，还要关注计算这些变量的值的次序。具体包括下述规则：

(1) 指令次序需与 DAG 中节点的次序一致，即直到一个节点的所有孩子节点的值均计算完毕才可以计算它的值。

(2) 对一个数组的赋值必须在前边对该数组的赋值或从该数组取值的语句之后，这些指令的执行次序必须与它们在原始基本块中的次序一致。

(3) 任何数组元素的取值必须遵循原始基本块中对同一数组的赋值次序。对同一数组的两次求值次序可以任意，只要它们没有对该数组交叉赋值。

(4) 对任何变量的引用必须在所有原始基本块前面的过程调用或指针间接赋值之后。

(5) 任何过程调用或通过指针的间接赋值必须在原始基本块中之前的任何变量取值之后。

也就是说，当重排代码次序时，任何语句不能跨越过程调用或通过指针间接赋值；对同一数组的引用，仅当均是数组访问而不是赋值时才可以相互交叉。

7.1.2　窥孔优化

另一个简单但有效的目标代码的局部改进技术是"窥孔优化"。通过考察目标代码的一个被称为窥孔(peephole)的滑动窗口，尽可能用较短、较快的代码序列代替原来的序列。窥孔优化也可以应用在独立于机器的优化中以改进中间代码。

窥孔是程序中的一个小的滑动窗口。窥孔中的代码无需连续(尽管有些实现要求它们连续)。窥孔优化的一个重要特征就是每一个改进都给后边的改进提供机会，所以为了达到最大收益，有时需要反复扫描目标代码。下面是几个典型的窥孔优化的程序变换。

1. 冗余存取(load 和 store)的消除

对于目标代码中的下述指令序列：

　　LD a, R0

　　ST R0, a

可以消除第二条指令，因为第一条指令保证了寄存器 R0 有 a 的值。注意，如果 ST 指令有一个标号，则不能保证第一条指令总是在第二条指令之前执行，因此不可以消除 ST 指令。换句话说，为了安全起见，这样的程序变换必须将两条指令放在同一个基本块中。

2. 不可达代码的消除

窥孔优化的另一种形式是去除不可到达的代码。若紧随无条件跳转指令之后的代码不可达，则该代码可以被消除，并且可以重复此操作以消除一个指令序列。例如，为了程序调试的目的，一个程序中的特定代码段可能仅当调试变量 debug 等于 1 的时候才会被执行。考虑下述形式的中间代码：

　　　　if debug == 1 goto L1

　　　　goto L2

　　L1: 打印调试信息

　　L2:

上述代码中的一个明显的窥孔优化是消除跨越跳转的跳转指令，无论 debug 的值如何，上述的代码序列均可以被替换为

　　　　if debug != 1 goto L2

　　　　打印调试信息

　　L2:

若程序一开始将 debug 置为 0，则可以将代码序列变换为

```
        if  0!=1 goto L2
    打印调试信息
L2:
```

现在第一条语句总为 true，因此该语句可以被替换为 goto L2，于是打印调试信息的所有语句都是不可达的并且可以被一次全部消除。

3．控制流优化

简单的中间代码生成算法经常产生跳转到跳转、跳转到无条件跳转、无条件跳转到跳转的指令。这些不必要的跳转指令可以通过下述的窥孔优化在中间代码或目标代码中消除。例如：

```
        goto L1
        ⋮
    L1: goto L2
```

可以替换为

```
        goto L2
        ⋮
    L1: goto L2
```

如果 L1 的前面是一个无条件跳转并且没有跳转语句跳转到 L1，则也可以将 L1: goto L2 消除。类似地，下述序列：

```
        if a < b goto L1
        ⋮
    L1: goto L2
```

可以替换为：

```
        if a < b goto L2
        ⋮
    L1: goto L2
```

最终，假设只有一条跳转到 L1 的指令且 L1 前面是一条无条件跳转指令，则下述序列：

```
        goto L1
        ⋮
    L1: if a < b goto L2
    L3:
```

可以被替换为

```
    if a < b goto L2
    goto L3
        ⋮
    L3:
```

尽管两个序列中的指令条数是相同的，但是程序执行有时会跳过第二个序列中的无条件跳转而不能跳过第一个序列中的无条件跳转。因此第二个序列在执行时间上优于第一个序列。

4．代数化简与强度削弱

在基本块的优化中已经讨论了可以用来化简 DAG 的代数恒等式。这些代数恒等式也可以被窥孔优化用来消除下述窥孔中的三地址码：

x := x + 0 或 x := x * 1

类似地，强度削弱可以被用在窥孔优化中，用目标代码中代价低的运算取代代价高的运算。例如，x^2 用 x*x 来实现比调用指数计算例程的代价要低；用移位实现定点的 2 的倍数的乘或除代价要低；浮点数除以一个常数几乎等于乘以另一个常数，但后者代价要低。

5. 使用机器方言

目标机器可能有专门的硬件指令来有效实现一些特殊的运算。允许这些指令使用的检测状态可以大大降低执行时间。例如，有些计算机有自增和自减寻址模式，这些指令使得在用一个运算对象之前或之后会将该值加 1 或减 1。使用这种模式可以大大改进对栈的 push 和 pop 操作。这些模式还可以用于像 x := x+1 这样的代码。

7.1.3 表达式的优化代码生成

当一个基本块中仅有一个表达式或者有足够的资源一次生成基本块中的表达式的目标代码时，可以优化地选择寄存器。下述算法中，为表达式树(表达式的语法树)节点引入一种计数模式，以帮助生成有固定个数寄存器的表达式树上表达式计算的优化代码。

1. 分配寄存器的计数方法

对表达式树的节点赋予一个被称为 Ershov 数的数，用于记录无需存放临时变量的情况下计算表达式所需的寄存器个数。计数方法的机器模型上的规则如下：

(1) 任何叶子节点被标记为 1。

(2) 具有一个孩子的内部节点由其孩子的标记来标记。

(3) 具有两个孩子的内部节点的标记为

① 若两个孩子的标记不同，取大的一个；

② 若相同，则孩子标记加 1。

【例 7.5】 表达式 (a − b) + e*(c + d) 的三地址码和它的表达式树分别如图 7.4(a) 和 (b) 所示。

根据规则(1)，所有的 5 个叶子节点被标记为 1。t1 节点的两个孩子标记相等，均为 1，根据规则(3)②，t1 的标记为 2。同理 t2 的标记也为 2。t3 的两个孩子分别标记为 1 和 2，所以根据规则(3)①，它取较大的值 2。最后，t4 的两个孩子的标记相等均为 2，所以它的标记为 3。

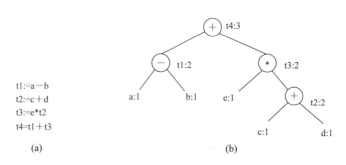

图 7.4 标记有 Ershov 数的树

(a) 基本块；(b) 对应的树

2．从被标记的表达式树生成代码

如果所有的运算对象和运算结果必须在寄存器中且运算对象和结果均可使用寄存器，则可以证明节点上的标号就是所有运算均在寄存器中且无需存放临时变量所需的最小寄存器个数。下述算法使用与节点标记相同个数的寄存器，产生无需存储临时变量的目标代码。对算法的限制是所有运算应该满足交换率。对于不满足交换率的运算，如减法或除法运算，其情况比较复杂，应做特殊考虑。

算法 7.1　从被标记的表达式树生成代码

输入　每个运算对象仅出现一次的被标记表达式树(即没有公共子表达式)。

输出　在寄存器中计算根节点表达式的优化的目标代码序列。

方法　下述递归算法生成机器代码。如果算法应用于标记为 k 的节点，则仅有 k 个寄存器被使用。需要一个基数 $b \geq 1$(即从第 b 个寄存器开始使用)，因此实际使用的寄存器个数是 $R_b, B_{b+1}, \cdots, R_{b+k-1}$，而最终结果总是在 R_{b+k-1} 中。从根节点开始采用如下步骤：

(1) 用下述规则生成标记为 k 且两个孩子的标记相等(必定为 k−1)的内部节点的目标代码：

① 递归生成右孩子的代码，使用基数 b+1，结果在寄存器 R_{b+k-1} 中；

② 递归生成左孩子的代码，使用基数 b，结果在寄存器 R_{b+k-2} 中；

③ 生成指令"OP　R_{b+k-1}, R_{b+k-2}"，其中 OP 是内部节点对应的运算。

(2) 假设有一个标记为 k 且两个孩子的标记不同的节点，其中"大"的孩子标记为 k，"小"的孩子标记为 m<k。使用基数 b 用下述规则生成此节点的目标代码：

① 为大节点递归生成目标代码，结果在寄存器 R_{b+k-1} 中；

② 为小节点递归生成目标代码，结果在寄存器 R_{b+m-1} 中(注意：由于 m<k，所以 R_{b+k-1} 和更大编号的寄存器均不会被使用)；

③ 生成目标代码"OP　R_{b+k-1}, R_{b+m-1}"。

(3) 对于代表运算对象 x 的叶子节点，如果基数是 b，则生成指令"LD R_b, x"。　■

【例 7.6】 将算法 7.1 应用于图 7.4(b)所示的树。因为根的标记为 3，所以结果会在 R3 中，并且仅有 R1、R2 和 R3 被使用。根的基数 b = 1。由于根有两个相同标记的孩子，因此先为右孩子生成代码并且基数 b 为 2。

当为根的右孩子标记为 t3 的节点生成代码时, t3 的右孩子是大节点，左孩子是小节点，因此首先为右孩子生成代码，基数 b 为 2。应用算法中生成相同孩子标记和叶子节点代码的规则，为标记为 t2 的节点生成如下代码：

```
LD   R3, d
LD   R2, c
ADD R3, R2
```

下一步再为根的右孩子的左孩子生成代码，此节点是标记为 e 的叶子节点。因为 b=2，所以生成指令：

```
LD R2, e
```

然后加入下述指令，完成根的右孩子节点的代码序列的生成：

```
MUL R3, R2
```

接着算法生成根的左孩子的目标代码,使用基数 b=1 且将结果存放在 R2 中。最后完整的目标代码序列如下:

```
LD   R3, d
LD   R2, c
ADD R3, R2
LD   R2, e
MUL R3, R2
LD   R2, b
LD   R1, a
ADD R2, R1
ADD R3, R2
```

3. 无充足寄存器情况下的表达式求值

如果可用寄存器个数小于根节点的标记,则无法直接应用算法 7.1,需要引入存储指令将子树的值存放入内存,并且在必要的时候将这些值再装入寄存器。下述算法是对算法 7.1 的改进,考虑了寄存器个数上限的情况。同样,限制运算要满足结合性。

算法 7.2　从被标记的表达式树生成代码

输入　每个运算对象仅出现一次的被标记表达式树(即没有公共子表达式)和一个寄存器个数 $r \geqslant 2$。

输出　在寄存器中计算根节点表达式的优化的目标代码序列,使用不多于 r 个的寄存器 $(R_1, R_2, \cdots, R_r)$。

方法　用下述递归算法生成机器代码,从根节点开始且基数 b = 1。对于标记为 r 或小于 r 的节点 N,其算法与算法 7.1 同;对于标记为 k > r 的内部节点,需要分别处理树的两边并且存储大子树的结果。结果在 N 被求值之前存入内存,最后的步骤在寄存器 R_{r-1} 和 R_r 中进行。具体步骤如下:

(1) 节点 N 有至少一个标记为 r 或者更大的孩子。取较大的孩子为"大"孩子(相等情况下取任意一个),另一个为"小"孩子。

(2) 为大孩子递归生成代码,使用基数 b = 1。结果在寄存器 R_r 中。

(3) 生成机器指令"ST t_k, R_r",其中 t_k 是一个内存中的临时变量,用于存放标记为 k 节点的值。

(4) 生成小孩子的目标代码:若小孩子的标记为 r 或比 r 大则取基数 b = 1;若小孩子的标记 j < r,则取 b = r–j。然后递归应用此算法,结果在寄存器 R_r 中。

(5) 生成指令"LD　R_{r-1}, t_k"。

(6) 生成代码"OP　R_r, R_{r-1}"。

【例 7.7】　重新考虑图 7.4(b)中的表达式树,但是现在假设 r = 2,即在表达式的求值过程中仅有 R1 和 R2 两个寄存器可以使用。当应用算法 7.2 到图 7.4(b)所示的树上时,根节点的标记为 3 大于 2,因此我们需要知道哪一个是大孩子。由于两个孩子标记相同,因而可以随便选一个,假设取右为大孩子。

大孩子的标记为 2,所以有足够的寄存器。于是应用算法 7.2 到右子树,使用基数 b=1

和两个寄存器。所生成的代码序列类似例 7.6 中的代码序列，但是寄存器 R2 和 R3 改变为 R1 和 R2。代码如下：

```
LD   R2, d
LD   R1, c
ADD R2, R1
LD   R1, e
MUL R2, R1
```

由于左孩子需要两个寄存器，所以需要生成下述存储指令：

```
ST t3, R2
```

下面为根的左孩子生成目标代码。同样寄存器足够使用，于是得到下述代码序列：

```
LD   R2, b
LD   R1, a
ADD R2, R1
```

最后用下述指令将右孩子的值重新装入寄存器：

```
LD R1, t3
```

并用下述指令执行根的运算：

```
ADD R2, R1
```

最终完整的代码序列如下：

```
LD   R2, d
LD   R1, c
ADD R2, R1
LD   R1, e
MUL R2, R1
ST t3, R2
LD   R2, b
LD   R1, a
ADD R2, R1
LD   R1, t3
ADD R2, R1
```

■

7.2　独立于机器的优化

　　编译器的优化必须保持原始程序的语义。一旦程序员选择并实现了一个特殊的算法，编译器一般不能充分了解程序意图，也不能以不同的和更有效的算法代替它。编译器仅能知道如何应用相对低级的程序变换，诸如 $i + 0 = i$ 这样的代数恒等式或者诸如在相同值上进行相同的操作产生相同结果等的简单事实。

　　本节讨论独立于机器的全局优化，即对跨基本块的中间代码的改进，重点是消除冗余代码。

典型的程序中有许多的冗余。冗余可以是源代码级别的，例如有时程序员会发现重新计算某些结果更直观方便，具体是否仅有一个计算是必需的则留给编译器去辨别，更多的冗余是编写高级语言程序所产生的副作用。在大多数语言中程序员只能用 A[i][j]或者 X→f1 来引用数组元素或者记录分量(C 或 C++除外，因为它们允许指针的算术运算)。当一个程序被编译时，每个这样的高级数据结构访问被扩展为若干低级算术运算，例如计算矩阵 A 中第(i, j)个元素的位置等，而访问同一数据结构往往共享许多低级操作。程序员看不到这些低级操作从而无法消除它们。事实上从软件工程的角度看，程序员仅应通过高级别的名字来访问数据元素，这样程序更容易书写、理解和处理。利用编译器消除冗余，使得程序更有效和更容易维护。

7.2.1　运行实例：快排序

编译器可以采用若干种改进程序但不改变其功能的方法，如公共子表达式消除、复写传播、死代码消除和常量求值等，它们均是保持功能 (或保持语义)的变换。

本节讨论的优化均基于我们所熟悉的快排序的程序片段，它的 C 源代码表示如下：

```
void quicksort(int m, int n)              // 递归排序从 a[m]到 a[n]的元素
{    int i,   j,   v,   x;
     if (n<=m) return;                     // 程序片段从这里开始
     i=m-1; j=n; v=a[n];
     while (1) {
         do i=i+1; while (a[i]<v);
         do j=j-1; while (a[j]>v);
         if (i>=j) break;
         x=a[i]; a[i]=a[j]; a[j]=x;         // 交换 a[i]和 a[j]
     }
     x=a[i]; a[i]=a[n]; a[n]=x;             // 交换 a[i]和 a[n]
                                            // 程序片段到此结束
     quicksort(m,j); quicksort(i+1,n);
}
```

在消除地址计算中的冗余之前，首先必须将程序中的地址计算化解为低级别的算术运算以便暴露出冗余。假设用三地址码作为中间表示，并且用临时变量存放所有中间表达式的结果，则上述源程序中被标记的片段如图 7.5 所示。

在此例中假设整型数占据 4 个字节。赋值句 x＝a[i]被翻译成图 7.5 中语句(14)和(15)所示的两个三地址码：

```
t6 := 4*i
x := a[t6]
```

类似地，a[j]:=x 翻译为语句(20)和(21)：

```
t10 := 4*j
a[t10] := x
```

即原始代码中的每个数组访问被翻译为一对运算，包括一个乘法运算和一个数组下标运算。

(1) i := m-1　　　　　　　　　　(16) t7 := 4*i

(2) j := n　　　　　　　　　　　(17) t8 := 4*j

(3) t1 : = 4*n　　　　　　　　　(18) t9 := a[t8]

(4) v := a[t1]　　　　　　　　　(19) a[t7] := t9

(5) i := i+1　　　　　　　　　　(20) t10 := 4*j

(6) t2 := 4*i　　　　　　　　　(21) a[t10] := x

(7) t3 := a[t2]　　　　　　　　(22) goto (5)

(8) if t3<v goto (5)　　　　　　(23) t11 := 4*i

(9) j := j-1　　　　　　　　　　(24) x := a[t11]

(10) t4 := 4*j　　　　　　　　　(25) t12 := 4*i

(11) t5 := a[t4]　　　　　　　　(26) t13 := 4*j

(12) if t5>v goto (9)　　　　　　(27) t14 := a[t13]

(13) if i>j goto (23)　　　　　　(28) a[t12] := t14

(14) t6 := 4*i　　　　　　　　　(29) t15 := 4*n

(15) x := a[t6]　　　　　　　　　(30) a[t15] := x

图 7.5　quicksort 片段的三地址码

图 7.6 是图 7.5 程序代码的流图。块 B_1 是入口节点。所有在图 7.5 中跳转到语句的条件跳转和无条件跳转在图 7.6 中均被替换为跳转到基本块。图 7.6 中有三个循环：$\{B_2\}$、$\{B_3\}$、$\{B_2、B_3、B_4、B_5\}$，其中 B_2 是 $\{B_2、B_3、B_4、B_5\}$ 的唯一入口。

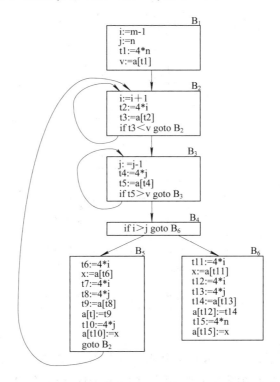

图 7.6　quicksort 片断的流图

7.2.2　全局公共子表达式

若一个表达式 E 多于一次出现，并且 E 中变量 x 的值从前边 E 被计算后没有被改变，则 E 被称为公共子表达式。在这种情况下使用前面已经被计算的值就可以避免 E 的重复计算。如果 E 中变量 x 的值被改变，而我们把原来的值赋给一个新变量 y 而不是 x，并且重新计算 E 时用 y 而不是用 x，也同样可以重用 E。公共子表达式可以出现在一个基本块内，也可以出现在若干个基本块之间。

【例 7.8】　一个基本块中经常会包含对同一值的几次计算，如数组元素的偏移量等。图 7.6 的块 B_5 中重复计算了 4*i 和 4*j，块 B_6 中重复计算了 4*i。块 B_5 中对 t7 和 t10 的赋值分别是公共子表达式 4*i 和 4*j，因此可以用 t6 代替 t7，t8 代替 t10。同理，B_6 中也可以用 t11 代替 t12。消除了 B_5 和 B_6 基本块内的公共子表达式的流图如图 7.7 所示。　　■

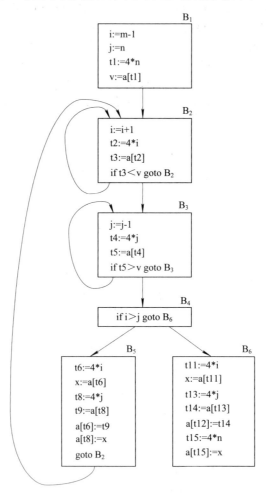

图 7.7　B_5 和 B_6 中局部公共子表达式消除之后

【例 7.9】以图 7.7 的流图为基础，再考虑 B_5 和 B_6 中全局和局部公共子表达式的消除，结果如图 7.8 所示。

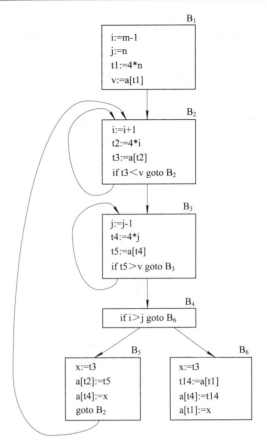

图 7.8 B_5 和 B_6 中公共子表达式消除之后

在图 7.7 中，局部公共子表达式被消除之后，B_5 中仍然有 4*i 和 4*j 的计算。它们是公共子表达式，特别对于 B_5 中的三地址码：

    t8 := 4*j
    t9 := a[t8]
    a[t8] := x

使用 B_3 中计算的 t4，B_5 中的三地址码可以被替换为

    t9 := a[t4]
    a[t4] := x

在图 7.7 中很明显可以看出，控制从 B_3 中的 4*j 被计算到 B_5，j 和 t4 均没有被改变，因此当需要 4*j 时可以使用 t4。

B_5 中的另一个公共子表达式是 t4 代替 t8 之后显现出来的。新表达式 a[t4] 相对于源代码中的 a[j]。j 和在临时变量 t5 中计算的 a[j] 在控制离开 B_3 进入 B_5 时的值均没有改变，因为中途没有对数组 a 的元素的赋值。因此下述语句

    t9 := a[t4]
    a[t6] := t9

在 B_5 中可以替换为

a[t6] := t5

类似地，图 7.7 中 B₅ 块内赋给 x 的值与块 B₂ 中赋给 t3 的值相同。最终消除了公共子表达式的结果如图 7.8 所示。用类似的方法也可以对 B₆ 进行优化，得到图 7.8 中的 B₆。

值得注意的是，图 7.8 的 B₁ 和 B₆ 中的表达式 a[t1]不被认为是公共子表达式。虽然 t1 在两个地方均可使用，但是当控制从离开 B₁ 之后到进入 B₆ 之前，它还可以穿过 B₅，而 B₅ 中有对 a 的赋值。因此 a[t1]在到达 B₆ 时可能与离开 B₁ 时有不同的值，所以把 a[t1]当作公共子表达式是不安全的。 ∎

7.2.3 复写传播(Copy Propagation)

消除公共子表达式的普通算法和其他一些算法会引入拷贝语句，使得代码序列中的拷贝语句增加很快。

【例 7.10】 为了消除图 7.9(a)中语句 c:=d+e 中的公共子表达式，必须使用一个新的变量存放 d+e。变量 t 的值代替 d+e 在图 7.9(b)中被赋值给 c。由于控制可能会在赋值给 a 之后也可能会在赋值给 b 之后到达 c:=d+e，所以用 c:=a 或者 c:=b 代替 c:=d+e 均不正确。 ∎

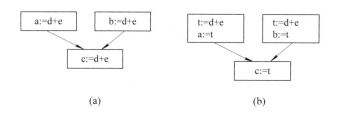

图 7.9 公共子表达式消除过程中引入的拷贝

我们称通过拷贝语句进行值的传递为复写传播，它的思想是任何时刻在拷贝语句 u:=v 之后用 v 代替 u。例如，下述图 7.10(a)是图 7.8 中的块 B₅，其中的赋值句 x:=t3 是一个拷贝。复写传播应用于 B₅ 产生图 7.10(b)所示的代码。此变化可能看不出改进，但是在随后的讨论中我们会看到，它给了消除对 x 赋值的机会。

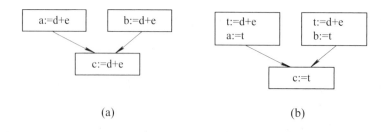

图 7.10 复写传播与死代码消除

(a) 原代码；(b) 复写传播后的代码；(c) 死代码消除后的代码

7.2.4 死代码消除(Dead-Code Elimination)

若一个变量的值在某点之后不再被引用，则称此变量在该点是死的或者无用的。类似地，若一条语句被计算的值从未被引用则称该语句是无用代码或死代码。虽然程序员并没有引入死代码，但是程序的变换可能会造成死代码。

【例 7.11】 假设在程序的不同点将 debug 置为 TRUE 或 FALSE，并且在类似下述的语句中使用：

　　　if (debug) print …

则编译器就可能会在程序每次到达该语句且 debug 的值为 FALSE 时消除它。假设下述赋值语句：

　　　debug := FALSE

在程序实际执行的任何分支序列中均是对 debug 测试之前的最后一次赋值。那么，若复写传播用 FALSE 代替 debug，则 print 语句就成为死代码，因为不可能到达它，可以将测试语句和 print 语句都从目标代码中删除。■

复写传播的一个优点是它经常使得拷贝语句成为无用代码。例如，对图 7.10(a)应用复写传播得到图 7.10(b)，其中的 x 被 t3 代替，使得 x 成为无用变量，从而进一步使得赋值句 x:=t3 成为无用代码。将无用代码删除最终得到图 7.10(c)。

7.2.5　代码外提(Code Motion)

程序中的循环是优化中需要重点考虑的部分，特别是耗费大量运行时间的内层循环。如果可以减少内层循环的指令条数，即便增加了外层循环的指令条数，也可以改进程序的运行时间。

减少循环内代码数的一个重要改进是代码外提。这一变换将循环内与循环次数无关的表达式值的计算(称为循环不变量)放在进循环之前计算。注意"循环之前"假设有一个循环入口，即有一个基本块，所有循环外的跳转均从此入口进入循环。

【例 7.12】 下述 while 语句中的 limit-2 是一个循环不变量：

　　While (i<=limi-2)　　　　　// 语句并没有改变 limit

代码外提如下：

　　t = limit-2

　　while (i<= t)　　　　　// 语句并没有改变 limit 或 t

现在 limit-2 仅在进入循环之前被计算一次，而外提之前需要计算 n + 1 次(假设循环次数为 n)。■

7.2.6　归纳变量与强度削弱

另一个重要的优化是找出循环中的归纳变量并优化对它们的计算。如果有一正常数或负常数 c，使得每次 x 被增值 c，则变量 x 被称为"归纳变量"，例如 i 和 t2 在图 7.8 块 B_2 中是归纳变量。归纳变量在循环迭代的每次计算中，可以简单地加 c 或减 c。将代价高的运算(如乘法)变换为代价低的运算(如加法)，称为强度削弱。归纳变量不仅允许进行强度削弱，它还可以消除循环中一组归纳变量中的其他归纳变量。

处理循环的方式一般是"由内到外"，即从最内层循环开始围绕循环逐步扩大。我们还是通过 quicksort 的例子来考察如何进行这样的优化，优化从最内层的循环 B_3 开始。注意

j 和 t4 的值是关联的，每次 j 的值减 1，t4 的值就减 4，因为 t4 的值是由 4*j 计算而来的。j 和 t4 是一对归纳变量。

当一个循环中有两个或者更多的归纳变量时，可以设法消除多余的归纳变量而仅保留一个。对于图 7.8 中的内循环 B_3，我们不能彻底消除 j 或者 t4，因为 t4 在 B_3 中被使用而 j 在 B_4 中被使用。但是可以进行强度削弱并进行部分归纳变量消除。当考虑外层循环{B_2、B_3、B_4、B_5}时，j 最终可以被消除。

【例 7.13】 由于关系 t4:= 4*j 在图 7.8 中对 t4 赋值后成立，并且 t4 在内循环 B_3 中其他任何地方没有改变，因此在语句 j := j-1 之后关系 t4:=4*j-4 必然成立。因此可以用 t4:= t4 - 4 代替 t4 := t4*j，剩下唯一的问题是当第一次进入 B_3 时 t4 没有值。

由于必须在 B_3 的入口维护关系 t4:=4*j，所以可以在块 B_1 结束处且 j 被初始化后为 t4 赋初值，如图 7.11 中 B_1 的虚线部分所示。虽然在 B_1 中增加了一条指令，但是循环内部用减法代替了乘法，而在大多的计算机上减法比乘法运行速度快。

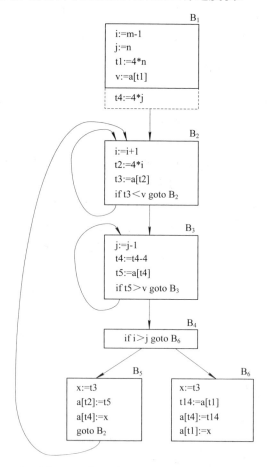

图 7.11 块 B_3 中对 4*j 进行强度削弱

最后再举一个消除归纳变量的例子。此例在 B_2、B_3、B_4 和 B_5 的上下文中考虑 i 和 j。

【例 7.14】 在围绕 B_2 和 B_3 的内循环中完成了强度削弱之后，i 和 j 的唯一作用就是在 B_4 中的判断。我们知道 i 和 t2 的值满足关系 t2:=4*i，j 和 t4 满足关系 t4:=4*j。因此可以用判断 t2≥t4 来替代 i≥j。一旦进行了该替换，则 B_2 中的 i 和 B_3 中的 j 就成为无用变量，而对它们的赋值就成为无用代码并可以删除。结果流图如图 7.12 所示。　■

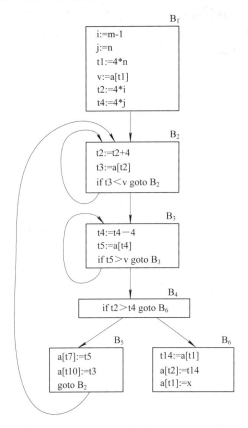

图 7.12　消除归纳变量后的流图

通过上述讨论可知，代码改进变换是很有效的。从图 7.12 与图 7.6 的比较可以看出，块 B_2 和 B_3 中的指令条数由 4 减为 3。在块 B_5 中，指令条数由 9 减为 3，在 B_6 中由 8 减为 3。虽然 B_1 中指令条数增加为 6 条，但是 B_1 在程序片断中仅运行一次，因此总的运行时间受 B_1 大小的影响很小。

7.3*　数据流分析简介

在前两节的讨论中我们可能会产生这样的疑问，代码的优化需要知道代码之间或变量之间的关系，而这些关系是如何获得的？

大多数全局优化基于**数据流分析**，它是获取程序信息的基本方法。数据流分析的结果均有相同的形式：对程序中的每条指令，规定一些任何时刻执行该指令必须保持的特性。不同分析的区别在于它们计算的特性不同。例如，常量传播分析分析的是在程序的每一点和程序中所使用的每个变量，判断变量是否在该点具有唯一的常量值。而活跃分析对于程序中的每个点，确定该点的一个特定变量所持有的值是否一定在其被读之前被重写，若是就没有必要在寄存器或者内存中保留该值。

事实上 7.2 节所介绍的所有优化均依赖于数据流分析。数据流分析是一种技术，它沿着程序执行的路径抽取数据流信息。例如，实现全局公共子表达式消除的一种方法就需要确定是否两个完全相同的表达式沿程序的任何可能路径均计算得到相同的值。再例如，如果一个赋值句的结果在随后的任何路径中均不再使用，就可以将其作为死代码删除。这些例子和其他许多例子均可以用数据流分析的方法来实现。

7.3.1　数据流抽象

一个程序的执行可以被看做为一系列的程序状态变换，它由程序中所有变量的值组成，也包括运行时栈中的值。每个中间代码语句的执行将一个输入状态变换为一个新的输出状态。与输入状态关联的是**语句之前的程序点**，与输出状态关联的是**语句之后的程序点**。

当分析一个程序的行为时，必须考虑程序执行的流图中所有的程序点序列(常称之为**路径**)，然后从每个点的可能程序状态中抽取所需信息，来解决特定的数据流分析问题。

为了便于研究，我们从考虑一个单一过程流图的所有路径开始。在流图中程序点之间存在下述关系：

(1) 在一个基本块中，程序点在一条语句之后与它在下一条语句之前是相同的。

(2) 若从 B_1 到 B_2 有一条边，则紧随 B_1 最后一条语句之后的程序点是 B_2 第一条语句之前的程序点。

一条从点 p_1 到点 p_n 的"执行路径(简称路径)"是一个点的序列 p_1, p_2, …, p_n，使得对每个 $i = 1, 2, …, n-1$ 有：

(1) p_i 是直接在一条语句之前的点并且 p_{i+1} 是紧随该语句之后的点。

(2) 或者 p_i 是某块的结束并且 p_{i+1} 是后继块的开始。

通常，一个程序的执行路径是有限多条，并且执行路径的长度没有上限。程序分析总结所有可能的、可以发生在程序中一点的若干程序状态，这些状态上附有若干信息。不同的分析可以选择抽象出不同的信息。

【例 7.15】　图 7.13 是一个简单程序的流图，但是它有一个无上界的执行路径，因为流图中有一个循环 $\{B_2, B_3\}$。不进入循环的最短的执行路径包含程序点(1、2、3、4、9)。执行一次循环的次短路径包含程序点(1、2、3、4、5、6、7、8、3、4、9)。程序点(5)第一次被执行，d_1 的赋值使得 a 具有了值 1。我们称 d_1 在第一次迭代"到达"点(5)。随后的迭代中，d_3 到达点(5)并且 a 具有了值 243。

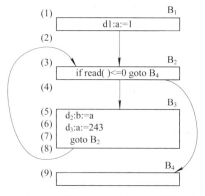

图 7.13　演示数据流抽象的程序例子

一般情况下，保持所有可能路径的所有程序状态是不可能的。数据流分析中并不区分到达某程序点的不同路径，也不保持对所有状态的跟踪，而是将某些细节进行抽象，仅保留那些需要用于分析的数据。下述两种情况说明相同的程序状态如何可以导致从一点抽取不同的信息。

为了帮助用户调试程序，往往希望找出变量在某程序点的所有可能的值和这些值可以在哪里被定值。例如，可以通过认定 a 的值是{1，243}之一来归纳程序在点(5)的所有状态和它可能是{d_1, d_3}之一被定值。可沿某路径到达某程序点的定值被称为**到达定值**。

再考虑常量求值的实现。如果变量 x 的一个引用仅由一个定值到达，并且此定值将一常量赋予 x，则可以用常量代替 x。但如果 x 的若干定值均可到达某程序点，则不能对 x 进行常量求值。因此，对于常量替换一般希望找出那些到达某程序点的变量的唯一的定值，而不考虑该定值是如何到达的。我们可以仅描述特定的、未被赋常量值的变量，而无需收集变量所有的可能值或者所有的可能定值。

从上述情况可以看出，由于分析的目的不同，相同的信息可以被进行不同的归纳。 ■

7.3.2 数据流分析模式

在数据流的每个应用中，为每个程序点附着一个**数据流值**，它表示在该点可观测到的所有程序状态的集合。可能的数据流值集合是该应用的一个**域**，如到达定值的数据流值域是程序中所有定值子集的集合。一个特殊的数据流值是一个定值集合，每个程序点应附着一个可到达该点的定值集合。如前所述，抽象的选择取决于分析的目的。为了提高效率往往仅保持跟踪相关的信息。

我们分别用 IN[s]和 OUT[s]来表示语句 s 之前和之后的数据流值。对所有的语句 s，**数据流问题**用来找到在 IN[s]和 OUT[s]上的约束的解。具体有两个约束集合：基于语义的(称为传输函数)和基于控制流的。

1. 传输函数(Transfer Functions)

一条语句之前和之后的数据流值由语句的语义所约束。假设数据流分析涉及确定变量在程序点的常量值，若变量 a 在执行语句 b:=a 之前具有值 v，则 a 和 b 在此语句之后均具有值 v。

赋值句之前和之后的数据流值之间的关系被称为**传输函数**。传输函数具有两种形式：信息沿着执行路径**正向传播**，或者沿着执行路径**逆向传播**。

在正向传播的数据流问题中，语句 s 的传输函数通常被表示为 f_s，在语句之前得到数据流值并且在语句之后产生一个新的数据流值，即

$$OUT[s] = f_s(IN[s]) \tag{7.1}$$

而在逆向传播的数据流问题中，语句 s 的传输函数通常也被表示为 f_s，但传输函数产生新的数据流值的方向是相反的，即

$$IN[s] = f_s(OUT[s]) \tag{7.2}$$

2. 控制流约束(Control-flow Constraints)

数据流值上的第二个约束集合由控制流导出。基本块中的控制流很简单，若块 B 中语句序列为 s_1, s_2, …, s_n，则出 s_i 的控制流值与进入 s_{i+1} 的相同，即

$$IN[s_{i+1}] = OUT[s_i] \qquad i = 1, 2, \cdots, n-1 \tag{7.3}$$

基本块之间的控制流边在块的结束和后继块的开始之间产生较为复杂的约束。例如，如果我们的兴趣是收集所有可以到达某程序点的定值，那么到达基本块开始语句的定值集合是每个前驱节点的结束语句之后的定值的并集。

7.3.3 基本块上的数据流模式

当数据流模式技术上涉及程序中每个点上的数据流值时，可通过辨别块内信息来节省时间与空间。块内从开始到结束的控制流没有分支与中断，因此，可以用数据流值进入和离开块的术语来重新表示这一模式。用 IN[B] 和 OUT[B] 表示块 B 之前和之后的数据流值，而涉及 IN[B] 和 OUT[B] 的约束可以从块 B 中各语句 s 的 IN[s] 和 OUT[s] 中导出。

设块 B 由语句序列 $s_1, s_2, \cdots, s_n$ 组成。若 s_1 是块 B 的第一条语句，则 $IN[B] = IN[s_1]$。类似地，若 s_n 是块 B 的最后一条语句，则 $OUT[B] = OUT[s_n]$。基本块 B 的传输函数 f_B 可以由合并块内语句的传输函数得到。也就是说，令 f_{si} 是语句 s_i 的传输函数，则 $f_B = f_{sn} \circ \cdots f_{s2} \circ f_{s1}$。块开始与结束之间的关系为

$$OUT[B] = f_B(IN[B]) \tag{7.4-1}$$

块之间的控制流约束可以通过分别将 $IN[s_1]$ 和 $OUT[s_n]$ 代替为 IN[B] 和 OUT[B] 来重写。

例如，若数据流值是可能会赋值给一个变量的常量集合，则可获得一个正向数据流问题，其中：

$$IN[B] = \cup_{P \text{ a predecessor of } B} OUT[P] \tag{7.4-2}$$

逆向数据流问题的描述很相似，仅将 IN 和 OUT 互换即可：

$$IN[B] = f_B(OUT[B]) \tag{7.5-1}$$

$$OUT[B] = \cup_{S \text{ a successor of } B} IN[S] \tag{7.5-2}$$

与数学的线性方程不同，数据流问题往往没有唯一解。我们的目标是找到最"实际"的解，它满足两个约束集合：数据流与传输函数。讨论的重点是找到合法代码改进的解，而忽略对这些改进是否安全的考虑。

7.3.4 到达定值(Reaching Definitions)

到达定值是最普通和最有用的数据流模式之一。通过获知控制到达程序中每点 p 时每个变量 x 在哪里被定值，可以确定关于 x 的任何事情。例如，编译器可以知道 x 在点 p 是否是常量，调试器可以告知 x 是否可能是未定值变量以及 x 在点 p 处是否被引用，等等。

我们称**定值 d 到达点 p**：如果从直接跟随 d 之后的点到 p 有一条路径，d 在该路径上没有被**注销**。若该路径的任何其他地方有 x 的其他定值，就注销变量 x 的定值。直观上，如果某变量 x 的定值 d 到达点 p，则 d 可能是 x 的值在 p 点被引用的最后定值。

变量 x 的定值是一条语句，它赋值或者可能赋值给 x。过程的参数、数组的访问以及间接引用，这些都可能产生别名，因此不易知道一条语句是否引用了一个特定的变量 x。程序分析必须是保守的，如果我们不知道语句 s 是否赋值给 x，则必须假设可能赋值给它，即变量 x 在语句 s 之后可能保留它原来的值，也可能具有了由 s 产生的新值。为了简单起见，其余章节假设仅考虑没有别名的变量，这类变量包括大多数程序设计语言中的本地标量(scalar)

变量，在 C 和 C++的情况下不包括地址已经在某处被计算的本地变量。

【例 7.16】 图 7.14 所示的流图有 7 个定值。考虑到达块 B_2 的定值。B_1 中的所有定值到达 B_2 的开始，B_2 中定值 d_5: j := j-1 也到达 B_2 的开始，因为回到 B_2 的循环路径中再没有 j 的其他定值。但是该定值注销了定值 d_2: j := n，使其不可能到达 B_3 或 B_4。B_2 中的语句 d_4: i := i+1 也不能到达 B_2 的开始，因为变量 i 总是在 d_7: i := u3 处被重新定值。最后，定值 d_6: a := u2 可到达 B_2 的开始。 ■

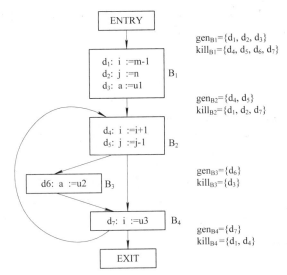

gen$_{B1}$={d_1, d_2, d_3}
kill$_{B1}$={d_4, d_5, d_6, d_7}

gen$_{B2}$={d_4, d_5}
kill$_{B2}$={d_1, d_2, d_7}

gen$_{B3}$={d_6}
kill$_{B3}$={d_3}

gen$_{B4}$={d_7}
kill$_{B4}$={d_1, d_4}

图 7.14 演示到达定值的流图

到达定值允许分析不一定完全正确，但是它们均在"安全"或者"保守"的范围内。例如可以假设流图的所有边可以被访问到，但这一假设在实际中可能并不总是成立。在下述程序段中，a 和 b 的值均不能实际到达 statement2：

if (a == b) statement1; else if (a == b) statement2;

通常，为确定流图中的每条路径是否被执行是一个**不可确定**问题，因此我们仅假设流图中的每条路径可以出现在程序的某些执行中。在到达定值的大多数应用中，均保守地假设一个定值可以到达某点，即便它可能不到达。因此可以允许存在没有在任何程序的执行中出现的路径，也可以允许定值安全地穿过同一变量的二义定值。

1. 到达定值的传输函数

为了建立到达定值问题的约束，我们从详细考察单一赋值句开始。考虑下述定值：

d: u := v+w

这里和随后的+均可以被认为是一般的二元运算符。该语句"产生"一个变量 u 的定值 d 并且"注销"程序中其他所有变量 u 的定值(还未执行的定值除外)。因此定值 d 的传输函数可以被表示为

$$f_d(x) = gen_d \cup (x - kill_d) \tag{7.6}$$

此处 gen_d={d} 是由语句产生的定值集合，$kill_d$ 是 u 在程序中其他所有定值的集合，应该被注销。

前边已经提到，基本块的传输函数可以通过合并块中语句的传输函数得到。公式(7.6)

的函数合并被称之为"产生–注销公式(gen-kill form)"。假设有两个函数 $f_1(x) = gen_1 \cup (x–kill_1)$ 和 $f_2(x) = gen_2 \cup (x–kill_2)$，则：

$$
\begin{aligned}
f_2(f_1(x)) &= gen_2 \cup (f_1(x)–kill_2) \\
&= gen_2 \cup ((gen_1 \cup (x–kill_1))–kill_2) \\
&= (gen_2 \cup (gen_1–kill_2)) \cup (x–(kill_1 \cup kill_2)) \\
&= gen_{12} \cup (x–kill_2)
\end{aligned}
$$

将此规则扩展到包含多条语句的基本块。假设块 B 有 n 条语句，并且有传输函数 $f_i(x) = gen_i \cup (x–kill_i)$，$i = 1, 2, \cdots, n$，则块 B 的传输函数可以写为

$$f_B(x) = gen_B \cup (x–kill_B) \tag{7.7-1}$$

此处：

$$kill_B = kill_1 \cup kill_2 \cup \cdots \cup kill_n \tag{7.7-2}$$

$$gen_B = gen_n \cup (gen_{n-1}–kill_n) \cup (gen_{n-2}–kill_{n-1}–kill_n) \cup \cdots \cup (gen_1–kill_2–kill_3–\cdots–kill_n) \tag{7.7-3}$$

与单个语句相同，一个基本块也产生一个定值集合并注销一个定值集合。gen 集合包含所有块内出块之后"可见的"的定值，称它们为**向下可见**(downwards exposed)。基本块中的一个定值是向下可见的仅当它在同一基本块中没有被随后的定值注销。一个基本块的 kill 集合就是所有由单个语句所注销的定值的并。注意一个定值会同时出现在基本块的 gen 和 kill 集合中。若这样则 gen 优先，因为在 gen-kill 公式中 kill 集合在 gen 集合之前使用。

【例 7.17】　下述基本块

d_1: a := 3

d_2: a := 4

的 gen 集合是 $\{d_2\}$，因为 d_1 不是向下可见的。kill 集合包含 d_1 和 d_2，因为 d_1 注销了 d_2 且 d_2 也注销了 d_1。虽然如此，由于 kill 集合的减运算在与 gen 集合的并运算之前，所以此块的传输函数的结果总是包含定值 d_2。　　　　　　　　　　　　　　　　　■

2．控制流方程

下一步考虑从基本块之间的控制流导出的约束集合。由于只要存在至少一条定值可以到达的路径定值就可以到达，所以任何时刻有从 P 到 B 的控制流边就有 OUT[P]⊆IN[B]。但是，除非有一条到达某点的路径，否则定值不能到达该点，所以 IN[B]不能大于所有前驱块的到达定值的并。因此下述假设是安全的：

$$IN[B] = \cup_{\text{P a predecessor of B}} OUT[P]$$

我们称并运算为到达定值的**交汇算符**。在任何数据流模式中，交汇算符均用来产生从不同路径到交汇处的"贡献"的总和。

3．到达定值的迭代算法

假设每个控制流图有两个空基本块，一个是用来表示图的开始的 ENTRY 节点，另一个是所有图的出口均从它出的 EXIT 节点。由于没有定值可以到达图的开始，因而块 ENTRY 的传输函数就是一个返回空集合 Φ 的简单常量函数，即 OUT[ENTRY]= Φ。

到达定值问题由下述方程定义：

$$OUT[ENTRY]= \Phi \tag{7.8-1}$$

并且对于所有不是 ENTRY 的其他基本块：

$$OUT[B] = gen_B \cup (IN[B] - kill_B) \tag{7.8-2}$$

$$IN[B] = \cup_{P \text{ a predecessor of } B} OUT[P] \tag{7.8-3}$$

这些方程可以用算法 7.3 来解。算法的结果是方程的最少定点(least fixedpoint),即解给 IN 和 OUT 所赋的值包含在方程的任何其他解中。该解是我们所希望的,因为它不包含我们认定不能到达的定值。

算法 7.3 到达定值

输入 对每个块 B 均已计算了 $kill_B$ 和 gen_B 的流图。

输出 IN[B] 和 OUT[B],到达流图中每个块 B 的入口和出口的定值。

方法 从所有 B 的 OUT[B]=Φ 开始,用迭代的方法计算所有 IN 和 OUT 的希望值。由于必须迭代到 IN(也有 OUT)收敛,因此可以使用一个布尔变量 change 来记录在通过每个块的路径上 OUT 是否有变化。过程如下:

```
(1)  OUT[ENTRY] := Φ;
(2)  for (除 ENTRY 之外的每个基本块 B) OUT[B]:= Φ;
(3)  while (任何 OUT 有改变)
(4)      for (除 ENTRY 之外的每个基本块 B) {
(5)          IN[B] := ∪P a predecessor of B OUT[P];
(6)          OUT[B]:= genB ∪ (IN[B]–killB);
(7)      }
```

前两行初始化特定的数据流值。第三行开始一个循环,重复此循环直到收敛,第四至第六行的内循环对所有的块应用数据流方程。∎

直观上,算法 7.3 在定值未被注销的情况下尽可能远地传播定值,以这种方式模拟程序的所有可能执行。算法 7.3 最终停机,因为对于每个 B,OUT[B]从不缩小,一旦加入了一个定值,它就永远在那里。由于所有的定值集合是有限的,最终必将有一遍 while 循环使得没有东西可以加入到任何 OUT 中,于是算法结束。这样的结束是安全的,因为如果所有 OUT 不再改变,则所有 IN 在下一遍中也不再改变。如果 IN 不改变,则 OUT 也不改变,于是所有随后的遍的值均不再改变。

流图中的节点数是 while 循环遍数的上界。原因是如果一个定值到达某点,它仅可以沿着一条无环的路径到达该点,而流图中的节点数是一条无环路径中节点数的上界。while 语句每循环一次,每个定值沿相关路径传播至少一个节点,并且由于节点被访问的次序不同而经常有多于一个的节点传播。

事实上,如果在算法第四行的 for 循环中适当地安排块的次序,while 循环的迭代次数的经验值会小于 5。由于定值集合可以表示为位矢量,并且这些集合上的运算可以用位矢量上的逻辑运算实现,因此算法 7.3 在实际中是非常有效的。

【例 7.18】 用位矢量表示图 7.14 中流图的 7 个定值 $d_1, d_2, \cdots, d_7$,其中从左开始的第 i 位表示 d_i。集合的并对应位矢量上的逻辑 OR 运算;两个集合的差 S–T 的计算首先对位矢量 T 取反,然后取反的结果与 S 进行 AND 运算。

表 7.1 中所示的是算法 7.3 中用的 IN 和 OUT 值。上标 0 表示的初值(如 OUT[B]^0)由算法 7.3 中第二行的循环赋值。它们每个都是空集合,由位矢量 000 0000 表示。算法在随后的各遍循环中的值也由上标表示,IN[B]^1 和 OUT[B]^1 是第一遍循环,IN[B]^2 和 OUT[B]^2 是

第二遍循环。

假设第四行到第六行的 for 循环的执行中 B 取下述次序：

$$B_1, B_2, B_3, B_4, EXIT$$

$B = B_1$ 时，因为 $OUT[ENTRY] = \Phi$，$IN[B_1]^1$ 是空集合并且 $OUT[B_1]^1$ 是 gen_{B1}，该值与前边 $OUT[B_1]^0$ 的值不同，所以第一个循环中发生了改变(并且会进行下一循环)。

表 7.1　IN 和 OUT 的计算

块 B	$OUT[B]^0$	$IN[B]^1$	$OUT[B]^1$	$IN[B]^2$	$OUT[B]^2$
B_1	000 0000	000 0000	111 0000	000 0000	111 0000
B_2	000 0000	111 0000	001 1100	111 0111	001 1110
B_3	000 0000	001 1100	000 1110	001 1110	000 1110
B_4	000 0000	001 1110	001 0111	001 1110	001 0111
EXIT	000 0000	001 0111	001 0111	001 0111	001 0111

接下来考虑 $B = B_2$ 并且计算：

$$IN[B_2]^1 = OUT[B_1]^1 \cup OUT[B_4]^0 = 111\ 0000 + 000\ 0000 = 111\ 0000$$
$$OUT[B_2]^1 = gen[B_2] \cup (IN[B_2]^1 - kill[B_2])$$
$$= 000\ 1100 + (111\ 0000 - 110\ 0001) = 001\ 1100$$

该计算汇总在表 7.1 中。例如，第一遍循环结束时 $OUT[B_2]^1 = 001\ 1100$，反映的是 d_4 和 d_5 在 B_2 中产生，而 d_3 到达 B_2 的开始且没有在 B_2 中被注销。

注意在第二遍循环之后，$OUT[B_2]$ 被改变以反映 d_6 也到达了 B_2 的开始且也没有被 B_2 注销。但是在第一遍循环中并没有获取这一事实，因为从 d_6 到 B_2 的结束的路径 $B_3 \rightarrow B_4 \rightarrow B_2$ 在单独一遍循环中并不以此次序遍历。也就是说，当获知 d_6 到达 B_4 的结束时，我们已经在第一遍循环中计算了 $IN[B_2]$ 和 $OUT[B_2]$。

第二遍循环之后 OUT 集合再没有任何改变。因此，第三遍循环之后算法结束，结果如表 7.1 的最后两列所示。

7.3.5　活跃变量(Live Varibale)

有些代码的改进变换依赖于与程序控制流相反方向计算的信息。例如，在活跃变量分析中我们希望知道对于变量 x 和点 p，是否 x 在点 p 沿着从 p 开始的一条路径上是可用的，如果是则称 x 在点 p 是**活跃**的，否则是**不活跃**的。

活跃变量信息的一个重要应用是基本块中的寄存器分配。当一个变量在寄存器中被计算并且在一个基本块中被引用时，如果该变量出基本块后不是活跃的，就没有必要再在寄存器中保存该变量的值。同时，如果所有的寄存器均被占用并且还需要寄存器，就应该使用那些存放有不活跃值的寄存器，因为这样的值无需再存储。

此处直接用 IN[B] 和 OUT[B] 定义数据流方程，它们分别表示直接在 B 之前和之后的活跃变量集合。这些方程也可以如此导出：首先定义各语句的传输函数，然后合并它们以产生基本块的传输函数。令：

(1) def_B 是变量的集合，它们在 B 中的引用之前被定值(即确切被赋值)。

(2) use_B 是变量的集合，它们在 B 中的定值之前可能被引用。

【例 7.19】　例如图 7.14 的块 B_2 引用 i。若 i 和 j 不是互为别名，则 B_2 也在 j 的任何重新定值之前引用 j。假设图 7.14 中的变量没有别名，于是 $use_{B2} = \{i, j\}$，同时 B_2 定值 i 和 j，因此若没有别名，则也有 $def_{B2} = \{i, j\}$。 ■

作为定值的结果，任何在 use_B 中的变量在 B 的入口处必须被认为是活跃的，而变量的定值集合 def_B 中的变量在 B 开始处必须是不活跃的。事实上，def_B 中的成员"注销"任何变量活跃的机会，因为路径从 B 开始。

因此，与 def 和 use 相关的方程 IN 和 OUT 定义如下：

$$IN[EXIT] = \Phi \qquad\qquad (7.9\text{-}1)$$

而除 EXIT 之外的所有基本块：

$$IN[B] = use_B \cup (OUT[B] - def_B) \qquad\qquad (7.9\text{-}2)$$

$$OUT[B] = \cup_{S\ a\ successor\ of\ B}\ IN[S] \qquad\qquad (7.9\text{-}3)$$

方程(7.9-1)规定了边界条件，即程序的出口没有活跃变量。方程(7.9-2)描述一个变量进入块时是活跃的，如果它在块中被重定值之前被引用或者出块时是活跃的并且在块中没有被重新定值。方程(7.9-3)陈述的是如果一个变量出块是活跃的当且仅当它在进入该块的后继时是活跃的。

需要特别注意活跃变量方程与到达定值方程之间的下述关系：

(1) 两组方程对交汇算符均有并关系，原因是在每个数据流模式中我们沿着路径传播信息，并且仅关心是否"任何"路径具有所希望的特性，而不是沿着所有路径是否某些事实成立。

(2) 但是活跃变量的信息流是"逆向(backward)"传播的，与控制流的方向相反。因为在这类问题中希望确认的是，在 p 点对变量 x 的引用在执行路径中是否被传输到所有先于 p 的点，这样才会知道在这些点上 x 的值是否被引用。

为了解决逆向问题，我们并不初始化 OUT[ENTRY]，而是初始化 IN[EXIT]。集合 IN 和 OUT 的作用被交换，并且分别用 use 和 def 代替 gen 和 kill。对于到达定值，关于活跃方程的解无需是唯一的，并且希望是活跃变量最小集合的解。所用的算法就是算法 7.3 的逆向版本。

算法 7.4　活跃变量分析

输入　每个块均计算了 def 和 use 的流图。

输出　IN[B]和 OUT[B]，流图中每个块的入口和出口的活跃变量集合。

方法　执行下述程序：

```
IN[EXIT] := Φ;
for (除 EXIT 之外的每个基本块) IN[B] := Φ;
while (任何 IN 有改变)
    for (除 EXIT 之外的每个基本块) {
    OUT[B] := ∪ S a successor of B IN[S]
    IN[B] := useB ∪ (OUT[B]–defB)
}
```

7.3.6　可用表达式(Available Expression)

如果从入口节点到 p 计算表达式 x + y，并且到达 p 之前的最后一次计算中没有对 x 和

y 的赋值,我们就称表达式 x + y 在点 p 处是**可用的**。对于变量-表达式数据流模式,一个块注销表达式 x + y,如果它赋值(或可能赋值)给 x 或 y 并且随后没有重新计算 x + y;一个块产生表达式 x + y,如果它确实计算 x+y 并且随后不对 x 或 y 定值。

注意,可用表达式的"注销"和"产生"的概念与到达定值的相应概念并不完全相同。尽管如此,"注销"和"产生"的作用与到达定值中的作用基本是相同的。

变量-表达式信息最基本的用途是检测全局公共子表达式。例如,在图 7.15(a)中,B_3 中的 4*i 若在 B_3 的入口处可用则会是一个公共子表达式。如果变量 i 在 B_2 中不被赋新值,或者如图 7.15(b)所示 i 在 B_2 中被赋值后 4*i 又被重新计算,则 4*i 就是可用的。

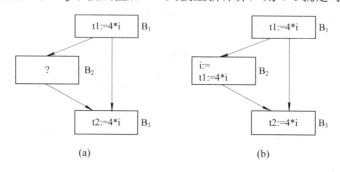

图 7.15 块之间潜在的公共子表达式

(a) i 未改变;(b) i 被改变但 t1 被重新计算

可以为块中的每个点从块的开始到块的结束计算所产生的表达式集合。块之前的程序点处没有表达式被产生,如果在点 p 表达式集合 S 是可用的并且 q 是 p 之后的点,二者之间是语句 x:=y+z,则可通过下述两个步骤形成 q 点的可用表达式集合:

(1) 将表达式 y+z 加入到集合 S 中。

(2) 从 S 中删除任何涉及变量 x 的表达式。

注意,动作的步骤一定要正确,因为 x 可能与 y 或 z 相同。当到达块的结束时,S 是为块产生的表达式集合,而被注销的表达式集合是那些形如 y+z 的表达式,其中 y 或 z 在块中被定值并且块中没有再产生 y + z。

【例 7.20】 考虑表 7.2 中的 4 条语句。第一条语句之后 b + c 可用。第二条语句之后 a − d 成为可用,但是 b + c 不再可用,因为 b 已经被重新定值。第三条语句并没有使 b + c 重新可用,因为 c 的值立刻被改变。最后一条语句之后 a − d 不再可用,因为 d 被改变。因此,最后没有产生表达式,并且所有涉及 a、b、c 或 d 的表达式均被注销。∎

表 7.2 可用表达式的计算

语句	可用表达式
	Φ
a := b + c	{b + c}
b := a − d	{a − d}
c := b + c	{a − d}
d := a − d	Φ

可以参考到达定值的计算方法来找可用表达式。假设 U 是出现在程序的一条或者多条

语句中的所有表达式的全集，对于每个块 B，令 IN[B]是 U 中在 B 的开始之前可用表达式的集合，令 OUT[B]与紧跟 B 结束的可用表达式相同。定义 e_gen_B 是由 B 产生的表达式，e_kill_B 是 U 中在 B 中被注销的表达式集合。注意 IN、OUT、e_gen、e_kill 均可以用位矢量来表示，它们之间的关系可用下述方程描述：

$$OUT[ENTRY] = \Phi \tag{7.10-1}$$

除 ENTRY 之外的所有基本块：

$$OUT[B] = e\_gen_B \cup (IN[B] - e\_kill_B) \tag{7.10-2}$$

$$IN[B] = \cap\, P_{a\ predecessor\ of\ B}\, OUT[P] \tag{7.10-3}$$

上述方程与到达定值方程看上去几乎完全相同。与到达定值一样，上述方程的边界条件是 OUT[ENTRY]=Φ，因为在 ENTRY 的出口没有可用表达式。方程式(7.10)与方程式(7.9)的最重要的区别是交汇算符是交而不是并，因为一个表达式在某块的开始可用仅当它在块的所有前驱的结束可用。相反，一个定值到达某块的开始，只要它到达一个或若干个前驱的结束即可。用∩而不用∪使得可用表达式方程的行为与到达定值不同。

这两个集合均无唯一解，但是对于到达定值，解是对应"到达"的定值的最小集合，从没有任何东西到达任何地方的假设开始，以此构造该解。除非可以找到一条从 d 到 p 的传播路径，否则决不假设定值 d 可以到达点 p。相反，对于可用表达式方程，希望得到可用表达式的最大集合，因此从一个超大的集合开始并且逐步缩小。

虽然由假设"除 ENTRY 结束处之外的任何地方的任何东西(即∪集合)均是可用的"开始，并且仅消除那些可以找到一条路径且沿此路径不可用的表达式的效果并不明显，但是的确到达一个真正可用的表达式集合。

对于可用表达式，保守的做法是产生一个实际可用表达式集合的子集合。选择保守集合的理由是希望用一个已经计算得到的值替代对一个可用表达式的计算。不知一个表达式是否可用只能对代码改进稍稍不利，而相信一个表达式可用、但实际并不可用会造成程序计算的改变。

【例 7.21】　通过考查图 7.16 中的 B_2 来说明将 OUT[B_2]大致初始化为 IN[B2]的效果。令 G 和 K 分别是 e_gen_{B2} 和 e_kill_{B2} 的缩写。块 B_2 的数据流方程可以写为

$$IN[B_2] = OUT[B_1] \cap OUT[B_2]$$

$$OUT[B_2] = G \cup (IN[B_2] - K)$$

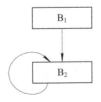

图 7.16　将 OUT 集合初始化为 Φ 的局限

这些方程又可以写为递归的形式。用 I^j 和 O^j 分别作为 IN[B_2]和 OUT[B_2]第 j 次近似：

$$I^{j+1} = OUT[B_1] \cap O^j$$

$$O^{j+1} = G \cup (I^{j+1} - K)$$

从 $O^0 = \Phi$ 开始，$I^1 = OUT[B_1] \cap O^0 = \Phi$。但是如果从 $O^0 = U$ 开始，则得到 $I^1 = OUT[B_1] \cap O^0$

= OUT[B_1]。直观上更希望从 $O^0 = U$ 开始得到的结果，因为它正确地反映了这一事实：OUT[B_1]中没有被 B_2 注销的表达式在 B_2 结束处是可用的。

算法 7.5　可用表达式

输入　每个块 B 计算了 e_gen$_B$ 和 e_kill$_B$ 的流图，初始块是 B_1。

输出　IN[B]和 OUT[B]，在每个块入口和出口可用的表达式集合。

方法　执行下述过程。步骤的解释与算法 7.4 类似。

```
OUT[ENTRY] := Φ;
for (除 ENTRY 之外的每个基本块) OUT[B] := U;
while (任何 OUT 有改变)
    for (除 ENTRY 之外的每个基本块) {
        IN[B] := ∩ P a predecessor of B OUT[P]
        OUT[B] := e_gen_B ∪ (IN[B]−e_kill_B);
    }
```

7.3.7　小结

本节中讨论了数据流问题的三个例子：到达定值、活跃变量、可用表达式。可以把它们总结在表 7.3 中。每个问题的定义用若干域给出：数据流方向、传输函数、边界条件、初始值以及交汇运算符(习惯上用∧表示)等。

表 7.3 的最后一行给出了迭代算法中所用的初始值。选择这些值使得迭代算法可以找到最精确的方程的解。严格讲该选择不是数据流问题算法的一部分，它只是迭代算法所要求的。

表 7.3　三个数据流问题的归纳

	到达定值	活跃变量	可用表达式
域	定值集合	变量集合	表达式集合
方向	正向	逆向	正向
传输函数	$gen_B \cup (x-kill_B)$	$use_B \cup (x-def_B)$	$e\_gen_B \cup (x-e\_kill_B)$
边界	OUT[ENTRY]=Φ	IN[EXIT]=Φ	OUT[ENTRY]=Φ
Meet(∧)	∪	∪	∩
方程	OUT[B]=f_B(IN[B])	IN[B]=f_B(OUT[B])	OUT[B]=f_B(IN[B])
	IN[B]=$\wedge_{P,pred(B)}$OUT[P]	OUT[B]=$\wedge_{S,succ(B)}$IN[S]	IN[B]=$\wedge_{P,pred(B)}$OUT[P]
初始值	OUT[B]=Φ	IN[B]=Φ	OUT[B]=U

7.4*　数据流分析的数学基础

从 7.3 节讨论的三个数据流问题的例子中可以看出，这些问题的解决方法都很相似。是否可以找到一种统一的模式解决这些问题？本节从数学的角度讨论一个解答所有数据流问题的通用方法。

对一组模式建立通用的解决框架具有实际的意义。框架帮助我们识别软件设计中算法的可重用部分，不仅可以减少代码编写的强度，并且由于避免了相似细节的重复编写而使得程序出现错误的概率降低。

数据流分析框架可以定义为一个四元组$(D, V, \wedge, F)$，其中：

(1) D 规定流图的方向，它或者是正向的或者是逆向的。

(2) 值域 V 和一个交汇算符 $\wedge$ 构成半格(半格的定义在 7.4.1 节给出)。

(3) F 是从 V 到 V 的传输函数族。函数族中必须包括适合边界条件的函数，即任何流图中关于特殊节点 ENTRY 和 EXIT 的常量传输函数。

7.4.1　半格(Semilattices)

半格是一个集合 V 和一个二元交汇算符 $\wedge$ 的二元组$(V, \wedge)$，使得对于 V 中所有的 x、y、z 有：

(1) $x \wedge x = x$ 　　　　　　　　　　　　(幂等性)

(2) $x \wedge y = y \wedge x$ 　　　　　　　　　　(交换性)

(3) $x \wedge (y \wedge z) = (x \wedge y) \wedge z$ 　　　　　(结合性)

半格有一个顶元素，表示为 $\top$，使得对 V 中所有的 x，$\top \wedge x = x$。

半格也可以有一个底元素，表示为 $\bot$，使得对 V 中所有的 x，$\bot \wedge x = \bot$。

1. 偏序(Partial Order)

关系 "$\leqslant$" 在集合 V 上是一个偏序，如果对于 V 中所有的 x、y、z 有：

(1) $x \leqslant x$ 　　　　　　　　　　　　　(自反)

(2) 若 $x \leqslant y$ 且 $y \leqslant x$，则 $x = y$ 　　　(反对称)

(3) 若 $x \leqslant y$ 且 $y \leqslant z$，则 $x \leqslant z$ 　　(传递)

则二元组$(V, \leqslant)$被称为偏序集，或者写为 poset。poset 上还有一个关系 "$<$"：

$x < y$ 当且仅当$(x \leqslant y)$并且 $x \neq y$

事实上，格的交汇算符在域的值上定义了一个偏序。

2. 半格的偏序

为半格$(V, \wedge)$定义一个偏序十分有用。对 V 中所有 x 和 y 定义：

$x \leqslant y$ 当且仅当 $x \wedge y = x$

因为交汇算符 $\wedge$ 满足幂等性、交换性和结合性，所以关系 "$\leqslant$" 根据定义是自反、反对称和传递的，理由如下。

(1) 自反：对所有 x，$x \leqslant x$。

证明：因为交汇是幂等的，所以 $x \wedge x = x$。

(2) 反对称：若 $x \leqslant y$ 且 $y \leqslant x$，则 $x = y$。

证明：$x \leqslant y$ 意味着 $x \wedge y = x$ 且 $y \leqslant x$ 意味着 $y \wedge x = y$。根据 $\wedge$ 的交换性，$x = (x \wedge y) = (y \wedge x) = y$。

(3) 传递：若 $x \leqslant y$ 且 $y \leqslant z$，则 $x \leqslant z$。

证明：$x \leqslant y$ 且 $y \leqslant z$ 意味着 $x \wedge y = x$ 且 $y \wedge z = y$。于是$(x \wedge z) = ((x \wedge y) \wedge z) = (x \wedge (y \wedge z)) = (x \wedge y) = x$，即 $x \wedge z = x$，所以有 $x \leqslant z$。

【例 7.22】 7.3 节讨论的三个数据流问题的例子中所使用的交汇算符是集合的并运算和交运算。它们均是幂等、可交换和可结合的。对于集合的并，顶元素是空集 Φ，底元素是全集 U，因为对于 U 的任意子集 x 有：$\Phi \cup x = x$ 且 $U \cup x = U$。对于集合的交，$\top$ 是 U 且

⊥是Φ。半格的值域 V 是 U 的所有子集的集合，有时被称为 U 的幂集并且表示为 2^U。

对 V 中的所有 x 和 y，x∪y=x 意味着 x⊇y；因此，集合并上的偏序是包含关系(⊇)。对应的，集合交上的偏序是被包含关系(⊆)。也就是说，对于集合的交，偏序中含有较少元素的集合被认为较小。而对于集合的并，偏序中含有较多元素的集合被认为较小(注意，这与我们的一般习惯相悖)。

由 7.3 节的讨论可知，数据流方程集合的解不唯一，但是(基于偏序"≤"的)最大解最为精确。例如，在到达定值中，所有数据流方程解中最精确的是定值最少的解，它对应偏序中定义的交汇运算并的最大元素。在可用表达式中，最精确的解是可用表达式数量最多的解，它也是偏序中定义的交汇运算交的最大解。 ■

3．最大下界(Greatest Lower Bound)

在交汇运算和其上的偏序之间有另一个有用的关系。假设(V, ∧)是一个半格，g 是域元素 x 和 y 的**最大下界**，使得

(1) g≤x；

(2) g≤y；

(3) 若 z 是任意一个元素使得 z≤x 且 z≤y，则 z≤g。

这说明 x 和 y 的交汇是它们唯一的最大下界。令 g = x∧y，于是有：

(1) g≤，因为(x∧y)∧x = x∧y。

简单使用结合律、交换律和幂等律来证明，即：

g∧x = ((x∧y)∧x) = (x∧(y∧x)) = (x∧(x∧y)) = ((x∧x)∧y) = (x∧y) = g

(2) 同理可证 g≤y。

(3) 假设 z 是任意元素，使得 z≤x 且 z≤y，则 z≤g，并且除非 z 自身是 g，否则它不可能是 x 和 y 的最大下界。

证明：(z∧g) = (z∧(x∧y)) = ((z∧x)∧y)，因为 z≤x，所以(z∧x) = z，因此(z∧g) = (z∧y)。同样，因为 z≤y，所以 z∧y = z，因此 z∧g = z。从而证明 z≤g 并且得到结论：g = x∧y 是 x 和 y 的唯一最大下界。

4．格图(Lattice Diagrams)

将域 V 画为一个格图有助于我们的分析。格图是一个图，其节点是 V 的元素，边的方向从上到下(若 y≤x 则从 x 到 y)。例如，图 7.17 给出了集合 V 上一个到达定值的数据流模式，其中有三个定值：d_1、d_2 和 d_3。由于≤是包含关系⊇，因此从这三个定值的任意子集到它们的超集有一条方向向下的边。由于≤是传递的，因此如果图中从 x 到 y 有一条路径，则习惯上忽略从 x 到 y 的边。例如，虽然{d_1, d_2, d_3}≤{d_1}，但是图中并没有此边，因为它已经由通过{d_1, d_2}的路径表示了。

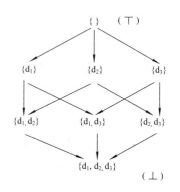

图 7.17　定值子集的格

格图的另一个作用是从格图中直接得到交汇信息。因为 x∧y 是最大下界，所以它总是从 x 和 y 都有路径可到达的最高的 z。例如，如果 x 是{d_1}且 y 是{d_2}，则 z 在图 7.17 中就是{d_1, d_2}，而不是{d_1, d_2, d_3}。顶元素出现在格图的顶部，即从⊤向下有路径到达每个

元素。同样，底元素出现在格图的底部，每个元素向下有路径到达⊥。

5．乘积格(Product Lattices)

图 7.17 中仅包含三个定值，而一个典型的程序的格图会相当大。数据流值的集合是定值集合的幂集，因此如果程序中有 n 个定值，则它含有 2^n 个元素。由于一个定值到达与否与其它定值的可到达性无关，因此可以将定值的格表述为"乘积格"，由每个定值的简单格得到。也就是说，如果程序中仅有一个定值 d，则格有两个元素：作为顶元素的空集合{} 和作为底元素的{d}。

正规讲，可以按以下方法构造乘积格。假设$(A, \bigwedge_A)$和$(B, \bigwedge_B)$是(半)格，这两个格的乘积格定义如下：

(1) 乘积格的域是 $A \times B$。

(2) 乘积格的交汇运算$\bigwedge$定义如下：若(a, b)和(a', b')是乘积格域中的元素，则

$$(a, b)\bigwedge(a', b')=(a\bigwedge b, a'\bigwedge b') \tag{7.11}$$

并且用偏序$\leqslant_A$和$\leqslant_B$表示乘积格的偏序$\leqslant$：

$$(a, b)\leqslant(a', b') 当且仅当 a\leqslant_A a' 且 b\leqslant_B b' \tag{7.12}$$

为了弄明白为什么可由(7.11)得到(7.12)，考察

$$(a, b)\bigwedge(a', b') = (a\bigwedge_A a', b\bigwedge_B b')$$

在什么样的情况下$(a\bigwedge_A a', b\bigwedge_B b') = (a, b)$，显然是当 $a\bigwedge_A a' = a$ 且 $b\bigwedge_B b' = b$ 时，而这两个条件与$a\leqslant_A a'$和$b\leqslant_B b'$相同。

格的乘积是一个可结合的运算，因此规则(7.11)和(7.12)可以扩展到任何数量的格。也就是说，如果有格$(A_i, \bigwedge_i)$，i = 1, 2, …, k，所有 k 个格的乘积依次有域 $A_1 \times A_2 \times \cdots \times A_k$，于是交汇算符定义为

$$(a_1, a_2, \cdots, a_k)\bigwedge(b_1, b_2, \cdots, b_k) = (a_1\bigwedge_1 b_1, a_2\bigwedge_2 b_2, \cdots, a_k\bigwedge_k b_k,)$$

而偏序定义为

$$(a_1, a_2, \cdots, a_k)\leqslant(b_1, b_2, \cdots, b_k) 当且仅当所有的 i 有 a_i\leqslant_i b_1$$

6．半格的高度

我们可以通过研究相关半格的"高度"来了解数据流分析算法的收敛度。偏序集 poset(V, $\leqslant$)的升序链是一个序列 $x_1 < x_2 < \cdots < x_n$。半格的高度是任何升序链中<关系的最大值，即高度是链中元素个数减 1。例如，n 个定值的程序的到达定值半格的高度是 n(包括顶元素)。

如果半格的高度是有限的，则很容易证明迭代数据流算法的收敛性。很明显，由有限值的集合构成的格的高度是有限的，无限值集合的格的高度也可能是有限的。

7.4.2 传输函数(Transfer Functions)

数据流框架中的传输函数族 $F: V \rightarrow V$ 具有下述性质：

(1) F 中有一个恒等函数 I，使得对于 V 中的所有 x 均有 I(x) = x。

(2) F 是组合封闭的，即对 F 中的任意两个函数 f 和 g，由 h(x) = g(f(x))所定义的组合函数 h 在 F 中。

【例 7.23】 在到达定值中，F 有恒等函数，其中 gen 和 kill 均是空集。假设有两个函数：

$$f_1(x) = G_1 \cup (x-K_1),\ \ f_2(x) = G_2 \cup (x-K_2)$$

于是有

$$f_2(f_1(x)) = G_2 \cup ((G_1 \cup (x-K_1))-K_2)$$

它的右部等价于

$$(G_2 \cup (G_1-K_2)) \cup (x-(K_1 \cup K_2))$$

若令 $K = K_1 \cup K_2$ 和 $G = (G_1-K_2)$，则 f_1 和 f_2 的组合 $f(x) = G \cup (x-K)$ 就是 F 中的成员。如果考虑可用表达式，应用于到达定值的相同方法同样也表明 F 具有恒等函数并且是组合封闭的。 ∎

1. 单调框架(Monotone Frameworks)

为了使数据流分析的迭代算法起作用，需要有数据流框架安全的若干条件。对于一个数据流框架，将 F 中的传输函数 f 应用于 V 中的两个元素，如果前一个元素不大于后一个元素，前一个结果也不大于后一个的结果，则称此框架是单调的。

形式化地讲，数据流框架(D, F, V, ∧)是单调的，如果：

对 V 中的所有 x 和 y 以及 F 中的所有 f，$x \le y$ 蕴含 $f(x) \le f(y)$ 　　　　(7.13)

单调也可以等价地定义如下：

对 V 中的所有 x 和 y 以及 F 中的所有 f，$f(x \wedge y) \le f(x) \wedge f(y)$ 　　　　(7.14)

式(7.14)的意义是如果取两个值的交汇然后应用 f，则结果决不大于先分别对两个值应用 f 然后取两个结果的交汇。两个单调性的定义看起来不同，但二者是等价的并且都很有用。

首先假设式(7.13)成立并且证明式(7.14)成立。由于 $x \wedge y$ 是 x 和 y 的最大下界，所以可知：

$$x \wedge y \le x \text{ 且 } x \wedge y \le y$$

于是，根据式(7.13)有：

$$f(x \wedge y) \le f(x) \text{ 且 } f(x \wedge y) \le f(y)$$

由于 $f(x) \wedge f(y)$ 是 $f(x)$ 和 $f(y)$ 的最大下界，于是得到式(7.14)。

反过来假设式(7.14)成立证明式(7.13)。假设 $x \le y$ 并用式(7.14)得到结论 $f(x) \le f(y)$，从而证明式(7.13)。由式(7.14)知：

$$f(x \wedge y) \le f(x) \wedge f(y)$$

但是由于假设了 $x \le y$，于是由定义得 $x \wedge y = x$。于是式(7.14)成为

$$f(x) \le f(x) \wedge f(y)$$

由于 $f(x) \wedge f(y)$ 是 $f(x)$ 和 $f(y)$ 的最大下界，所以 $f(x) \wedge f(y) \le f(y)$。因此

$$f(x) \le f(x) \wedge f(y) \le f(y)$$

并且式(7.14)蕴含式(7.13)。

2. 分配框架(Distributive Frameworks)

框架经常遵守一个比式(7.14)强的条件，称它为**分配条件**。对 V 中所有的 x 和 y 以及 F 中的所有 f，有

$$f(x \wedge y) = f(x) \wedge f(y)$$

当然如果 $a = b$，则根据单调性有 $a \wedge b = a$，所以 $a \le b$。因此，分配性蕴含着单调性，反之不一定。

【例 7.24】 令 y 和 z 是到达定值框架中的定值集合。令 f 是为定值集合 G 和 K 由 f(x)=G∪(x−K)定义的函数。可以通过检查下述方程证明到达定值集合满足分配条件

$$G∪((y∪z)−K)=(G∪(y−K))∪(G∪(z−K))$$

首先考虑 G 中的定值，它们的确均在上述左、右两边的集合定义的集合中，所以可以仅考虑不在 G 中的定值。在这种情况下，可以消除任何地方的 G，并且证明下述等式成立：

$$(y∪z)−K = (y−K)∪(z−K)$$

7.4.3 通用框架的迭代算法

下述算法是对算法 7.3 的拓展，使其适用于各种数据流问题。

算法 7.6 通用数据流框架的迭代解

输入 由下述成分组成的数据流框架：

(1) 特别标记有 ENTRY 和 EXIT 节点的数据流图；

(2) 数据流方向 D；

(3) 值集 V；

(4) 交汇算符∧；

(5) 函数集合 F，其中 f_B 是块 B 的传输函数；

(6) V 中的常量值 v_{ENTRY} 和 v_{EXIT}，分别表示正向框架和逆向框架的边界条件。

输出 V 中的值，即数据流图中每个块 B 的 IN[B]和 OUT[B]。

方法 解决正向和逆向数据流问题的算法分别如图 7.18(a)和(b)所示。与上节中已讨论过的迭代数据流算法相似，通过不断逼近的方法计算每个块的 IN 和 OUT。

```
(1) OUT[ENTRY] := vENTRY;
(2) for (除 ENTRY 之外的每个基本块) OUT[B]:=⊤;
(3) while (任何 OUT 有改变)
(4)       for (除 ENTRY 之外的每个基本块) {
(5)           IN[B] := ∧P a predecessor of B OUT[P];
(6)           OUT[B] := fB(IN[B]);
(7)       }
```

(a)

```
(1) IN[EXIT] := vEXIT;
(2) for (除 EXIT 之外的每个基本块) IN[B] := ⊤;
(3) while (任何 IN 有改变)
(4)       for (除 EXIT 之外的每个基本块) {
(5)           OUT[B] := ∧S a successor of B IN[S]
(6)           IN[B] := fB(OUT[B])
(7)       }
```

(b)

图 7.18 正向和逆向的迭代算法

(a) 正向数据流问题的迭代算法；(b) 逆向数据流问题的迭代算法

算法 7.6 的正向和逆向算法也可以这样写：将实现交汇运算的函数(如每个块的传输函数)作为参数，流图本身和边界值也可以作为参数。这样，在设计编译器时可以避免在编译器优化阶段重复地为每个数据流框架编写代码。

我们可以用到目前为止所讨论的抽象框架来证明迭代算法中的若干有用的特性：

(1) 若算法 7.6 是收敛的，结果就是数据流方程的解。

(2) 若框架是单调的，则所找到的解就是数据流方程的最大定点(Maximum FixedPoint, MFP)。**最大定点**是一个解，它具有性质：在任何其他解中，IN[B]和 OUT[B]的值小于等于 MFP 对应的值。

(3) 如果框架的半格是单调的并且高度有限，则算法保证是收敛的。

下边讨论框架是正向的情况，逆向的情况本质上是相同的。第(1)个特性很容易证明。如果方程在算法中的 while-loop 结束时没有被满足，则至少有一个对 OUT(正向情况)或者 IN(逆向情况)的改变，因此必须再重复一次循环。

为了证明第(2)个特性，首先说明 IN[B]和 OUT[B]获取的值在算法的迭代过程中只能减少。这可以用归纳法证明。

归纳基础：首先证明 IN[B]和 OUT[B]中的值在第一次迭代之后不比初始值大。这是不言自明的，因为 IN[B]和 OUT[B]的初始值除了 ENTRY 之外，所有的块均被初始化为⊤。

归纳步骤：假设第 k 次迭代之后所有的值均不大于第 k-1 次迭代之后的值，现证明第 k+1 次迭代后的值不大于第 k 次迭代后的值。图 7.18(a)的第 5 行有：

$$IN[B] = \bigwedge_{P \text{ a predecessor of } B} OUT[P]$$

用 $IN[B]^i$ 和 $OUT[B]^i$ 来表示第 i 次迭代之后 IN[B]和 OUT[B]的值。假设 $OUT[B]^k \leqslant OUT[B]^{k-1}$，由交汇算符的性质可知 $IN[B]^{k+1} \leqslant IN[B]^k$。下一步第 6 行有：

$$OUT[B] = f_B(IN[B])$$

因为 $IN[B]^{k+1} \leqslant IN[B]^k$，所以由单调性得到 $OUT[B]^{k+1} \leqslant OUT[B]^k$。

注意 IN[B]和 OUT[B]值的每个变化对于满足方程都是必要的。交汇算符返回其输入的最大下界，而传输函数仅返回与块自身和块的输入一致的解。因此，如果迭代算法终止，结果值必须至少与在任何其他解中的值一样大，即算法 7.6 是方程的 MFP。

最后考虑第(3)个特性，数据流方程具有有限高度。由于每个 IN[B]和 OUT[B]的值是随着迭代而减少的，并且算法在循环不再发生变化时就会停止，所以算法保证收敛，且循环次数不大于框架的高度和流图中节点数的乘积。

7.4.4 数据流解的意义

迭代算法中找到的解是最大定点，但它反映的程序语义是什么？为了理解数据流框架(D,F,V,∧)的解，首先描述框架的**理想解**。需要说明的是，理想的解通常并不能得到，但是算法 7.6 的解基本上是理想的。

1. 理想解(The Ideal Solution)

在不失一般性的情况下，假设所关注的数据流框架是一个正向流问题。理想解从找出程序入口到 B 的开始的所有路径入手。一条路径是可能的仅当沿此路径上有程序的计算。然后，理想解在每条可能路径的结束点计算数据流值，并且对所有这些值应用交汇操作以找到它们的最大下界,因此任何程序的执行在程序该点无法产生较小的值。此外,沿流图中每个可能到 B 的路径计算的值均比最大下界大。

现在试着更形式化地定义理想解。对流图中的每个块 B,令 f_B 是 B 的传输函数。考虑任何从入口节点 ENTRY 到某块 B_k 的路径:

$$P = ENTRY \rightarrow B_1 \rightarrow B_2 \rightarrow \cdots \rightarrow B_{k-1} \rightarrow B_k$$

程序路径中会有环,因此一个基本块可能会出现在路径 P 上若干次。定义 P 的传输函数 f_P 是 f_{B1}, f_{B2}, $\cdots$, $f_{(Bk-1)}$ 的组合。注意 f_{Bk} 不是组合的一部分,它反映该路径到达块 B_k 的开始而不是结束这一事实。因此执行此路径所产生的数据流值是 $f_P(v_{ENTRY})$,其中 v_{ENTRY} 代表初始节点 ENTRY 的常量传输函数的结果。于是块 B 的理想解如下:

$$IDEAL[B] = \bigwedge_{P, \text{ a possible path from ENTRY to B}} f_P(v_{ENTRY})$$

在框架中我们以格理论中偏序 "≤" 的术语讨论相关问题:

(1) 任何大于 IDEAL 的答案均是不正确的。

(2) 任何小于或等于理想解的值均是保守的,即安全的。

直观上,越接近理想解的值越精确。再来考虑为什么解必须小于等于理想解。注意任何块的大于理想解的解均可以通过忽略可能的程序执行路径获得,并且可能会对沿着该路径基于较大解的程序的改进产生影响。相反,任何小于 IDEAL 的解可以被认为包含特定的路径,它们或者在流图中不存在,或者存在但是程序从不执行。此较小的解会仅允许那些对所有程序的可能执行均是正确的转换,但是或许会禁止有些 IDEAL 允许的转换。

2. 交汇路径解(The Meet-over-Paths Solution,MOP Solution)

找到所有可能的执行路径是不可确定的,因此必须估计。在数据流抽象中,假设可以执行流图中的每一条路径,以此可以定义 B 的交汇路径解为

$$MOP[B] = \bigwedge_{P, \text{ a path from ENTRY to B}} f_P(v_{ENTRY})$$

注意:同计算 IDEAL 一样,解 MOP[B] 在正向框架中给 IN[B] 赋值。如果考虑逆向框架,则应该将 MOP[B] 想像为 OUT[B] 的值。

MOP 解中所考虑的路径是所有可能执行路径的超集。因此 MOP 解不仅汇聚了所有可执行路径的数据流值,而且还有那些不可能被执行的路径的值。将理想解加上这些附加的项不可能产生比理想解大的解,因此对于所有的 B 有 MOP[B]≤IDEAL[B],简记为 MOP≤IDEAL。

3. 最大定点与 MOP 解(The Maximum Fixedpoint Versus the MOP Solution)

在 MOP 解中,所考虑的路径数在有环的情况下仍然是无界的。因此 MOP 定义不能直接用于算法。迭代算法在找到所有通向基本块的路径之前,并不应用交汇算符,而是:

(1) 迭代算法访问基本块的顺序无需与执行顺序一致。

(2) 在每个交汇点,算法将交汇算符应用到目前为止所获得的数据流值上。这些所用的值中,有些是在初始化时人为引入的,并不代表从程序开始的任何执行路径的结果。

我们来看 MOP 解与由算法 7.6 所得到的 MFP 解的关系,首先讨论节点被访问的顺序。在一次迭代中,可能会在访问一个基本块的前驱之前访问该基本块。如果前驱是 ENTRY 节点,则 OUT[ENTRY] 可能已经被适当的常量值初始化了,否则它会被初始化为⊤。根据单

调性，使用⊤所获得的结果作为输入不比所希望的解小，因此可以认为⊤不代表任何信息。

再看提前使用交汇算符的效果。考虑图 7.19 所示的简单例子并假设我们感兴趣 IN[B$_4$] 中的值。根据 MOP 的定义：

MOP[B$_4$]=((f$_{B3}$∘f$_{B1}$)∧(f$_{B3}$∘f$_{B2}$))(v$_{ENTRY}$)

在迭代算法中，如果以 B$_1$，B$_2$，B$_3$，B$_4$ 的次序访问节点，则：

IN[B$_4$]=f$_{B3}$(f$_{B1}$(v$_{ENTRY}$)∧f$_{B2}$(v$_{ENTRY}$))

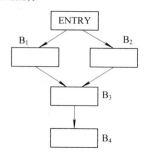

图 7.19　演示路径上提前交汇的流图

交汇算符在 MOP 定义的最后被应用，而迭代算法提前使用。仅当数据流框架是分配的结果时，答案才是相同的。如果数据流框架是单调的而不是分配的，仍然有 IN[B$_4$]≤MOP[B$_4$]。回顾一般解中对于所有块 B，若 IN[B]≤IDEAL[B]，则 IN[B]是安全的(或者说保守的)，当然有 MOP[B]≤IDEAL[B]。

最后简单地解释一下为什么由迭代算法所得到的 MFP 解总是安全的。对迭代次数 i 的归纳说明，在 i 次迭代之后所获得的值比长度不超过 i 的路径的交汇小。但是迭代算法终止的条件是两次迭代得到相同的答案，因此结果不大于 MOP 解。由于 MOP≤IDEAL 且 MFP≤MOP，所以可知 MFP≤IDEAL，因此迭代算法所提供的解 MFP 是安全的。

7.5　本章小结

代码优化是编译器的重要环节之一，是否可以生成优化的目标代码是评价一个实用编译器优劣的重要指标之一。与优化相关的技术不但可以用于编译器优化，亦可以应用于软件安全领域中的程序分析。事实上，优化的核心技术——数据流分析亦是程序分析技术的核心。

本章重点讨论了四个方面：与目标代码相关的局部优化、独立于机器的全局优化、数据流分析技术以及数据流分析的数学基础。

由于编译器的优化建立在对程序语义的深刻理解之上，所以优化所涉及的原理与技术相对比较难理解。具体讨论的内容如下。

1. 局部优化

● 基本块内的优化：基本块的概念与表示；基本块内可以进行的优化，关键是基本块上的公共子表达式。

● 窥孔优化：窥孔优化的概念；可以进行的窥孔优化：冗余代码消除、不可达代码消除、代数化简与强度削弱、使用机器方言等。

- 表达式的优化代码生成：表达式树上的分配寄存器的计数方法；从表达式树生成目标代码的算法：有足够寄存器的情况与无足够寄存器的情况。

2．独立于机器的全局优化

- 公共子表达式的优化：基本块与程序流图；基本块内公共子表达式的消除；全局公共子表达式的消除；复写传播与死代码消除。
- 与循环相关的优化：代码外提；消除归纳变量与代码强度削弱。

3．数据流分析技术

- 数据流分析的基本概念：流图中的程序点、路径；数据流值：IN/OUT；传输函数与控制流约束；基本块内的数据流模式。
- 典型的数据流分析：到达定值分析；活跃变量分析；可用表达式分析。

4．数据流分析的数学基础

- 基本概念：半格与半格上的偏序关系、最大下界、格图、半格的高度。
- 传输函数的数学描述：数据流框架中的传输函数族，单调框架与分配框架。
- 数据流分析的通用框架：正向数据流分析的迭代算法与逆向数据流分析的迭代算法。
- 数据流解的意义：最大定点、理想解、交汇路径解以及它们之间的关系。

习 题

7.1 构造下述基本块的 DAG：

$$d := b * c$$
$$e := a + b$$
$$b := b * c$$
$$a := e - d$$

7.2 简化习题 7.1 的三地址码，假设：

(1) 仅有 a 出基本块后是活跃的。

(2) a、b 和 c 出基本块后是活跃的。

7.3 为下述基本块构造 DAG。假设：

(1) p 可以指向任意位置。

(2) p 仅能指向 b 或 d。

$$a[i] := b$$
$$*p := c$$
$$d := a[j]$$
$$e := *p$$
$$*p := a[i]$$

7.4 计算下述表达式的 Ershov 数：

(1) a/(b+c)−d*(e+f)

(2) a+b*(c*(d+e))

(3) (−a+*p)*((b−*q)/(−c+*r))

7.5 使用两个寄存器为习题 7.1 的各表达式生成优化代码。

7.6 使用三个寄存器为习题 7.1 的各表达式生成优化代码。

7.7 流图如图 7.20 所示。

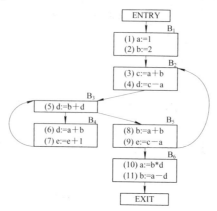

图 7.20 习题中的流图

(1) 识别流图中的循环。

(2) B1 中的语句(1)和(2)均是拷贝语句，其中 a 和 b 被赋给常量值。对于 a 和 b 的哪些引用可以进行复写传播并且用常量代替这些引用？如有请这样做。

(3) 对每个循环识别任何全局公共子表达式。

(4) 识别每个循环中的归纳变量。确认(2)中引进的任何常量均予以考虑。

(5) 识别每个循环中的循环不变量。

7.8 下述中间代码用于计算两个矢量 A 和 B 的点积。优化此代码，消除公共子表达式，对归纳变量进行强度削弱，并且尽可能地消除归纳变量。

```
      dp := 0.
      i := 0
   L: t1 := i*8
      t2 := a[t1]
      t3 := i*8
      t4 := B[t3]
      t5 := t2*t4
      dp := dp+t5
      i := i+1
      if i<n goto L
```

7.9 在图 7.20 中，计算每个块的 gen 和 kill 集合以及每个块的 IN 和 OUT 集合。

7.10 计算图 7.20 中可用表达式的 e_gen、e_kill、IN 和 OUT 集合。

7.11 计算图 7.20 中用于活跃变量分析的 def、use、IN 和 OUT 集合。

7.12 通过对算法 7.3 中第四至第六行 for 循环迭代次数的归纳，证明 IN 和 OUT 集合不会缩小，即一旦某个定值在某次循环中被放进集合就决不会再出来。

7.13 设某框架的函数集合 F 均是 gen-kill 形式的，即域 V 是某集合的幂集，对集合 G 和 K 有 f(x) = G∪(x–K)。证明若交汇算符是并或者是交，则框架是分配的。

参 考 文 献

[1]   Aho A V，Ullman J D. The Theory of Parsing，Translation，and Compiling，Volume：Parsing. Prentice Hall Inc., 1972

[2]   Aho A V, Ullman J D. The Theory of Parsing， Translation，and Compiling，Volume Ⅱ：Compiling. Prentice Hall Inc., 1973

[3]   Aho A V，SethiR. Ullman J D. Compilers：Principles，Techniques，and Tools. Addison Wesley Publishing Company，1986

[4]   Aho A V，Lam M S, R SEthi etc. Compilers：Principles，Techniques，and Tools. 2nd. Addison Wesley Publishing Company，2007

[5]   A W Appel. 现代编译程序实现：Java 语言. 2 版. 影印版. 北京：高等教育出版社，2003

[6]   R Allen，等. 现代体系结构的优化编译器. 张兆庆，等译. 北京：机械工业出版社，中信出版社，2004

[7]   Reinhard Wilhelm, Dieter Maurer. Compiler Design. Addison-Wesley, Pub. Com.,1995

[8]   David A Watt. Programming Language Syntax and Semantics. Prentice Hall Inc., 1991

[9]   Thomas Pittman，James Peters. The Art of Compiler Design Theory and Practice. Prentice Hall，Englewood Cliffs, NJ07632，1992

[10]   Schreier Axel T, Friedman H George Jr. Introduction to Compiler Construction With UNIX. Prentice Hall，1985

[11]   John R.Levine, 等. LEX 与 YACC. 2 版. 杨作梅，等译. 北京：机械工业出版社，2003

[12]   吕映芝，张素琴，蒋维杜. 编译原理. 北京：清华大学出版社，1998

[13]   陈火旺，等. 程序设计语言编译原理. 3 版. 北京：国防工业出版社，2000

[14]   蒋立源，康慕宁. 编译原理. 2 版. 西安：西北工业大学出版社，2001